W0255141

Helmar Krupp (Hrsg.)

# Technikpolitik angesichts der Umwelt-katastrophe

Mit 28 Abbildungen

Physica-Verlag Heidelberg

Prof. Dr.-Ing. Helmar Krupp
z. Zt. Universität Tokio
Fraunhofer-Institut für Systemtechnik
und Innovationsforschung (ISI)
Breslauer Straße 48
D-7500 Karlsruhe 1

Herausgegeben von Helmar Krupp und gefördert von der
WE-Heraeus-Stiftung

ISBN-13:978-3-7908-0493-5

CIP-Titelaufnahme der Deutschen Bibliothek
**Technikpolitik angesichts der Umweltkatastrophe** / hrsg. von
Helmar Krupp. - Heidelberg: Physica-Verl., 1990
ISBN-13:978-3-7908-0493-5 e-ISBN-13:978-3-642-93629-6
DOI: 10.1007/978-3-642-93629-6

NE: Krupp, Helmar [Hrsg.]



2124/7130-543210

...mankind is not free to choose. This is not only because the mass of the people are not in a position to compare alternatives rationally and always accept what they are being told. There is a much deeper reason for it. Things economic and social move by their own momentum and the ensuing situations compel individuals and groups to behave in certain ways whatever they may wish to do - not indeed by destroying their freedom of choice but by shaping the choosing mentalities and by narrowing the list of possibilities from which to choose.

Joseph A. Schumpeter, 1947

In den Herausgebertexten habe ich den Neologismus Technologiepolitik vermieden, er hat sich aber weitgehend durchgesetzt; diese Texte sind durch Kursivschrift gekennzeichnet.

Helmar Krupp

**INHALT** Seite

## *DAS SEMINAR UND SEIN PROGRAMM*

### *Eine Chance*

*Anfang 1989 boten Dr. Dieter Roess und Prof. Dr. Werner Buckel als Vorstandmitglieder der Dr. Wilhelm Heinrich und Else (WE) Heraeus-Stiftung an, ein Seminar über "Optionen und Prioritäten zukünftiger Forschungs- und Technologiepolitik" zu fördern. Die Stiftung wollte bei dieser Gelegenheit ihr Programm über den Bereich der Physik hinaus auf die Gesellschaftspolitik ausweiten. Das Seminar fand vom 11. - 13.12.1989 im Physikzentrum in Bad Honnef statt. Vor etwa 70 Teilnehmern wurden 24 Vorträge gehalten und von Vertretern von Wissenschaft, wissenschaftlich-technischen Verbänden, öffentlicher Verwaltung und Wirtschaft ausgiebig diskutiert.*

*Auch der vorliegende Seminarbericht wurde von der WE-Heraeus-Stiftung gefördert. Allen ihren Verantwortlichen sowie dem Management des Physikzentrums sei an dieser Stelle herzlich gedankt; insbesondere auch Dr. Volker Schäfer, dem Geschäftsführer der Stiftung, der mit Umsicht und Sorgfalt für die Vorbereitungen und einen reibungslosen Seminarablauf sorgte. Die WE-Heraeus-Stiftung ermöglichte es uns, das Thema auch mit ausländischen Kollegen zu erörtern; daher die Zweisprachigkeit der Seminarbeiträge. Die Endredaktion dieses Seminarberichts hat Uwe Gundrum vom Fraunhofer-Institut für Systemtechnik und Innovationsforschung (ISI) übernommen.*

### *Situation: Die Diskussion über die Forschungs- und Technikpolitik ist gespalten.*

*In der breiten Öffentlichkeit, in politischen Verlautbarungen und Programmen, selbst in internationalen Regierungskonferenzen steht die Besorgnis um die Zerstörung unserer Umwelt im Vordergrund. Daher werden vor allem Energiesparen, Umstellung auf erneuerbare Energiequellen, ressourcenschonender Verkehr sowie umwelt- und energiegerechtes Bauen gefordert.*

*Faktisch jedoch, in Wirtschaftsunternehmen und in der regierungsamtlichen Forschungs- und Technikpolitik, dominiert ein ganz anderer Diskurs. Hier geht es in Absprachen zwischen Wirtschaft und öffentlicher Verwaltung, häufig auch international koordiniert, überwiegend um neue Großtechnik-Angebote: Kernfusion, bemannte Weltraumflüge, Magnetschwebebahn, Submicron-Technik, Jäger 90, Gentechnik, und in der anwendungsorientierten Grundlagenforschung z.B. um Genomanalyse und geologisches Tiefbohren. Hiermit im Einklang ist die Verteilung der öffentlichen und privaten Forschungsmittel, die in der*

*Technikpolitik häufig als Indikator für die politische Priorisierung der technischen Zukunft verwendet wird; sie zeigt eine große Asymmetrie zu ungunsten der in der Öffentlichkeit artikulierten Besorgnisse.*

*Den technikpolitischen Akteuren ist diese Diskrepanz bewußt. Ihr Argument lautet: Wegen ihrer hohen technikintensiven Exportdichte (pro Kopf oder pro Bruttosozialprodukt) bliebe der Bundesrepublik, sofern sie ihren hohen Wohlstand relativ zu anderen technisch avancierten OECD-Ländern halten wolle, keine andere Wahl, als bei diesem weltweiten Angebotswettlauf mitzuhalten.*

*Die auf natürliche Ressourcen, vor allem Umwelt und Energierohstoffe, orientierte Technikpolitik der Bundesrepublik reduziert sich teils zum Alibi, teils zu kleinen Schritten einer langfristigen Vorsorge, die jedoch wegen der raschen Zunahme der Umweltbedrohungen und der großen Reaktionszeiten in Biotopen und in der Atmosphäre voraussichtlich zu spät kommen wird.*

***Angelpunkt des Seminars** waren zwei Fragen:*
- *Können technikorientierte gesellschaftswissenschaftliche Disziplinen rationale Entscheidungsgrundlagen liefern, um "zukunftsgerechte" technikpolitische Optionen abzuleiten und zu priorisieren?*
- *Können sie angeben, mit welchen Mitteln solche Zukunftspolitik realisiert werden kann?*

***Programmaufriß***

*Das Seminar orientierte sich an folgendem **Leitfaden:***

***Erstens** müssen uns die Naturwissenschaften sagen, ob und in welchem Maße die verbreiteten Umweltbesorgnisse zu Recht bestehen, so daß sie als stringente Randbedingungen künftiger Forschungs- und Technikpolitik zu gelten haben.*
*Im einzelnen:*
*Wie sicher sind die naturwissenschaftlichen Ergebnisse und die darauf aufbauenden Zukunftsprojektionen?*
*Wie groß ist die Streuung der nationalen und regionalen Betroffenheiten?*
*Welche technischen Problemlögungsmöglichkeiten gibt es und wie sind sie langfristig zu bewerten?*
*In welchem Maße stellen die bisherigen Ergebnisse zwingende neue Randbedingungen für die künftige Forschungs- und Technikpolitik dar?*

*Welche anderen, auch lokalen und regionalen Umweltbelastungen sind in diesem Zusammenhang von Bedeutung?*
*Welche Entwicklungen in der Energieversorgung, der industriellen Produktion, der Landwirtschaft, der Stadtentwicklung und im Verkehr sind mit zu beachten?*
*Für die Diskussion: Welcher sonstige technisch-gesellschaftliche Bedarf erzwingt neue politische Randbedingungen?*

***Zweitens** muß unsere Gesellschaft, um technikpolitisch reagieren zu können, über Selbstreflexions- und Selbststeuerungsmechanismen verfügen. Deren Chancen gegenüber inneren Verfestigungen sind zu eruieren.*
*Welche sozio-ökonomischen Kräfte steuern die technische Entwicklung und deren Konstrukteure?*
*Welche Gestaltungsmöglichkeiten bestehen im System Gesellschaft/Technik, um das Ziel des Erhalts unserer Ökosysteme zu erreichen?*
*Da einerseits Ökosysteme sehr langsam reagieren und, falls überhaupt, nur langsam regenerieren und da andererseits politisches Handeln in der Regel Krisendruck benötigt, fragt sich, ob die Reagibilität unserer Politik ausreicht? Welche Faktoren behindern, welche fördern sie?*
*Welche Teilrolle spielt die Forschungs- und Technikpolitik und welche politischen Konkordanzen werden folglich benötigt (z.B. Wirtschafts-, Landwirtschafts-, Verkehrs- und Steuerpolitik)?*

***Drittens**, gesetzt den Fall, daß problemgerechte gesellschaftliche Selbststeuerung möglich erscheint, sollten die politischen Wissenschaften angeben, mit Hilfe welcher Instrumente eine zukunftsgerechte Forschungs- und Technikpolitik auszustatten wäre - unter Berücksichtigung deren vielfacher Brechungen in den unterschiedlichen Regierungsebenen und involvierten Institutionen.*
*Bewährt sich die klassische Trennung zwischen Marktversagen und Politikversagen als Theorieansatz, oder sind gesamthaftere Ansätze erforderlich?*
*Ist Technikfolgen-Abschätzung und -Bewertung praktikabel und als prognostische Leitwissenschaft für Politikentwürfe nützlich? In welchem Maße ist sie auch Einführungshilfe bei Angebotsschüben?*
*Ist wissenschaftliche Politikevaluation möglich und verläßlich, und kann sie wichtiges Werkzeug künftiger Politikentwürfe werden?*

***Viertens** sollte man die theoretischen Erörterungen an der bisherigen technikpolitischen Wirklichkeit spiegeln, um Korrektive abzuleiten und Bewährungschancen zu ermitteln.*
*Reichen die besprochenen Konzepte aus, um die technikpolitische Wirklichkeit zu erklären und um politisches Handeln zu begründen?*
*Wie waren die historischen Entscheidungsverläufe? Welche Entscheidungskriterien überwogen?*
*Welche Forderungen lassen sich aus den vorliegenden theoretischen Modellanalysen, empirischen Untersuchungen, Erfolgen und Mißerfolgen der Praxis ziehen, insbesondere für eine Neugestaltung der Rahmenbedingungen für technische Innovationen?*

***Fünftens,** falls umwelt- und zukunftsgerechte Technikpolitik bisher nicht in zulänglichem Maße aus dem gegenwärtigen Wechselspiel in der Gesellschaft, insbesondere zwischen Wirtschaft, öffentlicher Verwaltung und nationaler/internationaler Politik herauswuchs, bedarf es gesellschaftlichen und politischen Lernens, um nachhaltig politisches Handeln zu generieren. Zu klären ist also, ob und wie dies vonstatten geht. Wie entstehen unter ökologischer Bedrohung neue gesellschaftliche Ziele, mit deren Hilfe sich ökologische Politik artikuliert und organisiert? Entsprechendes gilt für andere Bedrohungen, insbesondere über Bevölkerungs- und Nord/Süd-Disparitäten.*
*Im einzelnen:*
*Welche Normen für politisches Handeln stehen gegenwärtig im Vordergrund?*
*Wie werden sie begründet?*
*Wie ist ihr Stellenwert innerhalb der Spanne "unrealistische Utopien" und "zwingende Notwendigkeiten"?*
*Welche politischen Realisierungsmechanismen und -chancen scheinen gegeben?*
*Wie bilden sich solche Zukunftsnormen und wie stabil sind sie?*
*Wie variieren diese Normen national und regional?*

***Sechstens,** als Probe aufs Exempel: Haben die angesprochenen Disziplinen, in der Spanne zwischen Politikwissenschaften, Soziologie, Wirtschafts-, Natur- und Technikwissenschaften, konkrete implementierfähige Ratschläge anzubieten, um zwischen - im Extrem - der Skylla globalen ökologischen Freitodes und der Charybdis der Wohlstandsminderung durch Auskopplung aus dem Wettbewerbskonformismus zu lavieren? Wo sind, wenn nicht, die wichtigsten Forschungslücken, die künftige Forschungspolitik füllen helfen könnte?*
*Lassen sich die Ergebnisse zu Handlungskonzepten verdichten? Für welche Akteure?*
*Lassen sich die Handlungskonzepte noch nach Leitbildern klassifizieren wie Tagespolitik (Reagieren), Anpassung an Vorreiter- oder Bündnisnationen (Tun, was andere vormachen; Aufholen, Mithalten), eigene Vorreiterrolle (innovatorische Nische), stetig langfristige Politik?*
*Sind neue, andere Leitbilder nötig?*

*Kann aufgrund solcher Leitbilder den ökologischen Bedrohungen und Technikakzeptanzproblemen rechtzeitig und in ausreichendem Maße durch eine forschungs- und technikorientierte Politik innerhalb der Industrieländer und weltweit begegnet werden?*

*Dieses wissenschaftliche Programm war zu ehrgeizig für ein Seminar. Die einzige Chance bestand daher darin, daß entlang des skizzierten Leitfadens ausgezeichnete Fachvertreter*

- *um Beiträge gebeten wurden;*
- *in der Diskussion weitere Meinungen, Gegenmeinungen, Ergänzungen und unbeantwortete Forschungsfragen erörterten;*
- *ein Gesamtpanorama skizzierten, das erkennen läßt, welchen Beitrag die Fachwissenschaften und der interdisziplinäre Dialog zur technikpolitischen Prioritätensetzung liefern können.*

*Der Herausgeber hat versucht, die Einzelbeiträge untereinander und mit dem Leitfaden zu verbinden.*

*Wäre die Gesellschaft eine Maschine, stünden am Ende Handlungsanweisungen für den Technikpolitiker. Da sie es nicht ist, widersetzt sich gesellschaftliches Handeln planungstechnischen Programmen. Dennoch, da die Menschen ihre Geschichte nicht nur erleiden, sondern auch herstellen, da unsere* ***Technik eine gesellschaftliche Konstruktion*** *ist, kommen wir nicht darum herum, die* ***Chance*** *bei der Herstellung künftiger Technik zu nutzen, um zu überleben.*

# DIE FACHBEITRÄGE

# *PROBLEMS OF WEST-GERMAN TECHNOLOGY POLICY*

## *A paradigmatic introduction to the seminar "Options and Priorities of Future Research and Technology Policies"*

*Helmar Krupp*

*1. Summary*
*2. The post-war paradigms of technology policy*
*3. New perspectives*
*4. Technology assessment*
*5. Boundary conditions for technology-related scenarios of the future*
*6. Conclusion*

*This manuscript has been submitted for publication also to The (Japanese) Journal of Science Policy and Research Management*

## 1. Summary

*After a brief outline of the history of West-German technology policy since the last war, it is shown that new perspectives, mainly with environmental protection, energy saving and renewable energy provision are opening up. At the same time, public opposition toward major new technologies such as, for example, genetic engineering, is growing. A major redirection of West-German innovation policy under a new political paradigm seems to gain ground within the coming decades.*

*In order to cope with the great variety of policy problems involved, technology assessment as a comprehensive methodological tool is gaining acceptance.*

*Because of its small population and export orientation, West-Germany is being forced to steer a precarious path between the world wide technology push on the one hand and a future need orientation on the other.*

## 2. The post-war paradigms of technology policy

*As a result of the physical destruction and wide-spread poverty immediately after the last world war the rebuilding of West Germany was of prime priority and work, income, economic growth through industrialization, exports, and competitiveness on world markets constituted a positive feed-back cycle of motivation. Concomitantly, the limits to growth imposed by the finite capacity of the biosphere were ignored despite the fact that the environmental risks of industrialization had been described extensively a century before.*

*The central role of technological innovation became clear and in the 1950s, a special ministry of science and technology was established. It was claimed that technology policy had to provide on a broad front for an advanced science and technology base from which industrial sectors could draw for their technological innovations. Technology policy provided a service function to the market economy with - as it was held - underinvests in research and development. Even liberal schools of thought admitted that the* ***market paradigm*** *had to be complemented by an* ***infrastructural paradigm*** *according to which the public administration provides for an infrastructural of science and technology and - more generally - for systems which provide energy, water, traffic and transport, telecommunication, city renewal, etc. These systems may be made up of mixtures of private and public enterprises and administration, but it is the latter which sets their rules.*

*Technology policy, classically, worked and still works through*

- *direct aid to promote and subsidize research and development projects in industry, as well as in private or public research and development institutions, including universities;*
- *indirect aid to subsidize enterprises which perform research and development as well as technical innovation. Instruments of indirect aid include tax reductions, grants, low-interest credits, etc.;*
- *the build-up and maintenance of a research and development infrastructure which includes,*
  - -- *fundamental research institutes (Max-Planck Society),*
  - -- *institutions assisting the governing bodies of the Federal state and the Länder (prefectures) in law making, in establishing and controlling technical standards, in scientific and technical consultancy, etc.*
  - -- *major public research centres (Großforschung), originally established for the development of nuclear reactors, but later diversified to include other tasks such as research and development on nuclear fusion, communication, environment, super-conductivity, etc.*
  - -- *contract research institutes as a flexible research instrument of public administration and industry (Fraunhofer-Gesellschaft)*
  - -- *research associations serving particular industrial sectors (AIF).*

*Compared with that of other OECD countries, the West German system of public and semi-public research and development institutions became the most differentiated; each of the institutions perform a defined range of tasks for a defined clientele, giving rise to appropriate self-adjusting demand-supply relationships. This specialized mono-goal orientation of the individual institutions makes it easier to optimize management and staff whereas in hybrid institutions which comprise heterogeneous elements such as fundamental research, long- or short-term application-oriented research, prototype development etc. in one organization, optimization is more difficult (1).*

*In West Germany, private research and development, together with the publicly supported research and development infrastructure, were considered able to provide the flexibility necessary to keep pace with technological evolution*

*In the past one or two decades, technology policy has concentrated on rendering its three instruments, described above, more efficient and cost-effective by an increase of*

- *public funds for fundamental or basic research;*
- *the share of private (Industrial) funding in the total funding of research, development and innovation;*

- *the interaction between different research and development institutions, both public and private, to increase the efficiency of technology transfer all the wax from fundamental research to technological innovation.*

*By the 1970s West Germany had reached a top position in science, technology, innovation, and international competitiveness (2) and her per capita budget for research and development became one of the highest of the world.*

*Globally, on the basis of the market and infrastructural paradigms and of an* ***international feed-back*** *among the industrialized nations,* ***the neocorporatism between major companies and their related offices in the government*** *determined the direction and the rate of technological innovation. Individual actors in this concerted and competitive technology push had a dual role: they fed into it through their own contributions to technological innovation and at the same time, they were subjected to the pressure of international competition which forced them to align.*

### *3. New perspectives*

*Until the 1970s, technology policy fulfilled a more or less ancillary role in West Germany and was not in the political front line as compared to economic and financial policies, for instance. This changed in the following decade (3).*
*Major causes were*

- *the so-called oil crises of the 1970s;*
- *growing concern about the environment, both local (e.g. water pollution), regional (e.g. air pollution), national (e.g. dying forests and rivers) and global (e.g. $CO_2/O_3$);*
- *the Three Mile Island and Cernobyl accidents;*
- *the emergence of the Green Party and of a variety of citizen movements which gave priority to the improving of the "quality" of life over blind economic growth.*

***Critical discussions*** *centered around the following:*

- *In spite of the threats to the environment the funding for supply or technology push-oriented projects (nuclear fusion, submicron-electronics, manned space flight, magnetic train, telecommunication, genetic engineering, etc.) were far greater than those for need-oriented tasks, such as increase of the productivity of energy (energy-saving), environmental protection, provision of clean drinking water, waste reduction and removal, safer traffic, more satisfactory work places and work organization, etc. Regardless of the problems of classification, an analysis of the budget of the ministry of research and technology shows that the ratio of funding is of the order of 3 to 1. It is even much larger if industrial research and development is subdivided in the same way. The methodological flaw of this classification is of course the fact that elements of technology push may serve need-oriented tasks. For example micro-electronically equipped sensors and controls may contribute to energy-saving and environmental protection and the automation of manufacturing does eliminate unhealthy workplaces. But generally, technological products and processes are most specific with respect to the tasks to be performed. That is why technology transfer from defense and manned space flight to civilian applications has not been successful.*

- *Particular concern developed over nuclear energy. In the meantime, major projects such as the fast breeder reactor, a plant for the reprocessing of nuclear fuel and others for nuclear waste deposition have been abandoned. There is a growing awareness that nuclear fusion stands a very dim chance to deliver energy on an industrial scale, and if it did that it should not be used because the overall radiation hazards are of the same order as those of nuclear fission.*
- *Resistance against major new military technologies (SDI, Fighter 90, etc.) is becoming fiercer.*
- *More recently, concern has been building up over genetic engineering. It is generally agreed that there may be benefits from new medical technologies and pharmaceuticals. But fears center around the commercialization of our fauna and flora, a development which may not only destroy ecological habitats, but upset large-scale ecological balances which have developed over many millions of years. It appears to a growing number of people that scientific knowledge about the impact of genetically manipulated micro-organisms (retroviruses, viruses, bacteria, etc.) is still so imperfect that a many-year moratorium against their release into our environment is warranted, which would have to be backed up by a strong international solidarity.*
- *In the face of high unemployment - almost 12 % (if we include "hidden" unemployment), public promotion of the fast development and diffusion of automation in manufacturing and offices is held to increase frictional costs of innovation and unemployment.*
- *The fast development of new mass media appears harmful to children and adolescents as indicated by growing schooling problems and juvenile delinquency, in particular in the USA.*

*Demoscopic research shows that in West Germany at least, very cautious if not negative attitudes towards new supply-oriented large-scale technologies seem to prevail. Although public opinion is unstable and although it is recognized that it is precisely our high standard of living which gives people the chance to prefer a healthy social atmosphere and a clean environment to further technology push, the skeptical attitude of the public is becoming a stringent boundary condition to the further technological development. Questions as to the targets of a future technology policy have reached the forefront of the political rhetoric.*

*In spite of many unresolved controversial arguments, the debate in West Germany seems to be reaching a growing consensus that* ***a major long-term redirection or at least complementation of technology policy*** *is required. This is also the view of many people in industry.*

*As to the* ***environment*** *more specifically, it is argued that it would suffice to put a price tag on natural ressources and let market mechanisms take care of the incorporation of environmental goals into the economy. If this were so the political discussion could be reduced to such problems as*

- *the rate of introduction and the level of environmental price tags;*
- *the type of operationalization of the price tags to be used: quantitative emission control or fixing of prices for emitted substances.*

*However, there are many different types of emissions, including highly toxic gases (e.g. dioxins), mass pollutants (e.g. nitric oxides) and radioactive substances. Therefore, there are no uniform or simple basic regulations that can be applied. Thus it is postulated that a variety of regulations and infrastructural measures will be required, including*

- *the prohibition of certain products (e.g. asbestos, fluorinated hydrocarbons)*
- *performance standards (e.g. speed and acceleration limits for automobiles)*
- *technical rules for the handling of chemicals (e.g. tightness of valves)*
- *closing of material cycles (e.g. use of the filtrate from flue gases in the construction industry, selective recycling of household waste, integrated production cycles in the chemical industry).*

*The political problem is that*

- *the technical, economic and social impact of such measures is hard to predict;*
- *even difficult ideological choices have to be made (e.g. just price tags on harmful luxury products such as big automobiles without emission control would increase social inequity);*
- *the design of measures will simultaneously involve quite different segments of the public administration and require integrated compromising to an as yet unknown extent;*
- *the organized lobbies of the prevailing sectors of industry seeking to reap benefits from the sunk costs of their investments and to maintain as long as possible their present markets (e.g. the power and automobile industry) are much stronger than the lobbies interested in commercializing environmental protections; the latter are often young and highly dispersed in the present-day economy. Often engineering companies offering environmental protection goods and services have powerful customers who want to maintain the status quo so that they do not openly advocate environmental protections;*

- *the general public is hesitant about environmental protection because*
  - -- *tradition, habits, comfort, advertising, etc. lead to behaviour at odds with the belief in the necessity for environmental protection;*
  - -- *the costs of environmental protection are not known and this leads to insecurity on the part of the less wealthy segments of the population whose work places are least secure and who therefore fear redirections of technological and economic evolution.*

*The long-term provision of **energy** is another area of greatest importance for a sustainable future of our industrial societies and has a major impact on the environment. It is a prevailing view in West Germany that nuclear energy will have to be abandoned, although defendants hope that the $CO_2$-problem will provide new social and political support to nuclear technology.*

*As far as technology is concerned it seems safe to assume that only **10 to 20 % of the primary energy input** will suffice to maintain present living standards in industrial societies (4). The view is therefore gaining ground that the combination of energy saving and of capturing renewable energies (mainly solar) will allow nuclear energy to be phased out within a few decades while complying with the Toronto agreement on the reduction of $CO_2$-emissions at the same time.*

*In view of these and the many other difficult technological choices which lie ahead and propagation of a comprehensive calculus for evaluating and prioritizing the existing alternatives is growing. This tool might be technology assessment TA.*

## *4. Technology Assessment*

*Technology Assessment is a semi-quantitative scientific procedure which*

- *defines particular technlology-related problems*
- *lists alternative solutions*
- *analyses their technical, economic, social and political impact and consequences*
- *attempts to develop prioritized political options.*

*Internationally, most of the more qualified government-oriented technology assessment is being carried out and administered by the U.S. Office of Technology Assessment OTA which collaborates with the scientific advisory services of the US parliament.*

*The institutionalization of technology assessment at the West German parliamentary level has been a topic of discussion since the early 1970s. On the recommendation of two successive parliamentary commissions of enquiry a small parliament-oriented technology assessment unit will probably be started in 1990.*

*Technology assessment is also taking place or is being discusses by the departments of the Federal government (in particular by the Ministry of Research and Technology) and of the different Länder (prefectures), in many public and private research institutions, including universities, as well as in some major companies (within, for example, the automobile industry). The same holds for most other European countries and for the European Community, which is improving its technology assessment capacity in Brussels.*

*Methodologically, technology assessment comprises scenario writing, cost/benefit analyses, economic modelling, welfare economics and so on to take account of the social costs of technologies incurred outside the market. The promise of technology assessment is the comprehensiveness of its approach, its integrated viewpoint. Its main problem is the fact that, in the final analysis, ethical choices have to be made. In the final analysis, the "cost" of people killed in automobile accidents, or nuclear disaster, have to be weighed up against business profits and economic growth.*

*The application of technology assessment to concrete problems demonstrates that it is a most useful method for stimulating and guiding a rational discussion of future options, but it cannot provide for an uncontestable base of decision-making. Final political choices will continue to require compromising between different interest groups an the basis of open-ended discussions of futures. Political and ethical choices (e.g. North/South mediation, abandonment of nuclear energy) cannot be founded on reason alone. However, technology assessment makes it possible to analyse the reasonings and justifications presented with the choices made or advocated. Technology assessment improves the intellectual transparency of policy-making and its an important tool for the* ***democratic involvement of the various interest groups*** *affected by the choices to be made. The disadvantage of the inevitable long and arduous decision processes which eventually may not converge may be compensated by the possible mediation between different social interests and by the chance to reach some degree of a social compromise on a broad basis.*

## 5. *Boundary conditions for technology-related scenarios of the future*

*In addition to the parliamentary commission of enquiry on technology assessment, there is a second commission which seems to have a major impact in West Germany. It is concerned with the global atmosphere. All parties, represented in the West German parliament and in this* *commission, agree on the principle that far reaching technological and social measures are required to cope with the $CO_2$-problem.*

*As a result of scientific and political discussions and in the face of the long-term evolution of public opinion, it appears that future* **technology** *policy-making in West Germany and maybe elsewhere will have to take into account the following boundary conditions:*

- *Growing global pollution of the atmosphere will probably result in major climatic changes, unfavourable to most countries.*
- *Technology seems to be able to reduce energy consumption and environmental pollution (5) by factors of 5 to 10, at costs acceptable to society and to business.*
- *As a consequence, technology policy will have to mobilize and strengthen the need-oriented technological potential, while regulatory policies, coordinated word-wide, will have to enforce their introduction into wide-spread use.*
- *There is growing public resistance to the introduction and diffusion of major new technologies. For example, in the face of the prevailing public opinion, it is quite improbable that additional nuclear power plants can be installed in West Germany. Although the $CO_2$-problem is used to advocate nuclear energy, there is a majority consensus that nuclear energy cannot be its solution.*
- *Belanced technology assessment will be publicly requested for major projects such as the magnetic train, manned space flight, release of genetically manipulated or transgenic plants and animals, fusion energy, etc. Technology assessment is expected to show that these projects have very high cost/benefit ratios and unfavourable opportunity costs (e.g. manned space flight) or that they add significantly to the social costs of technologies (e.g. magnetic train) or that they are very risky (e.g. genetically manipulated or transgenic plants and animals, fusion energy).*
- *Public attention is increasingly focused on technology policy and parties which do not comply with the expectation that technology and economic policies have to be redirected are being punished by the migration of voters to other parties which advocate ecology-related reforms. In view of the small majorities held by West German governments, this has spurred politicians in all parties to rediscuss ecological and energy issues.*
- *Population growth and the future North/South ratio of people of down to 1 over will result in an increasing imbalance in wealth distribution which may not in the long run be stable.*
- *A great obstacle to the design of future policies may be the lack of international solidarity. Many regulations will be ineffective if they were passed on a national level only (e.g. prohibition of hormone-based pharmaceuticals for cattle raising of field tests of genetically manipulated species); illegal markets would form, such as with drugs, or test work would be translocated into other countries. On the other hand, the example of the European Community*

*shows that solidarity may eventually help to spread best practice into less advanced countries, as in the case of improved drinking water standards.*

*This seems to lead to the conclusion that West Germany is embarking on* ***major redirections*** *in its technology policy. Other than economic growth-related technological innovation, energy saving, renewable energy sources, environmental protection, safer traffic and transport, more people-oriented city renewal, etc. might play a growing role.*

*These new priorities cannot be introduced within a few years, but will require up to several decades. West German technology policy has been anticipating this evolution for many years. It promotes a wide range of the relevant technologies, but - compared with technology push - on an insufficient scale and* ***without the integration*** *of its policy into economic, financial and other social policies as a whole.*

*Technology policy making in West Germany will continue to be in a squeeze: Although its redirection ought to be enacted as discussed above, West Germany with twice the export density (per capita) of Japan and four times that of the USA has to stay in the technology push game of the OECD world.*

*Consequently, a delicate balance will have to be struck. But the example of the competitive advantages of Japan in energy and environment-related products and processes, gained by the country's reaction to the two oil crises of the 1970s, shows that careful redirections may provide economic strength and competitiveness without impairing the national income and its growth. Eventually they would mean a gradual transfer of individual capital to social capital (e.g. healthy environment and infrastructure).*

*Politically, the technological and economic redirection will require a* ***third political paradigm****, in addition to those of the market and the infrastructure. Governments will have to take the lead instead of letting markets and collusions between business and government direct technological evolution. Ecologically-oriented techno-economic priorities will have to be implemented in a regulatory structure which permits or directs markets and technologies to work for a sustainable future. The third paradigm will have to specify* ***goals of society****.*

## *6. Conclusion*

*Typically, in spite of the acceleration of technical change, major innovations take one to two generations, i.e. 25 to 50 years. In environmental protection, the introduction and diffusion of improved or new major end-of-pipe technologies for emission reduction, of improved or new* *processes (e.g. in chemical engineering) or materials (e.g. substitutes for harmful chemicals), of major new regulations (e.g. as to a new relationship between the automobile and public transport) will be a matter of several renewable energy sources (e.g. large-scale photovoltaics, fuel cells, $H_2$ economy) and the full exploitation of the potential for energy saving (e.g. insulation and heating of homes and offices).*

*It is, however, questionable whether these measures will suffice to bring about a sustainable state of the earth, for at least two reasons:*

- *Although economic growth, after peaking at about 10 % annually after the last war, is down to 2 to 3 % and although there seems to be a decoupling between economic growth immissions into the environment and energy consumption, it is uncertain whether emissions will be reduced to harmless rates. Examples where that specific emission reductions become compensated or overcompensated by economic growth or structural change:*
  - *Better heat insulation of homes is cancelled by larger homes and inadequate heat management.*
  - *Specific automobile emission reduction is overcompensated by the increase of cars and the roads, their more highly powered engines and fuel inefficient driving habits as well as by more and heavier trucks.*
  - *So-called convenience goods (e.g. food and throw-away products) require higher energy input and increase their environmental impact.*

*Thus, the question arises whether a purely technological approach to solve the environmental and energy problems may not suffice. Then,* ***a second order policy*** *within the framework of the third goal-oriented paradigm would be required, aiming at changing popular habits more drastically. This would mean that people would have to correct the behaviour patterns which led to the dramatic post-war growth and wealth. A* ***new restraint*** *would be called for.*

*But the still greater problem is that of the Southern world. The energy and the global $CO_2$-problem would be still more dramatic if the less or non-industrialized countries approached the wealth of the OECD countries. Optimists and pessimists assess the rate of* ***world-wide social learning*** *differently, as fast or slow compared with the rate of aggravation of ecological and energy-related problems.*

*West Germany, a small country closely bound to international markets by high imports and exports and politically dominated by the USA, has to steer precariously between the Scylla of ecological disruption and the Charybdis of a new technology policy, however weak international solidarity may be.*

***References***


1. *Krupp, Helmar:* ***Basic research in German research institutions,*** *in Proceedings of the Japan-Germany Science Seminar, Japan Society for the promotion of Science. Tokyo May 28-30, 1984, p. 73-109*

2. *Grupp, Hariolf, and Helmar Krupp:* ***An international perspective on science and technology in the FRG,*** *paper presented at Scientific Symposium on Research in the FRG, organized by the German Embassy, Tokyo November 19, 1987. Extended German summary in Markt Deutschland/Japan, Zeitschrift der deutschen Industrie- und Handelskammer in Japan, April 1988, p. 18-22*

3. *Krupp, Helmar and Uwe Kuntze:* ***Dilemmata inherent in the public promotion of high technologies,*** *in Technical Cooperation and International Competitiveness, Eds. Fusfeld, H.F., and R. R. Nelson, Troy, N. Y., Rensselaer Polytechnik Institute, Center for Science and Technology Policy 1988, p. 193-224*

4. *Jochem, Eberhard:* ***Long-term potentials of rational energy use in industrial countries,*** *paper presented at the Annual Meeting of the German Physical Society, Bonn March 14, 1989 (in German)*

5. *Angerer, Gerhard:* *The Federal Minister of Research and Technology, Environmental Research and Technology Programm 1989-1993,* ***Data on Air Pollution,*** *FhG-ISI Karlsruhe July 25, 1989 (in German)*

1. RANDBEDINGUNGEN Seite

## DER TREIBHAUSEFFEKT

**Bernd Schmidbauer**

Der natürliche Treibhauseffekt, der von den Gasen
- Wasserdampf ($H_2O$),
- Kohlendioxid ($CO_2$),
- Methan ($CH_4$),
- Distickstoffoxid ($N_2O$) sowie
- Ozon ($O_3$)

hervorgerufen wird, sorgt dafür, daß die heutige Durchschnittstemperatur auf der Erde in Bodennähe rund 15°C beträgt. Bedrohlich ist, daß - abgesehen von Wasserdampf - die Konzentration dieser Gase in der Atmosphäre seit Beginn des industriellen Zeitalters stark ansteigt. Dies wurde durch zahlreiche Messungen von Luftproben an verschiedenen Orten der Erde sowie durch Analysen historischer Luftproben, die aus Gaseinschlüssen im Gletschereis gewonnen wurden, belegt.

Ab der vorindustriellen Zeit zeigen die Daten einen Konzentrationsanstieg von ca. 25 Prozent für $CO_2$ und von etwa 240 Prozent für $CH_4$. Hinzu kommt die Freisetzung der FCKW und Halone, die ausschließlich anthropogenen Ursprungs sind. Infolge dieser beobachteten Konzentrationszunahme der Treibhausgase wird eine weltweite, zusätzliche Erwärmung der Atmosphäre, d.h. ein zusätzlicher Treibhauseffekt, befürchtet.

Nach Aussagen der Wissenschaftler ist bei einem weiteren Anstieg der Spurengase - entsprechend der bisherigen Entwicklung - ungefähr im Jahre 2050 bereits mit einer Erwärmung von 3°C ± 1,5°C gegenüber dem vorindustriellen Wert zu rechnen. Diese Erwärmung ist von der gleichen Größenordnung wie der Temperaturunterschied von 4°C bis 5°C zwischen der Eiszeit vor etwa 20 000 Jahren und heute, d.h. es ist mit einer Erwärmung zu rechnen, wie sie seit einer Million Jahren nicht mehr existierte.

Zu berücksichtigen ist, daß die Unsicherheiten der Rechenmodelle noch nicht vollständig beseitigt sind, weil z.B. die durch die Erwärmung erwartete Änderung des globalen Wasserkreislaufes z.Zt. nicht ausreichend genau abgeschätzt werden kann. Neue Versuche, die beiden Aspekte dieser Wasserkreisläufe, nämlich die Wolken- und Niederschlagsbildung sowie die Meeresströmungen, besser zu modellieren, haben zu keinen wesentlichen Änderungen der Modellergebnisse geführt.

Die unzureichenden Testdaten für Ozeanmodelle machen eine Aussage zur Regionalisierung der Klimaänderungen vorerst unmöglich.

- Der beobachtete globale Temperaturanstieg von etwa 0,6°C seit 1860,
- das Abschmelzen der Gebirgsgletscher,
- die Umverteilung der Niederschläge in der nördlichen Erdhälfte und
- der gegenwärtige Meeresspiegelanstieg von etwa 15 cm seit Beginn dieses Jahrhunderts

entsprechen den Modellergebnissen. Der endgültige Beweis, daß dies ausschließlich auf menschliche Aktivitäten zurückzuführen ist, ist noch nicht geführt. Hier sind weitere Forschungsarbeiten dringend notwendig.

Fest steht dagegen, daß die anthropogenen Emissionen an den Änderungen beteiligt sind und bei einer Fortführung nach heutigem Kenntnisstand verheerende Folgen nach sich ziehen werden. Eine vorsorgende Umweltpolitik muß daher - unabhängig von den noch bestehenden Unsicherheiten - schnellstmöglich eine Reduktion der klimarelevanten Spurenstoffe erreichen. Will man erst abwarten, bis alle noch offenen Fragen mit hinreichender Genauigkeit beantwortet sind, wird es für Gegenmaßnahmen zu spät sein.

Die Folgen, die sich aus einer globalen Erwärmung der Erdoberfläche ergeben würden, sind bereits absehbar:

- Die Gebirgsgletscher würden weiter schmelzen,
- ein Anstieg des Meeresspiegels und die Überflutung von Küstenregionen wäre zu befürchten.
- Die Vegetationszonen würden sich polwärts verschieben und viele Wälder in Steppen verwandeln.
- Die Auswirkungen auf die Landwirtschaft, mit vermutlich erheblichen Ernteeinbußen und eine dramatische Verschlechterung der Ernährungssituation sowie
- die Gefährdung der Wasserversorgung, würden zu noch nicht überschaubaren Konsequenzen führen.

Völkerwanderungen, vielleicht auch Kriege und Verteilungskämpfe dürften die Folge sein. Dabei ist das auch weiterhin anzunehmende exponentielle Wachstum der Erdbevölkerung noch nicht berücksichtigt.

Die klimarelevanten Spurengase, die für den zusätzlichen Treibhauseffekt und damit für mögliche verheerende Auswirkungen verantwortlich sind, stammen aus verschiedenen anthropogenen Quellen.

- Am stärksten beteiligt ist $CO_2$, nämlich mit rund 50 %. Dieses Gas entsteht bei der Verbrennung der fossilen Energieträger, Kohle, Erdgas und Erdöl (ca. 40 %) sowie durch die großflächige Verbrennung bzw. Zerstörung tropischer Wälder (10 %).
- Methan trägt zu etwa 19 %, d.h., mit etwa einem Fünftel zum zusätzlichen Treibhauseffekt bei. Wichtige Ursachen für den Methananstieg sind der Naß-Reisanbau, die Rinderhaltung, die Förderung von Kohle und Erdöl, die Erdgaswirtschaft bei der Förderung und Verteilung (Leckage-Verluste), Mülldeponien sowie die Verbrennung von Biomasse.
- Der Anteil der FCKW hat sich, wie schon erwähnt, nach neuesten Schätzungen von 17 auf etwa 20 % bis 25 % erhöht.
- Das Ozon in der Troposphäre liefert einen Beitrag von ca. 8 %. Es entsteht aus Stickoxiden, das aus Abgasen von Fahrzeugen stammt beziehungsweise bei Verbrennungsprozessen entsteht.
- Distickstoffoxid ist für weitere 4 % verantwortlich. Es wird z.B. durch die Düngung in der Landwirtschaft und bei verschiedenen Verbrennungsvorgängen freigesetzt.

**Energie**

Den größten Anteil an dem durch Menschen verursachten Treibhauseffekt hat die weltweite Energiebereitstellung, -umwandlung und -nutzung. Dies wird durch folgende Zahlen deutlich:

- $CO_2$ ist zu etwa 80 %,
- $CH_4$ bis 30 % energiebedingt und
- das Ozon in der Troposphäre ist in den Industrieländern - vor allem über die Emissionen von Stickoxiden - fast ausschließlich energiebedingt.

Alle energiebedingten Spurengase zusammen tragen damit etwa mit 50 % zum zusätzlichen Treibhauseffekt bei.

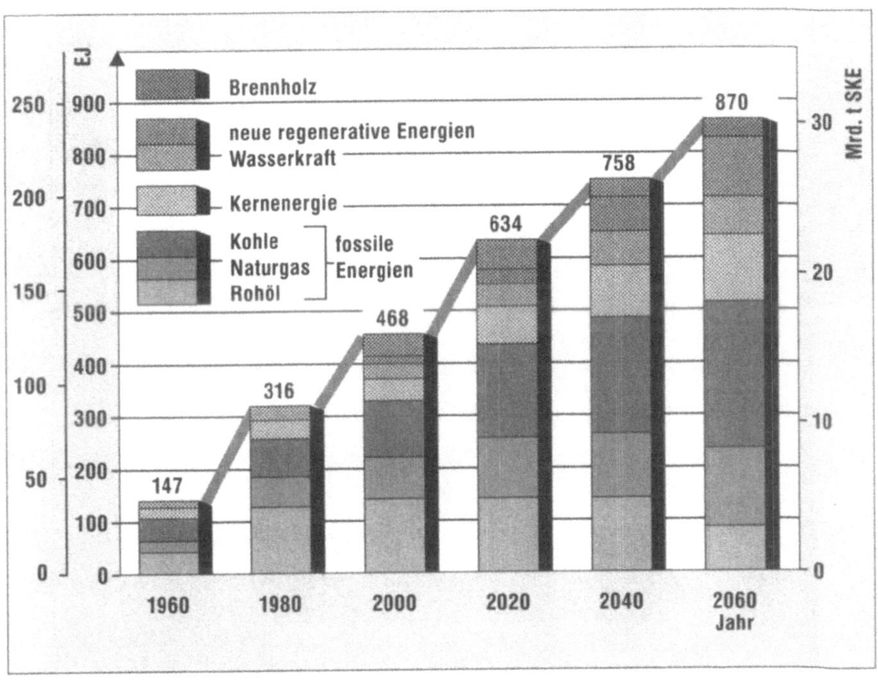


Abb. 1: Von der Weltenergiekonferenz 1986 in Cannes prognostizierter weltweiter Energieverbrauch bis zum Jahr 2060

Die Abbildung 1 zeigt den voraussichtlichen, von der 13. Weltenergiekonferenz 1986 in Cannes ermittelten, weltweiten Primärenergieverbrauch bis zum Jahr 2060. Der Verbrauch fossiler Energieträger würde sich danach gegenüber heute mehr als verdoppeln. Eine ähnliche Prognose - allerdings nur bis zum Jahr 2020 - gab die 14. Weltenergiekonferenz im Herbst 1989 in Montreal.

Dabei ging die Studie der Weltenergiekonferenz von folgenden Prämissen aus:

- der Beibehaltung des gegenwärtigen Pro-Kopf-Energieverbrauchs in den Industrieländern
- eine Steigerung in den Entwicklungsländern sowie
- einem erheblichen Ausbau der Nutzung erneuerbarer Energien und der Kernenergie.

Trotzdem würden sich danach die $CO_2$-Emissionen weltweit von gegenwärtig rd. 23 Mrd. t auf ca. 32,6 Mrd. t im Jahr 2020 steigen. Gefordert wird jedoch eine weltweite Reduktion der $CO_2$-Emissionen von mindestens 20 % bis 2005 und mindestens 50 % bis 2050 (Toronto-Erklärung vom Juni 1988). Bezogen auf das Jahr 2020 bedeutet dies eine Reduktion auf 16 Mrd. t. $CO_2$.

In diesem Zusammenhang ist es erforderlich, sich auch die prognostizierte Zunahme der Weltbevölkerung, die hier dargestellt ist, zu vergegenwärtigen.

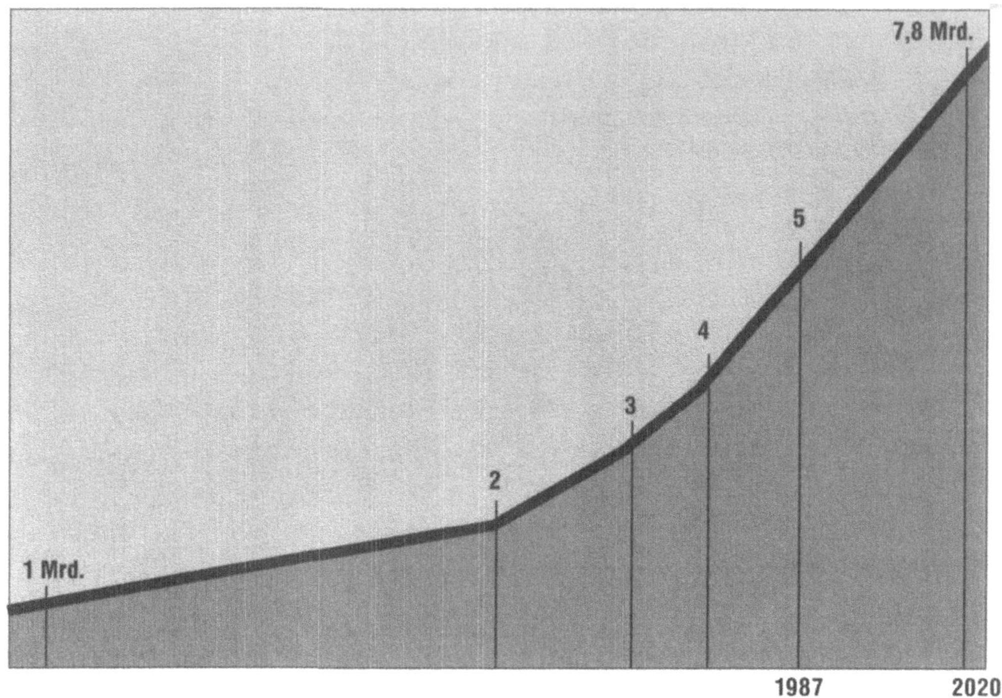


Abb. 2: Entwicklung und Prognose der Weltbevölkerung bis zum Jahr 2020

Da man jedoch davon ausgehen muß, daß der Energieverbrauch der Entwicklungsländer, auch unter Berücksichtigung von Klimagesichtspunkten, noch ansteigen wird - der kommerzielle Energieverbrauch hat zur Zeit eine jährliche Steigerung von rd. 2 bis 3 % - würde dies bedeuten, daß die $CO_2$-Emissionen der Industrieländer bis zur Mitte des nächsten Jahrhunderts ggf. um mindestens 80 % gesenkt werden müssen.

Diese Sachlage erfordert, daß die derzeitige Energiepolitik weltweit neu überdacht und grundlegend geändert werden muß. Bei allen Überlegungen kommt der Energieeinsparung Priorität zu. Bisherige Erkenntnisse zeigen, daß eine merkliche Verminderung der Spurengasemissionen nur durch eine rationellere Energienutzung erreicht werden kann.

Um in ihrem dritten Bericht Ende dieses Jahres dem Deutschen Bundestag Handlungsempfehlungen im Energiebereich unterbreiten zu können, hat die Enquête-Kommission ein etwa 150 Studien umfassendes Untersuchungsprogramm in Auftrag gegeben.

Ziel des Studienprogrammes ist es, die nach dem heutigen Wissensstand möglichen und realisierbaren technisch-wirtschaftlichen Potentiale zur Verminderung des Energieeinsatzes, der

Nutzung fossiler Energieträger und der Emission energiebedingter klimarelevanter Spurengase für die Bundesrepublik Deutschland zu analysieren.

Folgende Fragestellungen sind von besonderem Interesse:

- Wie kann durch eine rationellere Energienutzung und eine Verminderung der Energiedienstleistung bzw. durch energiebewußtes Verhalten,
- durch die Nutzung erneuerbarer Energiequellen,
- durch den Austausch fossiler Energieträger untereinander,
- durch die Nutzung der Kernenergie,
- durch Energiespeicher, neue Sekundärenergieträger und Nutzungssysteme, Entsorgungsmöglichkeiten von $CO_2$ sowie Möglichkeiten der Emissionsminderung anderer Spurengase und
- durch die Fortentwicklung des Verkehrsbereichs

der Energieeinsatz wesentlich verringert werden?

Darüber hinaus wurden Wirkungsanalysen energiepolitischer Instrumente und die Entwicklung von adäquaten Maßnahmebündeln in Auftrag gegeben, um entsprechende Vorschläge in die internationale Diskussion einbringen zu können. Im Mittelpunkt des Interesses steht vor allem die Ausgestaltung einer "Internationalen Konvention zum Schutz der Erdatmosphäre".

Die bisher vorliegenden Berichte des Energiestudienprogrammes lassen für die zukünftige Energiepolitik der Bundesrepublik Deutschland bereits einige Schlußfolgerungen zu:

## Energieeinsparung/rationellere Energienutzung

In ihrem ersten Bericht vom November 1988 stellt die Enquête-Kommission fest, daß die Energieeinsparung - insbesondere in den Industrieländern - Priorität haben muß bei der Suche nach Lösungswegen zur Senkung des Energieverbrauchs. Das derzeitige Studienprogramm ist daher so angelegt, daß der Studienkomplex "Energieeinsparung durch rationellere Energienutzung und Verminderung von Energiedienstleistungen" die Basis und Bezugsgröße für Gesamtstrategien im Energiebereich bildet.

**Wesentliche Ergebnisse sind bisher:**

I. Durch intensive Maßnahmen rationeller Energienutzung in der Bundesrepublik Deutschland können die jährlichen $CO_2$-Emissionen bis zum Jahr 2005 um etwa 134 Mio.t, das sind etwa 19 % gegenüber 1987, reduziert werden.
Hinzu kommen die Reduktionen durch energiebewußtes Verhalten bzw. Verminderung der Energiedienstleistung, so daß die $CO_2$-Emissionen insgesamt um mindestens 20 % reduziert werden können.

Bei einer Strategie der rationelleren Energienutzung können die aufgrund des Energieeinsatzes in den einzelnen Sektoren emittierten $CO_2$-Mengen bis zum Jahr 2005 folgendermaßen reduziert werden:

- die privaten Haushalte: um 39 %,
  ausgehend von 184 Mio.t $CO_2$ im Jahre 1987
- Umwandlungssektor: um 36 %,
  ausgehend von 254 Mio.t $CO_2$ 1987 und
- Kleinverbrauch: um 16 %,
  ausgehend von 116 Mio.t $CO_2$ 1987.

In folgenden Sektoren allerdings würden sich die $CO_2$-Emissionen bis 2005 trotz der Strategie der rationelleren Energienutzung erhöhen:

- Im Industriebereich: um 7 %,
  ausgehend von 221 Mio.t $CO_2$ im Jahre 1987 und
- im Verkehrsbereich: um 16 %,
  ausgehend von 161 Mio.t $CO_2$ im Jahre 1987.

Bei den Angaben zu den $CO_2$-Emissionen im Jahr 1987 sind die durch den Umwandlungssektor verursachten Emissionen bereits in denjenigen der vier Endenergiesektoren enthalten, so daß sich die gesamten $CO_2$-Emissionen des Energiebereiches im Jahr 1987 auf rd. 700 Mio.t (endenergieseitig berechnet) belaufen.

Da auch im Umwandlungsbereich selbst Möglichkeiten der rationelleren Energienutzung bestehen, werden diese getrennt ausgewiesen. Hierbei ergibt sich eine mögliche Reduktion der Emissionen um 36 % bis zum Jahr 2005, ausgehend von 254 Mio.t $CO_2$ im Jahr 1987.

Die angegebenen Zahlen liegen auf der sicheren Seite einer relativ großen Bandbreite der möglichen Einsparpotentiale und können aufgrund der Studienergebnisse als realisierbar angesehen werden.

II. Insgesamt dürfte bei dieser Strategie der rationelleren Energienutzung ein Investitionsbedarf von rd. 25 bis 30 Mrd. DM jährlich, d.h. kumuliert bis zum Jahr 2005 von ca. 450 bis 500 Mrd. DM entstehen. An anderer Stelle würden dafür Investitionen entfallen, die sonst für die Energiebereitstellung getätigt werden müßten.

III. Die Ergebnisse basieren auf der Annahme eines Wachstums des Bruttosozialproduktes um 2,6 % pro Jahr bis 2005 (d.h. kumuliert 60 % bis 2005), eines Anstiegs der Nettostromerzeugung um jährlich 1,1 % bis 2005, einer Anhebung der Brennstoffpreise um 100 % und der Strompreise um 50 % bis 2005 sowie einer unterstellten aktiven Politik der rationellen Energienutzung.

Eine Anwendungsbilanz kommt zu folgender Abschätzung des Endenergieeinsatzes der Bundesrepublik Deutschland im Jahr 1987:

- Raumheizung: rd. 35 %
- Kraftbedarf: rd. 35 %
  Verkehr: 25 %
  stationär 10 %
- Prozeßwärme: rd. 28 %
- Licht: rd. 2 %

Dabei liegen die Nutzungsgrade

- der Endenergie im Kleinverbrauch bei rd. 51 %,
- in der Industrie bei rd. 56 % und
- bei den Haushalten bei rd. 60 %, während
- der Verkehr einen Nutzungsgrad von lediglich rd. 18 % aufweist.

IV. Aus den gegenwärtigen Emissionszahlen und den möglichen Reduktionen ergeben sich folgende **vier Schwerpunktbereiche für Maßnahmen:**

1. Die Reduktion des Energieverbrauchs und der Emissionen bei der **Raumheizung** - in erster Linie bei den ca. 26 Millionen Wohnungen, aber auch beim Kleinverbrauchsektor und bei der Industrie - liefern besonders hohe Reduktionsraten und stehen unmittelbar vor der Umsetzungsphase.

Allein bei der Raumwärme und Warmwasserbereitung der privaten Haushalte können die $CO_2$-Emissionen von 120 Mio.t im Jahr 1987 um 42 % auf 70 Mio.t pro Jahr bis 2005 und danach noch weiter gesenkt werden.

2. Die Studien zum **Verkehrssektor** machen deutlich, daß infolge steigender Motorisierung und erhöhter Verkehrsleistung die zu erreichenden spezifischen Einsparpotentiale überkompensiert werden; d.h. selbst bei erheblichen Einsparungen muß noch mit einem Anstieg der $CO_2$-Emissionen von 16 % bis zum Jahre 2005 gerechnet werden. Hierzu werden wir noch eine Gesamtstrategie vorschlagen.

3. Rationellere Nutzung der **Elektrizität** - durch **stromsparende Geräte**, stromspezifischen Energieeinsatz etc. - und bessere Wirkungsgrade bei der Umwandlung fossiler Energieträger in Elektrizität - durch einen Ausbau der **Kraft-Wärme-Kopplung** bzw. der Nah-/Fernwärmesysteme etc. - können die Emissionen aufgrund der Verringerung der Umwandlungsverluste spürbar reduzieren.

4. Beim Sektor **Industrie** ist es besonders wichtig, den aufgrund des angenommenen Wirtschaftswachstums ansteigenden Energiebedarf in Grenzen zu halten und zwar durch die Optimierung des Energieeinsatzes über die gesamte Prozeßkette und den optimierten Energieeinsatz bei Elektrizität und Kraftbedarf, Prozeßwärme, Abwärmenutzung und Raumwärme.

V. Neben den Daten für $CO_2$ bilden die Studien auch eine Basis für die Reduktion der weiteren energiebedingten klimarelevanten Spurengase. Danach können - bezogen auf das Jahr 1987 - die Emissionen bis zum Jahr 2005 um folgende Quoten reduziert werden:

- **Methan ($CH_4$) um ca. 50 %**
  (durch rationellere Energienutzung einschließlich der Verbrennung von Deponie- und Grubengas in Blockheizkraftwerken)

- **Stickoxide ($NO_x$) um knapp 60 %**
  (ca. 43 % durch Abgaskatalysatoren und Rauchgasreinigung, ca. 14 % durch rationellere Energienutzung)

- **Flüchtige Kohlenwasserstoffe, ohne Methan (NMVOC) um knapp 80 %**
  (ca. 60 % durch Abgaskatalysatoren, ca. 18 % durch rationellere Energienutzung)

VI. Im Zeitraum von 2005 bis 2050 können der Energieverbrauch und die Emissionen von $CO_2$ sowie die der übrigen energiebedingten Spurengase weiter erheblich reduziert werden. Ein zusammenfassendes Ergebnis der Studien zu dieser Fragestellung wird im 1. Halbjahr 1990 erfolgen. Ziel wird sein, entsprechende Reduktionsquoten abzuschätzen, um die Entwicklung für einen längerfristigen Zeitraum prognostizieren zu können.

**Nutzung erneuerbarer Energien**

Der zweite Studienkomplex, der die möglichen Verminderungen der Emissionen durch die verstärkte Nutzung erneuerbarer Energien untersucht, hat folgende erste **Ergebnisse**:

1. Das wirtschaftliche Potential der Nutzung erneuerbarer Energiequellen kann für das Jahr 2005 die $CO_2$-Emissionen der Bundesrepublik Deutschland um ca. 16 bis 21 Mio.t reduzieren; das sind etwa 2 bis 3 % der jährlichen Emissionen des Jahres 1987 von rund 700 Mio.t. Nach dem Studien liegt das Reduktionspotential bis zum Jahr 2025 bei etwa 55 bis 81 Mio.t $CO_2$; das sind etwa 8 bis 12 % der $CO_2$-Emissionen, bezogen auf das Jahr 1987. Für das Jahr 2050 wird ein Reduktionspotential von etwa 81 bis 142 Mio.t $CO_2$ angegeben; das entspricht einer Reduktion von etwa 12 bis 20 %, bezogen auf das Jahr 1987.
   Das technische und damit maximal erreichbare Potential der erneuerbaren Energien geben die Studien mit etwa 110 bis 175 Mio.t $CO_2$-Reduktion an; das wären etwa 16 bis 25 %, bezogen auf das Jahr 1987.

2. In den Zahlen werden die Beiträge aus nachwachsenden Rohstoffen wegen des großen Bedarfs landwirtschaftlicher Flächen und damit der Konkurrenz zur Lebensmittelerzeugung nicht berücksichtigt. Ebenso beziehen sie sich nur auf die Umwandlung und Nutzung in der Bundesrepublik Deutschland. Solarimporte, z.B. mit Solarwasserstoff aus Regionen mit höherer Sonneneinstrahlung, sind also in den o.g. Zahlen nicht enthalten und könnten langfristig zu den genannten Potentialen dazukommen.

3. Diese Ergebnisse machen deutlich, daß den unterschiedlichen Zeithorizonten besondere Aufmerksamkeit geschenkt werden muß:

   Die Nutzung der erneuerbaren Energien insgesamt kann in größerem Umfang gegenüber den Potentialen der rationelleren Energienutzung zeitversetzt zur Wirkung kommen. Wenn es sich als erforderlich erweist, daß die Industrieländer ihre $CO_2$-Emissionen bis 2050 um ca. 80 % reduzieren müssen, - damit wegen der Beiträge der Entwicklungsländer weltweit eine Reduktion um ca. 50 % erzielt wird - dann sind die Potentiale der regenerativen Energien soweit wie möglich auszunutzen.

Nach den Ergebnissen der Studien können diese Potentiale von 2005 bis 2050 in etwa derselben Größenordnung liegen wie die der rationelleren Energienutzung in diesem Zeitraum. Über die Voraussetzungen, Kosten, etc. müssen wir uns ein realistisches Bild machen, um die effizientesten Maßnahmen herauszufinden und in die Tat umzusetzen.

Voraussetzung dafür, daß die erneuerbaren Energien in ein bis zwei Jahrzehnten relevante Beiträge leisten können, ist, daß bereits heute - nach einer gestaffelten Strategie -, sowohl die Markterschließung eines Teils der erneuerbaren Energien als auch FuE-Maßnahmen eines anderen Teils der regenerativen Energietechniken und -systeme erheblich intensiviert werden.

4. Die unterschiedlichen Zeithorizonte der verschiedenen Techniken zur Nutzung erneuerbarer Energien untereinander und im Vergleich zur rationelleren Energienutzung müssen beim Ausbau der Nutzung regenerativer Energien deutlich herausgearbeitet werden:

a) Kleine und mittlere Windenergieanlagen, Wasserkraft, Biogasanlagen, solare Niedertemperaturanlagen u.a. sind geeignet, bereits heute in Serie produziert zu werden und schon kurzfristig zwar relativ kleine, jedoch nicht zu vernachlässigende Marktanteile zu erreichen. Hier ist die Markterschließung eine wesentliche Frage, wobei ein gewisser FuE-Einsatz hilfreich sein kann, aber nicht entscheidend ist. Diese Techniken liefern im wesentlichen die Potentiale bis 2005.

b) Große Windenergieanlagen benötigen noch etwa ein Jahrzehnt FuE-Arbeit, bis sie marktfähig sind. Allerdings stellen sich dabei - im Gegensatz zu kleinen und mittleren Anlagen - verstärkt Fragen nach dem Landschaftsbild, dem Geräuschpegel und der Akzeptanz.

c) Anlagen zur Herstellung und Nutzung der Photovoltaik benötigen eine Anlaufzeit von mehreren Jahrzehnten, bis sie einen wesentlichen Anteil an der Energieversorgung ausmachen.

Dabei ist zu berücksichtigen, daß der Einsatz der Solarzellen auch in unseren Breiten - z.B. dezentral verteilt auf Dachflächen - in beträchtlichem Umfang möglich ist, daß aber die großen Märkte in südlichen Ländern liegen.

## UMWELTZUSTAND DER BUNDESREPUBLIK DEUTSCHLAND ENDE DER 80ER JAHRE*)

**Wolfgang Haber**

### Umweltschutz im Widerstreit

Die Darstellung des Umweltzustandes unseres Landes am Ende dieses Jahrzehntes kann nur eine Momentaufnahme aus einem langen Prozeß sein, der uns noch viele Jahre beschäftigen wird. Diese Momentaufnahme vermittelt kein erfreuliches Bild. Insofern könnte sie als Kontrastaussage zu vielen offiziellen Äußerungen von Regierungsvertretern aufgefaßt werden. Solche Äußerungen beziehen sich in der Regel auf anlaufende und vorgesehene neue oder verbesserte Umweltschutzmaßnahmen und die daran geknüpften Erwartungen. Meine Darstellung hebt dagegen auf den derzeitigen Zustand der Umwelt und auf eine erfahrungsgeleitete Abschätzung seiner weiteren Entwicklung ab.

Daß sie nicht erfreulich ausfällt, bringt sie offenbar in Übereinstimmung mit der laufenden Umweltberichterstattung in Presse, Funk und Fernsehen, die nach dem alten Grundsatz verfährt, wonach nur eine schlechte Nachricht berichtenswert ist. Ganz unangebracht ist der Grundsatz nicht, denn die Masse der Menschen bedarf immer wieder der Aufrüttelung und der Erinnerung daran, daß es kein Leben ohne Risiko gibt - und daß jeder immer wieder sein Verhalten überdenken muß. Das Psalmenwort "Lehre uns bedenken, daß wir sterben müssen, auf daß wir klug werden", behält seine Geltung. Werden wir aber klug, wenn uns ein Bild ständiger Düsternis, immer wieder neuer Vergiftungen, Verschmutzungen und anderer Belastungen vorgeführt wird?

Ein Zuviel an Unglücks- und Schreckens-Nachrichten kann auch abstumpfen und ebensoviel Gleichgültigkeit erzeugen wie die ständige Verkündung nur guter Nachrichten. Auch solche Verkündungen gibt es ja in unserer Gesellschaft. Parteien und Interessenverbände verkünden über sich und ihre Arbeit überwiegend nur Gutes, Fehler unterlaufen ihnen kaum, und an falschen oder schlechten Zuständen sind immer andere schuld.

In einem solchen Widerstreit der Verkündungen und Meinungen ist es nicht leicht, ein abwägendes Urteil zu fällen zu versuchen - und urteilen heißt ja abwägen, heißt nicht anklagen oder verurteilen, obwohl es solche Konsequenzen auslösen kann. Bei einem so komplexen Gegenstand wie der Umwelt ist gerade bei der Beurteilung - und trotz vieler gedrängter Probleme - große Sorgfalt geboten.

---

*) Nachdruck aus: Korrespondenz Abwasser, Heft 11/1988, S. 1084-1089

**Was ist Umwelt?**

Wissen wir, die wir das Wort "Umwelt" fast ständig benutzen, war dieser Begriff bedeutet und was er alles umfaßt? Selbst der Ökologe als Umweltfachmann stößt bei solchen Überlegungen immer wieder auf Schwierigkeiten. Die Ökologie, die das Geschehen in der Umwelt der Menschen, Tiere und Pflanzen studiert, gehört zu den **biologischen** Wissenschaften, muß aber wegen der Komplexität des Gebietes auch Wege beschreiten, die aus der Biologie in andere Wissenschaftsdisziplinen hineinführen und eigentlich keine Disziplin völlig unberührt lassen. Daraus ergibt sich ein Anspruch, der für die Ökologie schwer zu erfüllen und für die anderen Disziplinen schwer zu ertragen ist. Die Ökologie als Wissenschaft trägt ihrerseits schwer daran, daß sie wie fast keine andere Disziplin außer der Medizin als Heilslehre mißbraucht, politisch verfälscht oder anderweitig verunstaltet wird. Daran sind wir Ökologen freilich nicht unschuldig, denn in jugendlichem Überschwang unserer erst seit rund 30 Jahren aktiven Disziplin haben viele von uns Erkenntnisse verbreitet und Erwartungen geweckt, die sich im Fortschritt der Forschung als unzutreffend oder unerfüllbar erwiesen.

So muß der Begriff "Umwelt" immer wieder hinterfragt werden. Was ist mit Umwelt gemeint? Ist es die Luft, sind es die Gewässer, die Böden, die Wälder? Handelt es sich um eine natürliche oder kultürliche, um eine städtische oder ländliche oder gar um eine soziale oder wirtschaftliche Umwelt? Mit allen diesen Attributen wird ja der Umweltbegriff versehen. Aus der Sicht der Ökologie, der sich das Umweltgutachten 1987 anschließt, ist Umwelt die Gesamtheit der biologisch wirksamen Umgebung der Menschen, wobei unter biologischer Wirksamkeit alle Einflüsse auf Gesundheit, Gedeihen, körperliches und sinnliches Wohlbefinden zu verstehen sind. Viel einfacher wird der Umweltbegriff damit nicht, denn zur menschlichen Umwelt gehören auch zahlreiche von ihm geschätzte oder benötigte Tiere und Pflanzen, die alle wieder ihre eigene Umwelt haben und erhalten sehen möchten.

**Räumlich** betrachtet, und dies ist vielleicht der pragmatische Ansatz, kann unsere Umwelt in drei große Bereiche unterteilt werden, und zwar

1. die **städtisch-industrielle Umwelt**, vor allem verkörpert durch die 24 "Ballungsgebiete" der Bundesrepublik, in denen über die Hälfte der Bewohner, d.h. 30 Millionen Menschen, auf 7 - 8 % des Bundesgebietes zusammengedrängt leben;
2. die **ländliche**, durch land- und forstwirtschaftliche Produktion geprägte Umwelt der Felder, Wiesen, Weiden und Wälder;
3. die Reste **natürlicher** oder uns als **natürlich erscheinender** Umwelt, wo wildlebende Pflanzen und Tiere noch weitgehend ohne **direkte** menschliche Störungen gedeihen können.

Selbstverständlich durchdringen sich die drei Umweltbereiche im Raum einander. Die städtisch-industrielle Umwelt überzieht und durchschneidet mit einem dichten Netzwerk von Verkehrslinien und Leitungen die anderen Umweltbereiche intensiv und greift auch mit mittleren und kleinen Städten bis hin zu verstädternden Dörfern, mit Abgrabungsstätten für Baumaterial, mit Mülldeponien, Kläranlagen und anderen Einrichtungen in die anderen Umweltbereiche hinein. Darüber hinaus belasten die Emissionen des städtisch-industriellen Umweltbereiches die Umwelt insgesamt. Da die Wälder infolge ihrer hohen Filterfähigkeit für Luftschadstoffe besonders viel davon aufnehmen, erleiden sie auf die Dauer auch die größten Schäden.

In der ländlichen Umwelt verursacht die intensive landwirtschaftliche Nutzung, insbesondere auf den Ackerflächen, Umweltbelastungen eigener Art durch Nach- und Nebenwirkungen des Einsatzes von Düngern und Pestiziden, ferner durch Bodenerosion und Bodenverdichtung und ganz besonders durch Beseitigung, Zersplitterung und Verkleinerung der Reste der natürlichen Umwelt, die in Form streifen- oder inselartiger Biotope den ländlichen Raum durchsetzen. Dies ist die Hauptursache für den zunehmenden Artenschwund, der neben der Boden- und Grundwasserbelastung die schwerwiegendste Umweltbelastung landwirtschaftlich genutzter Gebiete darstellt.

Welche Umwelt ist gemeint, wenn Umweltschutz, Umweltverträglichkeit, Umweltentwicklung gefordert werden? Welche "Umweltstandards" sollen ausgewählt und festgesetzt werden? Oder gibt es - wenn ich das Wort umdrehe - eine "Standard-Umwelt", die wir Menschen uns wünschen könnten? Derart differenzierte Fragen wurden nicht gestellt, als ab 1970 ernsthaft mit Umweltschutz begonnen und alsbald Umweltbehörden und -anstalten eingerichtet wurden. Die Geschäftsverteilung dieser Umweltbehörden wurde einerseits auf die "Umweltmedien" Luft, Wasser, Tier- und Pflanzenwelt sowie später auch auf die Böden ausgerichtet, andererseits auf besonders schwerwiegende Umweltbelastungen wie Abfälle und Lärm. In jedem dieser "Umweltsektoren" begann eine mehr oder weniger eigenständige, sektorbezogene Politik der Luftreinhaltung, des Grundwasserschutzes, der Abwasserklärung, des Naturschutzes, der Lärmbekämpfung, der Abfallbeseitigung usw. Einige Sektoren konnten auf längere Traditionen und Erfolge zurückgreifen, unter ihnen vor allem die Abwassertechnik, erfuhren aber unter der Flagge des Umweltschutzes neue Antriebe und Verstärkungen.

Wesentlich verstärkt wurde die Umweltschutz-Entwicklung durch das plötzliche Erwachen des allgemeinen Umweltbewußtseins, das als eines der großen geistigen Phänomene des Jahrhunderts anzusehen sein dürfte. Seiner raschen Ausbreitung entsprachen leider keine genaueren Kenntnisse über Inhalt und Komplexität des Begriffes Umwelt, sondern nur mehr oder weniger vage, eher gefühlsbetonte als rationale Vorstellungen und Erwartungen. Die vielen Umfragen, in denen die Bürger ihr hohes Umweltbewußtsein bekundeten, ihre Ängste und Hoffnungen zum Ausdruck brachten, zeigen deutlich, daß diese nicht so sehr aus **eigenen** Erfahrungen oder Umweltbeobachtungen erwachsen, sondern mehr aus der Aufnahme und Verarbeitung von Informationen aus Fernsehen, Rundfunk und Presse. Diesen fällt dadurch eine große Verantwortung für Umweltschutz und Umweltpolitik zu, der sie durch die oft allzu betonte und einseitige Herausstellung negativer Entwicklungen und Befunde wohl nicht richtig gerecht werden.

## Sektoraler und integraler Umweltschutz

Wer die frühen 70er Jahre miterlebte und aktiv mitgestaltete, erinnert sich des optimistischen Schwunges, ja der Begeisterung, mit der Umweltschutz und Umweltpolitik gegen viele Widerstände begonnen und aufgebaut wurde. Kaum jemand hatte damals eine Vorstellung von den gigantischen Dimensionen dieser Jahrhundertaufgabe. Es fehlte an einem umfassenden Umwelt-Konzept, und trotz wissenschaftlicher Beratung, trotz zweier kurz hintereinander erscheinender Umweltgutachten des Rates von Sachverständigen für Umweltfragen (1974 und 1978) blieben Inhalt und Bedeutung des Begriffes "Umwelt" weithin unklar. So blieb die in den einzelnen Sektoren des Umweltschutzes geleistete, z.T. sehr umfangreiche Arbeit weitgehend unkoordiniert, dazu oft noch auf unterschiedliche Zuständigkeiten zwischen Bund und Ländern und zwischen den verschiedenen Behörden aufgesplittert. Die ökologische Forschung war noch zu schwach und unerfahren, um den neuen Herausforderungen gerecht zu werden; sie lieferte grobe theoretische Konzepte von ökologischen Gleichgewichten, Stoffkreisläufen und Nahrungsketten, die zwar jedermann einleuchteten und gefielen, aber keine Normen liefern konnten, die jedoch ein justitiabler Umweltschutz benötigte. Dieser braucht konkrete Verursacher, klare Belastungs- und Grenzwerte, die, oft in aller Eile, nach bestem Wissen und Gewissen, aber nicht ohne Willkür festgesetzt wurden.

Im sektoralen Umweltschutz sind trotz dieser Schwierigkeiten in geduldiger, meist im Stillen verlaufender Arbeit teilweise beachtliche, vorzeigbare Erfolge erzielt worden, die allerdings in der Öffentlichkeit und von den Medien wenig zur Kenntnis genommen werden.Andererseits konnten bei weitem nicht alle in den Umweltprogrammen gesetzten Ziele erreicht werden, wobei aber berücksichtigt werden muß, daß diese Ziele in der ersten Euphorie oder aufgrund von Wahlkampf-Versprechungen zu hoch angesetzt und bei vernünftiger Betrachtung gar nicht erreichbar waren. Daher sind viele Erfolge in Wirklichkeit nur Teilerfolge oder erste Schritte zu einem besseren Umweltschutz im jeweiligen Sektor.

Was aber gänzlich unbefriedigend ist, ist die Tatsache, daß ein umfassender, sektorübergreifender Umweltschutz bisher kaum in Angriff genommen, ja vielfach nicht einmal als Notwendigkeit erkannt wurde. Auch der in der Bundesrepublik Deutschland im Vergleich zu anderen Ländern weit fortgeschrittene vorsorgende Umweltschutz ist immer noch zu sektoral ausgerichtet. Hier setzt daher die Kritik des Sachverständigenrates für Umweltfragen und der ökologischen Wissenschaft an. Bei Anlegung **dieses** Maßstabes eines umfassenden Umweltschutzes ist die Bilanz heutiger Umweltpolitik - wie anfangs gesagt, eine Momentaufnahme - überwiegend negativ oder nicht überzeugend positiv. Einige knapp formulierte Beispiele mögen dies belegen.

Wir haben die Luft erheblich von Staub und Schwefeldioxid entlastet - ein Erfolg, der anhält - und suchen aber händeringend nach Ablagerungsplätzen oder Verwendungen für Entschwefelungsgips oder Filterstäube. Wir haben dank des Könnens der Abwassertechniker die Abwasserklärung beträchtlich vorangetrieben und dadurch unsere Gewässer von der Masse der organischen Schmutzstoffe entlastet - wissen aber immer weniger, wo die wachsenden Klärschlamm-Mengen bleiben sollen, denn Ablagerung, Rückführung in Stoffflüsse, Verbrennung oder gar "Verklappung" im Meer verlangen jeweils weitere spezifische Behandlungs-Techniken, um nicht in Böden, Luft und Wasser neue Belastungen zu erzeugen.

Wir haben die zahllosen, weit über das Land verstreuten, ungeordneten Abfallablagerungen aufgehoben, zugedeckt und die Abfallbehandlung großen, zentralisierten Behandlungsanlagen zugewiesen; doch aus nicht wenigen vergessenen Altdeponien sind wiederentdeckte Alt**lasten** geworden, die entweder sicher ummantelt oder ausgebaggert und in den allgemeinen Abfallstrom wieder eingebracht werden müssen, der uns ohnedies zu verschlingen droht. Der Abfallsektor ist im übrigen ein Umweltschutzsektor, in dem trotz gewisser Einzel-Erfolge **kein** Fortschritt zu erkennen ist, weil das Mengen- und das Vermischungs- bzw. Entmischungsproblem nicht lösbar scheint. Beinahe ziellos werden Abfälle mittels Lastkraftwagen, Eisenbahnen oder Schiffen über Länder und Meere hin- und hertransportiert - in der Hoffnung, das Problem durch "Umverteilung" lösen zu können?

"Umverteilung" ist auch ein beliebter Lösungsweg im Umweltsektor Lärm. Durch Schaffung verkehrsberuhigter, lärmarmer Zonen werden die Lärmerzeuger, deren Zahl weiter zunimmt und dadurch aktive Lärmminderungsmaßnahmen z.T. wieder kompensiert, auf wenige Hauptstraßen (am Boden oder in der Luft) oder Gewerbegebiete beschränkt, wo den Anwohnern eine auf die Dauer wirklich unerträgliche Lärmbelastung zugemutet wird - die durch Lärmschutzwälle und schalldichte Fenster nie ganz zureichend gemildert werden kann. Ist dies eine Lösung?

So gut wie erfolglos mußte das Prinzip (wenn es denn diesen Namen verdient) der Umverteilung im Bereich des Naturschutzes im engeren Sinne, d.h. des Arten- und Biotopschutzes, bleiben. Daher ist dieser Umweltschutz-Sektor, wie das Umweltgutachten

1987 lapidar feststellt, trotz durchaus moderner gesetzlicher Bestimmungen am meisten durch Erfolglosigkeit und Frustration gekennzeichnet. Die Roten Listen seltener oder gefährdeter Pflanzen- und Tierarten werden immer länger. Man kann sagen, daß der Naturschutz ein Opfer anderer Umverteilungen geworden ist. Die Wälder werden großflächig geschädigt durch die weiträumige (Um-)Verteilung von Luftschadstoffen aus den Hauptemissionsgebieten in sog. "Reinluftgebiete". Die Gewässer, nunmehr auch die Randmeere der großen Ozeane, empfangen die im Wasser verteilten, nicht oder noch nicht durch Kläranlagen entnommenen Nähr- und Schadstoffe. Die Lebensstätten (Biotope) freilebender Tiere und Pflanzen schwinden durch sogar dreifache Einwirkungen: einmal durch die gerade erwähnten Stoffumverteilungen (Schadstoffeinträge), zum anderen durch die Neu- oder Umverteilung von Landnutzungen und Landbesitz z.B. in Flurbereinigungen privater oder staatlicher Art, in "Umwidmungen" zu Bauland, Verkehrsflächen, Ablagerungen und Abgrabungen. Allerdings können auch neue Biotope entstehen und werden auch mehr und mehr bewußt geschaffen - dennoch muß die Priorität auf der Erhaltung der vorhandenen Biotope liegen! Zum dritten werden Tiere und Pflanzen auch durch zu starke Zuwendung der Menschen gefährdet; der Freizeit- und Erholungsverkehr ergießt sich bevorzugt in die Reste der "natürlichen" Umwelt, um zu schauen und zu erleben - ohne sich bewußt zu machen, wieviel Schaden dies stiften kann. Freizeit- und Erholungsverkehr ist im Grunde nichts anderes als eine zeitweilige "Umverteilung" von Menschen!

## Neue Umweltprobleme und Lernprozesse

Eine nüchterne Beurteilung der Umweltschutzorganisation ist also nicht einfach und wird weiterhin dadurch erschwert, daß sektorale Erfolge nicht nur durch ihre Unzulänglichkeit für umfassenden Umweltschutz, sondern auch durch neu aufgetretene Umweltgefahren überschattet werden. Es handelt sich dabei um nicht oder nicht in diesem Ausmaß vorhergesehene Langzeitwirkungen von z.T. schon weiter zurückliegenden Maßnahmen und Umwelteingriffen, die aufgrund früherer Kenntnisstände als unbedenklich angesehen wurden. So haben z.T. schon vor zehn, ja 20 Jahren auf die Böden gelangende oder aufgebrachte Substanzen - Dünger, Pestizide, Säurebildner u.a.m. -, vom Sickerwasser transportiert, langsam die Bodenschichten durchwandert, um jetzt in alarmierender Zahl und Menge im Grundwasser zu erscheinen. In umgekehrter Richtung haben eine Anzahl organischer Chemikalien, die wegen ihrer Reaktionsträgheit bevorzugt verwendet wurden, nach Jahren auf dem langsamen Diffusionswege die Stratosphäre erreicht, wo sie sich nicht mehr als reaktionsträge, sondern als höchst reaktiv erwiesen und den Ozonschild abzubauen beginnen. Wieder andere Stoffe wie z.B. die Stickstoffoxide wurden in ihrer umweltbelastenden Bedeutung zunächst unterschätzt oder wegen anders gesetzter Prioritäten hintangestellt. Überhaupt hat man nicht erkannt, daß die erfolgreiche Verminderung **einer** Stoffgruppe aus einem Umweltmedium, wie z.B. Staub oder Schwefeldioxid aus der Luft, die **verbleibenden** Stoffgruppen - also Stickstoffoxide oder organische Chemikalien - zu größerer Bedeutung oder sogar zu neuen chemischen Reaktionen bringt. Schließlich haben sich neue, wenn auch vielleicht nicht ganz so unerwartete Umweltbelastungen aus der Akkumulation jeweils kleiner, für sich genommen unbedenklicher Stoffmengen ergeben.

Wir stehen hier vor der im Grunde ganz banalen Tatsache, daß wir einerseits **nur** aufgrund von **Kenntnissen** oder einigermaßen begründeten Vermutungen umwelt**ent**lastende Maßnahmen ergreifen können, und daß wir andererseits nicht alle Probleme auf einmal lösen können. Dies darf nicht als Ausflucht benutzt werden, ist aber deswegen nicht entkräftet. Wir können - und dies ist gerade die Erfahrung des Ökologen aus dem ständigen Umgang mit komplexen Erscheinungen - nicht einmal alles auf einmal sagen oder zum Ausdruck bringen, und auch nicht alle Aussagen mit allen anderen so verknüpfen, wie es nötig wäre. Die bloße Struktur unserer Ausdrucksmittel, der Sprache, Schrift, Formeln oder Signale sowie der Grammatik erzwingt die Auswahl - also Beschränkung! - des Mitzuteilenden, und damit das Nacheinander, die Abfolge, worin zwar das eine das andere verständlich macht, aber kaum je das Eine das Ganze erkennen läßt!

Andererseits erleben wir Lernprozesse und sollten uns ihnen offenhalten. Einer dieser Lernprozesse ist uns von den Waldschäden vermittelt worden. Ihre noch laufende Erforschung zeigt uns, in welch komplizierter Weise Umweltschädigungen verlaufen. Trotz der gewaltigen Forschungsanstrengungen und dafür getätigten Aufwendungen haben wir die Schadensursachen und -abläufe noch nicht restlos aufklären können. Immerhin wissen wir, daß es "den" Waldschaden und "die" Schadensursache nicht gibt und nicht geben wird. Daher kann man die Waldschäden auch nicht mit Einzelmaßnahmen, sondern nur mit einer vielfältigen Strategie vor allem im übernationalen Rahmen mildern oder heilen. Bei der Nordsee, vor allem in der Aufklärung des Robbensterbens, wird uns ein analoger Lernprozeß zuteil. Er ist schmerzlich. Wir waren zu sehr verwöhnt durch einfache Ursache-Wirkungs-Beziehungen und das daran geknüpfte Verursacherprinzip. In der Komplexität der Umweltzusammenhänge versagen solche Simplizitäten, auch wenn sie prinzipiell gültig bleiben.

Ist diese Situation, wie sie in meiner Momentaufnahme dargestellt ist, nun entmutigend oder gar hoffnungslos? Ich kann keine klare Antwort auf diese Frage geben. Es gibt ein Ja **und** ein Nein - je nach den Maßstäben, die wir anlegen, nach den Möglichkeiten, über die wir verfügen, nach den Einstellungen, die uns leiten.

## Maßstäbe des Umweltschutzes - am Beispiel Wasser

Schon weiter vorn habe ich die Frage aufgeworfen, welche Umwelt den Maßstab für Umweltschutz und -vorsorge liefern soll: die städtisch-industrielle, die ländliche oder die "natürliche" Umwelt. Der Maßstab wird wohl umstritten bleiben, denn Umwelt ist nun einmal uneinheitlich und komplex. Man muß sogar fragen: Kann ein hochindustrialisiertes, dicht besiedeltes, intensiv genutztes Land wie die Bundesrepublik Deutschland überhaupt einen erträglichen Umweltzustand erreichen? Grundsätzlich möchte ich diese Frage bejahen - aber "Erträglichkeit" ist nur im Ansatz ein ökologisches Problem, darüber hinaus aber ein soziales und politisches Problem. Tatsächlich wenden wir ziemlich pragmatisch durchaus verschiedene Umweltmaßstäbe an. Der Umweltbereich des Wassers und der Gewässer bietet dafür anschauliche Beispiele, die uns zeigen, daß beim Umweltschutz in einem hochindustrialisierten Land von vornherein Kompromisse geschlossen werden müssen.

So ist für die Qualität der Oberflächengewässer nur die zweitbeste von vier Güteklassen zum Ziel erhoben worden. Die Gewässergüteklasse II bedeutet "mäßig verschmutzt", d.h. es werden Gewässerverschmutzungen sozusagen offiziell zugestanden und damit erlaubt. Doch nicht einmal dieses Ziel hat sich als realistisch durchsetzbar erwiesen. Einige Bundesländer haben weitere Kompromisse ermöglicht und "Mindestgüteanforderungen" festgelegt, die auf die Güteklasse II/III für eine Übergangszeit abstellen, von der es aber wiederum bestimmte Ausnahmen gibt. Die Folgen einer solchen Gewässergütepolitik der Kompromisse sind uns gerade in diesem Sommer in der Nordsee drastisch vor Augen geführt worden; sie gelten aber natürlich genau so für die Ostsee, bei der aber offenbar keine medienwirksamen Katastrophen eintraten, so daß von ihr nicht so viel Aufhebens gemacht wurde.

Die Abwassertechnik trägt für diese Situation eine erhebliche Verantwortung und ist sich dieser Verantwortung durchaus bewußt. Sie kann sogar als vorbildlich gelten für eine konsequente, Schritt für Schritt erfolgende Umweltschutzpolitik in dem so wichtigen Umweltbereich der Gewässer. Es ist zu hoffen, daß diese fachlich angelegte Politik auch die weiteren notwendigen Investitionen ermöglicht, um die jetzt erforderlichen Maßnahmen rasch zu verwirklichen. Nur dann gelingt es, den Zustand unserer Gewässer, die Betriebssicherheit aller ihnen dienenden Anlagen, einschließlich ihrer Unterhaltung, nicht nur zu gewährleisten, sondern weiter zu vervollkommnen. Als Vorsitzender des Sachverständigenrates stelle ich mit großer Befriedigung fest, daß sowohl die Fachleute der Abwassertechnischen Vereinigung (ATV) als auch die für Wasser und Abwasser zuständigen Behörden alle Vorschläge aus dem Umweltgutachten 1987 zu diesem Bereich aufgegriffen haben; zum großen Teil waren sie auch Gegenstand der ATV-Bundestagung in Münster im September 1988 anläßlich des 40jährigen Bestehens der Vereinigung. Ich wünschte mir, daß andere Vereinigungen und Institutionen, z.B. der Landwirtschaft, die Vorschläge und Empfehlungen des Rates ebenso bereitwillig und aufgeschlossen aufgreifen würden, wie es die ATV getan hat.

Es besteht also begründete Hoffnung, daß, unter der Voraussetzung der Bereitstellung der notwendigen großen Haushaltsmittel, der Zustand der Oberflächengewässer weiter verbessert wird - aber eben nur auf dem zweitbesten Niveau, der Güteklasse II. Ein ganz anderer Maßstab ist für das Grundwasser gesetzt worden. Hier wird höchste Reinheit angestrebt oder zu erhalten versucht. Wenn auch wegen der unterschiedlichen chemischen Zusammensetzung der Grundwässer verschiedener Naturräume bzw. Einzugsgebiete kein einheitlicher Grundwasserstandard festgesetzt werden kann, so soll doch ein äußerst weitreichender Schutz des Grundwassers vor Schadstoffeinträgen erzielt werden. Beim Grundwasser soll im Umweltschutz offensichtlich ein Zeichen gesetzt, ja "Flagge gezeigt" werden. Wenn wir dies ehrlich befolgen wollen, stehen uns größte Anstrengungen und Auseinandersetzungen noch bevor. Wir sehen ja, daß zahlreiche Grundwässer bzw. Grundwasserträger durch Schad- und Belastungsstoffe verunreinigt sind, deren Herkunft - wie vorher schon angedeutet - zeitlich z.T. weit zurückliegt.

Auf dem Gebiet der Reinhaltung der Gewässer und des Grundwassers können somit recht gut die Maßstäbe und Möglichkeiten praktikablen Umweltschutzes demonstriert werden. Es sind durchaus die richtigen Wege beschritten worden, und erste Erfolge stellen sich ein. Doch die Probleme sind noch lange nicht gelöst.

**Einstellungen zur Umwelt**

Für den Umweltschutz sind neben Maßstäben und Möglichkeiten auch die Einstellungen von Beteiligten und Betroffenen wesentlich. Der Sachverständigenrat für Umweltfragen hat ihnen große Bedeutung zugemessen und im Umweltgutachten 1987 zwei eigene Kapitel über Umweltbewußtsein und Umweltverhalten (Kap. 1.2 und 1.3) gewidmet, die aufmerksam gelesen werden sollten; Ergänzungen dazu finden sich auch im Kapitel "Umwelt und Gesundheit" (3.1). Die Idealisten unter den Umweltschützern - die aber nicht selten auch die unerbittlichen Fanatiker sind - träumen von der belastungsfreien Umwelt, wo es weder Emissionen noch Immissionen gibt, wo es keiner Grenzwerte oder Umweltverträglichkeitsprüfungen mehr bedarf. Dieser Traum mag für den Umweltschutz mächtige Antriebe entfesseln, wird aber eine Utopie bleiben. Doch an ihm entzünden sich oft erbitterte Auseinandersetzungen, bei denen sich die Kontrahenten nicht immer sehr fair, sachlich oder geschickt verhalten. Das zeigt sich z.B. am Begriff "Grenzwert" und seinem Inhalt. Für die einen ist es das rote Tuch schlechthin und der Inbegriff der Verlogenheit, für die anderen ein unentbehrliches und wirksames Regelungsinstrument. Aber auch seine Verfechter operieren leichtfertig und unsachlich mit diesem Begriff. Verschwiegen wird oft oder nicht richtig vermittelt, daß ein "Grenzwert" zwei Inhalte hat - je nach den Wirkungen der Stoffe oder Agentien, für die er geschaffen wird. Handelt es sich um **reversible**, d.h. wiedergutzumachende, im Organismus reparierbare Wirkungen, dann sollen Grenzwerte die Gewähr für **relative** Sicherheiten vor Gefahren bieten. Bei **irreversiblen** Wirkungen dagegen (Krebsauslösung, Entwicklungsstörungen, Erbschäden), wo auch die geringste Dosis schon wirken kann, ohne daß wir die Wirkung nachweisen können, sind Grenzwerte nichts anderes als ein Maß für die **Zumutbarkeit** solcher Wirkungen und werden daher in das Verhältnis zu anderen Wirkungen gesetzt.

Grenzwerte heißt also immer, daß eine Umweltbelastung - sei sie auch noch so klein - erlaubt wird und somit ein Zugeständnis enthält; hierauf bezieht sich der Vorwurf der Verlogenheit, der noch verschärft wird, wenn man erklärt, daß bei Grenzwert-Unterschreitungen die "Welt in Ordnung" sei. Das gilt stets nur "bei derzeitigem Kenntnisstand", und selbst dann bleibt ein Stoffeintrag eben ein Stoffeintrag. Aber ebenso wahr bleibt, daß der Rigorismus der Forderung nach "Null-Emission" unsachlich und unangebracht ist und die Rolle des Menschen ebenso wie die Naturgesetze verkennt. Es gibt keine chemische und schon gar keine biologische Reaktion, die hundertprozentig von der einen zur anderen Seite verläuft, und es gibt keine Energieumsetzung, bei der nicht Abwärme oder Entropie entstehen. Es gibt die Null-Emission weder in der Natur und noch weniger in einer vom Menschen manipulierten Natur. Wir können uns dem Ideal des Nullwertes bestenfalls annähern - dies aber sollte konsequent geschehen.

## Der Zwiespalt der Fachleute

Grenzwerte sind nur eines der Gebiete, wo sich Umweltschutz-Idealisten und Umweltfachleute immer wieder streiten und hier nur beispielhaft genannt werden. Darüber hinaus sollten wir Fachleute - und dies gilt insbesondere auch für die Wissenschaftler - unsere eigene Stellung ehrlich und nüchtern prüfen. Wir müssen feststellen, daß Ansehen und Stellenwert der Fachleute und Wissenschaftler z.Zt. insgesamt schwinden, und zwar aus mehreren Gründen. Einmal hat die naturwissenschaftlich-technische Entwicklung beileibe nicht nur Gutes hervorgebracht, ja sie hat die schlechte Umweltsituation von heute sogar mit veranlaßt, hier und da mit verschuldet. Und die Sozialwissenschaften, die hier nun korrigierend einzugreifen versuchen, haben sie lange ignoriert. Zum anderen sind Wissenschaft und Expertentum in einer pluralistisch-demokratischen Gesellschaft nur eine unter mehreren Einflußgrößen der Politik und werden obendrein oft noch recht selektiv eingesetzt. Schließlich folgen viele und gerade für die Umwelt aufgeschlossene Menschen mehr ihren Empfindungen als nüchternem Wissen, das manchmal sogar verweigert wird - verständlich sogar wegen der Komplexität der Umwelt, die sogar mit zunehmendem Wissen noch wächst. Selbst der Umweltfachmann hat gelegentlich

Mühe, sich zu bewältigen, und noch mehr Schwierigkeiten, sie an andere zu vermitteln. Er weiß inzwischen, daß sich die Komplexität einer einfachen Handhabbarkeit entzieht, und er hat auch gelernt, daß es im Umweltschutz trotz aller lokalen bis nationalen Gesichtspunkte auf kontinentale, ja globale Zusammenhänge ankommt und die Probleme auf **allen** Ebenen angepackt werden müssen. Denn je globaler Umwelteinflüsse wirken - man denke an Kohlendioxid, Ozon oder die Meeresverschmutzung -, um so weniger können sie durch nationale, regionale oder gar lokale Maßnahmen aufgehalten oder ausgeglichen werden. Wiederum soll deren Notwendigkeit damit nicht in Frage gestellt, wohl aber in den richtigen Zusammenhang gerückt werden. Hier liegen nämlich die meisten Ursachen von Enttäuschungen über unerfüllbare oder nur ganz langsam erfüllbare Umwelterwartungen.

Die Umweltfachleute stehen aber auch im Bann einer ganz eigenen Schwierigkeit, die wir offen ansprechen und bekennen sollten. Abgesehen davon, daß es bisher kein einheitliches Leitbild über die Umwelt und ihre Entwicklung gibt, folgen auch Fachleute im Blick auf Gegenwart und Zukunft, rein menschlich gesehen, unterschiedlichen Antrieben, die zwischen zwei Extremen liegen:

- der Utopie einer "idealen" Umwelt, möglichst frei von Immissionen und sonstigen Gefahren, einer Welt des Friedens in und mit der Natur, und
- der Extrapolation der realen Umwelt, aus deren Trends Korrekturen oder Vermeidungen unerwünschter Entwicklungen abgeleitet werden.

Jeder Fachmann dürfte wohl beide Antriebe in sich spüren, aber oft folgt er dem einen stärker als dem anderen. So kommt es zu der heute oft beklagten Spaltung der Fachleute in zwei Gruppen: die eine wählt als Arbeitsgrundlage die (Um-)Welt, wie sie sein sollte oder könnte, die andere dagegen die (Um-)Welt, wie sie nun einmal ist. Zwischen beiden Gruppen gibt es nicht nur Verständigungsschwierigkeiten, sondern auch unüberbrückbare Gegensätze vor allem in der Bewertung der Befunde aus fachlichen Untersuchungen, manchmal sogar in der Auswahl der ihnen zugrundeliegenden Fakten. In der auf die Fachleute hörenden Öffentlichkeit stiftet dies Unsicherheit, Verwirrung und Mißtrauen. Wiederum fällt hier den Medien eine besondere Verantwortung zu, die offensichtlich die eine Gruppe der Fachleute bevorzugen. Dennoch wird auf nüchterne, abwägende wissenschaftlich-fachliche Beratung auch in Zukunft nicht verzichtet werden. Der zuverlässige, kundige Fachmann braucht um seine Bedeutung nicht zu fürchten, selbst wenn man ihn vor Überschätzung warnen muß.

**Das Sankt-Florians-Prinzip**

Das Thema der Einstellung zum Umweltschutz ist damit noch nicht abgeschlossen. Noch ein Negativum muß offen angesprochen werden. Es ist sehr beklagenswert, daß´sich in der Praxis des Umweltschutzes immer stärker **lokale** Interessen durchsetzen oder, um es in der Sprache der Verhaltenslehre auszudrücken, daß "territorial" gedacht und gehandelt wird - und übergeordnete Interessen zu wenig oder gar nicht beachtet werden. Es handelt sich um das berühmte, besser: berüchtigte Sankt-Florians-Prinzip, im Englischen als "Nimbyismus" bezeichnet ( von "**not in my backyard**"). In der Aufbruchszeit des Umweltschutzes fand das Bild des "Raumschiffes Erde" allgemeinen Anklang und machte tiefen Eindruck. "Nur eine Erde" war der Titel des Berichtes über die Umweltschutz-Konferenz von Stockholm 1972. Dieses Bild scheint wieder vergessen worden zu sein. Umweltschutz im **eigenen** Territorium, sei dies das eigene Grundstück, die eigene Gemeinde, das Bundesland oder der Gesamtstaat, ist die Praxis von heute. Das **eigene** Territorium versucht man, von Belastungen freizuhalten, auch wenn man von ihrer Entstehung profitiert, oder gar sie selbst verursacht, um sie anderen, benachbarten oder weiter entfernten Territorien zuzuschieben. Dies geschieht vor allem, seitdem Fragen des Umweltschutzes Gegenstand der allgemeinen Politik und des politischen Wetteifers wurden, wo man sich mit Versprechungen gegenseitig zu übertreffen sucht. Da kann eine territorialpolitische Denkweise im Umweltschutz kaum ausbleiben.

Jeder Großstadtbewohner produziert Müll in großen Mengen und z.T. gefährlichen Mischungen, nimmt die öffentliche Müllabfuhr als eine selbstverständliche und noch dazu möglichst billige Leistung hin, ist aber sehr oft nicht bereit, auf dem Territorium **seiner** Stadt eine Entsorgung dieses Mülls zuzulassen, sei es durch Deponierung, Verbrennung oder sogar Kompostierung. Dies soll stets auf anderen Territorien geschehen und womöglich gegen den Widerstand der dort ansässigen Bürger durchgesetzt werden. In derselben Stadt empört man sich, wenn gefährlicher Müll in die DDR oder gar in arme Entwicklungsländer verbracht wird, deren Zustimmung dazu erkauft wird. Grundsätzlich handelt es sich hier aber doch um die gleiche Verhaltensweise des Abschiebens!

Ein anderes Beispiel: Der Individualverkehr mit Kraftfahrzeugen nimmt immer mehr zu und konzentriert sich selbstverständlich ebenfalls auf die dicht besiedelten Großstadtregionen. Gleichzeitig werden dort immer mehr verkehrsberuhigte Zonen ausgewiesen, um die Bewohner vor Lärm und Abgasen zu schützen. Die Folge ist, daß sich der Verkehr immer stärker auf wenige Straßenzüge zusammendrängt und dort ein Maß an Belastungen erzeugt, das von den Anwohnern **dieser** Straßen nicht mehr ertragen werden kann; doch es wird ihnen einfach zugemutet. Immer mehr Menschen benützen für Ferien- und Geschäftsreisen das Flugzeug, wollen aber keinen Flughafen in ihrer Nähe haben, ja nicht einmal unter An- und Abflugrouten wohnen.

Zu einem ehrlichen, d.h. auch die eigene Person einbeziehenden Verhalten zur Umwelt gehört es, die Unannehmlichkeiten als unvermeidliche Folgen einer Wohlstand und bequemes Leben gewährenden Technik genau so hinzunehmen wie man seine Annehmlichkeiten genießt, **und zwar am gleichen Ort**. Und ebenso wie man die Annehmlichkeiten immer weiter steigert (wie weit eigentlich noch?), muß man die Unannehmlichkeiten mildern; die technischen Möglichkeiten dazu sind vorhanden. Die emissionsfreie Lebensweise wird es nicht geben, und ebensowenig wird man emissionsauslösende Aktivitäten völlig unterlassen oder unterbinden können.

### Die Herausforderung an alle

Es bürgert sich zu sehr ein, auf den jeweiligen Umweltminister oder die Umweltbehörden zu zeigen und ihnen Unzulänglichkeit oder Versagen vorzuwerfen. Jeder Mensch sollte zunächst sich selber betrachten, sein eigenes Handeln und dessen Folgen überprüfen und daran die Umweltschutzpolitik messen. Er sollte sich auch klarmachen, daß Umweltschutzpolitik in einem hochentwickelten Industrieland, an dessen Erfolgen er teilhat, eine Jahrhundertaufgabe ist. In ihr sind nicht weniger als vier Teilaufgaben enthalten:

1. Bestehende und unmittelbar drohende Umweltgefährdungen müssen beseitigt oder gemildert werden.
2. Die in 150 - 200 Jahren entwickelten Verfahren der technisch-industriellen Produktion, die Hauptursache der heutigen Umweltbelastungen sind, müssen z.T. bis ins einzelne korrigiert werden.
3. Für die weitere technisch-industrielle Entwicklung müssen neue, umweltschonende Konzepte erarbeitet und durchgesetzt werden.
4. Gleichzeitig ist das menschliche Denken und Handeln auf Vorsorge für die Erhaltung der Umwelt auszurichten.

Eine solche Umweltschutzpolitik erfordert, vor allem angesichts der Komplexität der Umwelt, sorgfältige Planung, klare Prioritäten und vernünftiges Handeln - kurz gesagt: einen "langen Atem". Wir dürfen nicht zulassen, daß sie durch immer neu geschürte Ängste und andere Gefühlsaufwallungen - so verständlich diese an sich sind! - immer wieder abgelenkt oder gar in Frage gestellt wird. Wie erwähnt hat das Umweltbewußtsein die Aufmerksamkeit für Umweltveränderungen erheblich geschärft. Zugleich hat die technische Entwicklung geradezu sprunghafte Fortschritte gemacht. Die Technik, die einerseits schlechthin als die Ursache aller

Umweltbelastung angeklagt wird, ermöglicht es andererseits auch, durch immer feinere Untersuchungs- und Registrierungs-Apparate, durch Datenspeicherung und -auswertung die Umweltveränderungen um so besser und gründlicher zu erfassen. Überall wird gemessen, untersucht, registriert. Besonders neuartig oder aufregend erscheinende Ergebnisse werden von Fernsehen, Rundfunk und Presse aufgegriffen und marktschreierisch verkündet, dabei wird zugleich auf wirkliche oder nur vermutete Schuldige gezeigt. Formaldehyd, Dioxin, Ozon, Caesium 137, Chlorkohlenwasserstoffe, Nitrat, Atrazin - all dies prasselt ständig auf den umweltbewußten Bürger nieder und erzeugt Ängste, ja steigert diese sogar.

Diese Ängste beruhen aber oft weniger auf der Gefährlichkeit der einzelnen Substanz als darauf, daß der Bürger die Substanzen bzw. die Nachrichten über sie nicht in einen Zusammenhang zu bringen vermag - und selbst den Fachleuten fällt dies nicht immer leicht. Hier liegt der Grund, warum wir zur Zeit im Umweltschutz eine Talsohle zu durchschreiten scheinen. Wir leiden als Fachleute - und als Ökologe empfinde ich dies besonders stark - an den Schwierigkeiten der Vermittlung der komplexen ökologischen Zusammenhänge, die sich eben nicht in wenigen Schlagworten oder Schlagzeilen ausdrücken lassen. Das kürzlich vorgelegte Umweltgutachten 1987 hat mit seinen 670 Seiten zweifellos einen abschreckenden Umfang, muß aber trotzdem Pflichtlektüre sein für alle, die für die Umwelt Verantwortung tragen oder sich ernsthaft für sie einsetzen. Nur so können Verständnis und Abwägung ermöglicht, Regelungen und Maßnahmen vorbereitet und durchgeführt werden, um die Umwelt zu verbessern.

Der moderne Mensch von heute ist in seiner überwiegenden Zahl der Mensch der städtisch-industriellen Umwelt. Diese ist aus ökologischer Sicht eine bestenfalls suboptimale, in der Regel eher minderwertige Umwelt; aber wir haben sie gewählt und gemacht, und sie wird weiterhin als bevorzugter Lebensraum gewählt werden. Sie ist auf Dauer deswegen erträglich, weil diese städtisch-industrielle Umwelt ergänzt und ausgeglichen wird durch die ländliche und die natürliche Umwelt. Wir müssen diese drei Umweltbereiche trotz ihrer Verschiedenartigkeit dennoch als Einheit sehen und damit aufhören, Belastungen zwischen ihnen nur hin- und herzuschieben. Wenn uns dies gelingt, können wir mit einem gewissen gedämpften Optimismus in die Zukunft schauen.

In die vorliegende Arbeit sind außer dem "Umweltgutachten 1987" des Rates von Sachverständigen für Umweltfragen (Verlag Kohlhammer, Stuttgart/Mainz) Gedanken und Formulierungen aus folgenden Veröffentlichungen eingeflossen:

Busse, M., 1987:
Vertrauen in Wissenschaft; Das Menetekel von Tschernobyl. - Chemie in unserer Zeit 21, 105 - 111.

Haber, W., 1987:
Zum Umweltzustand der Bundesrepublik Deutschland in den 80er Jahren. - In: Gewässerschutz - Wasser - Abwasser 100, 1 - 20 (20. Essener Tagung).

Häußermann, H. und Siebel, W., 1988:
Die Stadt war immer auch eine Maschine. - Die Zeit, Nr. 23/1988, 45 - 47.

Luhmann, N., 1986:
Ökologische Kommunikation. - Opladen: Westdeutscher Verlag, 275 S.

Malz, U., 1985:
Wissenschaftliche Politikberatung zwischen den Mühlsteinen der Politik. - Freiheit der Wissenschaft Nr. 1/1985, 8 - 11.

von Wright, G.H., 1988:
Rationalität und Vernunft in der Wissenschaft. - Universitas 43, 931 - 945.

## *KOMMENTAR ZUM ABSCHNITT 1 "RANDBEDINGUNGEN"*

***Bernd Schmidbauer*** *konnte an dem Seminar nicht teilnehmen, Wolfgang Haber kein ausführliches Manuskript anfertigen. Als Substitut haben beide frühere Übersichtsaufsätze eingereicht. Die Fragen des orientierenden Leitfadens werden in diesem Abschnitt nur bruchstückhaft angegangen und unzureichend beantwortet. Die naturwissenschaftlichen Probleme standen aber eher am Rande des Seminars; sie sind auch in der Fachliteratur und öffentlichen Diskussion recht gut abgedeckt. Beachtenswert ist insbesondere der Zwischenbericht der Enquête-Kommission des 11. Deutschen Bundestages "Vorsorge zum Schutz der Erdatmosphäre": "Schutz der Erdatmosphäre: Eine internationale Herausforderung"; Bonn, Deutscher Bundestag 1988.*

*In der Diskussion wurden noch folgende Gedanken hervorgehoben:*

- ***Wolfgang Haber*** *beklagte die nur mediale und daher fehlende sektorale Umweltpolitik. Wir reden über Bodenschutz und nicht über Landwirtschaft; entsprechend gibt es keine Problemlösung, sondern nur Problemtransfer, z.B. Transfer von Luftverschmutzung über Filter in den Boden. Andererseits: Klärschlämme müssen in den Boden.*
- *Der Redner verwies auf die schwierigen Abwägungsprobleme. So seien die Fluorkohlenwasserstoffe sofort zu verbieten, gleichzeitig aber, mindestens temporär, lebenswichtig für die Kühltechnik der Dritten Welt.*
- *Weltsolidarität gegenüber dem Treibhauseffekt wird dadurch behindert, daß z.B. die Tropen- und Trockengebiete Verlierer, aber die Sowjetunion und Kanada Gewinner wären.*
- *Die hohen Grundwassernormen sind Vorsorgewerte und sollen ein politisches Zeichen setzen, daß Umweltschutz ernst gemeint sei. Die Fachleute drücken dabei ein Auge zu, denn die Werte sind kaum einzuhalten.*

*Es herrschte weitgehender Konsens, daß über Gefahrenabwehr und neue Produktions- und Betriebsweisen hinaus vorsorgegerechtes Handeln erforderlich sei, um die Umweltzerstörung aufzuhalten.*

*Bei der Freisetzung gentechnisch manipulierter Mikroorganismen bestünde weder eine ausreichende vorherige Test-, noch gegebenenfalls eine Schadenbegrenzungschance. Das Geflecht biologischer Balancen und Synergismen ist zu kompliziert und heikel.*

### *Fazit*

*An der Dringlichkeit der Umweltgefahren bleibt dennoch kein Zweifel, wie widersprüchlich und unzulänglich wissenschaftliche Ergebnisse auch noch sein mögen.*

## 2. SELBSTSTEUERUNGSMÖGLICHKEITEN DER GESELLSCHAFT Seite

# DOOMED TO PASSIVITY? - THE GLOBAL ECOLOGICAL CRISIS AND THE SOCIAL SCIENCES

**Peter Weingart**

## I. Science and the fear of extinction - a lesson from the past

During the last decades of the 19th century up until World War I a very fundamental fear took hold of the Western industrialized nations and their peoples: it was the fear of degeneration and ultimate extinction because of the failure of the hereditary make-up of the human species to cope with modern civilization. This fear was fueled primarily by the interpretation of transient social phenomena - such as urbanization and industrialization, the proletarians'plight, a change in the family structure, and a growing awareness of all these due to a growing public health system - in the framework of one single scientific theory: Darwin's theory of evolution.
Eventually the fear dissipated because the conclusions drawn from the theory turned out to be misplaced, the postulated urgency of counter-measures proved to be greatly exaggerated by simplistic extrapolations of trends, and the progress of science had left the self-serving propagators of these measures behind in embarrassment.
There are many striking similarities between the eschatological "Zeitgeist" then and now and there are many lessons to be drawn as well from this almost forgotten episode in history less than a century ago. The example should not help to discredit present day evironmental concerns nor suggest that fears of the consequences of one´s actions could and should not serve as a corrective for these actions. The lesson to be drawn is rather that single theories taken from the natural sciences are probably a bad interpretive framework for complex social phenomena, and even more so if they fuel widespread fear throughout a society.
Niklas Luhmann has argued convincingly that an ethics based on consensus and reciprocity can no longer claim a basis in reality and that, assuming the inevitability of risks of any kind the problem does not reside in the responsibility for risks but in the probability of inevitable errors when deciding on risks of decisions to avoid risks. Turning to trust in those institutions that evaluate risks and decide upon them does not help either: the same conditions that lead to the differential evaluation of risks contribute to the erosion of trust.[1]
In the following I will argue that a chasm develops between the natural and the social sciences in determing the nature of ecological risks and the measures to be taken against them. Given that neither a consensual ethics nor a consensual science can provide guidance to the economic, legal, and political systems both their respective and interrelated learning capacity is at issue.

## II. "Two cultures" - 1980's

We are witnessing, at the end of the decade, a widening of the chasm between the 'two cultures', i.e. between the natural and the social sciences, which paradoxically occurs parallel to a theoretical convergence.
In the natural sciences advances in chaos theory and the theory of non-linear systems dynamics have, in conjunction with and propelled by the dramatic progress of electronic data processing, made it possible to better understand the scope and dynamics of the world's ecosystem. The new vision is that of the global environment as being one system which consists of an almost incomprehensible number of elements and their complex interdependencies. So far the established sciences were concerned with changes affecting the environment induced by the inexorable natural forces falling within their respective jurisdictions. Now they realize the impact of human activities on the environment which "approximate the scale of the natural, interactive processes that control the global life support system".[2] The sciences themselves regard this a development which could not have been envisioned more than ten years ago.
This vision suggests a new way of thinking: the terminology of the 'global environment' or the related metaphor of 'spaceship earth' suggests that man and his society are part of the system, that there is no "outside" which can be expropriated without consequences to oneself, and that therefore all actions have an impact including the attempt to avoid impacts.

Since the natural sciences are by historical fiat the human society's agency of observation of its natural environment and search for true knowledge and guidance it comes as no surprise that the new thinking is proclaimed with an eye to practice. The observed changes in the environment, natural and manmade, are considered dangerous and threatening for at least two reasons: first, because of the recency and the accelaration of most global environmental changes, and second, because of the unknown capacity of the earth's ecosystem to tolerate these changes and to allow for a "sustained human development". Among the most disturbing changes are those that passed the 50% level in the second half of the 20th century and are still accelerating, thus underscoring the recency, such as the "destruction of floral diversity, withdrawal of water from the hydrological cycle, sediment flows and human mobilization of carbon, nitrogen and phosphorous."[3] In other words, there is enough knowledge at hand to support inescapably the case of human impact on the ecosystem, but there is not enough knowledge available to determine the actual dangers of human impact to the species and its life support system. On this basis the sciences concerned call for the "management" of the planet earth: "selfconscious, intelligent management of the earth is one of the great challenges facing humanity as it approaches the 21st century"[4] It is also surmised in what way this management has to take place. The task is no less than pooling all knowledge, coordinating all human activities and design policies for sustainable development which are above all else adaptive.[5]

Turning to the social sciences we can observe an almost reverse development based on very similar premises. Traditionally, the social sciences had a different status than the natural sciences insofar as the latter observe and describe a "natural reality" which was assumed to be independent from society. Thus, the analysis of this reality could also be seen as being independent, or serving an instrumental relationship in which the analyst sets the criteria of utility. This becomes evident in the continued use of the "management"-concept just cited above. The social sciences, on the other hand, could never assume such an elevated position vis-a-vis the "social reality" which they are observing. They had to be aware of the fact that they were part of that very reality, and that constitutes both their weakness and their strength. Their strenght is to be seen in their inextricable function as the selfobservation of the socio-political system, no matter how scientifically sound or successful they are or to what degree they are taken seriously.[6] In any case, they are 'closer' to policy-making than the natural sciences the findings of which have to pass through the communicative filter of the social sciences in order to be translated into policies.

Given this crucial function of the social sciences it is of great importance how they position themselves. The most profound change they have undergone in recent years is the transformation, although still embattled, of structural-functional social systems theory into a theory of autopoietic systems.[7] This theory has some of the same and some related intellectual parents as the theories in the natural sciences referred to above. Applied to problems of ecological threats this theory has some important implications which seem to run counter to the policy oriented conclusions drawn from systems theories in the natural sciences.

First of all the theory postulates that the world as it is observed by humans is a "construction", i.e. that there is no 'immediate' way to experience it. This is another way of saying that the world as a whole can only be seen through the perspective of and with reference to the social system. In fact, one implication of the theory which places it in sharp contrast to the focus of the natural sciences is the exclusion of the natural environment because it cannot itself communicate.[8] Secondly, it replaces substantive entities such as individuals (as actors) with self-referential operations created by networks of similar operations: in the case of social systems communication is taken as such an operation. Modern societies are characterized by the differentiation of different codes of communication which are operationally closed such as the political, the economic, the legal, or the scientific systems. These systems are taken to be self-reproductive, recursively closed but sensitive to changes in their respective environments which can only disturb them but cannot force them to adapt. They can endanger themselves, be it by specialization proving to be deficient under new environmental conditions, be it by inducing changes in their environment under which they cannot continue to exist.[9]

A further postulate of the theory which directly affects the "managerial" posture of the natural sciences is that because of the operational closure of the different systems there is also no privileged vantage point from which 'the real and compelling truth' could be revealed nor the authoritative direction of other systems could emerge. Nor system can claim with the hope of success to be privileged to steer other systems, to be able to pronounce values and ethical guidelines that are binding for the rest of society. Empirical evidence seems to support that thesis, at least on first sight. The incommensurabilitiy of interests, the different institutions diverging 'bounded rationalities' of different institutions make it seem unimagenable that human societies will react appropriately to the ecological threats they cause themselves. There is no legitimated spokesman nor an obvious addressee for appeals to ecological rationality and / or morality. The situation is described succinctly in game theory as the 'tragedy of the commons'.[10] Given the unpredictability of the behavior of the different systems, reliance on their adaptive capacities and an abstention from planning seems to be the only feasible strategy.

In the framework of systems theory the only adaquate level of complexity in dealing with ecological dangers is a second order cybernetics point of reference which can be translated into a criterion of ecological rationality: society would have to take into account the repercussions of its impact on the environment upon itself. In addition, this principle would have to be reformulated with the respective system reference for each functional system while keeping in mind that there can be no aggregation of systems rationalities. Society can only respond no organizational coordination.[11]

From this perspective attempts to "manage" the planet, i.e. the interdependent natural and social sytems, appear just as naive as the well-meaning appeals for a "new environmental ethics", and naivete may easily turn into recklessness if the claims to higher morality have unforeseen resonance throughout other systems.[12]

The social scientist who adheres to this paradigm does not offer solutions to the ecological problem, rather he merely formulates the problem in terms of this theory in order to see what insights it will offer.[13] Luhmann claims that the complexity of the different sub-systems has reached a level where each intervention assumes the characteristics of an impulse, a stimulus of changes, and the unforeseeable effects constantly force about new impulses of the same kind. A systematically directing intervention seems impossible under these circumstances.[14] In fact, the general message of the new systems theory in the social sciences amounts to a deep despair of the complexity and virtual impossibility of planning.[15] The sometimes extreme euphoria of a planning omnipotence which characterized the social sciences during the 1970´s has given way to a 'post-modernist' invisible-hand philosophy, advocated from the higher levels of distanced theory of social cybernetics.

From the perspective of the natural sciences such restraint and dispair must seem unacceptable when urgency is restraint and despair must seem unacceptable when urgency is called for. The social sciences run the risk of being counted out as irrelevant to the issue espacially considering the much higher credibility that the natural sciences enjoy with the public and in the political arena.

## III. Requirements of an 'ecological rationality' - learning capacity and rules of translation

The theory of autopoietic social systems thus offers some important insights and leaves us with some problems. But what appears as a deep chasm between two scientific discourses at closer scutiny turns out to entail agreement in diagnosis and less than total disagreement in therapy. The validity of the scientific diagnosis of the state of the environment (not withstanding the ongoing process of its revision) can for the moment be taken as a given. The issue then is how this diagnosis can be translated into "structural changes of the communication systems of society", and from which vantage point this could take place.

The natural sciences or rather their (naive?) interpreters among the social sciences put the question bluntly: "Can we move nations and people in the direction of sustainability?", William D. Ruckelshausen asks and continues to compare such a modification of society to that of the agricultural revolution of the late Neolithic and the Industrial Revolution of the past two centuries. But while those revolutions had been unconscious this one would have to be a fully conscious operation. The image he uses is directly relevant to the argument here: that of a "canoeist shooting the rapids: survival depends on continually responding to information by correct steering. In this case the information is supplied by science and economic events;the steering is the work of policy, both governmental and private."[16] One may debate if 'nations' or 'people' are a promising level of analysis or target of policies. For the natural scientist or the pragmatic policy-maker the problem must indeed appear to be a monumental effort to direct entire societies. Sociology would rephrase the question to pertain to an intermediate level of analysis, i.e. functional systems and organizations. The important point is the focus on their respective learning capacities as a prerequisite of self-steering if the frame of reference is an entire society. But note that Ruckelshaus assigns different functions to the different systems.

That such learning processes are taking place can hardly be denied. Since the early 1970's the environment is on the public agenda and has since given rise to a broad and many faceted political movement. The oil crisis in the 70's has led to a significant revolution in the design of automobile engines, and in the development and implementation of insulation materials in building, both leading to a stabilization of energy consumption. The impact of regional pollution and acidiffication has pushed national and state legislatures into passing laws setting frameworks for technological and economic adaption to cut the output of pollutants in energy production and transportation. Appeals to the public to seperate wastes for recycling has had effects in the alteration of behavior which in some cases even surpassed the ability of communal administrations and industry to follow suit. International agreements such as the Montreal Pro-

tocol on Substances that Deplete the Ozone Layer have been put into effect and begin to have impact on the level of manufacturing and consumption.
The examples could be multiplied many times. Not even all of them combined can be said to present the ultimate solution to the environmental problems at hand. Rather, their significance is that they demonstrate the learning capacitiy of individuals and the different function systems: science and technology, the economy, and the political system on the national and international levels. They also seem to prove Ruckelshaus correct in the second aspect of his metapher, namely that the information about environmental threats and destructions provided by science is translated into the 'language' (i.e. the code) of other systems resulting in requisite operations. Indeed, scientists evidently take the notion of differentiated, operationally closed subsystems (or something similar) seriously when it is generally accepted that policies have to be adaptive which entails an understanding of "the impact policy can have on environmental change."[17] This general requirement is being specified by Clark into three subrequirements: first, to make information on which individuals and institutions base their decisions supportive of sustainable development objectives; second, to invent and implement technologies supportive of these objectives; third, to construct mechanisms at the national and international levels to coordinate managerial activities.[18] These requirements may be read as the problem to translate the threat to the human life support system into the operational codes of the different subsystems: basic scientific research and monitoring activities that underlie and contribute to knowledge about planetary change have to be supported; economic accounts have to be rearranged in order to track real environmental costs of human activities; the invention and design of technologies has to be directed towards such principles as resource-conservation, pollution-prevention, and environment-restauration; and policy-making processes have to be re-organized so that environmental-management activities can be coordinated between nations but also be translated down to regional and local levels.[19] Both the adaption of systems by learning and the translation of communication from one system to another may be incomplete and imperfect, they may entail delays and contradictions. There are cases of inhibited as well as overamplified resonance. But that both processes take place and are not merely random events proves that the pessimistic vision of a society of monadic systems which are at best disturbed is unwarranted.

The points thus emerge as being important: the **learning capacity** of systems, i.e. the selecting of communication from their environment and its processing, and the **rules of translation** of communication between different systems.[20] Learning capacitiy in analytical terms means the ability to process experience so as to assure survival by adapting to changing environments. Translation is necessary in differentiated systems where 'experience' in one subsystems has to be communicated to others. The value changes focusing on the protection of the natural environment provide a new selection criterion for the processing of information about the environment. That information is translated continuously and specified into adaptive

operations, political, economic, legal, technological etc. How does this relate to systems theory?
Systems theory suggests that especially efforts of direction will be useless in view of the operational closure of systems, the recursive nature of the planning process and the resulting non-linear reactions which due to their complexity preclude any attempt at prediction and thus rational design of action. How can the empirical evidence be reconciled with the theoretical models? Obviously, to a large extent the answer depends on conceptual decisions. The following two questions seem to be crucial: 1) What is meant by planning or direction? and 2) Are the social (function) systems intransigent?
The first question can only be answered here in a formal way: the more farreaching the goal to be attained, the more complex the object to be steered, the more improbable the success of planning. In other words, it seems that much of the argument against the possibility of planning is directed against simplistic notions of unilinear direction (steering) and always depends on the implicity or explicitly involved notion of the scope of planning.[21] It is generally acknowledged by now that social systems are self-referential, or that interaction tends to be recursive in that operations are repeatedly applied to themselves and self-reinforcing. The paradoxes of control and the non-linearity of recursive systems which seem to condemn all attempts at social planning to failure are to be taken very seriously in order to prevent exaggerated hopes and naive designs. But the seemingly compelling computer programs and abstract models do not contain rules of applicability to social processes. They cannot specify in the concrete situation which information is selected and which is disregarded and what effect it has.
The second question should be answered in terms of the consequences of a conceptual decision.[22] A common argument is that to define systems in terms of differentiated codes and autopoietic communication serves to highlight their specificity and resistance to intervention from their environments but that it exaggerates (in fact excludes!) their mutual intransigence.[23] This suggests that descriptions offerend by the theory should be taken as 'ideal types' which when dealing with empirical phenomena (e.g. organizations) can be used as analytical tools. The dissatisfaction is motivated by empirical notions of what the world is really like and thus by an unwillingness to accept the conceptual radicality of the theory of autopoietic systems. This is where the suggestion to focus on learning mechanisms and translation rules is brought to bear.
It appears that most of the advantages of systems theory can be retained and some of the noted disadvantages or blind spots may be avoided. In this way it seems that sociology may be brought (back) into a constructive dialogue with the natural sciences while retaining its critical function towards naive answers to their challenges in connection with the environmental issue. The suggested analytical focus points to the problem of a hierarchy of systems and their respective learning mechanism with regard to the response to 'environmental threats' resulting from these systems, it highlights intersystemic relationships, and it qualifies and renders more precise the criticism of 'simple responses' such as demands for an 'environmental ethics'.

## IV. System hierarchies and intersystemic connections

To begin with the last point: insofar as the critique from systems theory is directed against demands for norms or a 'new environmental ethics' for the pronouncement of which there is no legitimated agency nor a consensus it is compelling. An 'environmental ethics' is difficult to conceive precisely because it means very different things in different frames of reference. That does not preclude, however, the important function that such ethics may have as a catalyst to produce resonance in a certain direction, to focus value changes. Nor does it mean that society is helpless toward 'the effects of its impact on the environment upon itself'.

It is apparent from public opinion polls that at least in the industrialized countries the awareness of environmental dangers is growing, and that the protection of the environment as a value has a majority support. Contrary to that aggregate individual behavior does not always reflect this value, i.e. wasteful and environmentally careless attitudes persist. This may partly be owed to lack of information, partly to lack of alternatives, and partly to immediate self-interest. People are known to be very sensitive to threats which adversely affect their (economic and medical) well-being. Information about the effects of aggregate individual behavior on the environment and its repercussions on people is the crucial link to close the feedback loop. The more threatening the information about effects on the environment, the more inescapable the consequences are to each individual the greater will be the readiness to let deeds follow words. It is relatively easy to motivate and to provide such information by scientific monitoring, and much of that communication has already been under way for many years. It has been institutionalized roughly twenty years ago with the establishment of environmental research.[24]

The widespread acceptance of the value of environmental protection in those societies which put the heaviest burden on the ecosystem, even though it is not consistently reflected in appropriate behavior, is an important precondition for a learning process to get underway. The fear of extinction is the requisite selection criterion to process the pertinent information. But, indeed, that fear arises in people's minds from the threat to be killed by skin cancer, it arises in the minds of politicians from the threat to lose power, and it arises in the minds of business executives from the threat to lose markets and thus profits, etc. The generalized demands for a 'environmental ethics' definitely prepares the ground, by producing resonance in other systems not randomly but in a certain direction. Without forceful demonstrations against hazardous polutants the chemical industry would hardly feel forced to try to adapt its image to the values of environmental protection, let alone discontinue production lines.

The next point refers to the question of hierarchical order between systems. As in Ruckelshaus' model about the steering of societies it is perfectly plausible to assume that science is the specialized system differentiated from others with the function to monitor the natural environment as well as the effects that other systems have on it. In this sense, i.e. with respect to the issue of ecological threats it is the generalized learning system of society. Information about the state and changes of the natural environment originates primarily here. This function of science especially vis-a-vis the political and legal systems is best exemplified by the change in law from the traditional 'police law' relying on common experience in the identification of danger to 'environmental law' which has to rely on the 'state of science and technology'.[25] In fact, only the systematic nature and the fine-tuning of monitoring makes it at least probable that some longterm effects become noticeable at all thus shortening the timespan for reaction. Of course, one implication is the risk of overreaction but it is a matter of empirical investigation whether or not that is the rule.

Likewise, there is little reason to depart from the classical view that it is the political system which translates this information into decisions which, in turn, re-structure the boundary conditions for other systems. As a rule this takes the form of legal prescriptions.[26] It suffices to say that even in those conceptions that focus on the self-organizing and self-regulating capabilities of social sub-systems politics has the primate a the directing and regulating agency. Regulation of self-regulation still presupposes politics on a higher level of sophistication. Legal regulations have a crucial function for the economy as boundary conditions in creating equality of market opportunities wherever the adaption to non-economic objectives implies higher cost and/or loss of profits. To reorient the economic system, for example, from the criterion of profit to that of the preservation of learning capability in self-organizing systems, as Ladeur suggests, requires an enormously complex and sophisticated political system with a more powerful planning potential than ever before.[27]

Obviously, the information gathered by science has to be transmitted and translated to the other systems which evidently have their own in-built learning capacity to deal with this information and its translation into system operations. This leads to the final and perhaps most important point of intersystemic relationships and the problem of translation rules.

The mounting pressure on governments to act, however irrational it may be in detail, already affects them in ways that lead them to re-focus policy-making toward avoiding environmentally harmful policies and eliminating existing ones. The stronger that pressure the greater the threat to the legitimacy of power, and the more determined efforts will be made to respond adequately to these pressures. It must be taken into account that governments are also able to and do, in fact, anticipate public pressure by responding to scientific information about society-environment interactions. Failure to do so can also lead to loss of legitimacy. The translation of pressures on the governmental level into concrete policies in all ecologically pertinent areas is the task for the close cooperation between science and specific bureaucracies. Monitoring the effects of the resulting policies on the environment,i.e. public reporting will make it possible to hold governments accountable for their environmental policies and close the feedback loop which is the prerequite for the learning mechanism to operate.

The translation of information into the economic system can be envisioned in an analogous way. "The market economy has not even begun to be mobilized to preserve the environment", writes Ruckelshaus, and points to the familiar problem of externalities.[28] The core of the "tragedy of the commons" is the problem that environmental resources are considered 'free goods', their exhaustion accrues short term gains to those who exploit them but becomes visible only at a later point in time. The loop can only be hoped to be closed if the exhaustion of these goods becomes apparent to all participants of the market economy. "Global warming is a form of feedback from the earth's ecological system to the world's economic system. So are the ozone hole, acid rain in Europe and eastern North America, soil degradation in the prairies, deforestation and species loss in the Amazon."[29] Thus, it is imaginable that a feedback is established between market activities and the state of the environment where the latter is translated into scacity and thus, prices.To the extent that all market economies are incomplete in the sense that entire segments are exempt because of governmental trade regulations, taxation policies, fiscal incentives, subsidy programs and the like 'internalization' of costs requires government intervention. One measure already introduced if rarely implemented strictly and inapplicable in cases of complex causal relationships is the "Polluter Pays Principle" (introduced among OECD member nations in 1972). Another measure would be the integration of resource accounts in national economic accounting systems. Likewise, a fine-tuning of taxation systems, energy price systems and subsidy programs or simply their elimination where appropriate in order to reflect the real impacts of consumption patterns on environmental resources all have to be instituted by governments.Thus to a relevant extent the operation of the market mechanism is dependent on the preceding policy decisions. Thinking in terms of system cybernetics and self-organization has led to a useful critique of the limitations of strategies of economization of the environment but paradoxically has to revert to strategies of 'dynamic coordination' between systems which have to be implemented somehow.[30] This repeats the point made above about boundary conditions that have to be created by political decisions. So far, as MacNeill puts it, "our economic and ecological systems have become totally interlocked in the real world, but they remain almost totally divorced in our institutions." [31]

Even though the systems of science assumes a central role as the institutionalized learning mechanism of society it, too, may be affected in its program. In contrast to the other function systems of society its direct effect on the environment is mostly indirect, however, by communicating information to other systems and inducing them to (re-)act. Science is heavily dependent on funding both from governments and the economy. Because of this dependency it is highly susceptible to research priorities set by them. Both by way of anticipating political and economic utility and by being funded internal criteria of relevance are changed. This has already re-directed a sizeable proportion of the overall research effort to environmental problems. As those problems assume an ever greater urgency it is to be expected that they will also recieve more attention from an otherwise disinterested science system, increasing its information capacity. A good indicator of the changes that have occurred in its program are the various efforts to link research across disciplinary boundaries such as the IGBP quoted above.

Again sketchy remarks must suffice to illustrate the argument. The focus on intersystemic relationships and the translation rules reveals that much of the debate over direction and control of self-organizing systems leads right back to quite traditional problems. The detailed analysis of the requisites of the market mechanism or economic instruments in general to avoid destruction of the environment requires thorough knowledge of economics which goes as far as the science of economics does. In the same way, the analysis of the interaction between economics and technology in order to determine the probability of success for legal standards to force technological development in a certain direction requires intimate knowledge about the nature of technological development.[32] In other words, the problem of "regulation of self-regulation" or likewise of "contextual direction" presupposes detailed knowledge of the operation of the systems under consideration. That knowledge dictates the rules of translation that have to be observed when intervening into these systems.

## V. Conclusions

What I have done is to contrast a very recent stocktaking of the sciences of their current knowledge about the state and possible developments of the global environment with the popular systems analysis of society´s ability to cope with ecological dangers. Both depart from similar theoretical positions, namely models of non-linear systems dynamics which are undisputed in principle. While sharing the conviction that it is insufficient to appeal to a new set of environmental ethics and taking the notion of self-referential social systems seriously I maintain that this does not need to lead to virtual despair. Rather, empirical evidence supports an approach that focuses on the learning mechanism that connects the different social systems, and on the rules of translation which allow communication to be transformed from one system to the other. This is also the approach taken by the natural sciences and by economics.

Two strategies seem to be called for. One is to analyze carefully the in-built learning mechanism on system and subsystem levels and to strengthen them wherever they are inhibited. Glasnost, in brief. The other is to analyze equally carefully the translation rules between systems. This is the analogical task for the social sciences as it is for the natural sciences to analyze intersystemic connections of the global environment.

Modern societies are just beginning to develop the ecological rationality of the second order reflexion. This is not surprising since many of their impacts on the environment have only very recently reached a dimension which has repercussions for them. Thus, very little experience exists about these effects as well as about learning processes and their obstacles in different systems, and about translation mechanism between systems. The resulting problem for the social sciences is analogical and of a similar if not greater magnitude to that of the natural sciences. The latter are progressing from the analysis of single interactions to the operation of complex systems such as the climate, hydrological, biological and chemical systems, and ultimately to the interaction between them. Likewise, the social sciences have to progress from the study of interrelation between individuals and groups to the operation of systems up to the interactions between them. The next step beyond that has already been taken: the natural sciences have begun to analyze the effects of social systems on natural systems. The analogous task for the social sciences is still missing: the analysis of the effects of natural systems on social systems, i.e. more specifically the effects of naturral systems when their behavior becomes threatening because it is unpredictable under the impact of social systems, as in the case of the greenhouse effect. So far natural scientists have to rely on guess-work and such hopes as that the threat from global warming may "catalyze international cooperation to achieve environmentally sustainable development.."[33]

With an eye to the general topic of this conference it is perhaps permissible to leave the position of the observing analyst and to state a conclusion. From the viewpoint of the studies cited above it is evident that any policy that promotes the advance of science and technology at almost any price for the sake of international economic competitiveness and does not reflect on its environmental consequences is already outdated and ecologically irrational by present standards of thinking. The critical power of the ecological frame of reference can begin to unfold. Whether our learning and adaption will be rapid enough we will only know when it is too late to respond to that certitude.

**Footnotes:**

1 N. Luhmann, Die Moral des Risikos und das Risiko der Moral, unpubl. paper, 7,112.

2 IGBP Global Change Report No. 1 1986, The international Geosphere-Biosphere Programme: A Study of Global Change, Final Report of the Ad Hoc Planning Group, ISCU 21st General Assembly, Berne, Switzerland 14 - 19 September, 1986, 2 quoted as IGBP from here on.

3 William C. Clark, Managing Planet Earth, Scientific American, Vol. 261, No.3, Sept. 1989,22,23.

4 Clark, op.cit.,19. Perhaps ironically, it is almost in the same construct:"eugenics is the self-direction of evolution", that the above quoted fear of extinction was answered by science.

5 Clark, op.cit.,19,25. This is the synthesizing position of the IGBP situated between a preventist and an optimistic view. Cf.S. Rayner, Risk Communication in the Search for a Global Climate Management Strategy, in: H. Jungermann et.al. eds., Risk Communication, Proceedings of an International Workshop on Risks Communication, October 17 - 21, 1988, Jülich, 169-176,169.

6 Obviously I don't refer to the social sciences in the narrow sense of the word but to all scientific endeavors whose subject matter is society or any aspect thereof.

7 This development is, of course, spearheaded by Niklas Luhmann. Cf. N.Luhmann, Soziale Systeme, Frankfurt, 1984.

8 This runs parallel to the radical argument of cultural sociology that technical/ecological risks are socially constructed since a direct and immediate observation of the natural environment is impossible. Cf.M. Douglas, A. Wildavsky, Risk and Culture, Berkeley, 1982. It should not go unnoticed that one of the roots of social constructivism, namely neurophysiological theories which assume physiological and/or mental representations as mediating perception are not unchallenged in psychology. Gibson's ecological approach to visiual perception postulates a direct, unmediated contact between observer and real things and events of his world important for his survival. Cf. C. Munz, Der ökologische Ansatz zur visuellen Wahrnehmung: Gibson's Theorie der Entnahme optischer Information, Psychologische Rundschau, 40, 2, 1989, 63-75. I owe this reference to Eckart Scheerer.

9 Cf. Niklas Luhmann, Ökologische Kommunikation, Opladen 1988, 23 - 24, 36 - 38.

10 For a discussion of the long known problem pertinent to this topic cf. G. Hardin, The Tragedy of the Commons, Science, 162, 1968, 1243 - 1248.

11 Cf. Luhmann, Ökologische Kommunikation, 247, 252-3.

12 Luhmann warns of the communication of "Angst". Ökologische Kommunikation, 244-5, obviously having 'overreactions', political, economic or other in mind.

13 Luhmann, Ökologische Kommunikation, 25.

14 Luhmann, Ökologische Kommunikation, op.cit., 108.

15 This is at least the interpretation it has received in the scholarly community documented by the resulting debate. In all fairness it must be said the Luhmann has qualified such a conclusion and instead demanded a conceptual clarification of 'direction'. Cf. N. Luhmann, Politische Steuerung: Ein Diskussionsbeitrag, Politische Vierteljahresschrift, 1, 1989, 4-9

16 William D. Ruckelshaus, Toward a Sustainable World, Scientific American, Vol.261, No,.3, September 1989,114-120B,115.

17 Clark, op.cit.,21,25.

18 Clark, op.cit.,25/6.

19 Clark, op.cit.,26.

20 The idea to focus on learning capacity of social systems is not new but has energed with cybernetic thinking in political science in Karl Deutsch, The Nerves of Government, New York 1966, esp. chapter 10.

21 This obvious point is made both in formal and historical terms by R. Mayntz, Politische Steuerung und gesellschaftliche Steuerungsprobleme - Anmerkungen zu einem theoretischen Paradigma, in: Th. Ellwein et. al. eds., Jahrbuch zur Staats- und Verwaltungswissenschaft, Vol. 1, Baden Baden, 1987, 89-110,94,95,101. Likewise Fritz Scharpf, Politische Steuerung und Politische Institutionen, in Politische Vierteljahresschrift, 1, 1989, 10-21.

22 This is precisely the attitude that Luhmann takes himself. cf. Luhmann, Ökologische Kommunikation, op. cit.,25. The theoretical debate that this theory has initiated is not of interest here.

23 Cf. Scharpf, Politische Steuerung, 19; J. Berger, Autopoiesis: Wie "systemisch" ist die Theorie sozialer Systeme? in: H. Haferkamp, M. Schmidt, eds., Sinn, Kommunikation und soziale Differenzierung. Beiträge zu Luhmanns Theorie sozialer Systeme, Frankfurt 1987, 129-151, 136-137. Cf. also R. Mayntz, F. Scharpf, Chances and Problems in the Political Guidance of Research Systems, in this volume.

24 On the process between policy-making and science in focusing research on 'environmental dangers' cf. G. Küppers, P. Lundgreen, P. Weingart, Umweltforschung - die gesteuerte Wissenschaft? Frankfurt, 1978.

25 Cf. K.H. Ladeur, Jenseits von Regulierung und Ökonomiesierung der Umwelt: Bearbeitung von Ungewißheit durch (selbst-)organisierte Lernfähigkeit - eine Skizze, Zeitschrift für Umweltpolitik und Umweltrecht, 1, 1987,1-22, 8-9; E. Hagenah, Stand der Wissenschaft, Stand des Rechts - Das Zusammentreffen von Recht und Wissenschaft bei der gerichtlichen Überprüfung der atomrechtlichen Genehmigungen, Report Wissenschaftsforschung Nr. 30, Bielefeld 1986.

26 This is the heart of the debate over "reflexive law" which arose from the alleged incapacity of the legal system to learn. Cf. G. Teubner, H. Willke, Kontext und Autonomie: Gesellschaftliche Selbststeuerung durch reflexives Recht, Zeitschrift für Rechtssoziologie, 6, 1984, 4-35, 25, and the articles by Luhmann, Münch, and Nahamowitz in the same volume.

27 Ladeur, Jenseits., op.cit.,18, Teubner, Wilke, Kontext und Autonomie, op.cit.,5.

28 Ruckelshaus, op.cit.,116. On the exigencies of an environment oriented economy; cf. B. S. Frey, Umweltökonomie, 2nd.ed., Göttingen, 1985.

29 J. MacNeill, Strategies for Sustainable Economic Development, Scientific American, Vol.261, No.3, September 1989,105-113,106.

30 For a critical discussion of models of economization and the consequences stated cf. Ladeur, Jenseits..., op.cit.

31 MacNeill, op.cit., 111.

32 Cf. for both examples Ladeur, Jenseits...,op.cit..

33 Stephen H. Schneider, The Changing Climate, Scientific American, Vol.261, No.3, September 1989, 38-47, 47.

# CHANCES AND PROBLEMS IN THE POLITICAL GUIDANCE OF RESEARCH SYSTEMS

**Renate Mayntz and Fritz W. Scharpf**

## I. Introduction and Specification of the Control Problem

Since World War II, the Promethean image of science has eroded: the belief in science and technology as harbingers of wealth and happiness had to be reluctantly discarded as a fateful illusion. Scientific research is today perceived both as the major source of human progress and as the cause of new dangers threatening the very survival of humankind - intentionally, as through science-based A-B-C weapon systems, or inadvertently, as through the impact of science-based technological and economic development on our global environment. This poses a new challenge for public policy: both the growing effectiveness of science-based technologies and the growing hazards connected with their production and utilization seen to call for active political intervention. No modern state today can do without a science and technology policy which is expected both to promote and to curb.

However, a simple gardening strategy - cultivate the vegetables and pull out the weeds - is hardly feasible in science and technology policy since the potential for increasing and for threatening collective welfare often will grow from the same roots. This is as evident in modern genetics and biotechnology as it has been with respect to nuclear physics - or pharmacology, for that matter, whose most beneficial products are often carefully measured poisons. The problem is thus not a new one, and there is a conventional response to the fundamental ambivalence of all knowledge, based on principles that were first established when Galilei wrested the freedom of research from the control of the Church. In this view, the pursuit of scientific knowledge is not only value neutral, but positively valued for its own sake and for its potential contribution to the welfare of humanity. If perversions should occur, their proximate cause is not the acquisition of knowledge, but the practical utilization of such knowledge. Control should therefore take place at the level of applications. Accordingly, public policy should be legitimately concerned with regulating the utilization of technology, while the positive yield of scientific research would be maximized by a combination of generous financial support and functional autonomy of the science system.

This conventional view is increasingly being challenged as we come to doubt that the utilization of available technology **can** be controlled. As science and technology have immensely increased our capability for improving, exploiting, changing and destroying the natural, social and cultural conditions of our existence, these environments have lost the capacity of buffering humankind against the negative consequences of its own evildoing as well as of its miscalculations. Thus even perfect control over the utilization of scientific discoveries will no longer protect us against "perverse" consequences if these occur as unintended and unanticipated side effects or remote effects of **per se** beneficial technical innovations.

Even more important, the idea that public policy is in fact able to control the development, introduction and utilization of technical applications after scientific discoveries have been made, has also lost much of its plausibility. According to the internal norms of the scientific community, research findings must be exposed to criticism through publication. This means that, within the limits of military and industrial secrecy and of patent protection, they will become collective goods that competent researchers anywhere in the world should be able to replicate and use in their own development of technical applications. Thus Hiroshima was not avoided when Otto Hahn and his colleagues would not, or could not, exploit the discovery of nuclear fission for the construction of a German atom bomb.

Under contemporary conditions of world-wide competition, not only among business firms but also among nationally based political and economic systems and among military alliances, a new type of technology that may be undesirable from a broader point of view, but has strong competitive advantages, often cannot be stopped by national political action, and may be very hard to stop by international agreement. When that is so, "technology assessment" as it is usually defined (BMFT 1989) becomes ineffective as well.

Concerned observers, including many scientists, have therefore come to ask whether it may not now by necessary to develop a new kind of "research assessment" that would impose more stringent controls on the production of new scientific knowledge itself. However, even if one were to sympathize with its motives, such a proposal is hardly feasible. The very size of the science sector, combined with the growing intensity of global communication, make it practically inevitable that a discovery that has become possible will be made - tomorrow if not today, and in Leipzig or Johannesburg if not in Stanford or in Tokyo. Short of stopping the whole enterprise worldwide, there is no effective way of preventing scientific discoveries whose time has come.

Moreover, even if we had the ability, we could not know **ex ante** exactly which scientific discoveries we should want to prevent. While it is always possible **post hoc** to trace technical applications back to the basic research from which they derived, there is no way in which, for instance, the microelectronic revolution could have been anticipated when the atomic structure of crystals was first conceptualized in 1912, or even when work on the transistor began in the

1940s (Queisser 1985). And even if, at a still later date, researches laying the theoretical groundwork for laser technology could have foreseen the range of potential practical applications, how should they have weighed laser eye surgery against industrial robotics, or against laser-equipped killer satellites? In short, unless all as yet unforeseen applications of a particular line of research are condemned by an **a-priori** judgment on ethical or religious grounds (a position that some critics of research in human genetics seen to take), there is no rationally defensible way of preventing undesirable technical innovations through the **ex-ante** censorship of basic research (whether exercised by public policy or by the scientific community itself).

But, unfortunately, that is only half the truth. While **negative** selection cannot eliminate the dangers of scientific progress, that does not preclude the exercise of **positive** influence to increase the probability that scientific research will contribute to the solution of societal problems. For one thing, positive influences does not require worldwide coordination; it can often be exerted by one government acting alone. Moreover, even if "forward" prediction from basic research to its potential applications may be out of the question, it may still be possible to identify, through "backward" induction, the research on which the solution of a given societal problem depends[1]. At least in principle, then, it is possible to specify in advance what kind of research would be desirable from a societal point of view.

By itself, of course, influence on scientific research does not assure that the desired solutions to societal problems are in fact forthcoming. The R&D process can be pictured as consisting of different stages: basic research, applied research, technical development, practical utilization. Though the boundaries may not be precisely defined, it is clear that selection processes intervene between successive stages. Since the links are not deterministic, even full control over the pools of research results would not determine the subsequent technological pool, which in turn does not determine utilization. At each stage, selections may be directly influenced by public policy, but knowledge or technology that is **unavailable in the preceding pool** can often not be produced at short notice. Thus, public R&D policy aiming at positive selection in the stage of basic research is a necessary element of societal problem solving. It could set itself three distinct tasks:

- The production of knowledge to develop technological solutions to first order societal problems that are not produced by technology itself,

- the production of knowledge about potential negative side effects and remote effects of presently practiced or considered technological solutions, and

- the production of knowledge to minimize such side effects and to solve problems that were produced by earlier technological solutions.

In other words, though we cannot get off the tiger's back by avoiding the risks inherent in technological progress, we can at least try to make the fullest use of the creative potential that is also inherent in modern science and technology for improving our ability to cope with societal problems, whether self-created or not.

## II. Problems of Effective Control

The extent to which R&D processes will focus on societal problems without the specific intervention of research policy is generally assumed to be inadequate. That judgment applies especially to the necessary pool of basic research upon which the very possibility of subsequent applications rests, while applied research and the development of technology are thought to respond more readily to effective economic or politically induced demand. In the environmental field, for instance, the most powerful stimulus to industrial development and applied research is, surely, the demand pull created by more stringent legislative standards for pollution control or by financial levies on pollution or energy consumption. The same is true in many other areas, and one may indeed postulate that, with regard to technical development and applied research, R&D policy is a second-best solution that comes into play only when governments are unable or unwilling to influence effective demand through regulation, taxation or other incentives.

With respect to basic research, however, the conventional view postulates a fundamental tension between external pressures for usefulness and the internal orientation of the science system toward the pursuit of "knowledge for its own sake". While the latter formula is concretized for practicing scientists through additional criteria of methodological sophistication, theoretical significance and originality, none of these criteria are likely to soften the disregard for ulterior practical usefulness that characterizes the intrinsic motivation of scientists committed to basic research. Under the conventional view, therefore, contributions to the solution of societal problems are not the goal of basic research but merely its by-product.

From the perspective developed above, the by-product philosophy must of course appear unsatisfactory since it has not way of favoring socially useful over undesirable consequences. What seems called for are mechanisms that could bias basic research toward the solution of problems defined outside the science system[2] - in other words, mechanisms of external control over the choice of research priorities. In the literature, this possibility is discussed in the framework of two models, one optimistic and one extremely pessimistic.

The optimistic model is formulated in terms of unilateral control as it is conceptualized in organization theory as well as in the economic theory of optimal control. Here the positive selection of research priorities would be expected as the result of a hierarchical relationship in which policy makers in pursuit of collective welfare use the incentives (lay and money) at their disposal in order to influence a target population that is not assumed to be otherwise motivated to contribute to the common good.[3] Ideally, the state as the societal control center is assumed to posses not only a perfect motivation to control, but also sufficient information to define relevant targets and to monitor performance, and sufficient resources to create "incentive-compatible" institutional arrangements (Hurwicz 1972; Hammond 1979). The complementary assumption about actors in the research system is that they are motivated by personal or institutional self-interest and science-oriented goals, but must pursue these interests within resource constraints defined at least partly by the state. Control is successful when resource dependence is sufficiently high to effectively constrain research choices,[4] and when the state is able to specify its incentives in such a way that rational researches will find it in their own best interest to contribute to socially desirable goals.

But there is a catch in the optimal-control model. Political control over research processes would be self-defeating if it were to erode the internal criteria of excellence and the mechanisms of autonomous self-control on which the productivity of the science system ultimately depends. It is this condition which represents the plausible starting point of the equally extreme pessimistic model. In its radical version, the "autopoiesis" approach in sociological theory postulates a complete disjunction between the political and the research systems. In this view, knowledge production is determined entirely by its own internal logic, and while it might be stopped or slowed down if the necessary resources are denied (or if researches are sent to work in the fields, or to concentration camps), the science system cannot be directed from the outside. Furthermore, if the same analysis is applied to the political system, it must also be assumed to follow its own autopoietic logic - which is thought to be defined by the competition of political actors for public office, rather than by the pursuit of collective welfare or by concern for problems of the global system (Luhmann 1986). Hence both assumptions of the optimistic control model are rejected: science can be impeded or destroyed but not directed, and the state would in any case be incapable of providing the kind of guidance that could be considered system rational.

For anyone familiar with real-world interactions of governments and research organizations, both models must appear as extreme simplifications, or even caricatures, of reality. Relations between the two spheres are neither as clearly hierarchical as the optimistic control model presumes, nor are they as devoid of intentional influence across subsystem boundaries as the autopoiesis model would suggest. Yet in their complementary myopia these models emphasize precisely the asymmetric mutual dependence that exists between the science system and the political system.

Modern research obviously costs large sums of money. The major sources of financial support are organizations in the economic sector and the state. In the Federal Republic, the largest share by far of total R&D is paid for by industry (Häusler 1989), but these funds are mainly used to support applied research and technical development, while most basic research is carried out in the publicly funded universities and in specialized research institutions that are supported by the state. Governments also finance, or at least subsidize, a certain share of industrial research that is either considered directly policy relevant, or is justified on industrial-policy grounds as a contribution to the "modernization of the economy". But even when industrial R&D is not directly subsidized by the state, it is dependent on basic research carried out outside of the industrial sector, and on easy access to the know-how of state supported research institutions. Thus even though public policy is directly in control of only about one third of total R&D expenditures in the Federal Republic, the effective dependence on public funds of the research that is in fact carried out is considerably greater.

However, the dependence of one side cannot be equated with the power of the other side in this particular case. State control over research is not only limited by the fact that funds are often available from several independent sources - not only from industry and from private foundations, but also from three levels of government (including the European Community) and from different departmental budgets within any one of these governments. More important is the lack of information that could guide public decisions aiming to steer research into desired directions by programs supporting project research or providing institutional support for research institutes in specific areas.

Research is a process with an inherently uncertain production function whose uncertainty increases as one moves from technical development and applied research to basic research. Moreover, information about the feasibility of research goals is most unequally distributed. What may be a calculable risk for highly specialized experts will appear more uncertain to non-specialist colleagues within the same discipline, and may be completely intransparent to interested outside observers. Worse yet, much of the information on which expert judgments of scientific feasibility must be based is of an experiental or "personal" nature that limits the possibility of intersubjective communication (Polanyi 1962). Thus even if state actors should be entirely oriented toward the common welfare, and well informed about societal problems that would benefit from science-based technological solutions, they would still depend on the very experts whose work they are supposed to control for information about the scientific feasibility of these solutions. This experts, moreover, may be tempted to make strategic use of their informational advantage by recommending policy measures favoring their own interests - usually meaning more support for their own line of work, regardless of whether this will optimally contribute to solving the government's problems.[5] From the government's point of view, therefore, the problems of defining promising targets for R&D policy are aggravated by fundamental information asymmetries.

The implications of information asymmetries have been generally discussed in the economic theory of optimal control, and in sociological analyses of decision making in hierarchical organizations which emphasize the mutual dependence and hence need for cooperation among hierarchical ranks. In the Human Relations school of organizational analysis, this has served to justify recommendations of "participative management" and "group decision-making" (Argyris 1957; Likert 1961), which assume a basic harmony of interest between management and labor. In contrast, control theory in economics starts from a presumption of divergent interests. The focus is on the structure of incentives and monitoring arrangements that would permit a "principal" to achieve his goals through the action of self-interested "agents" who possess task-related information that is not directly accessible to the principal (Gjesdal 1982; Grossman/Hart 1983; Binmore/Dasgupta 1986). The assumption is that the principal is free to specify incentives unilaterally, and is at least able to judge performance after the fact. When that is so, the theory suggests that several independent agents should be employed to provide the same service, so that principals are able to exploit the information generated by competition among the agents. But obviously, such solutions are easily frustrated by collusion among the agents (Mookherjee 1987).

If we translate this theoretical solution to fit the context of R&D policy, we might arrive at adversarial procedures in which competing experts are invited to testify before any major commitment to research support is undertaken. It is essentially the same idea that has persuaded systems analysts to advocate "dialectical" processes for the solution of complex planning problems (Churchman 1968). That these ideas are not only theoretically sound but practicable as well, is demonstrated in the United States, where adversarial procedures are regularly employed, in the legislative as well as in the administrative process, for the setting of standards for pollution control or for occupational health and safety, and for the design of most other types of regulatory policy. The same procedures can also help to collect, confront, and publicize information on the prospects and likely consequences of R&D programs that is available in the research system - as was the case in Congressional hearings on the SDI program.

In the Federal Republic, however, formal adversarial procedures are used less frequently by parliamentary committees and only exceptionally - e.g. in the **Gorleben** hearings - for the preparation of policy choices by governments. In the field of R&D policy, they are practically never used to engage competing experts in public confrontations over the feasibility of new lines of scientific inquiry or over the success or failure of past research commitments. Also not much use is being made of strategies that would systematically promote competing research approaches or support "alternative" research institutions.[6] Instead, R&D policy in West Germany seems to be shaped consensually in a process of multi-level and multi-arena communication and negotiation that leaves little opportunity for government actors to exploit competition within the science system in order to increase the effectiveness of unilateral control of public policy. While clearly inconsistent with the prescriptions of the economic theory of optimal control, this pattern seems to correspond much better to the recommendations of participatory or group-decision making in organizations. In the following section, we will examine the institutional conditions from which this consensus model has evolved, before we then will examine its implications for R&D policy.

## III. Institutional Conditions of Research Policy in the Federal Republic[7]

From the perspective of knowledgeable outside observers, West German political institutions appear to be more limited in their capacity for autonomous action, and public policy seems to be more strongly influenced by actors outside of the political system, than is generally true of modern pluralist democracies (Katzenstein 1987). Our own research tends to support this view (Mayntz/Scharpf 1975; Scharpf 1987; 1988). At the most abstract level, this "semi-sovereign" character of the West German political system and the high degree of self-organization in the sectors of the society and economy that are supposed to be the objects of political guidance and control. Both sets of conditions are relevant for an understanding of the specific constraints of research policy in the Federal Republic. The first reduces the capability of the political system as a whole to develop coherent strategies against outside interests, and the second reduces opportunities for control through competitive or adversarial strategies. Both are facilitated by ambivalences in the federal allocation of research-policy functions after 1945.

There is only one area where federal competence was undisputed from the beginning - applied research in direct support of the policy-making responsibilities of individual federal ministries (**Ressortforschung**). On the other hand, it was also clear that the **Länder** would have jurisdiction over universities. From that base, they have laid claim not only to university research but also to the remaining territory of publicly financed research institutions. Since some of these were clearly of a supra-regional character, the **Länder** agreed to carry the financial burdens jointly. The federal government, while disputing the claim of exclusive **Länder** jurisdiction, was prevented by its dependence on the **Bundesrat** from directly challenging it through legislation. As a consequence, it has only been able to gain acceptance as a legitimate actor in the research field through a long series of ad-hoc arrangements and compromises with the **Länder** which culminated in the general agreement on the joint promotion of scientific research ("Rahmenvereinbarung Forschungsförderung") that was finally concluded in 1975 (Bentele, 1979).

The agreement provides for joint and co-equal federal-Länder financing of the **Deutsche Forschungsgemeinschaft** (DFG), which is the main source of funds for basic research in the universities, of the **Max-Planck-Gesellschaft** (MPG), whose institutes carry out most of the basic research outside of the universities, and of a heterogeneous collection of other large institutes outside of the universities. In all these cases, decisions must be reached by near-unanimous agreement (17 out of 22 votes) in a **Bund-Länder-Kommission** (BLK) in which the federal government has eleven votes while each of the eleven **Länder** has one vote.

In addition, the 1975 agreement also covers institutional support for about a dozen **Großforschungseinrichtungen** (GFE), i.e. big-science institutions which the federal government had established mainly in the fields of nuclear energy and aerospace research, and for the **Fraunhofer-Gesellschaft** (FhG) which is dedicated to industry-oriented contract research. In these cases, the federal government carries 90 % of the burden, while the **Land** or **Länder** in which institutes are located put up the rest - and only they are involved in decisions about individual institutes. Beyond that, all governments have agreed to coordinate all their measures in the field of research policy - which also means that all initiatives for research support by any government may at any time be placed on the agenda of the BLK.[8] Serious disagreement there is likely to jeopardize the chances of success even when joint financing is not required.

The implications of these institutional arrangements for research support are ambiguous. On the one hand, joint financing based on comprehensive intergovernmental consensus creates a stability of expectations on all sides that could hardly be achieved by the commitments of a single government that would be subject to the vagaries of parliamentary politics. On the other hand, joint financing necessarily operates as a convoy whose speed is determined by the slowest ship - in this case the **Land** that is least able or willing to increase its overall commitment to joint research promotion. As a consequence, the budgets of jointly financed research institutions grew more slowly after 1975 than did total government expenditures on R&D support.

More important from our present perspective are the constraining effects which the need to obtain a wide consensus has on substantive choices. Research policy, like other policy areas, generates political disagreement. Different political parties or ideological orientations will emphasize different varieties of basic or applied research - as was evident in the United States after the transition from Carter to Reagan or in Britain after the victory of Margaret Thatcher (Smith/Larsen 1987). However, under the institutional conditions of the "joint-decision trap" in the Federal Republic (Scharpf, 1988), it is difficult or impossible to resolve such controversies by unilateral **fiat**. If the federal government and the **Länder** must agree on all major decisions, that also means that all divergent interests and ideological points of view which are represented in the spectrum of political parties and government ministries are potentially in a veto position. As a consequence, one would expect a strong conservative bias of German research policy: While controversial new initiatives are most likely to be blocked by disagreement, established institutions and ongoing programs are relatively secure in their existence as long as they still find champions who will defend them within the joint-decision system.[9] In other words, the competition between political parties and changes of governing majorities, which have caused major shifts in the research policy of some countries, are not, by themselves, significant sources of innovation in West Germany.

Nevertheless, it would be wrong to describe German research policy as a blocked system. Expenditures are high by international comparison,[10] new institutions are founded (and some are even closed down), new programs are introduced, and responses to new scientific opportunities (e.g. in high-temperature super conductivity - Jansen 1989) may even occur very rapidly. If that is so, we must either assume powerful mechanisms of achieving consensus among the divergent political forces, or we must assume sources of innovation located outside of the political system. As a matter of fact, both explanations seem to apply simultaneously.

On the one hand, German research policy is to a considerable degree insulated against party-political disagreement precisely because of its joint-decision character. The fact that no single government is able to act without the agreement of other governments permits each of them to resist parliamentary and party-political interventions that could push difficult negotiations toward complete deadlock. As a consequence, de-facto responsibility for research policy is to a considerable degree shifted from politicians toward a class of career administrators within federal and **Länder** ministries whose professional perspectives tend to be more convergent.

An important external source of R&D policy impulses is West Germany's science system itself, which for specific historical reasons has come to enjoy a comparatively high degree of autonomy and self-organization. To put it very simply, during the long period of jurisdictional competition, the control aspirations of the federal and **Länder** governments have largely neutralized each other in the field of research policy. As a consequence, those segments of the science system that were capable of collective action could exploit this strategic opportunity, and were thus able to achieve a unique degree of institutional autonomy. This is true in particular of the **Deutsche Forschungsgemeinschaft** and the **Max-Planck-Gesellschaft**. Today, both of these research organizations receive about one billion DM of public funds per year for basic research under conditions which prevent the federal government as well as the **Länder** from exercising any influence on the choice of research priorities. In the DFG, governments are outnumbered even in the "**Hauptausschuß**" that formally has the last word on all funding decisions, and only the elected representatives of scientific communities (nominated by their disciplinary associations) are involved in the review processes that substantively determine the fate of all applications for project funding (Neidhardt 1988). A similar degree of institutional autonomy is enjoyed by the **Max-Planck-Gesellschaft,** which organizes the majority of basic-research institutes outside of the universities. Like the DFG, it receives public funds globally and without strings attached, and government representatives are not significantly involved in the evaluation and choice of research areas for Max-Planck institutes, in the selection of their directors, or in the determination of the budgets of individual institutes[11].

Formal autonomy does not go quite as far in the case of the **Fraunhofer-Gesellschaft** which is organizing institutes specializing in industry-oriented applied research, or in the case of the "big-science" institutes whose association (AGF) has not so far achieved a similar degree of organizational cohesion. In both cases, the federal government is in a much stronger position since it is providing 90 % of the total support from public sources, and since not all of the **Länder** are involved in providing the rest. But in practice, the success of **Fraunhofer** institutes depends on their competitiveness in the market for contract research, rather than upon any substantive guidance provided by government policy.[12] And some of the **Großforschungseinrichtungen** have gradually shifted their profile toward basic research even though the federal ministry used all means at its disposal[13] to hold them to their original commitment to research that would be economically useful for German industry.

At least within a large range of publicly supported research it seems to be true, then, that government - or rather the plurality of governments in the Federal Republic - is either formally or de facto unable to provide effective guidance and control. Even though the research that is in fact carried out may depend entirely on public funds, its substance is determined by processes within self-governing institutions of the science system that governments cannot, or do not try to, influence in a substantive way. Even the **Wissenschaftsrat** (WR), which was founded in 1957 to alleviate concerns over the "uncoordinated" activism of the federal government in the research field (Hess 1968; Pfuhl 1968), does not only serve to neutralize political disagreement over substantive priorities in higher education and science policy, but functions largely as an institution of scientific self-government. In its construction, the WR combines the principles of neocorporatist and federal "joint decision making". Most of the members (16 out of 22) of its

"Scientific Commission" are appointed on the joint nomination of the large science organizations, DFG, MPG and the conference of university rectors (WRK), while the federal government and the **Länder** have eleven votes each in the "Administrative Commission". WR recommendations on higher education and science policy must have the support of two-thirds of all votes in a plenary session, but the Scientific Commission has the decisive influence on questions of substantive policy, while the Administrative Commission is concerned with issues of fiscal and administrative feasibility (Foemer 1981). And while WR votes cannot bind individual governments, it has become practically impossible to obtain the approval of finance ministers and parliamentary budget committees for any kind of new undertaking in the science field that is not supported by a positive WR recommendation.

In other words, it is the science establishment itself which, through the **Wissenschaftsrat** and other avenues of influence, [14] is able to define the priorities of research policy that are in fact pursued by the politically immobilized cartel of governments in West Germany.[15] But why is it, then, that representatives of the science system should not also be immobilized by internal disagreement and by competition among them for scarce public resources? The short answer is that this danger has been very much on the minds of the statesmen (no women among them) who have shaped the present institutional configuration of the science system. Their overriding concern has been the avoidance of domain competition, and the extent to which we now have functional monopolies - the DFG for university research, the MPG for basic research outside of the universities, and the FhG for applied research - is a tribute to their strategic intelligence and tactical skill, rather than the inevitable outcome of evolutionary forces. While this pattern prevails,[16] distributive conflict between project applications, institutes, or disciplines can be dealt with internally in each of the monopoly organizations, and the absence of direct competition between them permits all of them to support each other's internally determined priorities in their lobbying for greater financial support for, and complete autonomy of, the system of organized science as a whole.[17]

In short, as far as public support for basic research is concerned, institutional arrangements in West Germany are almost the exact opposite of what would have been prescribed by the theory of optimal control. Instead of a single "principal" that is able to specify incentives unilaterally, we have twelve governments with divergent interests that nevertheless must act in concert much of the time. And instead of a plurality of "agents" that must reveal their privileged information when competing against each other for resources, we have domain monopolies within the science system whose representatives are able to jointly define the priorities of government research policy. Under such conditions, clearly, the notion that governments might be able to exercise unilateral, hierarchical control over research systems has no institutional foundation.

## IV. Implications for Problem-Oriented Research

The institutional autonomy of public-sector research organizations does **not** mean that state actors have relinquished all aspirations of influencing the substance of basic research in West Germany. One indication is the relatively slow growth of institutional support for the large science organizations in the 1980s, while at the same time the share of basic research within the federal budget has increased more rapidly.[18] Apparently the government is shifting resources from institutional support to financing projects, in the hope of avoiding both the inertia of joint federal-**Länder** decision procedures and the definition monopoly of the large science organizations. However, such a strategy could not achieve a greater degree of control unless there are also ways and means of overcoming the fundamental information asymmetry between the political system and the science system which we discussed above. There seems to be two ways in which project-based research policy is able to cope with this problem. One of them relies on the informational proximity between industrial R&D and basic research, while the other one depends on the possibilities of direct communication between actors in the science system and in the political system.

The logic of the first of these solutions is illustrated by the success story of the **Fraunhofer-Gesellschaft** after its reorganization in 1973. At that time, institutional support was directly tied, on a one-to-one basis, to the funds obtained by FhG institutes through research contracts with industry or government agencies. The expectation was that this would encourage institutes to use their institutional support for investments in basic research in precisely those areas which would most increase their relative advantage in the markets for contract research (Hohn 1989). In quantitative terms at least, this strategy seems to have succeeded beyond expectations. The FhG expanded more rapidly than any other publicly financed research organization, and its acquisition of research contracts has so far exceeded the government's ability to provide matching funds that institutional support now covers less than one third (instead of 50 %) of the FhG budget.[19] In the meantime, it seems that a similar success story can be told about the more recent commitment of BMFT to support collaborative industrial R&D in the form of **Verbundforschung**. Such programs require that - within a broader field selected by the ministry - specific research topics are jointly determined by experts from industry and from government supported research institutions; and they also require that individual projects be carried out under contractual arrangements involving either several firms or one or more firms and external research institutes. So far, satisfaction with this form of research support seems to be quite high on all sides involved.[20]

The apparent success of these contractual models of public support for industry-oriented research in public-sector research institutions contrasts sharply with the resistance of some **Großforschungseinrichtungen** against BMFT efforts to achieve a greater concern for industrial applications through hierarchical controls (Schimank 1988). This difference can largely be explained by the ability of contractual models to exploit the resource dependence of institutes to generate a material interest in contractual relations with industry. This motive is absent in GFEs whos resource needs are met through their institutional support. At the same time, the industrial firms involved not only have a strong interest in the usefulness of the research whose costs they must bear (at least in part), but they typically are able to rely on their own R&D staffs to conduct the negotiations, and to participate in collaborative work, with scientists at external research institutes. Under such conditions, one may indeed expect that the potential contribution to industrial R&D of public supported capacities for basic research will be optimally exploited.[21]

But, of course, these are not universally applicable solutions. They work only for government research support that is motivated by industrial-policy goals, and/or for problem areas in which industry perceives profitable markets at least over the medium term. In some fields, governments may help to create such future markets through commitments to public procurement (e.g. in defense or aerospace) or through regulations compelling private investment or consumption of a certain kind (e.g. to reduce environmental pollution or energy consumption). Nevertheless, we have no reason to think that the self-interest of industrial firms can be mobilized for the solution of all societal problems, or that collaboration between industrial R&D staffs and publicly supported research institutions will always help to neutralize the information asymmetries between the political system and the science system. We therefore turn to the second possibility mentioned above, i.e. direct communication between actors in the science system and the political system.

If the information asymmetries that plague policy-makers in their attempts to direct scientific research toward pressing societal problems are to be eliminated by direct contact with scientists, one basic precondition must be met. Satisfactory solutions cannot be defined within a frame of reference that assumes an insuperable divergence between political and scientific orientations. If they are possible at all, they must depend on the ability of scientists to consider the solution of societal problems as a relevant criterion for their own work, and on the ability of political actors to respect the need for scientific excellence. Both sides, in other words, must be able to define the criteria of their own success in "cooperative" terms, rather than as the maximization of their own, separate payoffs (Scharpf, 1989).

While the theoretical conditions of such "inter-systemic discourses" (Willke 1989) are still unclear, there are sufficiently numerous practical examples that suggest that we are not merely talking about a hypothetical possibility. Characteristically, however, many of the best-known cases have been in the military field. Fritz Haber comes to mind, whose basic-research breakthrough in the synthesizing of ammonia provided Germany with a continuing supply of gunpowder during World War I. Even more sinister is the personal role he took in the initiation of poison gas warfare which he himself perceived as a way to end the war more quickly (Nachmansohn/Schmid 1988, 176-200). Another example is the active role of Robert Watson-Watt in the invention of Radar and its adoption by the British government in the mid 1930s (Watson-Watt 1957; Reuter 1971, 36-39) - and of course the Manhattan Project leading to the production of the first atom bomb (Goodchild 1982). Civilian examples of a similar character might be the work of Justus Liebig or Louis Pasteur, the Salk polio vaccine or the genetic research leading to the "Green Revolution" of high yield grains that could ease the food crisis in developing countries. Another example, of which the German science establishment might well be proud, is the development, within the institutional autonomy of the Max-Planck-Gesellschaft, of the theoretical concept of a structural incapacity for attach (discussed under the label of **Verteidigerdominanz**) that has informed the recent disarmament initiatives of both sides to the East-West conflict (von Müller 1988).

What is characteristic of these celebrated cases is the dominant role of leading scientists - and the fact that they were not merely trying to maximize the narrow institutional and functional interests generally ascribed to actors in the science system. While these scientists often took an active role in obtaining the support of government authorities or other sponsors for their own line of research, they were clearly committed to finding a solution to urgent non-scientific (military or civilian) problems. At the same time, however, no amount of effort and resources could have assured success if the problem these scientists chose to attack had not been "ripe" for a scientific solution, if they had not possessed the competence to recognize this, and if this competence had not been respected by their sponsors.

Obviously, these are conditions that are difficult to reproduce in routine solutions. Above all, it must be recognized that our positive evaluation of these cases rests entirely on the assumption that the goal pursued was beyond dispute. That may one have been true for military research in war time,[22] and it may still be true for contemporary battles against diseases, hunger, and ecological catastrophes. But the erstwhile consensus on nuclear-energy research has long evaporated (Brandt 1956; Radkau 1983; Meyer-Abich/Schefold 1986), and an equally broad consensus on genetic research seems unlikely to emerge now. Thus we would not, today, consider scientist-dominated models as a generally satisfactory solution to the problems we set out to examine. The inter-systemic discourse, if it is to be successful, cannot be entirely internalized in the minds of actors within the science system who are, simultaneously, public-spirited and science-oriented. It must achieve a genuine co-orientation of actors in both systems that depends on the substantive contributions as much as it depends on financial support of actors within the political system as well.[23]

There are probably no hard and fast rules on how such a co-orientation across system boundaries could become effective. But the experience of research support in West Germany suggests that it may at least be assisted by certain organizational and procedural practices that merit attention. Significantly, these practices occur mainly within federal programs providing project support, rather than institutional support. They are thus able to avoid the "joint-decision trap" of near-unanimous agreement in the **Bund-Länder-Kommission**, and they are also able to exploit the resource dependence of researchers in ways which would be precluded by generalized institutional support.

Examples can be found not only in applied research and industrial **Verbundforschung** but in basic research as well - where the proportion of project support has also grown at the expense of institutional support during the 1980s (note 19, above). They include broad-based and long-standing programs as in the environmental (Küppers et al. 1978) or health fields[24] as well as seemingly ad-hoc responses to new scientific opportunities as in high-temperature superconductivity research (Jansen 1989). Nevertheless, there seems to be a remarkable convergence of practices designed to reduce conflict and to increase the effectiveness of problem-oriented research support.

Among the common elements of most successful programs is the active role of intermediaries between the ministry and the working scientists. Typically, the management of programs is delegated to a **Projektträger** organization that may sometimes be part of an administrative agency (as in environmental research) or that may be attached to a research institution. In either case, its staff must include scientifically trained professionals who combine a commitment to the substantive goals or problems that are of concern for the ministry with a wide-ranging knowledge of who-is-who and who-does-what in the scientific community and with an ability to appreciate scientific excellence while remaining unimpressed by scientific showmanship. They must, in other words, fulfill some of the functions that are performed by the firms' R&D staffs in industrial contract research.

But that is not enough. What we also find in most instances of successful co-orientation is an early involvement of representatives of the scientific community in discussions about the specification of the research fields to be supported. In fact, the initial specification of research problems by the ministry is often kept intentionally vague "in order to permit scientists to identify the potential contribution of science to the solution of future tasks."[25] What is gained by such low-profile strategies is not only the avoidance of overt conflict with the big science organizations.[26] Equally or more important is the intellectual and moral commitment of members of the scientific community to the "future tasks" for which the ministry is seeking solutions and, above all, their assurance that there is indeed a prospect of obtaining scientific solutions for these tasks. To appreciate the importance of these points, it is perhaps helpful to consider the diagram below:

| Research is | | problem oriented: yes | problem oriented: no |
|---|---|---|---|
| scientifically promising | yes | (1) | (2) |
| | no | (3) | (4) |

Research may or may not be problem-oriented, and it may or may not be scientifically promising. It is socially most desirable if both criteria are met (cell 1), while research that is neither problem oriented nor scientifically promising (cell 4) would be considered wasteful by scientists and political actors alike. The problematic cases are located in cells (2) and (3). Scientists following only their own lights may regard work that is merely scientifically promising as being equally or more attractive than work that would meet both criteria. On the other hand, governments insisting on their own political priorities may well end up sponsoring research that is well-meant but scientifically infeasible or unsound.

These risks cannot be entirely avoided, but are much reduced if a wide range of scientists is involved in the discussion of a new program at such an early stage that individual project applications are not yet at stake. At this stage, the individual self-interest of scientists is to some extent still shrouded behind a "view of ignorance", so their advice concerning the scientific feasibility and attractiveness of particular research topics is more trustworthy. Would-be sponsors of problem-oriented or policy-oriented research could ignore such advice only at their peril.

Yet another characteristic of successful programs seems to be the insistence on a rigorous peer view of individual project applications. However, this conditions is more ambivalent in its implications than the previous ones, since it tends to favor research that is approved by the scientific establishment. Thus sponsors may be tempted to downplay peer review when they are trying to promote approaches that in their view have been neglected by the scientific mainstream. In fact, this seems to have been the case in the early years of the health research program with its novel (for West Germany, that is) emphasis on public health and on interdisciplinary cooperation between clinical research and basic natural-science research. The immediate outcome, apparently, was not an abundance of innovative applications, but distrust and opposition in the scientific community. A further consequence was the strategic reversal of the ministry, which now emphasizes not only complete consensus with the large science organizations, but also the fact that its peer review procedures are considered to be even tougher than those applied by the DFG. The case illustrates that it is risky for sponsors to associate themselves with minority positions in the national scientific community - even if these are well established abroad. Under some conditions, the internationalization of peer review may help to reduce this problem, but the implication remains that, on the whole, government research programs can only succeed if they support approaches, and researchers, of whose soundness the science establishment is already persuaded.

That does not mean that innovation cannot be very rapid, at least in those disciplines where experimental evidence is generally accepted as a conclusive test. A good case in point is high-temperature superconductivity. There, a network of German research institutes and industrial laboratories, subsidized within one of the BMFT programs of **Verbundforschung**, had long been working on a number of (so far) unsuccessful approaches. When the Müller-Bednorz discovery was first published (in a German journal) in September 1986, the response was disbelief. But after its experimental confirmation in January 1987, it took only a few months before the network was reoriented - with the active help of the **Projektträger** toward the new approach. Within less than a year, BMFT funding was increased, new industrial partners (from the chemical industry) made large commitments of their own to basic research, and a considerable number of new research groups was drawn into the field. Even if scientists should still have been motivated by basic-research breakthroughs, while the ministry and industry were primarily interested in technological applications and future market opportunities, the shared perception of new scientific opportunities created a convergence of interests that greatly facilitated cooperation in non-hierarchical network structures (Jansen 1989).

In the health program, by contrast, the ministry had not merely responded to opportunities arising within the science system, but had actively tried to shift the attention of researchers to a politically defined problem (preventive medicine) or to an approach that was at odds with prevailing practices (interdisciplinary cooperation). As the case demonstrates, this is not completely impossible, but the process of persuasion was beset by difficulties and has taken much longer, and even now ministerial sponsors see themselves trying "to sneak in" some of the novel program elements which they think would meet opposition if they were pursued more aggressively.

One of the crucial issues in this process seems to have been the pervasive suspicion that the federal government's health research program might somehow compete with, substitute for, or instrumentalize the existing facilities of DFG support for "autonomous" research in the medical field. Under the institutional conditions described above, not only new initiatives for institutional support but even innovative programs providing project support must respect the de-facto veto position of the big science organizations. In other words, government research policy is constrained by the principles of "subsidiarity" or "additionality" - it must avoid seeming to assume functions that could also be carried out by the autonomous science organizations, and it must not try to develop novel programs at their expense. In that sense, research policy in the Federal Republic can only be participatory and consensual - and its success depends very much on the intelligence and tactical skills of those actors whose job it is to manage the multi-institutional and multi-level networks of interaction between the political system and the science system.

**Notes:**

1 On the superior heuristic efficacy of "working backward" in problem solving, see Newell/Shaw/Simon 1957; Klein 1971, 115-118.

2 Even more demanding, what would be desirable is an orientation toward problems defined at the level of more inclusive societal or global systems, rather than at the level of the economic or institutional self-interests of sponsoring firms or government agencies. This, of course, raises the problem of defining societal needs or system rationality - a difficult issue which we must leave aside here, assuming that it is in fact often possible to agree on the most urgent common problems and the most desirable solutions in terms of the choices to be made in specific situations.

3 The aspirations of this hierarchical control model are well summarized by Nagel (1986:132). In this view, public policy has a potential for encouraging socially desired behavior by working through five related approaches, namely:
1. increasing the benefits of doing right,
2. decreasing the costs of doing right,
3. increasing the costs of doing wrong,
4. decreasing the benefits of doing wrong, and
5. increasing the probability that benefits and costs will occur.

4 This is not so when resources from multiple sources are available for competing purposes.

5 The temptation here is even greater than was assumed by Keck (1988) in his game-theoretical analysis of the "information dilemma" in interactions between government and industry in the development of unsuccessful types of nuclear reactors. While there it was assumed that firms could have profitably collaborated with the government on more successful projects, the "asset specificity" of researchers' skills would probably preclude such alternatives.

6 Among the five jointly financed institutes of economic research, however, at least a moderate version of Keynesian dissent from the neoclassical mainstream was for a long time represented by the Deutsches Institut für Wirtschaftsforschung (DIW).

7 The following section draws heavily on a study of the postwar evolution of publicly financed research institutions outside of the universities carried out at the Max-Planck-Institut für Gesellschaftsforschung: (Hohn and Schimank, 1990).

8 According to present practice, federal programs providing project support (as distinguished from institutional support) are not usually discussed in the Joint Commission.

9 The persistence of peace research (under the shelter of the DFG) in spite of the hostility of a majority of **Länder** governments and of the federal government after 1982 is a case in point, and so is the surprise over the politically motivated discontinuation of the **Akademie zu Berlin** (which had not come under the protection of the joint-decision system).

10 In terms of "total government R&D appropriations as a percentage of GDP", the FRG ranked behind France, the United States, Sweden and the United Kingdom, but before Japan in 1987 (F: 1.38 %, US: 1.28 %, S: 1.22 %, UK: 1.17 %, D: 1.10 %, JAP: 0.62 %). If only civil R&D appropriations are considered, however, Germany takes the first rang before France, Sweden, Japan, the United Kingdom and the United States (D: 0.96 %, F: 0.91 %, S: 0.89 %, JAP: 0.60 %, UK: 0.58 %, US: 0.40 %). Source: OECD Main Science and Technology Indicators 1989/1, Tables 38 and 40.

11 **Länder** governments are very much involved, however, in the choice of locations for new Max-Planck institutes.

12 It must be acknowledged, however, that the specific regulations that have enabled Fraunhofer institutes to become highly competitive have in fact been designed and implemented by the Ministry of Research and Technology against some resistance in the federal bureaucracy (Hohn 1989).

13 That, however, did not include the option of abolishing institutions - even though that war seriously considered at least in one case. The reason is the massive resistance of the **Land** in which an institute is located (Schimank 1988).

14 The most important of these additional avenues seems to be the practice of regular meetings between the state secretary of the Ministry for Research and Technology and the presidents of the big science organizations, DFG, MPG, FhG, AGF and WRK (**Präsidentenkreis**). Other avenues are provided by the large number of formal and informal advisory groups associated with major programs of research support. Characteristically, there is little empirical information available on their modes of operation.

15 That German scientists play an important role in the development of R&D policy has, of course, been pointed out before, notably by van den Daele, Krohn & Weingart (1979), who use the term "hybrid community" to describe the observed interdependence. However, these authors do not emphasize the institutional factors shaping the policy network that has emerged, thus implicitly suggesting its historical generality.

16 It may be threatened by the gradual move of "big-science" institutes within AGF toward the basic-research domain occupied by MPG.

17 The pattern seems to be of more general significance: the more highly developed and specialized a scientific discipline is, the less are "outsiders" even from neighboring disciplines supposed to be able to judge the scientific merits of contributions and proposals. And while peer review may be fiercely critical within one's own subfield, the relations among representatives of different subfields tend to be characterized by a spirit of mutual acceptance and respect - at least among the "established" sciences. Thus, Neidhardt (1988, 65-71) found that DFG applications supported by a consensus of referees (from the same discipline) were almost never rejected by the multi-disciplinary **Hauptausschuß**.

18 The changes are not dramatic however. While federal support for basic research has increased by 38 % between 1981 and 1986, institutional support for R&D has only increased by 27 % during the same period (BMFT 1988, 79, 362-363).

19 There are suggestions, however, that increasing dependence on research contracts entails a neglect of investments in basic research that may again endanger the long-term attractiveness of FhG institutes in the market for contract research.

20 The impact of **Verbundforschung** on patterns of cooperation in industrial R&D is the subject of a MPIFG dissertation project by Susanne Lütz.

21 One may see a recognition of these differences in the fact that a new **Institut für Silizium-Technologie** is being founded within the FhG, rather than as a GFE, and that industry has agreed to finance 20 % of the staff positions dedicated to basic research, over and above the expectation that one-third of the budget will be financed from research contracts (TN-MI 1989).

22 But it was not true for German nuclear physicists working reluctantly on the atomic bomb during the Second World War (Hermann 1976, 65-88; Radkau 1983, 34-39).

23 Nevertheless, there is a difference at the level of normative or functional orientations that is pertinent to the interaction between the science system and the political system. While scientists have a near monopoly claim on the societal function of producing scientific knowledge, this is not true of the function of political actors. The public good which they are supposed to pursue is the common interest of all, and in a democracy all citizens are presumed to be capable of participating in the public debate over its proper definition. Thus a scientist can be as fervent a nationalist as any politician, and as concerned over the "political" problems of a global ecological catastrophe - while politicians and bureaucrats have greater difficulty in empathizing with specifically scientific criteria of relevance.

24 The BMFT program **Forschung und Entwicklung im Dienste der Gesundheit** is being studied at MPIFG by Dietmar Braun in a comparative project on the management of health research.

25 The quote is from the introductory remarks of a representative of the ministry on the recent occasion of launching a new BMFT program:

> "Die jeweiligen Themengebiete sind zu Beginn nur wenig vorstrukturiert, um der Wissenschaft Gelegenheit zu geben, auf die Themenstrukturierung Einfluß zu nehmen und ihrerseits den möglichen Beitrag der Wissenschaft zur Lösung von Zukunftsaufgaben aufzuzeigen."

26 Technically, of course, science organizations have no veto over federal programs. But when such programs intend to support basic research, they may be able to have them placed on the agenda of the **Bund-Länder-Kommission** (BLK) which may request their examination by the **Wissenschaftsrat**. But even controversial discussion in the BLK may be enough to jeopardize the financial support in the ministry of finance or in the parliamentary budget committee. So, unless a program should have very high political priority, it is advisable for its sponsors to avoid even the possibility of controversial discussion.

## Bibliography

**Argyris, Chris (1957):** Personality and Organization. The Conflict Between System and the Individual.

**Bentele, Karlheinz (1979):** Kartellbildung in der Allgemeinen Forschungsförderung. Meisenheim am Glan: Anton Hain.

**Binmore, Ken / Partha Dasgupta (1986):** Game Theory: A Survey. In: Ken Binmore / Partha Dasgupta. eds. Economic Organizations as Games. Oxford: Basil Blackwell, 1-45.

**BMFT (1988):** Grundsatzfragen und Programmperspektiven der Technikfolgenabschätzung. Memorandum eines vom Bundesminister für Forschung und Technologie berufenen Sachverständigenausschusses. Bonn: Bundesminister für Forschung und Technologie.

**Brandt, Leo (1956):** Staat und friedliche Atomforschung. Köln: Westdeutscher Verlag.

**Churchman, C. West (1968):** The Systems Approach. New York: Delacorte Press.

**von den Daele, Wolfgang, Wolfgang Krohn, Peter Weingart (1979):** Die politische Steuerung der wissenschaftlichen Entwicklung. In: dies., eds., Geplante Forschung. Frankfurt: Suhrkamp.

**Foemer, Ulla (1981):** Zum Problem der Integration komplexer Sozialsysteme am Beispiel des Wissenschaftsrats. Berlin: Duncker & Humblot.

**Gjesdal, Froystein (1982):** Information and Incentives: The Agency Information Problem. In: Review of Economic Studies 46:373-390.

**Goodchild, Peter (1982):** J. Robert Oppenheimer. Basel: Birkhäuser Verlag.

**Grossman, Sanford J. / Oliver D. Hart (1983):** An Analysis of the Principal-Agent Problem. In: Econometrica 51, 7-45.

**Hammond, Peter J., ed. (1979):** Symposium on Incentive Compatibility. In: Review of Economic Studies 46, 181-389.

**Häusler, Jürgen (1989):** Industrieforschung in der Bundesrepublik: Ein Datenbericht. Köln: MPIFG Discussion Paper 89/1.

**Hermann, Armin (1976):** Werner Heisenberg in Selbstzeugnissen und Bilddokumenten. Reinbek: Rowohlt.

**Hess, Gerhard (1968):** Zur Vorgeschichte des Wissenschaftsrats. In: Wissenschaftsrat 1957-1967. Bonn: Bundesdruckerei, 5-10.

**Hohn, Hans-Willy (1989):** Forschungspolitik als Ordnungspolitik. Das Modell Fraunhofer-Gesellschaft und seine Genese im Forschungssystem der Bundesrepublik Deutschland. Köln: MPIFG Discussion Paper 89/9.

**Hohn, Hans-Willy / Uwe Schimank (1990):** (forthcoming).

**Hurwicz, Leonid (1972):** On Informationally Decentralized Systems. In: C.B. McGuire / Roy Radner, eds., Decision and Organization. A Volume in Honor of Jacob Marschak. Amsterdam: North-Holland: 297-336.

**Jansen, Doris (1989):** Networking in Science and Technology: The Development of the German High-Tech Superconductivity Network. Paper presented at the Conference on Policy Networks. MPIFG, Köln.

**Katzenstein, Peter J. (1987);** Policy and Politics in West Germany. The Growth of a Semisovereign State. Philadelphia: Temple University Press.

**Keck, Otto (1988):** A theory of white elephants: Asymmetric information in government support for technology. In: Research Policy 17: 187-201.

**Klein, Heinz Karl (1971):** Heuristische Entscheidungsmodelle. Wiesbaden: Th. Gabler.

**Küppers, Günter / Peter Lundgreen / Peter Weingart (1978):** Umweltforschung - die gesteuerte Wissenschaft? Eine empirische Studie zum Verhältnis von Wissenschaftsentwicklung und Wissenschaftspolitik. Frankfurt: Suhrkamp.

**Likert, Rensis (1961):** New Patterns of Management. New York, NY: McGraw-Hill.

**Luhmann, Niklas (1986):** Ökologische Kommunikation. Kann die moderne Gesellschaft sich auf ökologische Gefährdungen einstellen? Opladen: Westdeutscher Verlag.

**Mayntz, Renate / Fritz W. Scharpf (1975):** Policy-Making in The German Federal Bureaucracy. Amsterdam: Elsevier.

**Meyer-Abich, Klaus-Michael / Betram Schefold (1986):** Die Grenzen der Atomwirtschaft. München: Beck

**Mookherjee, D. (1987):** Optimal Incentive Schemes with Many Agents. In: Ken Binmore / Partha Dasgupta, eds., Economic Organizations as Games. Oxford: Basil Blackwell, 197-214.

**Nachmansohn, David / Roswitha Schmid (1988):** Die große Ära der Wisschenschaft in Deutschland 1900 bis 1933. Stuttgart: Wissenschaftliche Verlagsgesellschaft.

**Nagel, Stuart (1986):** Public Policy as Incentives for Encouraging Socially Desired Behavior. In: Research in Public Policy Analysis and Management 3, 131-140.

**Neidhardt, Friedhelm (1988):** Selbststeuerung in der Forschungsförderung. Das Gutachterwesen der DFG. Opladen: Westdeutscher Verlag.

**Newell, Allen / J.C. Shaw / Herbert A. Simon (1957):** Empirical Explorations with the Logic Theory Machine: A Case Study in Heuristic. In: Western Joint Computer Conference 15, 218-139.

**OECD (1989):** Main Science and Technology Indicators 1989/1. Paris: OECD.

**Pfuhl, Kurt (1968):** Der Wissenschaftsrat. In: Wissenschaftsrat 1957-1967. Bonn: Bundesdruckerei, 11-21.

**Polanyi, Michael (1962):** Personal Knowledge. Towards a Post-Critical Philosophy. London: Routledge & Kegan Paul.

**Queisser, Hans (1985):** Kristallene Krisen. Mikroelektronik - Wege der Forschung, Kampf um Märkte. München: Piper.

**Radkau, Joachim (1983):** Aufstieg und Krise der deutschen Atomwirtschaft 1945-1975. Verdrängte Alternativen in der Kerntechnik und der Ursprung der nuklearen Kontroverse. Reinbek: Rowohlt.

**Reuter, Frank (1971):** Funkmeß. Die Entwicklung und der Einsatz des RADAR- Verfahrens in Deutschland bis zum Ende des Zweiten Weltkriegs. Opladen: Westdeutscher Verlag.

**Scharpf, Fritz W. (1987):** Sozialdemokratische Krisenpolitik in Europa. Frankfurt: Campus.

**Scharpf, Fritz W. (1988):** The Joint-Decision Trap: Lessons from German Federalism and European Integration. In: Public Administration 66, 239-278.

**Scharpf, Fritz W. (1989):** Games Real Actors Could Play: The Problem of Complete Information. Köln: MPIFG Discussion Paper 89/9.

**Schimank, Uwe (1988):** Wissenschaftliche Vereinigungen im deutschen Forschungssystem: Ergebnisse einer empirischen Erhebung. Köln: MPIFG Discussion Papers 88/5.

**Smith, Cyril S. / Otto N. Larsen (1987):** Managing "Relevance" in Social Science Funding. National Science Foundation (USA) and the Social Science Research Council/ESRC (UK) 1965 to 1985. MS, Wissenschaftszentrum Berlin.

**TN-MI (1989):** Technologie-Nachrichten Management-Informationen Nr. 513 - 16. Oktober 1989.

**von Müller, Albrecht A.C. (1988):** Das Paradigma der Verteidigerdominaz. Entstehung, Durchsetzung und Zukunftsperspektiven. In: Merkur 42: 1033-1046.

**Watson-Watt, Robert (1957):** Three Steps to Victory. London: Odhams Press.

**Willke, Helmut (1989):** Systemtheorie entwickelter Gesellschaften. Dynamik und Riskanz moderner gesellschaftlicher Selbstorganisation. Weinheim: Juventa.

# SOCIETAL CONSTRUCTION OF RESEARCH AND TECHNOLOGY

**Arie Rip**

## Inside the black box of science and technology

In traditional science and technology policy making, in discussion on the impacts of science and technology, and in social debates and controversies, science and technology are almost treated as a black box. True, science and technology need resources, they produce outputs, and they may perhaps be directed through judicious allocation of resources, or even programme management - but what happens inside the black box is treated as unproblematic, or only the scientist's business, or both. In contrast, I shall argue that science and technology are socially constructed, and such a perspective is necessary to understand what is happening with science, technology and society nowadays. This is a precondition for sensible and realistic priority setting.

Recent sociology of science and technology has shown, not only that a lot happens inside the black box of science and technology (that's nothing new), but that what is happening there, is pertinent to priority setting and other policy making and implementation. Thus, understanding what is happening inside the black box is necessary to choose the right priorities and avoid pitfalls. For example, the question when to believe scientists if they come up with promises of solutions for society's ills "just around the corner" - if only they are given more money, prefferably with no strings attached. Or how to resist the temptation of following the myth of the linear-sequential model of innovation and societal effects of science and technology.

There is a second reason to look inside the black box. A new kind of science & technology policy has emerged, which positions itself between the traditional patronage of fundamental research, and the emphatically mission-oriented projects like "Man on the Moon" and "War on Cancer" (both from the USA). This new kind of policy emphasizes strategic mobilization of science, and its main instrument (in Europe) is the initiation of time-limited R&D programmes. Such programmes do focus on specifiable outputs (in contrast to general patronage of science), but their outputs need not be of a problem-solving kind (e.g. reduction of cancer mortality) and will often take the form of commitments of scientists and scientific organizations to strategic goals. The establishment of new networks, e.g. among scientists and technologists and with actors like industry, is as important as the production of specific research results. The European Community R&D programmes like ESPRIT, and national programmes like Alvey in the UK are clear examples; FR Germany started such strategic R&D programmes already in the 1970s.

The objectives of the new programmes relate to processes in the R&D system, not just to research outputs, and without understanding of what goes on inside science and technology, it is a matter of luck if such programmes succeed. Policy-makers and programme managers tend to build on their experience with R&D and on the advice of scientists and technologists. By now, it is possible to offer a general analysis of processes, and perhaps even design them.

## An intermediary layer in the R&D system

So what is inside the black box of science and technology? The primary process is that research practices, developement and design work, in laboratories and other institutions, produce outcomes, and recieve resources (money, people, other forms of support). The outcomes consist not only of research results, blueprints and prototypes, but also of (knowledge) claims and arguments about the promise of certain developments. For the mobilisation of resources, promises are often more important than actual results. This holds for research proposals submitted to funding agencies, for plans to establish or expand laboratories and institutes, and is visible in reports on whole areas of science and technology. Resources, and laboratories and institutes, necessary for R&D do not fall like manna from heaven. "Laboratories are constructed in committee meetings", and influencing committee meetings is an important part of the effort to do science. In addition to the research and development practices going on in laboratories and institutes, one should therefore also include committees, panels, funding bodies, R&D programmes, as part of the R&D system, and as an essential element of the processes in the black box.
In fact, a whole layer of actors and institutions has evolved:

- Research councils and their peer review panels (since 1945, sometimes earlier);
- research adminitrators and research (advisory) committees in national laboratories, in universities (in the 1960s and 1970s, when R&D management became an activity distinct, and increasingly separate from the actual doing of R&D);
- special R&D programmes and their secretariats, programme bureaus etc. (since the middle 1970s);
- executive government bodies with science policy responsibilities (starting around 1960, and fully institutionalized by the early 1970s);
- quite recently, political bodies like parliamentary committees, and also TA offices, are set up.

These actors and institutions have, of course, their own interests to look after, but they have to interact, and thus form, in a sense, an **intermediary layer** between R&D and government / politics / societal demand. The interplay of actors within the intermediary layer, with R&D performers, and with political and societal actors, determines what kind of science and technology we actually get, and what we do not get.[1]
Actors in the intermediary level have mutual (and asymmetric) dependencies with the research actors and with the political system and other sectors of society. For example, research councils depend on the scientific community for the submission of interesting research proposals, which they need in order to show that there is a portfolio of high-qualitiy research on offer; such a protfolio then justifies continuation of their budget, in the face of government pressures to

justify budget claims. The scientific community, on the other hand, depends on research councils to channel state money to them. In the allocation of funds, legitimated through peer review of proposals, this marriage of necessity is continually celebrated. Rules have evolved to play this 'research funding' game, and the players recognize each other's roles, as well as the stakes of the game, and try to increase their returns.

The point I want to emphasize is that such a game stabilizes, and because of that, exerts influence on the kind of sience and technology we get. For example, funding decisions of research councils do not favour innovative research: Partly because peer reviewers and council administrators do not like to take risks, partly because scientists do not submit innovative proposals. Another example is the difficulty to mobilize funds for big programmes in such a dispersed system: apart from the obvious barriers (effort to create sufficient coordination; opportunity costs, where many small grants are threatened by one big block grant), the stability of the system depends on the continuity of the rules and the willingness of many actors to continue to play.

Another example is how R&D programmes have to be implemented by creating some commitment of scientists and technologists to its goals. Once established successfully, and being embedded in a network of actors that constitute an 'Implementation structure', programmes, and in any case the networks of committed actors in the implementation structure, want to survive, and for this reason alone become a barrier to the introduction of new programmes. Nuclear energy R&D was so entrenched in groups and institutions, that it was almost impossible to introduce alternative energy R&D programmes successfully during the 1970s. The skills of practitioners, the interactive networks and vested interests of institutions, all were oriented toward the earlier, nuclear "game".

The notion of 'game' that I use here to describe and explain how R&D activities are being shaped through the intermediary layer has the added advantage of reflecting the two sides of the situation: In a game there are the oppurtunities to create commitments and productive arrangements, e.g. to use state funds to support science, or to mobilize R&D capability for new priorities; but there also constraints and limitations that derive from the particularities of the game and the need for its continuation.

Thus, we recognize one way in which science and technology are socially constructed: through the interactions between resource strategies, institution building, and the network relationships of actors, which have effects on the kind of science and technology that is actually produced.[2]

In addition to the social-institutional construction, there is also social construction at the cognitive side, and as I will show, this an essential part of whatever game evolves.

## Search processes, heuristics and expectations

In general, research and development practices should be seen **as search processes**. The search can be theoretical, empirical, experimental, oriented toward a knowledge claim, the realization of an effect, the shaping of a design or of a construction. These categories are often not easy to separate out, and one may create artifical distinctions this way. Think of high-temperature superconductors: the search is for new materials, as well as for ways to produce them, as well as make them utilisable (e.g. in thin films), but also for ways to understand why such materials are superconductors. All this can occur within one research practice, or there can be some division of labour. To capture the essential forward-looking, uncertain but highly oriented nature of research, the comprehensive term 'search process' is particularly suitable.

To understand the dynamics of search processes, it is useful to introduce the notion of **heuristics**: guideliness that structure search, and promise success without guaranteeing it. In superconductor research, the guideline may be to use a paticular type of crystal structure, in which one compenent is varied; and to vary particular parameters in the sintering process. In synthetic organic chemistry, we have traced the emergence of heuristics was "Look for the **Muttersubstanz**": the rule to search for the carbon skeleton, often with some essential functional groups of the interesting compound that counts as the exemplary achievement (say, a dyestuff, or a medical drug, or a compound with curious properties). If this is found, variations on the theme of the **Muttersubstanz** will then probably produce further interesting compounds. This heuristic has become the guideline for much further work in synthetic organic chemistry, and can count a large number of successes.[3]

The notion of heuristics is also used at the individual level, e.g. by cognitive psychologists and by artifical intelligence scholars, to describe strategies that reduce complexitiy of problems in a productive way. Heuristics in scientific and technological search processes will indeed originate (or be taken up) at the individual level, but the point is that they become shared, form part of the subculture of a scientific specialty, or of a technical community, or sometimes of just one organization ("This is how we do things here"). In fact, there is a social side to reduction of complexitiy: new approaches are offered to others for approval, are taken over of promising, and become accepted, thus creating a situation where practitioners know what to expect from others, what a "well-formed" search process will generally look like. (Note that this provides a reinterpretation of the notion of "normal science" introduced by Thomas Kuhn). The search processes in science and technology are conducted against the backdrop of a repertoire of heuristics: a collection of rules how to act, that not only may be followed in the expectation of success, but also **should** be followed if one belongs to that particular subculture.

The important implication of this perspective for my overall argument is that heuristics are coupled to expectations of success: in making a new superconducting material, in synthesizing an interesting organic compound. And the success may be defined explicity in terms of social/societal relevance: a better therapy for cancer, speciality polymers that overcome limitations of new materials for certain applications, etc. In these examples, the promises are global, diffuse. But looking at research more closely, one sees also concrete expectations. In industrials research and technical sciences, for example, in terms of the ability to achieve certain specifications, e.g. a polymeric material with better cable-insulting properities than the usual, celulose- (i.e. paper) based materials. Such expectations are translated into specific search processes, for example in a research project and the way researchers anticipate on judgements of research directors and other important actors.

The coupling between heuristics and expected success works also in the other direction: Because the heuristics are related to a social goal, the outcomes of the search processes will, in principle, be relevant to those goals. I am not saying that there is a pre-established harmony between research and social goals, but that there are "mechanisms", i.e. socio-cognitive pressures and rules, that make it possible for research and social/societal goals to be coupled strategically. Whether goals are actually achieved, depends on other things - including luck!

Let me take a further step, and look at how expectations of success are also important in the acqusition and mobilization of resources: such expectations can be rephrased for external consumption as relevance claims and early promises. Take a research proposal submitted to a research council or a programme body. It has to claim scientific (often disciplinary) and/or social (programme) relevance, and can only do so by raising expectations. Some proposals claim a lot, others are more modest; this is a matter of style, of tactics, and of what appears acceptable to reviewers of proposals and to decision makers. So the repertoire of shared heuristics (with the promises of success that go with them) has a second role to play; it is the backdrop against which research proposals are being judged as to feasibility and the extent of their relevance. The reviewe can say: "I don't think it can be done this way", or : "It can be done, but it will not lead to anything interesting for the central problems in this area." When challenged to justify such assessments, he need not fall back on his personal opinions, but can refer to accepted notions of what leads to which kind of success in the particular area.

It is on the basis of such a shared repertoire that aquality control is exercised. At the same time, the diffusion of a heuristic is also how fashions emerge and bandwagons start to ride. As soon as apromising heuristic to make high-temperature superconductors emerged, based on the exemplary achievement of two researchers of IBM Switzerland, others could follow it in their search practices, and get support for proposals in which such an approach was specified. Thus, particular approaches will be exploited intensively, while others will be relatively neglected. In one and the same movement, an agenda is created for research, and is it implemented, because of the coupling between heuristics and expectations on the one hand, and the decisions of actors and the allocation of resources in the R&D system on the other hand. The policy implication of this phenomenon, or aspect of the workings of the R&D system, is clear: if policy makers, or other societal actors, can get their issues (say, energy, or environment) on such internal agendas, implementation is no problem. But it is not easy to influence these dispersed, dynamic processes, even from within science.

## Superheuristics and examples of games

Expectations and promises play a further, though more diffuse, role when scientists offer general claims to society about whole areas of research. For example (as noted above), "a cure for cancer", or, less ambitiously and thus risky: "molecular biology will give insight in basic mechanism of cellular development, and will therefore be the royal road to attack the cancer problem." There is a lot of strategizing in such claims do have consequences for the direction of molecular-biological research. When funded with reference to such claims, something has to be done to maintain credibility.

A good example of this mechanism can be found in recombinant-DNA research in biotechnology. The concern about risks of such research in the middle of the 1970s led proponents to make exaggerated claims about the "goodies" that were to be expected: new wonder-drugs, "green" production processes, and solutions to world food problems. Credibility pressure forced recombinant-DNA researchers to orient themselves to such goals to some extent, independently of direct commercial reasons that also played a role (but less importantly, and as it turned out, only in agricultural biotechnology, and for a few pharmaceuticals). So a **super-heuristic** emerged: a guideline that orients research choices, rather than search processes directly. In this case: orient your work to proteins (or proteins plus sugars) that have a recognized role in human (and animal) physiology, and you will be successful, at least in acquiring resources.

There are other super-heuristics in this domain, for example the pathogenicity principle (when genetic make-up is altered, the risk of creating a pathogenous organism is determined primarily by the nature of the host organism, not by the inserted DNA). The general acceptance of this principle (for which some exemplary are indeed available) allowed the trajectory of recombinant-DNA research to continue. Not only because researchers used it to design (hopefully) safe experiments, but also because the principle became embedded in guidelines and decisions of regulatory bodies, and in the arguments to defend the research against concerned governments and publics.

One can, in fact, describe the situation as one of mutually dependent actors and institutions, whose interactions are channeled by these super-heuristics. Thus, again a strategic game has emerged, not primarily institutional, as in the case of the funding game played in and through research councils, but focused on a specific research domain and substantive questions of research goals and risks. Research choices are then moves in such a game, and the research outcomes we get and do not get are socially constructed, in the sense that they are partly determined by the nature of the game.

Other such games can be identified. One very interesting example for my argument is the case of very large scale integrated circuits (VLSI) and the innovation race between firms and the block of the "Triad" Europe, Japan and the USA.

Since the first integrated circuits, from 1959 onward, the denseness of the components ("gates") and the speed of operation have increased continually, while production technology and yields have improved so that the price per gate has gone down, and at a fairly regular rate of 30% per annum. Moore´s law, the prediction that the number of components of an IC doubles every year, is often in articles and presentations, and curves for actual performance are compared with the predictions - and it turns out to work surprisingly well. In 1977, Moore´s law was used to predict that the Megabit memory chip should appear by 1991. Thanks to heavy investments of the Japanese semi-conductor firms, and their follow-up competitors Siemens and Philips, limited production of Megabit memory chips was occurring already in 1989.

A curious aspect is that Moore´s law is used as if it were a natural law. But the fact that it represents actual developments pretty well, must be a social construction. IC development cannot occur without intellectual and technical commitments, mobilization and allocation of resources, pressures to improve production skills. If these lack (or just lag), Moore´s law will fall. But the law does not fall, because if functions as a superheuristic in the game of IC development: actors refer to the law, not only to impress an audiance, but also to check if they are "up to make", and if not, they will put more effort into achieving that mark.

The game of IC development contains other rules than Moore´s law has a broader agenda. For example, the discourse of "next generations" (of IC), the time necessary to create this next generation, and the possibility of jumping a generation (with the attendant risk of not being able to master the technology) in comparison with the progress that other actors are making. Critical problems are defined against projections into the future: because one expects the size of the components to decrease further, one can predict that physical limitations will have to be faced, e.g. because the dielectric constant of silicon dioxide sets limits to the size of the storage charge, and thus to the reliability of still smaller components. In anticipation, other materials are explored, and other techniques developed (some of them, like trenching, were tried out before). Thus, the search processes are directed to overcome barriers to the continuation of the trajectory. Success of the search then allows continuation of the game as played according to the existing rules.

In addition to the cognitive-technical reinforcement of the IC game, there must be institutional reinforcement. One factor is the emergence of high-tech conglomerates, in which firms, R&D actors (institutes, professional groups) and governments participate. In Japan the VLSI project, in the USA Sematech, and in Europe the Megabit project (Siemens, Philips, the West-German and Dutch governments) and now JESSI (to mention just the visible tips of the icebergs), are built upon expectations about IC developments, and drive this development further. External reinforcement derives from the definition of the situation as an Innovation race, and the attendant rhetorics. In the early month of 1989, the German Minister for Research and Technology, Riesenhuber, argued the case of JESSI by warning that we should otherwise become economic slaves to Japan. The effort within JESSI will then , at least partly, be oriented to stay with the Japanese, and this will require assessments of the effort needed to achieve the "next generation", and thus maintain the shape of the game.

This is not to say, though, that the IC game will continue forever. Apart from the physical and technical limitations, there are also resource limitations (opportunity costs will become very high with the increasing size of investments in further development) and credibility limitations (in general, and because participation of public actors requires different legitimations for the IC game). Actors are prepared to come up with very general statements - like "integrated circuits assist in solving the world's most important problems: mitigate unequal distribution of food, energy, information; avoidance of global conflicts." And there is a need to show relevance concretely every now and then; for the IC game, High Definition TV is one such possibilty (which is creating its own strategic game now), and the renewed turn to the military may be another. Whatever one's political or ethical assessment of such possibilities may be, the point is that strategic games, even the seemingly autonomous IC game, are open to societal processes that imply some priority setting.

## A dynamic and interactive three-level system

What I have tried to show with these examples and their analysis in terms of games, is how the social construction of research and technology can be described and understood, by looking at actors and institutions, and at heuristics and expectations, as they function in a complex system of interactions. The complexity may be reduced by distinguishing three levels. One level is that of search processes in institutions, linked to scientific and technical fields. A second level is that of intermediary actors and interactions, including reviewers of proposals, expert advisers, funding bodies, R&D programmes and bureaus, conglomerates. And thirdly, wider society with its industrial companies, government agencies, medical and agricultural sectors, politics and publics. There are no sharp boundaries in this system, and new actors emerge, for example R&D companies in biotechnology, high-tech conglomerates especially in the micro-electronics sector, evironmental consultancy firms, all of which have a broker role between the search processes and the wider society. There are obviously also direct linkages, e.g. between search processes in an Industrial R&D lab, and the industrial company owing the lab. But heuristics and promises cannot be controlled by the company directly, and in terms of its own interests.

In such a three-level system, two kinds of construction of research and technology can be distinguished.

(1) Social construction (soziale Konstruktion), among scientists, researchers, scientific and technical fields and their institutions, and the actors and rules of the intermediary level. The

example of the research councils discussed above shows the social construction at work, while the emergence of strategic science and the "relevance game" is an indicator that further construction is going on. (This kind of social construction is the enlarged version of what sociologists of science have been calling 'social construction of science'.)
(2) Societal construction (gesellschaftliche Konstruktion), between society and the intermediary layer. Strategic R&D programmes, for example, are a new feature of the intermediary layer, and link up with government agencies and industrial (or medical, or agricultural) actors on the one side, and with scientists and technologists on the other side. In one and the same movement, scientists and technologists capture these programmes, make it part of their resource mobilisation and judegement practices, and are pressed into developing new strategies, come up with new claims, follow new rules, and interact with new actors.[4]

## Implications for priority setting

There are implications to be drawn out from this perspective. Some will not be too different from what experienced practitioners in the R&D scene have learned by trial-and-error - and this is as it should be: we are talking about the same world -, but have the advantage of being systematic, and thus a basis for design of action, at least in principle. The setting of priorities and their implementation, for example, can now be understood as a process of aggregation and then disaggregation of interests. Articulation of a priority requires experts, who often have been involved in putting the priority on the agenda by voicing expectations, and will always anticipate on later implementation and the scientific and institutional set-up that results. At the same time, different interested parties, including various government agencies, must be aligned so that a programme statement can be made up (with the right mixture of vagueness, political appeal, and promises to satisfy special interests) and will be authorized. As soon as this has been achieved, implementation and execution of the programme requires disaggregation (who is going to do what? and why?) and the earlier tensions and divergences reassert themselves. Each particular priority programme has of course its specific location in the overall system, from which it derives its dynamics. The general point about aggregation and disaggregation of interests serves to highlight the importance of analyzing, and to some extent, designing the programme so as to take expected dynamics into account, instead of falling into the trap of rational, top-down policy making and being faced with implementation and commitment gaps.
This example leads on to my first main implication: how to design R&D policy in the complex, interactive system. The science and technology policy maker is one actor among many. The policy actor may have a special position, because he is not, or not necessarily, bound to particular science and technology interests;[5] but the policy actor cannot simply impose goals. So the linear-sequential model of policy formulation and implementation (That was called rational policy making in the case of priority setting) is at best irrelevant.

Recognizing the social and societal construction of research and technology does not, however, by itself enable the policy actor to introduce changes. The term 'construction' indicates that it is man-made, but not necessarily that there is conscious design, and even if there is some design, that the policy actor can influence effectivly. The problem for the policy maker is not that he has insufficient power: even absolute power cannot force dynamic interactive systems. Nor is his problem the principle and the practice of the autonomy of science that should be maintained; research is heteronomous through and through. His problem is to control without command.
The advice to the policy maker that follows from the perspective I have developed, is: try to influence the games that are being played. When you know their players and rules and dynamics, you can modulate them, by introducing new dependencies, by favouring some heuristics and superheuristics, by creating incentives to invest. Policy analysts have dubbed such approaches 'backward mapping' (define where you want to be in the end, and design a sequence of steps that will shift dynamics in that direction eventually) 'orchestration' (put actors and rules on the map so that a new game becomes possible that - hopefully - works in the right direction). It is important to add that joint learning should occur: there is a cognitive aspect to science and technology policy that should not be forgotten. Policy makers should not just define a goal autonommously, but relate to expectations about research and technology, and their (continual) assessment.

The second main implication of the perspective is that priority setting and implementation need not be limited to policy actors at the top. The intermediary layer in the system has a broker function between the research and technology supply (or actually: promise) and the societal demand (often only articulated in relation to supply). There is a variety of actors in the intermediary layer. Some see themselves as brokers, e.g. Dutch sector councils, and advisory bodies in general, but also spokespeople for science and technology, who point out possibilities and opportunities of science and technology in relation to social goals (and the possibilities for resource mobilisation that go with them).Others are forced to become brokers, because of their position in the system. Research councils, for example, have taken up societal priorities and their implementation in the science system (the Deutsche Forschungsgemeinschaft less so than most others).
New actors are becoming involved as well, because of the strategic mobilisation of science and the way researchers themselves play the new opportunities. Environmental issues provide many examples; one could argue that in the past the same dynamics can be seen in the scientification of the medical sector.
Thirdly, events and measures in other countries, findings and claims of science and technology (e.g. about potential damage to the evironment, or the application of a new effect or material) create decision pressures on the system, which force actors to respond. They will get questions, both publicy and in private, about what they will do or will not do, and have to come up with

answers. A striking example is how those Joint Research Centres of the European Community working on nuclear energy, especially hot fusion reactors, had to stop their work and investigate the possibilities of cold fusion after the announcement, at a press conference, of its possibility. In this case, it was a wild goose chase, but things might have turned out differently.

So one sees articulation of possibilities, both at the "supply" and the "demand" side, at the same time, and as part of the same process in which interactions and interrelations among actors occur.[6] This creates dependencies among actors, and forceful repertoires, of heuristics and superheuristics, and definitions of players and games, which shape search processes, outcomes and their utilisation. The separate broker role of the intermediary layer of the system also implies that repertoires, superheuristics, and games are created more consciously. There are still no easy recipes for science and technology policy, but one can hope that reflexivity will make developments more rational and responsive. With a little bit of help of policy actors and other actors pursuing a general interest, of course.

**References:**

1 Compare the conclusion of Mayntz and Scharpf's chapter in this book. My general point is, in a sense, the sequel to their analyses of the situation in the FRG.

2 This is also Weyer's point. In his chapter in this book, he emphasizes the possibility (which is exemplified in his case of space technology), that technology has no value of its own, but is regarded by the co-players as a means of restructuring the social arena in a way that serves one's own interest.

3 The data and points made here, and in other places in this chapter, can be supported with detailed references to relevant literature, which are available from the author.

4 The chapters in this book by Weyer und Lorenzen discuss examples.

5 For ease of reading, I write "he" rather than "he or she". As Mayntz and Scharpf also note, there are very few woman policy makers in science and technology policy.

6 See also Kodama's chapter in this book for examples.

# REGULATIONSPROBLEME IM SPANNUNGSFELD BETRIEBLICHER UND STAATLICHER POLITIK: HUMANRESSOURCENENTWICKLUNG UND PRODUKTIONSRATIONALISIERUNG IM INTERNATIONALEN VERGLEICH[1]

**Frieder Naschold**

## I. Problemstellung

Die Themenstellung der Tagung beinhaltet eine zweifache Frage: 1. Zum einen die materiale Neubewertung überkommener Prioritäten in der Forschungs- und Technologiepolitik. In Anlehnung an internationale Trends wird eine Entwicklungstendenz und Akzentverschiebung von einer produktionsbezogenen Angebots- zu einer ökologie- und ressourcenbezogenen Nachfrage- und Bedarfsorientierung in den vorherrschenden Strategien der F&T-Politik gesehen bzw. gefordert. 2. Die zweite Fragestellung der Thematik, eher implizit im Raume stehend, zielt auf die Steuerungsproblematik im Zusammenhang mit einer solchen Neubewertung von politischen Prioritäten der F&T-Politik ab: Schon die bestehende F&T-Politik, so insbesondere bei einigen Großtechnologien, wirft weitreichende Akzeptanzprobleme auf; eine Neubewertung der politischen Prioritäten in Richtung einer stärkeren Bedarfsorientierung erfordert möglicherweise eine veränderte Regulierungsform, also z.B. eine stärkere politische und rechtliche Überformung von Marktmechanismen oder die Entwicklung von Alternativen zum regulativen Recht u.v.a.m. Die Themenstellung enthält einige analytische Unklarheiten. So ist zu fragen, ob diese neue Bedarfsorientierung nicht doch, wie z.B. in der japanischen Diskussion, eine längerfristig angelegte Angebotsorientierung darstellt. Offen ist zudem, wie weit hier einfach Trends beschrieben oder normativ eingefordert werden und nicht zuletzt ist der Zusammenhang von materialen Prioritäten der Politik und ihrem Steuerungsmodus undurchsichtig.

R. Nelson hat in einem anderen Zusammenhang darauf hingewiesen, daß Faktoren wie Energie, natürliche Umwelt, aber auch gesellschaftliche Wissensbestände u.a. meist eine Mischung öffentlicher und privater Güter im Hinblick auf Merkmale wie Unteilbarkeit, gemeinsame Produktion, Externalitäten u.a. darstellen.[2] Die Forderung nach einer stärkeren Bedarfsorientierung bedeutet dann in dieser Analytik simultan, die Merkmale der gemeinsamen Produktion und des Umgangs mit Externalitäten gegenüber der privaten Nutzung hervorzuheben und damit aber auch zugleich den politisch-ökonomischen Steuerungsmodus bei der Produktion und Verwendung dieser Güter zu verändern.

---

1 Die hier vorgetragenen Thesen beziehen sich auf erste Befunde aus einem laufenden, international vergleichend angelegten Forschungsprojekt zur angesprochenen Thematik (s. F. Naschold, G. Wagner, J. Rosenow: Betriebe und Staat im altersstrukturellen Wandel, d.p. Berlin 1989)

2 Richard R. Nelson, What is private and what is public about Technology? In: Science, Technology and human values, Vol. 14, N.Y. Summer 1989

Für die so leicht reformulierte Ausgangsfrage einer stärker bedarfsorientierten F&T-Politik gibt es national und international reichhaltiges Anschauungsmaterial und lehrhafte Erfahrungen, natürlich nicht nur im Bereich der natürlichen Ressourcen. Insbesondere im Zusammenhang der weltweiten technologischen-ökonomischen Restrukturierung der Produktionsorganisation in Industrie, Dienstleistung und Staatsapparat ist in den meisten entwickelten Industriestaaten eine Neubewertung des "Produktionsfaktors" "Arbeitskraft" gegenüber den Produktionsfaktoren "Kapital" und "Technologie" zu beobachten. Ansätze dieser Neubewertung, sicherlich mit ganz unterschiedlichen Akzenten, Begründungen und Strategien finden sich in vielen Ländern und dies von seiten des Staates, der Arbeitgeber und der Gewerkschaften. Im Kern geht es um die innovative Nutzung und zugleich die ökologische Erhaltung des gesellschaftlichen Humanressourcenpotentials und dies mit stärkerer Gewichtung gegenüber den Produktionsfaktoren Kapital und Technologie. Mit dieser Neubewertung sind dann auch häufig Umstrukturierungen in den gesellschaftlichen Regulationsmodi der Humanressourcen verbunden.
Ich möchte in meinem Referat von derartigen Entwicklungstendenzen der Humanressourcen im Zusammenhang mit der technologisch-ökonomischen Umstrukturierung der Produktionssysteme, ihren Mechanismen und Determinanten anhand internationaler Vergleichsstudien berichten. Die Hauptbotschaft dieser Erfahrung lautet: Die Politik der Humanressourcenentwicklung im Zusammenhang mit der technologischen Rationalisierung der Produktion trifft auf äußerst schwierige und labile Wirkungszusammenhänge zwischen Firmen, Märkten, Staat und Verbänden, demgegenüber punktuelle Interventionen von seiten des Staates wie der Verbände inkompatibel sind. Das Scheitern vieler wohlgemeinter Reformprojekte spricht eine beredte Sprache. Andererseits: Es gibt auch eine ganze Reihe geglückter gesellschaftspolitischer Regulierungsweisen, die die Immunisierung durch Theorien systemischer Selbstreferenz oder die Ideologie wesentlich deregulierter Marktsteuerung deutlich in die Schranken verweisen.

In meinen Ausführungen möchte ich zunächst die materiale Steuerungsproblematik der Humanressourcenentwicklung in der technisch-ökonomischen Umstrukturierung und die regelungstechnische Steuerungsproblematik skizzieren. Sodann berichte ich von einigen empirischen Befunden zu entsprechenden Steuerungskonstellationen und Wirkungsmechanismen im Bereich der Humanressourcenentwicklung und dies im zwischenbetrieblichen, zwischenstaatlichen und intertemporalen Vergleich. Abschließend dann einige Thesen, insbesondere zum Aspekt der gesellschaftspolitischen Steuerung.

## II. Humanressourcenentwicklung und technologisch-ökonomische Produktionsrationalisierung: Zur materialen Steuerungsproblematik

Es sind insbesondere drei Trends, die in den entwickelten Industrieländern die Humanressourcenentwicklung, die entsprechenden Regulierungsformen und auch ihre eventuelle Neubewertung bestimmen.

1. Alle entwickelten Industrieländer durchlaufen einen tiefen und weitreichenden technologischen Transformationsprozess. Antriebskräfte dieser Entwicklung sind technische Innovationen in der Produktion, also Automatisierung, Informatisierung und neue Werkstoffe auf der einen Seite, ökonomische Umstrukturierung in der internationalen Arbeitsteilung und globale Vernetzungen auf der anderen Seite. Stichpunkte dieser tiefgehenden Reorganisation in Industrie und Dienstleistung sind systemische Rationalisierung, neue Produktionskonzepte, flexible Automatisierung und Spezialisierung sowie just-in-time production, globale logistische Vernetzungen und neue weltwirtschaftliche Arbeitsteilung. Die Umstellung von der Massenproduktion auf kundenbezogene Qualitätsproduktion im Kontext der neuen Technologien beschleunigt den Produktzyklus bei gehobenen Qualitätsstandards und verschärft in bisher nicht gekannter Weise den Wettbewerb und den Bedarf nach technisch-ökonomischen wie sozialen Innovationen. Aus personalwirtschaftlicher Sicht entscheidend ist, daß nun die Permanenz des Innovationsdruckes die ständige Mobilisierung der Wissensbasis und des Motivationspotentials der Arbeitskräfte sowie deren kontinuierliche Erneuerung erfordert.

2. Diesen realen Trends entsprechend finden wir ein zunehmend sich veränderndes Verständnis industrieller Produktivität. Gemäß der lange Zeit vorherrschender Orthodoxie war die Produktivität einer Volkswirtschaft wesentlich von der Kapitalausstattung und von Technologiedichte und -niveau bestimmt. Zunehmend wird dieses "technische Modell der Produktivität" jedoch überlagert von einem "sozialen Modell der Produktivität". Hier bilden die Qualität von Produktionsorganisation und das Wissens- und Motivationsniveau der Arbeitskräfte die strategischen Parameter.

Diesen konzeptionellen Weiterentwicklungen entsprechen die Erfahrungen aus dem internationalen Wettbewerb, insbesondere mit Japan: Die entscheidenden Wettbewerbsfaktoren bei Qualität und Kosteneffizienz der Produktion liegen weniger in den unterschiedlichen Lohnkosten, den Wechselkursen und dem Automatisierungsniveau, sondern wesentlich in sozialorganisatorischen und personalwirtschaftlichen Faktoren. Die Nutzung und der Erhalt des Humanressourcenpotentials bilden somit wettbewerbsstrategische Faktoren.

3. Zunächst unabhängig von diesen Tendenzen in Produktion und Dienstleistung laufen weitreichende demographische Verschiebungen ab. Die demographische Entwicklung ist seit einigen Jahren aufgrund des Nachrückens von stark besetzten jüngeren Erwerbstätigenkohorten und durch steigende Erwerbstätigkeitsquoten, also durch ein Anwachsen des Erwerbstätigkeitsvolumens bei gleichzeitiger Verjüngung der Altersstruktur, gekennzeichnet. In den 90er Jahren dominieren gegenläufige Trends der Verknappung des Erwerbstätigkeitsvolumens bei steigendem Durchschnittsalter der Beschäftigten. Diese Entwicklung ist jetzt schon bei einzelnen Beschäftigtengruppen und Berufskategorien bemerkbar. Die Wellenbewegung von Expansion und Verknappung der Erwerbstätigen sowie von Überalterung und Verjüngung weist international erhebliche Varianzen, insgesamt jedoch eine gleichgerichtete Entwicklung auf. Die gesellschaftspolitische Ausgangslage wird darüber hinaus ganz erheblich dadurch kompliziert, daß zunehmend das biologische und kalendarische Alter einerseits, das sozialstrukturelle Alter in Betrieb und Gesellschaft andererseits auseinanderfallen. Im Betrieb werden - aus produktivistischer Sicht - zunehmend Arbeitskräftegruppen als "alt" definiert und ausgegrenzt, die in der alltäglichen Lebenswelt altersunspezifische Rollen einnehmen. Die demographischen Trends bedeuten neben einer verringerten allgemeinen Mobilität insbesondere die Verlangsamung des Nachschubs an Wissen sowie eine Erschwernis im Wissentransfer. All dies forciert eine Entwicklung mit vielfältigen Nebeneffekten auf die Innovationsfähigkeit und die Produktivitätsentwicklung und damit auf die Wettbewerbsfähigkeit.

Die vielfältigen Tendenzen im Zusammenhang von Humanressourcenentwicklung und technisch-ökonomischer Umstrukturierung weisen somit zunächst zwar ganz unterschiedliche Verursachungs- und Entstehungszusammenhänge auf. Sie wachsen jedoch zunehmend zu einer hochinterdependenten Steuerungskonstellation auf nationaler wie internationaler Ebene zusammen. Entscheidend werden dann aber die Anpassungsreaktionen bzw. Strategien der Akteurssysteme von Unternehmen und Staat im Hinblick auf das Zusammenwirken dieser drei Großtrends.

## III. Zur gesellschaftpolitischen Steuerungsproblematik

In der Sprache der Steuerungs- und Regelungstheorie stellt sich der oben skizzierte Problemzusammenhang als Verknüpfung ganz unterschiedlicher Akteurs- und Handlungssysteme mit jeweils unterschiedlichen Steuerungsinstrumenten einerseits, Markttendenzen sowie Strukturentwicklungen andererseits dar: Konkurrierende betriebliche Hierarchien der Firmen, unterschiedliche Marktformen und -dynamiken auf den Personalbeschaffungs- und Güterabsatzmärkten; staatliche Handlungssysteme in der Verbindung von Hierarchie, Wahl und Aushandlung; Verbände, insbesondere Gewerkschaften als kollektiv organisiertes Gemeinschaftshandeln; endogen bestimmte demographische Entwicklungen (zumindest in kurz- und mittelfristiger Sicht). Auf eine verkürzte Formel gebracht geht es bei der hier vorliegenden Steuerungskonstellation um den Wirkungszusammenhang von vielfältigen Strategien, Marktmechanismen und Strukturtrends: Aus der Mikroökonomik der Betriebe, der Makropolitik des Staates, dem Gemeinschaftshandeln von Verbänden im Kontext unterschiedlicher Marktdynamiken und vor dem Hintergrund demographischer Trends und dem Wandel gesamtgesellschaftlicher Konstellationen.

Die angedeuteten Zusammenhänge von Personalwirtschaft und technologischer Umstrukturierung sollen nun kurz am Beispiel einiger strategischer Alternativen des Staates und der Unternehmen illustriert werden und zwar im Bereich der betrieblichen Altersstrukturen und der betrieblichen Altersaustritte - der sogenannten "early exit"-Problematik -, einer unmittelbaren Schnittstelle zwischen Staat und Betrieb.

Im Zentrum der öffentlichen Aufmerksamkeit steht zunächst einmal der Staat. Angebotsseitig wird es dabei auf die staatliche Wirtschafts- und Innovationspolitik, die Strategien zur Bereitstellung eines demographisch angepaßten Dienstleistungsangebotes, ankommen. Unser Interesse richtet sich auf die nachfrageseitige Sozialpolititk. Der Staat ist hier in doppelter Weise betroffen:

- Als Arbeitgeber steht der Staat ab Mitte der 90er Jahre einer wahrhaften Pensionierungswelle gegenüber, die nicht nur seine Personalausgaben massiv ansteigen lassen wird, sondern zugleich weitreichende Produktivitätsprobleme bei seiner eigenen Dienstleistungserbringung hervorruft;
- zum anderen legt der Staat mit seiner Sozial- und Arbeitsmarktpolitik ein regulatives Rahmenraster und ein Interventionsprogramm für die betriebliche Personalwirtschaft vor. Zu fragen ist, wie weit der Staat, insbesondere im westeuropäischen Falle, eine konzertierte Politik des "early-exit", so die vielfältigen Formen der Frühverrentung, gekoppelt mit einer Immigrationspolitik betreibt oder, so im japanischen und im US-amerikanischen Falle, eine Politik der altersstrukturellen Expansion bei limitierter Immigration oder, wie im schwedischen Falle, eine Politik der ökologischen Erhaltung und Reintegration des Arbeitskräftepotentials fördert.

Die Hauptakteure in unserem Zusammenhang bilden natürlich die Unternehmen/Betriebe. Für viele Unternehmen bedeuten alternde Belegschaftskohorten degressive Produktivität und sind Ursache des "age-wage-drift", beides somit strukturelle Anlässe für Externalisierungsstrategien. Für die unternehmerische Personalwirtschaft stellen sich somit die oben genannten Alternativen in verschärfter Weise und bei unterschiedlicher Akzenturierung. Zur Bewältigung der Wissens- und Mobilitätserfordernisse angesichts der Transformation der Produktion stehen vereinfacht und grundsätzlich zwei Alternativen an:

- Die konsequente "early-exit"-Strategie gegenüber älteren Arbeitnehmergruppen (heutzutage zunehmend schon ab 50 Jahren) in Verbindung mit der Gewinnung neuer Erwerbstätigenbestände (Frauen und Immigranten);
- die zeitstabile Verbesserung der Personalbestände durch Investition in bestehende Arbeitskraft und Arbeitsplätze sowie durch Reintegration älterer Arbeitskräfte.

Ob und wie sich beide Akteurssysteme koordinieren und sich an die drei Großtrends anpassen, wird für den resultierenden Wirkungszusammenhang mit entscheidend sein.

Die eben skizzierten Zusammenhänge möchte ich vereinfacht an einem Schema darstellen:

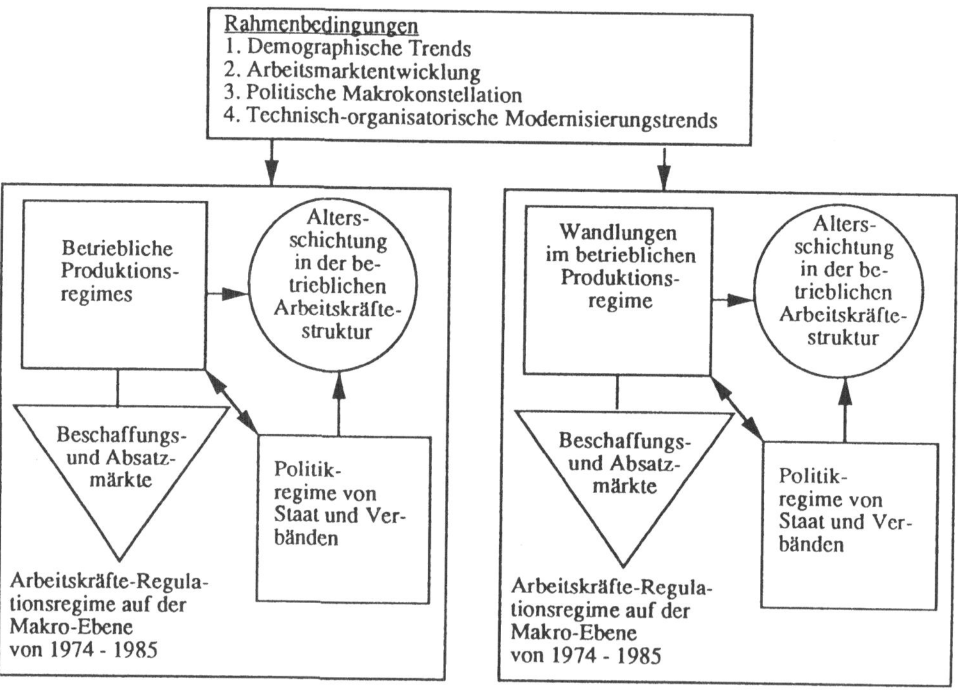


Die Altersschichtung in der betrieblichen Arbeitskräftestruktur ist danach das Resultat des betrieblichen Produktionsregimes, des Politikregimes von Staat und Verbänden in Abhängigkeit von den vorherrschenden Tendenzen auf den Beschaffungsmärkten und in den demographischen Rahmenbedingungen und dies in unterschiedlichen gesamtgesellschaftlichen Konstellationen/historischen Phasen.

Die systemanalytische Modellierung dieser Steuerungszusammenhänge ist natürlich abhängig davon, welche theoretischen Annahmen bei der Analyse der Steuerungskonstellation (Struktur und Funktion) und ihres Wirkungszusammenhanges (Prozess) gemacht werden. Hier tobt bekanntlich der große Streit der wissenschaftlichen Paradigmen, so insbesondere zwischen den

Theorien des Staatsinterventionismus auf der Basis von Akteuransätzen einerseits und den Theorien selbstreferentieller Eigenregulation auf der Basis autopoietischer Systemtheorien andererseits. Diesen wissenschaftlichen Paradigmen entsprechen bekanntlich ordnungspolitische Konzeptionen wie die eines keynesianischen Staatinterventionismus oder das neoliberale Rollenverteilungsmodell zwischen staatlicher Rahmensetzung und mikroökonomischer Prozeßoptimierung.

Wie weit sich solche Dichotomien gesellschaftspolitisch wie wissenschaftlich als fruchtbar erweisen, mag an dieser Stelle noch unbeantwortet bleiben. Die dichotomisch angelegte Kontroverse von Marktversagen vs. Staatversagen stimmt dabei eher skeptisch. Deutlich wird dabei: Den beiden scheinbar entgegengesetzten Steuerungskonzeptionen liegt eine gemeinsame und einheitliche Prämisse zugrunde: staatliche Steuerung, sei es als kontextsteuernde Rahmenbedingung, sei es als punktueller Interventionismus, setzt von außen an Unternehmen an, deren Eigenlogik allein von mikroökonomischen Anpassungsprozessen (im Sinne der Neoklassik) bestimmt ist. Das steuerungstheoretisch zentrale Problem der "strukturellen Kopplung" von Staat, Firmen und Märkten wird somit umgangen. Vor der Interpretationsfolie dieser steuerungstheoretischen Diskussion nun einige Befunde hypothetischer Art zum Steuerungszusammenhang von Staat, Firmen, Märkten und demographischen Trends im Kontext von Personalwirtschaft und technologisch-ökonomischer Transformation.

## IV. Personalwirtschaftliche Entwicklungen im Inter-Firmen-Vergleich bei konstanter staatlicher Politik und politisch-ökonomischer Gesamtkonjunktur

Die Untersuchung zielte auf die Analyse der personalwirtschaftlichen Wirkungsprozesse in der Steuerungskonstellation von Firmenstrategien, Staats- und Verbandspolitik, Marktentwicklung und demographischen Trends. Zielgröße sind die Qualität der betrieblichen Personalwirtschaft in der Spannweite von extern flexiblen "hire-und-fire"-Strategien einerseits und einer bedachten, langfristig angelegten Personalentwicklungspolitik im Sinne eines "human ressource management" (Humankapitalstrategien) andererseits. Dieser Frage wird anhand der Entwicklung der betrieblichen Altersstrukturen und Altersaustritte als einer markanten Schnittstelle zwischen Staat, Firmen und Märkten nachgegangen.

Die politische Gesamtkonstellation in der Bundesrepublik ist seit Ende der 60er Jahre durch eine relativ konstante Personalpolitik gekennzeichnet, die bis in die jüngste Zeit von Staat und Verbänden gemeinsam getragen wurde. Zunächst aus sozialpolitischen, dann zusätzlich noch aus arbeitsmarktpolitischen Gründen wurde eine finanziell recht günstige und als sozialverträglich angesehene Alternativrolle außerhalb des offiziellen Beschäftigungssystems im staatlichen Wohlfahrtssystem für ältere Arbeitskräfte entwickelt und Arbeitgebern wie Arbeitskräften angeboten. Eine ganze Reihe altersselektiver, rahmensetzender wie spezifischer Normen des Staates - von der Kündigungsschutzgesetzgebung über die Sozialversicherungs- und Arbeitsförderungsgesetzgebung bis hin zur Vorruhestandsregelung, verbunden mit entsprechenden Finanztransfers, waren die wesentlichen und sehr traditionellen Instrumente dieser Strategie.

Wie war nun die Wirkungsweise dieser staatlichen Steuerungsimpulse im Kontext betrieblicher Strategien, der Entwicklung der Absatz- und Beschaffungsmärkte, der demographischen Gesamtentwicklung? Ich verweise auf fünf ganz unterschiedliche Steuerungskonstellationen und Wirkungsprozesse, die in Zusammenhang mit den oben genannten staatlichen Strategien, Instrumentarien und Trends stehen.

1. Großserienproduzenten im Bereich der elektrotechnischen Industrie betreiben überwiegend eine produktivistische Personalwirtschaft der konsequenten Altersselektion, d.h. weitgehende Abschiebung der älteren Belegschaftsgruppen. Diese personalwirtschaftliche Strategie ist integraler Bestandteil einer vorwiegend kostenminimisierenden Produktivitätspolitik. Die staatlichen Angebote werden mit dieser Zielsetzung betrieblich instrumentalisiert. Bei den meisten Firmen liegen weitgehende Mitnahmeeffekte ohne Steuerungswirkung vor.

2. Einen äußerlich ähnlichen, jedoch sozialpolitisch bestimmten Wirkungszusammenhang finden wir bei öffentlichen Unternehmen aus bestimmten Branchen der Entsorgungswirtschaft. Auch hier sind die Altersklassen ab 59 praktisch nicht mehr besetzt. Der Hintergrund liegt hier allerdings in konvergierenden sozialpolitischen Strategien der wichtigsten Akteure zur Inanspruchnahme der EU-Rente. Koordiniert werden diese Strategien in einem sozialpolitischen Regulierungsverbund von Staat, Firmen, Sozialparteien und Arbeitskräften.

3. Bei genau demselben sektoralen Firmentypus aus der Elektrotechnik mit ähnlicher kostenminimisierender Produktivitätspolitik und entsprechender, extern flexibler Personalwirtschaft ist jedoch auch ein anderer Wirkungszusammenhang zu beobachten: Die betriebliche Personalwirtschaft setzt zwar dieselben altersselektiven Effekte letztlich durch. Dies geschieht allerdings ohne Instrumentalisierung der staatlichen Angebote, somit für die Arbeitskräfte zu verschlechterten Bedingungen. Der Grund dieser Nicht-Koordination von Staat und Firmen liegt nicht im Unwillen der Firmen. Er liegt vielmehr in der betriebsgrößenklassenbedingten organisatorischen Unfähigkeit der Firmen zur Wahrnehmung und Handhabung der staatlichen Instrumente. Dieser organisatorischen Unfähigkeit der Firmen entspricht umgekehrt gesehen die selektive Effektivität der traditionellen staatlichen Instrumente Norm und Geld, soweit sie nicht simultan mit einem Dienstleistungsangebot verbunden sind.

4. Einen industriepolitischen und arbeitsmarktpolitischen Wirkungszusammenhang finden wir bei Firmen aus dem Stahlbereich. In bestimmten historischen Phasen hat die Absatzmarkt

**Steuerungskonstellationen von Firmen-Staat in der Human-Ressourcenentwicklung**

| Firma/Branche | Dominierende Geschäftsstrategie | Dominierende Personalwirtschaft | Altersselektivität | Staat-Firmen Interaktion |
|---|---|---|---|---|
| Elektrotechnische Industrie (groß) | Großserienproduktion kostenminimierende Produktivitätspolitik | externe Flexibilität "hire and fire" | Produktivistische Altersselektion | Instrumentalisierung und Mitnahmeeffekte |
| Elektrotechnische Industrie (KMU) | Großserienproduktion kostenminimierende Produktivitätspolitik | externe Flexibilisierung "hire and fire" | als Zulieferant geringere Altersselektivität, aber schlechtere Arbeitsbedingungen | Nicht-Koordination u.a. mangels Dienstleistungen |
| Stahl | Unsatzstabilisierung Kostenstabilisierung | geringe Mobilität und begrenzte Flexibilität | Industrie-Arbeitsmarkt politische Altersselektion | Regulierungsverbund |
| öffentlicher Dienst | Kostenstabilisierung Umsatzausweitung | geringe Mobilität und begrenzte Flexibilität | Sozialpolitische Altersselektivität | Regulierungsverbund |
| Maschinenbau | kundenbezogene Qualitätsproduktion | Humanressourcen-entwicklung | Bestandspflege der gesamten Altersstruktur | Positive Koordination über Norm, Geld, Dienstleistung |

entwicklung in so starker Weise auf die Stahlunternehmen eingewirkt, daß recht homogene personalwirtschaftliche Strategien der Unternehmen resultierten: Im eng koordinierten Regulierungsverbund von Unternehmen, Staat und Gewerkschaften werden ganze Alterskohorten von Stahlarbeitern aus dem Arbeitssystem in eine als sozial akzeptabel angesehene Alternativrolle des Wohlfahrtstaates "umgesetzt".
5. Eine grundsätzlich andere Steuerungskonstellation findet sich wiederum bei High-Tech-Unternehmen im Maschinenbau vor. Der hier vorherrschenden kundenbezogenen Qualitätsproduktion entspricht eine humankapitalorientierte Personalwirtschaft des bedachten und strategisch angelegten "human ressource management": Lange stabile Verweilzeiten der Facharbeiter werden durch entsprechende Weiterbildung und Arbeitsstruktur, durch Leistungspolitik und eine beschäftigungssichernde Strategie hervorgebracht bzw. unterstützt. In Form einer direkten und positiven Kooperation mit dem Staat setzen solche Firmen die staatlichen Angebote zur Abstützung dieser Personalwirtschaft ein. Die wesentlichen Befunde habe ich im vorstehenden Schema zusammengefaßt.

Die kurz skizzierten Befunde erlauben ein kurzes **Zwischenresümee** zur oben genannten Kontroverse in der Steuerungstheorie:

1. Die Interaktionsmodi zwischen Staat und Firmen weisen eine Fülle von Steuerungskonstellationen auf. Diese Heterogenität kann vom obengenannten Rollenverteilungsmodell zwischen allgemeiner Rahmensetzung des Staates und autonomer Mikrooptimierung des Betriebes nicht erfaßt werden. In zwei Konstellationen liegen enge und recht stabile Regulierungsverbünde von Staat, Unternehmen und Arbeitsmarktverbänden vor. In einer anderen Steuerungskonstellation beeinflußt das Unternehmen die staatliche Gesetzgebung in direkter Weise und instrumentalisiert sie sodann. In einem weiteren Falle ist eine gänzliche Nicht-Koordination beider Akteurssysteme zu beobachten. Nur in der Steuerungskonstellation des Maschinenbaus entspricht der reale Wirkungsprozess dem Modell.

2. Exogene Entwicklungen auf den Märkten und bei den demographischen Trends wirken sich umgekehrt nur recht vermittelt auf die Betriebe aus. Die Personalwirtschaft der Betriebe zeigt gegenüber solchen exogenen Trends nicht unerhebliche Autonomieräume. Andererseits finden sich aber immerhin zwei Steuerungskonstellationen, bei denen sich, so im Stahlbereich, die Arbeitsmarktsituation sehr direkt auswirkt und die demographischen Trends, so im Maschinenbau, sehr bedacht in die unternehmerischen Entscheidungskalküle eingehen.

## IV. Personalwirtschaftliche Entwicklung im Vergleich staatlicher Politiken bei konstanter politisch-ökonomischer Gesamtkonjunktur

Ein Inter-Firmen-Vergleich in einem homogenen nationalstaatlichen Kontext kann die Varianz der betrieblichen Personalwirtschaften und unterschiedliche Interaktionsmuster zwischen Firmen und Staat erfassen. Wie weit diese Varianz wiederum durch ein spezifisches Nationalstaatenprofil geprägt wird, kann natürlich nur über einen internationalen Vergleich nationalstaatlicher Politikregimes aufgezeigt werden.

Dementsprechende empirische Studien zeigen bisher folgende exemplarische Befunde hinsichtlich einer nationalspezifischen Komponente der altersselektiven betrieblichen Personalwirtschaft auf.

1. Bei praktisch allen entwickelten Industrieländern läßt sich seit ungefähr Mitte der 70er Jahre ein säkularer Trend zur Verringerung der "labor force participation rate" zumindest ab dem 55., insbesondere ab dem 60. Lebensjahr feststellen. Hier liegt somit eine exogen anzusetzende internationale Trendkomponente vor. Auf sie kann hier nicht näher eingegangen werden.

2. Innerhalb dieser Globaltrends gibt es jedoch eine enorme Varianz in der labor force participation rate: Die kontinentaleuropäischen Länder wie die Bundesrepublik, Frankreich und die Niederlande liegen an der Spitze der Entwicklung mit sehr hohen Austrittsraten, also hohen early exit-Raten; Schweden und Japan bilden den Gegenpol mit relativ geringen Austrittsraten während Großbritannien und USA mittlere Positionen einnehmen.

3. Den unterschiedlichen quantitativen Niveaus zwischen einzelnen Ländern entsprechen meistens auch ganz unterschiedliche altersselektive Karrieremuster ("pathways"): Das deutsche und kontinentaleuropäische Muster liegt im sehr frühen Austritt aus dem Erwerbsleben in eine Position im Wohlfahrtsstaat; in Japan erfolgt ein früher Austritt aus dem Primärsektoren und ein Übergang in den zweiten Arbeitsmarkt zu erheblich verschlechterten Bedingungen; eine analoge Entwicklung finden wir in den USA; in Schweden sind hingegen langfristige Berufskarrieren oder altersselektive Reintegration in das Berufsleben und von daher lange Verweilzeiten zu beobachten.

4. Den unterschiedlichen quantitativen Niveaus und altersselektiven Karrieremustern entsprechen meistens auch unterschiedliche nationalspezifische Steuerungskonstellationen zwischen Staat und Firmen und jeweils unterschiedliche Instrumentenbündel. Bei aller Unterschiedlichkeit, auf die hier nicht näher eingegangen werden kann, dominieren in Japan und Schweden hochkonzertierte Regulationsmuster von Staat und Zentralverbänden einerseits,

von Firmen und dezentralen Staatsinstitutionen andererseits. Die USA bilden den Prototyp von weitgehend unkoordinierter Entkoppelung von staatlichem Politikregime und betrieblichem Produktionsregime. Die kontinentaleuropäischen Länder operieren staatlicherseits im wesentlichen mit den recht konventionellen Instrumenten von Geld und Recht bei positiver Koordination von Staat und Firmen.

Die angeführten Belege aus dem Inter-Staaten-Vergleich indizieren zum einen eine recht deutliche übernationale Trendkomponente, zum anderen eine recht deutliche nationalspezifische Komponente: Die Varianz in der altersselektiven Personalwirtschaft kann nicht allein auf Inter-Firmen-Variationen zurückgeführt werden. Sie liegt ebenso in nationalspezifischen Interaktionsmustern und nationalspezifischen Instrumentenmixes begründet.

## V. Personalwirtschaftliche Entwicklung im intertemporalen Vergleich

Die bisherigen Befunde zum Zusammenhang von Personalwirtschaft und technisch-ökonomischer Umstrukturierung machten firmen-/branchenspezifische wie nationalspezifische Regulierungsmuster deutlich. In einem temporalen Vergleich der Politiken der letzten zwanzig Jahre können Hinweise zu folgenden zwei Fragen gegeben werden:

- Wie weit sind die nationalspezifischen Varianzen entweder auf das jeweilige Politikregime als vereinheitlichende Instanz oder aber auf gleichgerichtete Verhaltenstrategien der Betriebe in Abhängigkeit von Absatz- und Beschaffungsmärkten und demographischen Trends zurückzuführen;
- darüber hinaus ist nach der Rolle des Staates, seine direkten und indirekten Regelungswirkungen, seiner Strategiefähigkeit etc. im Verhältnis zu Markt- und Trendeffekten zu fragen.

Ich möchte - in wenig systematischer Weise - drei Aspekte aus jeweils unterschiedlichen historischen Situationen und in unterschiedlichen Ländern herausgreifen.

1. Die altersselektive Personalwirtschaft der Unternehmen in Ländern wie Großbritannien und der Bundesrepublik war in den ersten zwei Nachkriegsjahrzehnten hinsichtlich der betrieblichen Altersaustritte im wesentlichen vom Kriterium "last in, first out" bestimmt, ein Kriterium, das insbesondere jüngere Arbeitnehmergruppen diskriminierte. Im Kontext von veränderten Arbeitsmarktbedingungen - Ende der Restaurationsphase, Modernisierungsrationalisierung etc. Ende der 60er und Anfang der 70 Jahre, wurde, führend in Großbritannien wie in der Bundesrepublik, aus sozial- und arbeitsmarktpolitischen Gründen eine staatliche Gesetzgebung in Richtung vermehrter Altersaustritte und zu verbesserten Bedingungen durchgesetzt. Bei steigendem Arbeitskräfteüberschuß in Großbritannien und der Bundesrepublik können nun u.a. zwei interessante Steuerungskonstellationen mit jeweils unterschiedlichen Wirkungsprozessen festgestellt werden:

- In Großbritannien veränderten die Firmen zwar die Raten ihrer Altersaustrittsraten nicht wesentlich. Angesichts der staatlichen Gesetzgebung stellten sie jedoch ihre innerbetrieblichen Selektionskriterien radikal um. Die innerbetrieblichen Austrittskriterien wurden den staatlichen Normen angepaßt. Das bisher vorherrschende Senioritätsprinzip bei Austritten wurde umgestellt auf die Kriterien von Alter und Betriebszugehörigkeit. Arbeitskräfte mit diesen Kriterien wurden vom Staat und vom Betrieb finanziell unterstützt und rechtlich abgesichert und damit aber zugleich auch zur bevorzugten Zielgruppe personalwirtschaftlicher Selektion gemacht. Der Staat spielte somit, obwohl nur mit äußerst geringen Anreizen verbunden, eine große, indirekte Rolle bei der Ausgestaltung der betrieblichen Personalwirtschaft im Sinne einer orientierenden, nicht verbindlichen Regulation.

- Im Falle der Bundesrepublik läßt sich für denselben Zeitraum bei vergleichbarer Gesamtkonstellation eine weit aktivere und längerfristig strategisch angelegte Rolle des Staates beobachten. Über einen ganzen Kranz von regulativen und finanziellen Interventionen machte der Staat orientierende und unterstützende Verhaltensangebote an die betriebliche Personalwirtschaft. In Interaktion zwischen Firmen, Staat und Arbeitsmarktverbänden bildete sich zunehmend ein gemeinsamer Sattelpunkt gleichgerichteter Interessen an einer dezidierten Altersaustrittspolitik heraus, deren Kern hohe Altersaustrittsraten, und zwar aus dem betrieblichen Arbeits- in das staatliche Wohlfahrtssystem, waren, mit dem Ergebnis, daß die Bundesrepublik Spitzenreiter in dieser Entwicklung ist.

2. Das Bild des starken Interventionsstaates muß jetzt aber wiederum durch den Hinweis auf zwei andere Steuerungskonstellationen erheblich relativiert werden.

- Für die Bundesrepublik habe ich schon auf zwei solche Steuerungskonstellationen verwiesen: Die Einbindung des Staates in ein Regulierungskartell einerseits, die direkte Instrumentalisierung des Staates mit entsprechenden Mitnahmeeffekten andererseits.
- Eine besonders interessante Steuerungskonstellation zwischen Firmen, Staat, Arbeitsmarkt und Demographie ergibt sich in diesem Zusammenhang auch dann, wenn das Arbeitskräfteangebot aufgrund demographischer und sonstiger Entwicklungen verknappt, aus einer Reihe von Gründen Finanzierungsprobleme in der staatlichen Rentenversicherung deutlich werden, die betriebliche Personalwirtschaft jedoch nach wie vor von der oben skizzierten Altersselektivität bestimmt ist. Dies ist z.B. in den USA seit Ende der 70er, in der Bundesrepublik seit Ende der 80er der Fall. Angesichts dieser Konstellation auf den Arbeitsmärkten und dem staatlichen Finanzierungssystem hat der Staat in beiden Fällen seine bisherige Gesetzgebung teilweise umgestellt und Normen zur Verlängerung der Lebensarbeitzeit eingeführt. Die bisherigen zehnjährigen Erfahrungen in den USA zeitigen jedoch praktisch keinerlei Effekte in der betrieblichen Personalwirtschaft. Der wesentliche Grund liegt in der völligen Entkopplung von Staat und Firmen in dieser Politikarena. Die Kosten der man-

gelnden Abstimmung werden individualisiert und müssen in abgesenkte zweite Karrieremuster transformiert werden.

Auch in der Bundesrepublik sind bisher im Rahmen dieser Politik keinerlei Effekte durch die Veränderung in der staatlichen Normsetzung eingetreten: Die Instrumente der staatlichen Gegensteuerung sind zu schwach, zumal das bisherige early exit-Instrumentarium des Staates weitgehend erhalten bleibt, die Firmen verharren in ihrer überkommenen Personalwirtschaft, zumal sie auf dem Arbeitsmarkt in der Frauen- und Immigrantenerwerbstätigkeit entsprechende Ausweichmöglichkeiten haben. Eine inkonsequente und unterinstrumentierte Staatspolitik wird somit von der betrieblichen Personalwirtschaft überfahren, die sich an ihrer eigenen Geschichte, am Arbeitsmarkt und am demographischen Trend orientiert. Spannend wird der Fall allerdings erst dann, wenn der Staat sein gesamtes entsprechendes Instrumentarium umstellen würde. Der Ausgang einer solchen Konfrontation von Staat und Firmen ist ungewiß. Diese Konfrontation allerdings kann als unwahrscheinlich angesehen werden, da der Staat aus einer Reihe von Gründen gar nicht in der Lage sein und auch gar nicht anstreben würde, sein Gesamtinstrumentarium umzustellen.

3. Eine gänzlich andere Steuerungskonstellation im Verhältnis von Staat und Firmen bildet, neben Japan, auf das hier nicht näher eingegangen werden kann, die schwedische Entwicklung der letzten zwanzig Jahre. Die schwedische Personalwirtschaft zeigt nur eine begrenzt gestiegene Altersselektivität, also relativ geringfügige early exit-Raten. Hinter dieser langfristigen Entwicklung liegt eine von Unternehmen, Verbänden wie vom Staat langfristig angelegte Personalwirtschaft der ökologischen Erhaltung und innovativen Nutzung des Arbeitskräftepotentials. Diese Gesamtstrategie wird auch relativ unabhängig von der Arbeitsmarktsituation strategisch durchgehalten. Insbesondere vier Aspekte sind hervorzuheben:

- Bei den schwedischen Firmen verbindet sich eine kundenbezogene Qualitätsproduktion mit starker Weltmarktorientierung, die firmenintern von einer bedachten Humanressourcen-Politik und einer Arbeitsorganisationspolitik unterstützt wird; ein betriebliches Produktionsregime also, das selber wieder vom schwedischen System industrieller Beziehungen abgestützt wird.
- Schweden weist langfristig, von wenigen Phasen unterbrochen, eine Verknappung auf den Arbeitsmärkten auf, ein Umstand, der jedoch selber wieder Ergebnis einer langfristig angelegten staatlichen Arbeitsmarktpolitik ist.
- Der schwedische Staat seinerseits weist auch im Bereich der altersselektiven Politik einen stark dezentralen und dienstleistungsorientierten Charakter auf;
- von besonderer Bedeutung und neu als Element in der Steuerungskonstellation: Der Staatsapparat selbst ist eingebunden in eine historisch langfristige politische Mobilisierung der Klassenstruktur, durch eine starke Arbeiterpartei und starke Gewerkschaften. Staats-

politik in Schweden ist auch im Falle der Personalwirtschaft immer zugleich auch gesellschaftliche Mobilisierungspolitik.

Im nachfolgenden Schema habe ich nochmals die Rolle des Staates im Rahmen einiger nationalspezifischer Regulierungsmuster dargelegt:

**Nationalspezifische Regulierungsmuster und die Rolle des Staates**

| Länder | Personalwirtschaftliches Regime | Steuerungskonstellationen Firmen/Staat | Rolle des Staates |
|---|---|---|---|
| USA | early exit aus dem Erstberuf in die zweite "Karriere" | Nichtkoordination Entkopplung | Nicht-Intervention, keine politischen Orientierungsnormen |
| Bundesrepublik Deutschland, Großbritannien | early exit aus der Arbeit in die Altersrente | von Kooperation bis zu neokorporatistischem Regulierungsverbund | Orientierung, Regulation und Anreize über traditionelle Staatsinstrumente, zuweilen Konzertierung und Längerfristigkeit |
| Japan | sehr früher early exit aus Primärsektoren, zweite "Karriere" in der Sekundärökonomie | Konzertierung Staat-Wirtschaft, "administrative guidance", abhängiges Zuliefersystem | produktivistische Humanressourcenpolitik des Staates im Verbund mit Großunternehmen und abhängiger Zulieferindustrie |
| Schweden | geringe Altersselektivität, stabile Beschäftigten-Reintegration | zentral-dezentrale Konzertierung, Dienstleistungsangebot, Klassenmobilisierung | Staat mit Vielzahl von Instrumenten in Kooperation mit Unternehmen und Gewerkschaften, strategische Personalwirtschaft der Humanressourcenentwicklung im Rahmen gesellschaftspolitischer Mobilisierung |

## VI. Bedingungen, Mechanismen und Dynamiken einer bedarfsorientierten staatlichen Personalpolitik

Die vergleichende Analyse altersselektiver betrieblicher Personalwirtschaft und technisch-ökonomischer Umstrukturierung im Kontext staatlicher Politik läßt einige **Schlußfolgerungen** für Bedingungen, Mechanismen und Dynamiken einer stärker bedarfsorientierten Personalpolitik zu. Vor der Interpretationsfolie der konkurrierenden Steuerungstheorien und ordnungspolitischen Paradigmata deswegen einige abschließende Hinweise.

1. Die dichotomisch angelegte Theoriedebatte von akteursbezogenem Staatsinterventionismus und autopoietischer Systemselbstregulation erscheint forschungsstrategisch unfruchtbar. Die Pluralität ganz unterschiedlicher Steurungskonstellationen und Wirkungsketten läßt sich nicht adäquat dichotomisch abbilden. Die beiden idealtypischen Konstrukte sind theoriestrategisch so überzeichnet, daß sie kaum mehr analytische Orientierungsfunktionen haben.
2. Ein analoges Urteil gilt für die ordnungspolitische Debatte. Hierarchisch-lineare Staats- und Regulationskonzepte sind, falls sie jemals ernsthaft vertreten worden sind, in komplexen Systemen von vorneherein zum Scheitern verurteilt. Umgekehrt produziert ein reines Rollenverteilungsmodell von Staat und Ökonomie bei weitgehender Entkopplung und Nichtkoordination beider Bereiche gesellschaftliche Inkohärenz.
3. Gegenüber der in Politik und Wissenschaft heute eher vorherrschenden Tendenz, die Rolle des Staates herunterzuspielen, zeigen die oben genannten Befunde zumindest im Bereich der Humanressourcenentwicklung vielfältige, wichtige und auch relativ starke Funktionen des Staates auf. Sie reichen von der regulativen Normorientierung über den längerfristig strategischen Einsatz klassischer Staatsinstrumente von Geld und Norm in Verbindung mit Dienstleistungsangeboten bis hin zu weitreichenden Regulierungsverbünden.
4. Jenseits der Wirkungsweise dieser klassischen Instrumente kann die Regulierungsdichte des Staates nur dann gestärkt werden, wenn er Teil einer gesellschaftlichen Mobilisierungspolitik und entsprechender Allianzbildungen ist, eine Steuerungskonstellation, die jedoch nicht einfach instrumentell gemacht werden kann.
5. Die Grenze staatlicher Regulierung wird dann besonders deutlich, wenn eine Intervention gegen die längerfristige Marktentwicklung oder Strukturtrends angelegt ist. Und natürlich erfolgt die Programmierung staatlicher Regulationen selber in der Regel über den Einbezug der zu regelnden Handlungssysteme.

Eine stärkere Bedarfsorientierung der Forschungs- und Technologiepolitik, das Thema der Tagung, muß Konstellationen und Wirkungsketten und insbesondere auch die Rolle des Staates in ihrem Politikmuster berücksichtigen.

# OPTIONS AND PRIORITIES FOR FUTURE RESEARCH AND TECHNOLOGY POLICIES - CONCEPTS FOR ACTION: THE CASE OF ENVIRONMENTAL RESEARCH

**Rémi Barré**

This paper proposes a conceptual model which accounts for the perceived gap between political needs regarding the environment and the achievements of research and technology policies in this area. This model also suggests actions to be taken to reduce that gab.

In first paragraph, we set the conceptual model and then show, in a second paragraph why the research and technology system must address the environmental needs of society. Then, we outline in a third paragraph the challenges the research and technology management system faces if such needs are to be addressed. Finally, in a fourth paragraph, we suggest some changes in the rules government the research and technology system in order to address better the environmental needs.

Preliminary remarks:
- the model may reflect better the French situation than that of the FRG of of the Netherlands;
- it focuses primarily on governmental action;
- to keep this paper at a resonable size, we do not develop the references or justifications on most of the assertions regarding environmental matters, considered already known or evident.

## I. The model: a science-society social contract monitored by a management system

The spectacular expansion of the public research and technology (R&T) system after World War II in all developed countries based on the vast amounts of public funding devoted to it, has been made possible by the existence of a "social contract" between science and society:
- on one side, the political system provides the public R&T system for very sizable amounts of public funds plus a large degree of autonomy for the allocation and monitoring of those resources, through procedures and organizational rules largely set up by the scientific community itself;
- on the other side, the R&T system guarantees that those rules, which embody its autonomy, effectively provide for:
  - (i) the quality control of the research being performed, that is the **reliability** of the outputs of the R&T system;

(ii) the proper linkages with the societal needs, that is the overall **relevance** of the outputs of the R&T system.

This leads us to scheme 1.

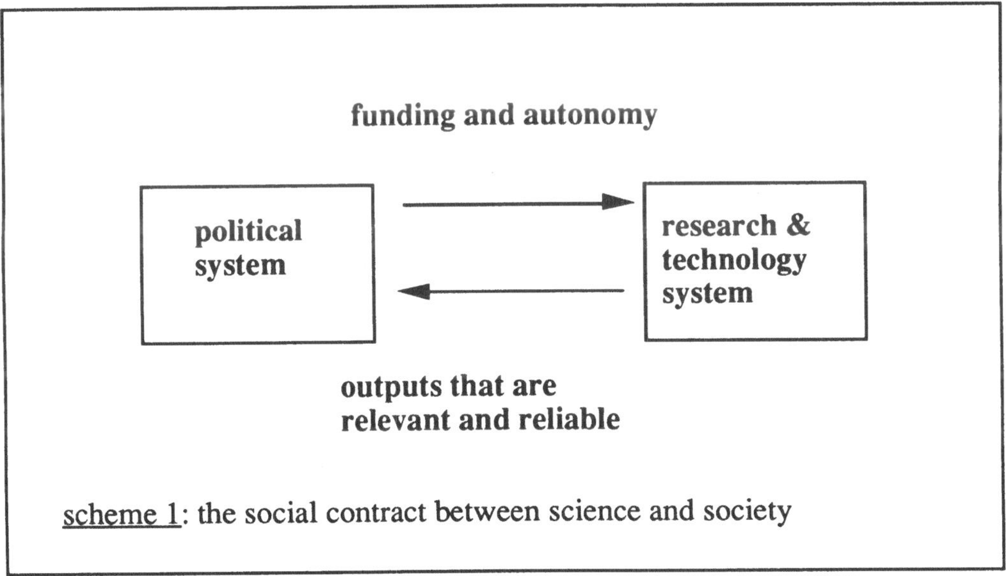


scheme 1: the social contract between science and society

To specify better the model, let's be more specific on several points.

The organizational rules of the R&T system we just put forward consist of the research funding mechanisms linking the public R&T system to the political decision-making processes. These rules are operated by institutions and "actors" such as the research councils, the directorate and staff of public agencies and various scientific committees and advisory boards.
These rules, institutions and actors altogether constitute The R&T management system which duties are (i) to realize the interactions between the scientific community (supply) and the political system (needs) and (ii) to have the proper quality control mechanisms work.

The above mentioned "societal needs" call the R&T system to provide for:

- the knowledge base for the regulatory responsibilities of the government (health, safety and environmental standards);
- knowledge in areas of direct government intervention, which may differ from country to country (areas such as medical care, nuclear energy, space, telecommunications);
- knowledge needed for the national security policy;
- knowledge for the general benefit of industrial competitiveness;
- higher education services.

These needs of knowledge to be provided by the R&T system set the criteria against which the "relevance" aspect of the social contract will be checked.
Similarly, the characteristics of the scientific method (replicability, empirical testing...) set the criteria against which the "reliability" aspect of the social contract will be checked.

It is the role of the R&T management system to fulfill these criteria to achieve compliance with the terms of the social contract between the R&T and the political system.
It is important to note that such a role implies the adaption of the organizational rules by the R&T management system itself to the changes occurring within science and society.
We then get a more complete model which can be represented by the following scheme (see scheme 2).

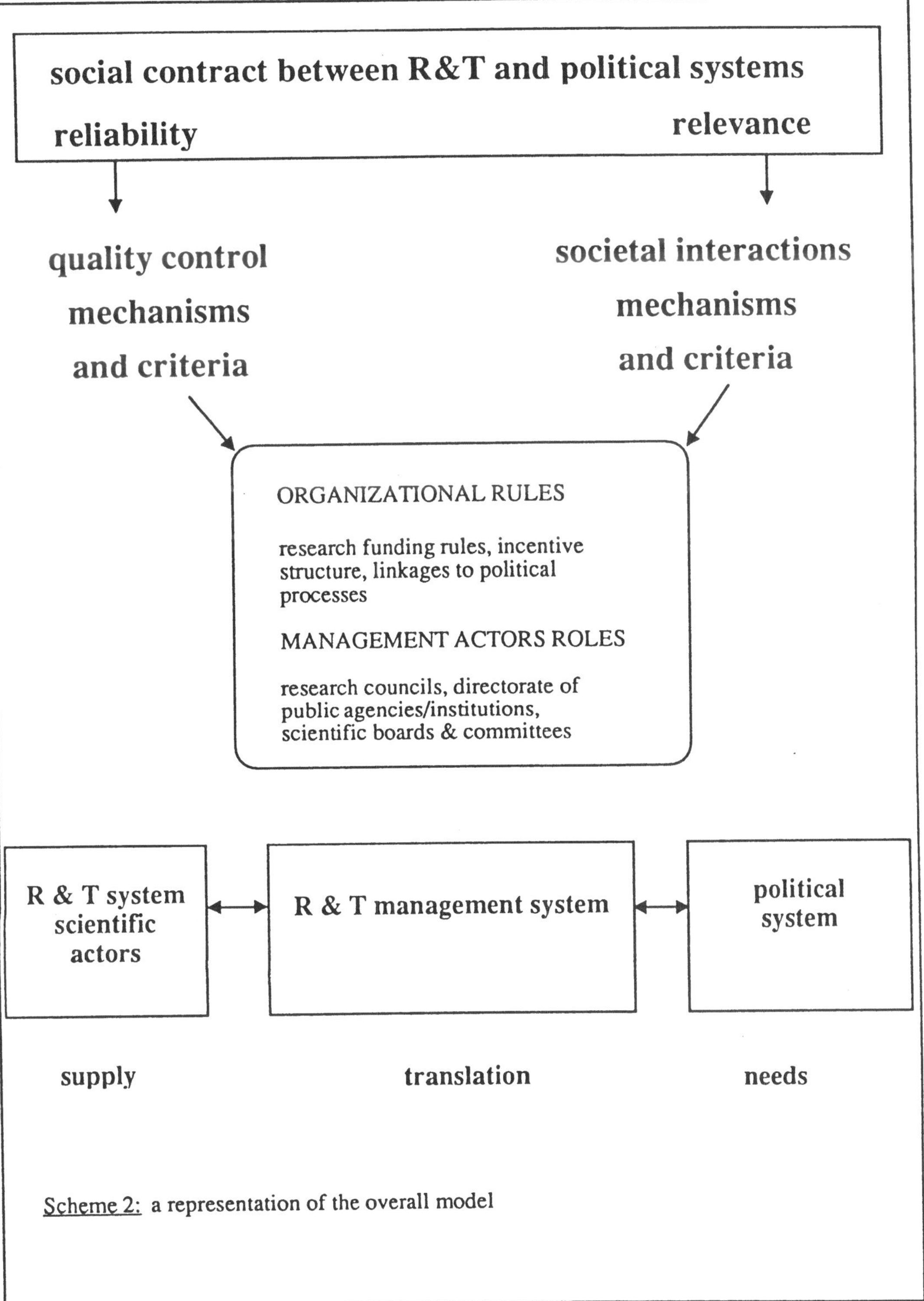


Scheme 2: a representation of the overall model

## II. The research and technology system must address the environmental needs of society

For the sake of simplicity, let's consider that, on the whole, the R&T management system has performed its duty in a rather satisfactory way the last four decades, that is, the social contract between the R&T and the political systems has been respected. Hence the historical growth and strength of the public R&T system. In particular, the R&T management system has made major efforts to adapt the organizational rules to the dominating goal of the 80's, that is industrial competitiveness.

Nevertheless, in recent years, several factors have put strain on the R&T system - among which budgetary constraints which have led the political system to investigate in more depth the degree of completion of the social contract. Recent evolutions in the R&T management system regarding the evaluation procedures witness such trends.

But another event is coming: the emergence of the "environmental needs" of society. The important fact here is that such environmental needs translate directly into demands for knowledge and services from society to the public R&T system. Those needs, in other words, strongly relate to the different criteria which define the relevance of the activities of thc R&T system which we have set up above.
In fact, environmental needs call for knowledge and services from the public R&T system since:

- the regulatory duties of the State have a lot to do with environmental regulations;
- direct governmental action takes place in areas such as national forests and parks managements, coastal seas, rivers and lakes management;
- economic growth and firms competitiveness is related to technological innovation capabilities towards environmentally friendly products and processes;
- national security has to do with the global atmospheric changes, technological risks and with potential major environmental disruptions, at home or abroad, having possible geopolitical consequences.
- higher education is recognized to be a major aspect of the capability to tackle environmental problems.

| **criteria of relevance of the public R&T system outputs** | | **application to environmental concerns** |
|---|---|---|
| **contribution to:** | | |
| - regulatory duties of Governt. | ⟷ | - environmental regulation |
| - areas of direct Governt. action | ⟷ | - direct environt. action of Gov. |
| - national security duties of Gov. | ⟷ | - national security aspects of environmental policy |
| - general promotion of industrial competitiveness | ⟷ | - technological and competi - tiveness aspects of env. policy |
| - higher education and culture | ⟷ | - env. apects of higher education and culture |

Finally, to keep its political and social legitimacy, the R&T system cannot avoid addressing fully the environmental issues. It cannot wait too long to do so, since concerns about its possible lack of response already come out. The question is now what the R&T management system can do to address such environmental questions in a relevant and reliable way.

## III. To address the environmental needs of society challenges the existing R&T management system

We want to show that a satisfactory response to the environmental needs of society will not mean only some sort of simple, however painful, resources reallocation within the R&T system resulting from the normal play of the R&T management system as an interface between the R&T and political systems.

Our point here is that the existing procedures and organizational rules which have allowed for relevance and reliability in the past decades, are challenged: the capability of the R&T management system to fulfill the requirements of the social contract is questioned.

Such a situation comes from the specificities of environmental problems and of environmental research. The challenge concerns both the relevance and reliability dimensions of the social contract.

## 1. The challenge to the relevance aspect of the social contract

The challenge to the relevance aspect stems form the fact that environmental problems can be characterized as often highly political - at national and international levels - yet directly linked to R&T issues.

We will present two complementary views of these close connections between environmental research and political matters:

### a) The "inverted risk":

A good part of environmental research consists in finding the factors causing some undesirable environmental change, in view of Governmental regulation or action to control those factors affecting the environment. Such environmental research, however strictly aimed at producing knowledge and assessment on phenomena, nevertheless bears direct and potentially heavy socioeconomic and therefore political implications.
It is more and more clear that the regulations taken for environmental objectives will very significantly affect industrial products and processes and require adaptation in the form of significant technological adaptation.
Indeed, industrial competition will be played on environmental criteria and these criteria will tend to place a premium on technological innovation capabilities as well as on proper anticipatory capabilities. The competition rules will be changed by environmental concerns and regulation in many industrial sectors in two respects:
- environmental regulations usually raise the entry barriers, that is make it more costly to a firm to enter a sector of activity which is new to it by raising the technological innovation capability needed to comply with the regulations. These capabilities being unequally distributed among firms and among countries, environmental criteria and regulations will have differentiated impacts on firms and on countries.
- according to the international product theory, the industrial specialties of non-Leading countries is the low-cost mass production of products which are in their maturity phase-that is industries which embody technologies which are at least a few years old.

In case of rising environmental standards, this means these industries will be environmentally obsolete and will face hostility from leading countries. Environmental regulations since they might be declared environmentally unacceptable, only the newest technologies - which are a monopoly of the leading countries and firms-being considered acceptable on environmental grounds.

Hence the concept developed by P. ROQUEPLO [1)] of "inverted risk". Taking the example of "acid rain", we say that french society is subject to an "inverted risk" since the "clear car" regulation linked to acid rain will (supposedly) threatens the national automobile industry.

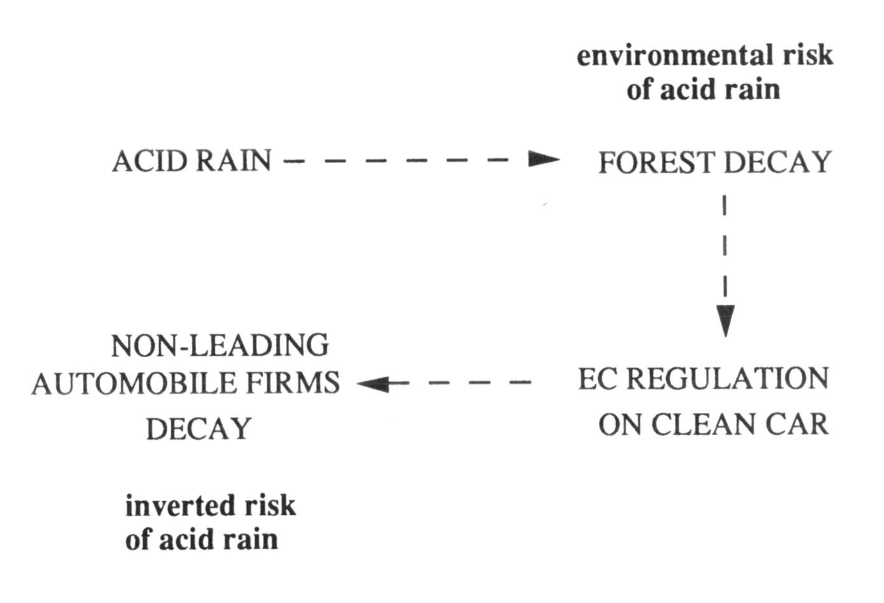


We see here that the R&T system outputs in the environmental field enter directly the environmental risk - inverted risk process: the inverted risk depends on the knowledge generated by environmental research. Much more than "pure knowledge" is at stake.

Two results can be put forward:

- the outputs of environmental research directly and heavily affect the rules of the economy within and among countries;
- those rules are modified in a way which tend to be beneficial to those firms and nations which are leading in terms of technological innovation and anticipatory capabilities.

**b) Gaps in the perception of environmental risks**

A characteristic of environmental questions is that they happen to be very strongly felt at certain moments in certain countries, pushing heavily for immediate action from government. The problem is twofold:

- The strong feelings in the population reach a peak and then usually decrease, sometimes to the point of disappearing from public concern;

[1)] P. Roqueplo, Les pluies acides: une menance pour L'Europe, Economica, Paris 1987

- the strong feeling in the population reach a peak and then either decrease to the point of disappearing from public concern or keeps running high in the public attention.
- the phase of high and low concern do not have necessarily the same timing in different countries, even when they are neighbors, for example in Europe.

There is a very complex set of interactions between scientific discoveries and controversies with the media, public opinion, pressure groups and the political processes.

Finally, it appears that in the environmental arena, the "needs" of society and the political system are very strong indeed, but in a permanent state of conflict, divergence among countries and change. Those characteristics are reinforced by the fact there are direct and strong implications of scientific knowledge in the socio-economic sphere, for example via environmental regulations. To handle that certainly specific and new abilities from the R&T management system.

## 2. The challenge to the reliability aspect of the social contract

The challenge here stems from the following characteristics of environmental research:

- Multiplicity of the parameters which must be taken into account: the classical analytic method of reducing a system to is essentials to isolate a small number of relevant parameters, is often impossible. It is indeed the complex system as it is in the "real world" that has to be understood, and no parameter can easily be declared irrelevant. Thus the multicausality question and the synergistic effects, which usually raise many difficulties.
- Dependence of the results to a specific territory or situation: the particular combination of parameters typical of a territory may well be different enough from that of any other territory so that the results obtained in one may not apply to the others. Knowledge is to a certain extent territory - dependent. This raises replicability difficulties and also considerably lowers the "efficiency" of research activities.
- The general case is that several scientific specialities are involved in a given research activity, thus raising the problems of interdisciplinary work, in terms of its conception, execution and evaluation.
- The role of man often has to be taken into account: human activities as contribution to the modification (deterioration) of the system under study, but also human action as possibly bringing remedy to the problems identified. This notion of positive action raises the question of human behavior, incentive mechanisms and institutional arrangements which can bring the desired changes. The interactions between man and its "environment" have to be taken into account. In other words, the social sciences must bring their contribution.

All those points show the particular difficulties involved in environmental research, which in turn bring new questions to reliability assessment mechanisms: the fundamentally analytical orientation of scientific research is to a certain extend at odds with the very nature of the environmental problems it has to study.

Finally, regarding environmental questions, the R&T management system faces strong-conflicting-changing need from the political system, plus particularly difficult and demanding research agenda in which many scientists do not feel at ease. Now, the "gap" between expectations and realizations in environmental research presented at the begging of that paper can be understood: environmental research demands an evolution from the R&T management system which has not yet fully taken place.

As long as this is not achieved, the R&T management system will not be in a position to comply with the reliability and relevance aspects of the social contract. Let us see now what it would mean to so that.

## IV. To address environmental needs: promising changes in the R&T system

In this paragraph, we will only highlight some emerging and promising features of the R&T management systems, which point into the right direction.

### 1. Collective learning processes to bring change in the R&T management system

These processes can be conducted by the various actors and organizations of the R&T management system. They involve an investigation, a debate and a conclusion phase. Their explicit objective is twofold:

- To prepare decisions regarding the rules and mechanisms of the R&T management system itself. They aim at a self-reorganization able to take into account the new needs, among which environmental needs;
- to relate social needs to R&T activities through in depth analysis and debate.

One can distinguish three kinds of such processes:

- **Strategic and prospective analysis**: the question is to determine the response to be given to an new or difficult question addresses to the institution, by clarifying the issues and actions required;

- **Evaluation of research institutions and programs:** the question is to evaluate a research institution or program in order to draw lessons from the past and prepare its future with the needed changes.
- **Technology assessments**: the purpose is here to assess the benefits, risks and conditions for the social acceptability of a technology or innovation being developed.

## 2. Emergence of new features in the R&T system

### a) Emergence of new actors:

In this field of the environment, beyond the classical public and private actors of research, several are appearing and play an increasing role:

- non governmental organizations active at international level;
- non-profit companies often linked to environmental groups;
- international public research institutions (IIASA, EC Joint Research Center, East-West Center, Agricultural research centers...);

### b) Evolution of the ways to conceive and conduct research

Since environmental research has ultimately to address the decision-making process, efforts have recently been done to design procedures to do so. One can mention in this respect the "policy exercises" made by IIASA, which consist. of simulations of such decision-making processes in order to identity the "key-knowledge" needed.

## 3. Internationalization of the research programs, particularly through the EC

The EC Framework program has explicitly set several objectives regarding its environmental research programs. Beyond the objective to supply of evidence for EC environmental policy, it also states the objectives of coordinating national research programs and of creating a European community of researchers in the field of environmental sciences.

Different countries face different problems regarding the evolution of their R&T system towards environmental needs of society. This is due to the differing traditions and organizations of the R&T system. This is also due to the fact the some countries have begun the change process 20 years ago, others have barely begun at all. What one should recognize is that it is never an easy kind of evolution, with strong scientific and socio-political stakes, with potentials for dispute and misunderstandings within and among nations.
All those calling for better taking into account of the environmental needs of society have an important role: to be the actors of changes in the R&T systems in their countries.

## *KOMMENTAR ZUM ABSCHNITT 2 "STEUERUNGSMÖGLICHKEITEN DER GESELLSCHAFT"*

*Nach meinem Eindruck wird dieser Abschnitt den Leitfragen gerecht.*

*Einerseits kann die von **Peter Weingart** vertretene Systemtheorie Diskussionsorientierung liefern, andererseits wird sie von der ökologischen Problemlage herausgefordert: Wie kann die selbstbezogene Borniertheit des Systems aus der Ökokrise lernen und problemgerecht reagieren? Läßt sich der universelle, alles verwertende Ökonomismus, läßt sich der "Verblendungszusammenhang" zwischen Wirtschaft, Konsumismus und willfährigem Staat aufbrechen? Nachdem die Umweltzerstörung dem Konsumenten direkt auf die Haut (Allergien) rückt und "neue soziale Bewegungen" Wählerwanderungen in Gang setzen, nachdem sich die Kommunikation zwischen so heterogenen Subsystemen wie Wissenschaft, Wirtschaft, öffentlicher Verwaltung, Parteien tatsächlich einzustellen scheint, besteht Hoffnung, selbst wenn sich Teilsysteme, die noch rasch Dividenden aus vergangenen Investitionskosten erwirtschaften möchten, am liebsten taubstellen. Kommunikationsschwierigkeiten zwischen Subsystemen ist dann letztlich ein Problem der Machtverhältnisse und diese verschieben sich.*

*Mit größerem Auflösungsvermögen und in enger Durchdringung von empirischem Material mit theoretischem Überbau beschreiben **Renate Mayntz** und **Fritz W. Scharpf** die Strukturviskositäten unseres bundesrepublikanischen Forschungssystems. Wie das öffenliche Bewußtsein Jahrzente gebraucht hat, um den Niedergang unserer Umwelt handlungsrelelvant wahrzunehmen, wie die Energiewirtschaft noch Jahrzehnte brauchen wird, um vom Irrweg der Kernspaltung abzulassen, wie die Technikpolitik endlich durch inkrementelle Förderungsvarianten zu signalisieren beginnt, daß gänzlich neue Richtungen einzuschlagen sein werden, beschreiben Mayntz und Scharpf die Reibungsverluste der Forschung, die ihre Vorreiterfunktion bei der Lösung von Weltproblemen hemmen.*

*Eine terminologische Differenzierung würde die Analysen schärfen:*

- *Der Ausdruck Grundlagenforschung (fundamental research) sollte der nobelpreisfähigen Vertiefung und Verbreiterung von Theoriegebäuden und paradigmatischen Schlüsselexperimenten vorbehalten bleiben.*
- *Davon ist, in der Forschungspraxis recht gut separierbar, "langfristig anwendungsgerichtete Forschung" (basic research) zu unterscheiden. Ein deutschsprachiger Kurzterminus wäre noch zu erfinden. Diese schielt bereits auf Nutzung.*

- *In "kurzfristig anwendungsgerichteter Forschung" (applied research) schließlich sind die Produkte schon klar im Visier, die die "Entwicklung" nur noch zu realisieren braucht, wieviel Erfindungsreichtum und Variantenfindung auch noch vonnöten sein mögen.*

*Zur Illustration: Die Supraleitungsforschungen von Müller und Bednorz enthalten einige Elemente von Grundlagenforschung, sind aber zum größeren Teil in die Kategorie "langfristig anwendungsgerichtete Forschung" einzuordnen. Dies zeigt:*

- *alle Kategorien sind selbstverständlich unscharf;*
- *auch Nobelpreiskomitees schielen auf Nutzung.*

*Diese Unschärfe der Kategorien nutzen die Interessenten der vollständigen menschlichen Genomanalyse: In ihrem akademischen Milieu sprechen sie die Sprache der Grundlagenforschung, bei Budgetverhandlungen winken sie mit Nutzungsmöglichkeiten, um zusätzliche Mittel zu erschließen.*

*Die anwendungsorientierte Forschung aller Fristigkeiten ist im Prinzip monetär steuerbar. Prestigedefizite multidisziplinärer Gebiete scheinen in der Regel kontextuell abzufangen zu sein. Hauptproblem ist die Managementunfähigkeit des Staates größeren Forschungsinstitutionen gegenüber, nicht wegen deren inhärenter Resistenz, sondern wegen Staatsversagens.*

*Im Gegensatz zu Mayntz und Scharpf scheint mir die große Ausdifferenzierung der Forschungsinstitutionen in der Bundesrepublik sowohl im jetzigen Interesse von Staat und Wirtschaft als auch im Interesse künftiger Umsteuerung erhebliche Effizienzvorteile zu bieten, verglichen mit den Wirkungsgradverlusten in Forschungsinstitutionen mit multipler Orientierung, wie etwa der TNO in den Niederlanden oder der CNRS in Frankreich.*

*Als Folge zweckhafter, an das Finanzressort adressierter Eigendarstellungen des Bundesministeriums für Forschung und Technologie (BMFT) und der Fraunhofer-Gesellschaft (FhG) wird der Zusammenhang zwischen staatlichen Subventionen und FhG-Erfolg falsch gesehen. Eigenforschung ist eine politisch zweckmäßige finanzielle Kategorie, keine Fraunhofer-interne Realität.*

*Unsere Forschungslandschaft mit wechselwirkenden Netzwerken und vielfältigen Teilautonomien ist in den verhängnisvollen Gang der Industrieländer eingebettet. Verspätet und vereinzelt vermag sie auf die neuen Signale von Vorausdenkern und Basisbewegungen zu reagieren. Erst wenn öffentliches Bewußtsein, Industrie und Regierung kohärenter umsteuern werden, wird sie mitreagieren, wie es auch ihrer Abhängigkeit vom wirtschaftlich-staatlichen Neokorporatismus entspricht.*

***Arie Rip*** *gibt einige Antworten auf Fragen, die die Systemtheorie noch offen lassen muß. Er zeigt, wie durch Heuristiken erzeugte Erwartungen intersystemare Kommunikation darstellen können. Beispiele sind die konkordanten "Bewegungen" in den Subsystemen Wissenschaft, Wirtschaft, Finanzen und Politik, die Schlagworte wie Genchirurgie, Weltraumflug, Submikrontechnik, Hochtemperatur-Supraleitung usw. zu generieren vermögen. Inner- und intersystemische Resonanzen haben dabei eine große Verstärkerwirkung.*

*Spielregeln, z.B. das Drittmittelspiel oder allgemeiner das Forschungsförderungsspiel im Subsystem Forschung, in dem sich Netzwerke zwischen Förderern, Geförderten und Gutachtern bilden, haben eine doppelte Wirkung: Einerseits engen sie die Diskursvarianz stark ein, verfestigen die Strukturen; andererseits liefern sie Muster, wie durch Kreativität, neue Heuristiken, Erwartungen, Netzwerke, Kommunikationskodierungen und letztlich Machtverschiebungen inszeniert werden können. Wissenschaft und Technik sind gesellschaftliche Konstruktionen, die nach vorn offen und flexibel sind, jedenfalls im Prinzip.*

*In einem gesellschaftlich hochgradig vernetzten Bereich, dem der menschlichen Arbeit, zeigt* ***Frieder Naschold*** *exemplarisch, wie die systemtheoretische Steuerbarkeitsskepsis durch die Wirklichkeit teilweise widerlegt werden kann. Gleichzeitig liefert er Beispiele für die große Handlungsvielfalt, die sich der Kreativität steuerungswilliger Akteure eröffnet. Oft soll Steuerbarkeitsskepsis nur Handlungsschwäche bemänteln.*

***Rémi Barré*** *bietet eine mikroskopische Innensicht von Forschungsinstitutionen mit ihrem Dilemma gegenüber den Erfordernissen dieser Welt.*

***Fazit***

*Angesichts massiver systemischer Selbstbefangenheit in unserer Gesellschaft sind einfache Steuerungsmodelle und Steuerbarkeitshoffnungen naiv, dennoch scheint gesellschaftliches Lernen möglich und die Umsetzung in Handeln nicht unmöglich.*
*Erforderlich sind Heuristiken, die intersystemische Kommunikation ermöglichen. Hier muß die Politik ansetzen.*

## 3. STEUERUNGSINSTRUMENTE

Seite

# WIRTSCHAFTSETHIK ODER ETHIK IN DER WIRTSCHAFT

**Reinhard Blum**

Technischer Fortschritt erschien in der Vergangenheit vorwiegend als ein Problem der Finanzierung und der Kapitalbeschaffung. Zukünftige Forschungs- und Technologiepolitik muß sich dem neuen Problem der "sozialen Akzeptanz" stellen. Dabei spielt in steigendem Maße die Frage nach der Ethik in Technik und Wirtschaft eine wichtige Rolle. Ethik fordert das Paradigma der traditionellen ökonomischen Theorie in den alten Industrieländern heraus, daß ökonomische Rationalität über Wettbewerb und Märkte zur besten Lösung für das Gemeinwohl der Gesellschaft führt. Damit stellt sich allgemein die Frage, wie Wissenschaftler denken, wenn sie denken, wie sie Teile - z.B. Natur, Wirtschaft, Gesellschaft und Wissenschaft - zu einem Ganzen zusammenfügen und welche Rolle dabei die Ethik spielt, insbesondere die Ethik in der Wirtschaft.

Ausgangspunkt für die folgenden Überlegungen bildet die Soziale Marktwirtschaft in der Bundesrepublik Deutschland. Soziale Steuerung ökonomischer Rationalität über Märkte führt hier zu einem sozialen Ganzen (Teil I). In der Wissenschaft fügt Logik und Rationalität einzelne Teile (Beobachtungen und Ereignisse) zu einem Ganzen (Teil II). In den Sozialwissenschaften erhält die Ethik eine besondere Bedeutung für das Handeln der Menschen in der Gesellschaft als soziales Ganzes (Teil III). Die Ökonomen versuchen, ökonomische Rationalität über Märkte zu Marktwirtschaft und Marktgesellschaft fortzudenken (Teil IV). Schließlich entsteht in der modernen Gesellschaft ein soziales Ganzes durch das demokratische Mehrheitsprinzip in der Politik (Teil V). Die ethische Problematik wirtschaftlichen Denkens läßt sich gut am Problem der Arbeitslosigkeit aufzeigen (Teil VI). Die Überlegungen münden ein in Schlußfolgerungen zu den Optionen und Prioritäten zukünftiger Forschungs- und Technologiepolitik.

## I. Soziale Ganzheit durch Soziale Marktwirtschaft in der Bundesrepublik Deutschland

Die Soziale Marktwirtschaft als wirtschaftspolitische Strategie (Leitbild) in der Bundesrepublik verbindet ökonomische Rationalität über Märkte und Wettbewerb (Marktwirtschaft) mit der sozialen Steuerung durch die Politik, den Staat. Unabhängig davon, ob Marktwirtschaft allein schon sozialen und ethischen Normen Rechnung trägt (vgl. Teil IV), liegt die Verantwortung für deren Beachtung in der Wirtschaft letztlich bei der Politik. So ließe sich die Feststellung interpretieren, daß die Soziale Marktwirtschaft lediglich einen "instrumentalen Charakter" haben soll (BLUM 1969, S. 96 f.). Das erfordert eine Einbettung der Marktprozesse in ethische Werte und Normen der Gesellschaft (Gesellschaftspolitik), eine Strukturierung der Märkte und des Wettbewerbs durch Politik (Ordnungspolitik) und eine soziale Kontrolle der Marktergebnisse (Prozeßpolitik).

Diese klare Unterordnung der Marktprozesse unter ethischen Normen und soziale Kontrolle gerät jedoch ständig in Konflikt mit dem traditionellen wirtschaftswissenschaftlichen Paradigma, daß Marktwirtschaft der beste Weg zum Wohlfahrtsmaximum darstellt. Ausdruck findet dies in der Forderung, daß die Wirtschaftspolitik, wenn sie schon stattfinden muß, systemkonform und marktkonform zu sein habe. Selbst Sozialpolitik sollte "marktwirtschaftliche Sozialpolitik" sein. Aus dieser Perspektive besteht die Gefahr, daß Wirtschaftsethik lediglich ethische Normen meint, die die Rationalität der Märkte nicht behindern. Diese Auflagen an politische Eingriffe reduzieren das soziale Ganze wieder auf das Ergebnis ökonomischer Rationalität durch Märkte. Ethik in der Wirtschaft hängt dann davon ab, inwieweit Marktwirtschaft an sich schon ethischen Erwartungen und Normen genügt (vgl. Teil IV).

Die Marktwirtschaft als ethisches Werturteil widerspricht jedoch wiederum dem Anspruch der Sozialen Marktwirtschaft, daß die Entscheidung über die Wirtschaftsordnung allein ein Problem der wissenschaftlichen Beurteilung darstellt. Damit wird die politische Entscheidung über die Wirtschaftsordnung durch die Erwartung einer wertfreien Entscheidung durch die Wissenschaft ersetzt. Diese Erwartung ist typisch für das "holistische Paradigma" des traditionellen wissenschaftlichen Denkens (vgl. Teil II). Ethik in der Wirtschaft ist dann nicht nur ein wirtschaftswissenschaftliches, sondern generell ein wissenschaftliches Problem. Dabei fällt zweierlei auf: Wissenschaftliche Urteile ersetzen einerseits die Politik. Andererseits erhebt eine wissenschaftliche Teildisziplin, die Wirtschaftswissenschaft, bereits den Anspruch, mit wissenschaftlicher Kompetenz Aussagen über die beste Organisation sozialer Ganzheit zu machen.

Die Forderung nach sozialer Steuerung der Marktprozesse in der Sozialen Marktwirtschaft wurzelte in der Erfahrung der Fehlentwicklungen des Kapitalismus im 19. und 20. Jahrhundert (soziales Elend trotz industrieller Revolution, Weltwirtschaftskrise) und der Sorge nach 1945, daß ein "sozialistischer Zeitgeist" (MÜLLER-ARMACK 1974, S. 8; BLUM 1969, S. 90 f.) eine Wiederbelebung marktwirtschaftlicher Prinzipien verhindern könnte, wenn es nicht gelinge, "mehr Sozialismus mit mehr Freiheit" zu verbinden (MÜLLER-ARMACK 1974, S. 46). Daraus entstand die Idee eines "dritten Weges" zwischen Kapitalismus und Sozialismus, Ost und West, USA und Sowjetunion. Gerade im Hinblick auf die gegenwärtigen Ereignisse im Ostblock ist dabei interessant, daß nach 1945 in beiden Teilen Deutschlands zunächst die Hoffnung auf einen "dritten Weg" bestand (BLUM 1969, S. 134 ff.). Das Schlagwort "Soziale Marktwirtschaft" schuf in den westlichen Besatzungszonen Deutschlands Abstand zu den

Fehlentwicklungen des Kapitalismus als "freie Marktwirtschaft" in der Vergangenheit und fand soziale Akzeptanz in den politischen Prozessen der Bundesrepublik nach dem Zweiten Weltkrieg. Dabei sollte die Soziale Marktwirtschaft von vornherein kein festgeschriebenes wirtschaftspolitisches Konzept oder Programm darstellen, sondern "einen der Ausgestaltung harrenden progressiven Stilgedanken" (MÜLLER-ARMACK 1966, S. 12). Er sollte es der Wirtschaftspolitik erlauben, die marktwirtschaftliche Dynamik als Instrument der wirtschaftlichen Entwicklung zu nutzen und sich gleichzeitig pragmatisch entsprechend der wirtschaftlichen Situation und ihrer Herausforderungen der Wirtschaftspolitik zu bedienen.

Entsprechend lassen sich Phasen der Ausgestaltung der Sozialen Marktwirtschaft in der Bundesrepublik kennzeichnen, in denen mehr Marktwirtschaft oder mehr politische Lenkung der Wirtschaft durch den Staat sich abwechseln (BLUM 1980). Dem Übergang zu marktwirtschaftlichen Prinzipien mit der Wirtschafts- und Währungsreform von 1948 folgte die Ordnung des Wettbewerbs durch das Gesetz gegen Wettbewerbsbeschränkungen von 1958, die Basis für eine "deutsche Antitrustpolitik" nach amerikanischem Vorbild. Die erste Wirtschaftskrise der Nachkriegszeit in der Bundesrepublik beschleunigte die Verabschiedung des Gesetzes zur Förderung der Stabilität und des Wachstums der Volkswirtschaft von 1967 und den Übergang der Regierungsgewalt von den traditionell dem marktwirtschaftlichen Prinzip verpflichteten Parteien (CDU/CSU, F.D.P.) auf die Sozialdemokraten (SPD) bzw. der sozial/liberalen Koalition (SPD und F.D.P.). Seit 1982 gibt es wieder eine Regierung (CDU/CSU und F.D.P.), die eine Wende zu mehr Marktwirtschaft herbeiführen möchte, verbunden mit einer "geistig-moralischen Wende". Sie meint im Hinblick auf unser Thema eher eine Neubesinnung auf die ethischen Grundlagen der Marktwirtschaft als eine Wende zu mehr Ethik in Wirtschaft und Technik.

Die Phasen der Ausgestaltung der Sozialen Marktwirtschaft als "drittem Weg zwischen Kapitalismus und Sozialismus" lassen es nicht zu, das weltweit gerühmte Wirtschaftwunder in der Bundesrepublik entweder der Marktwirtschaft oder der staatlichen Steuerung zuzurechnen, wie es die Politik und Wirtschaftswissenschaft nach dem marktwirtschaftlichen oder sozialistischen Paradigma versuchen. Das Wirtschaftswunder entstand gerade aus der pragmatischen Vernetzung von Marktwirtschaft (als Instrument wirtschaftlicher Leistung) und sozialer Steuerung des Staates als Garant für soziale Akzeptanz der wirtschaftlichen Ergebnisse. Erst die neuen Prioritäten der Bürger zugunsten von Umwelt und Humanisierung des Lebens und des technischen Fortschritts scheinen auch eine neue marktwirtschaftliche Strategie nahezulegen, nämlich die "ökologische Marktwirtschaft". Damit könnte auch die Ethik in der Wirtschaft, in der sozialen Steuerung der Marktprozesse ein neues Gewicht erhalten. Gleichzeitig steigen jedoch die Anstrengungen in der traditionellen Wirtschaftswissenschaft, die ethischen Werte der Marktwirtschaft herauszustellen. Es erscheinen eine Vielzahl von Beiträgen zur Wirtschaftsethik (BIERVERT und HELD 1987 und 1989, HESSE 1988). In der angelsächsischen Literatur (ETZIONI 1988) läßt sich diese neue Blickrichtung nicht so deutlich erkennen, es sei denn als mehr am praktischen Wirtschaftsleben orientierte "Geschäftsethik" (business ethics) mit einer eigenen Zeitschrift seit 1981 (Journal of Business Ethics).

Bemerkenswert für die deutsche Entwicklung ist, daß der geistige Vater der Sozialen Marktwirtschaft, Alfred MÜLLER-ARMACK, die Notwendigkeit einer "zweiten Phase der Sozialen Marktwirtschaft als gesellschaftspolitische Ergänzung" erkannte (MÜLLER-ARMACK 1966, S. 267 ff.), vor allem wegen des sich abzeichnenden raschen Strukturwandels in der Wirtschaft und der Umweltprobleme durch weiteres wirtschaftliches Wachstum. Mit der Umsetzung dieser Idee als "formierte Gesellschaft" (EHLERT und REICHEL 1965), eine Wiederbelebung der "Leistungsgesellschaft der Nachkriegszeit" und ihren ethischen Werten, scheiterte der Bundeswirtschaftsminister Erhard, der Schöpfer des Wirtschaftswunders, als Regierungschef. In der neuen Regierung übernahm zum erstenmal die SPD die Führung. Eventuell ließe sich die Wende zu mehr Marktwirtschaft seit 1982 als erneuten Versuch zu einer um die Marktwirtschaft und ihren Werten "formierten Gesellschaft" verstehen. Das Bewußtsein, es könnte einen Konflikt zwischen wirtschaftlicher Leistung und ethischen Werten geben, ist jedoch vorhanden, wenn es in einem "Grundsatzprogramm der Christlich-Demokratischen Union Deutschlands" (CDU) von 1978 (CDU 1978, S. 26) heißt: "Wir würden für die Soziale Marktwirtschaft auch dann eintreten, wenn sie weniger materiellen Wohlstand hervorbrächte als andere Systeme. Es wäre unerträglich, Güter auf Kosten der Freiheit zu gewinnen." Allerdings wird beruhigend hinzugefügt: "Die Wahlnotwenigkeit besteht jedoch nicht. Die Soziale Marktwirtschaft hat nicht nur mehr immateriellen, sondern auch mehr materiellen Wohlstand geschaffen als andere Ordnungsformen." Es gibt, wie bereits angedeutet, wegen Perestrojka und Glasnost im Ostblock keinen Anlaß, diese Einschätzung zu ändern. Umso wichtiger ist es, die ethischen Grundlagen im wissenschaftlichen, insbesondere im sozial- und wirtschaftswissenschaftlichen Denken näher zu analysieren.

## II. Ganzheit durch Rationalität - das holistische Paradigma in der Wissenschaft

Traditionelles wissenschaftliches Denken versucht die ganze Welt als eine durch Rationalität und Logik beherrschte Ganzheit zu erschließen. Das geschieht - ökonomisch gesprochen - in einer Art "doppelter Buchhaltung": Die Sammlung einzelner Fakten und Teile offenbart die Ordnung des Ganzen (Methode der Induktion). Wissen über diese Ordnung und ihre Gesetze erlaubt es, auf Fakten, einzelne Teile zu schließen (Methode der Deduktion). Die alte griechische Philosophie dachte in dieser Weise genauso wie die Theologie des Mittelalters und die Naturwissenschaft der Neuzeit. Sie verlieh diesem Denken neues Ansehen und neue Überzeugungskraft. Der deutsche Philosoph der Aufklärung, Immanuel Kant, verglich den gestirnten Himmel über den Menschen mit dem Sittengesetz in den Menschen. Ethik wurde ein Ergebnis menschlicher Rationalität und Vernunft. Allerdings erwies sich gerade mit dem Erfolg der Naturwissenschaften immer mehr, daß Logik und Rationalität in der Natur und im menschlichen Denken immer weniger das Paradigma einer durch wissenschaftliches Denken erschließbaren einheitlichen Welt bestätigten.

Wie römischen Feldherren und Kaiser entschieden sich die Wissenschaftler dazu, die Welt zu teilen, um wenigstens in den einzelnen Teilen gemäß dem holistischen Paradigma zu herrschen. So zerfiel die Wissenschaft zunächst in Geistes- und Naturwissenschaft, in zwei Kulturen. Die Zuständigkeit für die Ethik fiel in die Geisteswissenschaft. Das erlaubte es den Naturwissenschaften und ihrer Anwendung in der Technik, sich ohne die ständige Rücksicht auf die Ethik zu entwickeln. Dies gilt auch für die Wirtschaftswissenschaft. Sie fühlt sich der Naturwissenschaft eher verbunden als der Sozialwissenschaft, bzw. betrachtet sich deshalb als "Königin der Sozialwissenschaften".

In der Geistes- und Naturwissenschaft setzte sich die Spezialisierung fort. Vor allem die Naturwissenschaft nährte jedoch die alte Erwartung des holistischen Paradigmas, obgleich die Biologie Zweifel weckte, daß das organische Leben ebenfalls vollständig durch die mechanischen Zusammenhänge der Physik und Chemie zu erklären sei - aus dem "Urknall" (Big bang), mit dem die Welt entstanden sein sollte (JANTSCH 1984). Die moderne Naturwissenschaft zerstörte endgültig den Glauben an die als Ganzes zu erklärende Welt. Statt einer einheitlichen deterministischen Struktur muß man sich nach neuesten Ergebnissen der Naturwissenschaft mit "zerstreuten Strukturen" (PRIGOGINE und STENGERS 1984) abfinden. Sie erlauben Ganzheit für eine Spezialdisziplin, aber kein Fortdenken jeder Fachdisziplin zu der Ganzheit der Wissenschaft. Im Gegenteil: moderne Wissenschaftstheorie zieht aus dieser Entwicklung in den Naturwissenschaften die Konsequenz, daß Wissenschaft eher in Analogie zur Kunst zu sehen sei (FEYERABEND 1975).

Trotzdem erhält sich in der durch immer größere Spezialisierung entstandenen wissenschaftlichen Fachkompetenz die Neigung, auch Urteile über die Umwelt zu fällen, aus der die Fachwissenschaft gerade abgegrenzt wurde, um ihr in begrenztem Umfang zu erlauben, dem holistischen Paradigma in der Spezialdisziplin zu folgen. Die hochspezialisierten Atomphysiker zum Beispiel neigten dazu, die Anwendung ihrer Erkenntnisse in Atomkraftwerken als eine folgerichtige, rationale und vernünftige Entwicklung zu betrachten. Zweifel an der ethischen Rechtfertigung fanden so zunächst wenig Widerhall. Soziale Akzeptanz technischen Fortschritts (BLUM 1986) erschien aus diesem Blickwinkel eher als mangelnde Aufklärung, als

Versagen des Erziehungs- und Bildungssystems der Gesellschaft. Es erzeugte - so der Vorwurf - "Technikfeindlichkeit", weil die Naturwissenschaften gegenüber den Geisteswissenschaften zu wenig Beachtung finden. Das leiste ideologischen statt sachlichen Urteilen Vorschub. Dahinter verbirgt sich der Wunsch, durch eine "neue Aufklärung" den Versuch zu machen, die erwähnten zwei Kulturen der Wissenschaft mit Hilfe der Naturwissenschaft wieder zu vereinen. Ethik wäre dann ein Ergebnis naturwissenschaftlicher Vernunft.

Sie erzeugt jedoch angesichts ihrer Spezialisierung und des beschriebenen Verlusts der Einheit durch die Erklärung der Welt als "dissipative Strukturen" eine paradoxe Situation: Größere Erkenntnis läßt sich in der Wissenschaft nur durch immer größere Spezialisierung gewinnen. Die Anwendung dieser Erkenntnisse in Technik, Wirtschaft und Gesellschaft erfordert jedoch immer mehr Interdisziplinarität, Integration der Spezialwissenschaften. Sie ist jedoch nicht denkbar nach einem einheitlichen Prinzip, einer Weltformel, von der vor allem die Physiker immer noch träumen. Im Gegenteil, die formal geschlossenen wissenschaftlichen Systeme der Fachdisziplinen stehen vor dem logischen Problem, daß aus der Fachwissenschaft abgeleitete Urteile ihre logische und rationale Stärke verlieren, wenn sie wissenschaftliche Orientierung über die "Fachwelt" hinaus liefern sollen. Das holistische Paradigma traditionellen wissenschaftlichen Denkens führt dann zu "seltsamen Schleifen" (strange loops), die Ganzheit denken wollen, wo sie logisch konsequent nicht möglich ist (HOFSTADTER 1979). Ethik als Ergebnis der Vernunft, Wirtschaftsethik als Ergebnis wirtschaftlicher Vernunft könnte eine solche "seltsame Schleife" des holistischen Paradigmas traditioneller Wissenschaft aus fachwissenschaftlicher Perspektive sein.

Ihre Kompetenz für Ethik, für Regeln, nach denen Menschen zusammenleben, zusammenleben sollen, um eine humane oder "soziale Einheit" sein zu können, scheitert an einem wesentlichen Merkmal menschlicher Existenz, nämlich der Freiheit, der Freiheit auch, Optionen und Prioritäten für zukünftige soziale Organisation zu bestimmen, z.B. in demokratischen Prozessen der Politik. Damit verweigert sich die Zukunft der Prognose. Die Prognosefähigkeit aber ist ein wesentliches Merkmal wissenschaftlicher Aussagen. Sie behalten jedoch ihren "instrumentalen Charakter" für die Gestaltung der Zukunft, z.B. durch Optionen und Prioritäten für die Forschungs- und Technologiepolitik. Zur Analyse von Geist und Natur im Zusammenleben der Menschen entstand im Wissenschafts-System die Sozialwissenschaft als neue Fachdisziplin. Sie könnte Brücke zwischen Natur und Geist, Wissenschaft und Praxis sein.

## III. Ganzheit durch soziale Organisation nach ethischen Werten in den Sozialwissenschaften

Anstatt die Freiheit des Menschen zur Gestaltung sozialer Organisation zum zentralen Thema zu machen, neue Visionen für die soziale Organisation unter neuen Herausforderungen zu entwerfen, verirrte sich die Sozialwissenschaft in den Ansätzen der Geistes- und Naturwissenschaft, durch Logik und Rationalität auch das soziale Ganze zu erschließen. Ethik ergab sich hier entweder aus der "natürlichen Vernunft", einem Sittengesetz oder aus "ewigen Werten" der Menschheit. Die Philosophen machten aus diesen beiden Alternativen eine Entscheidung über Materialismus oder Idealismus. In ihnen wurzeln letztlich auch die in den Sozialwissenschaften herausgestellten alternativen Gestaltungsprinzipien der sozialen Organisation der Menschen, nämlich Sozialprinzip (Kollektivismus, Sozialismus, Marxismus) oder Individualprinzip (Individualismus, Marktwirtschaft, Kapitalismus). Beide verbanden sich mit der Rationalität, entweder als kollektive Rationalität oder individuelle Rationalität.

Während der Verlust der individuellen Freiheit bei kollektiver Rationalität im Sozialismus wesentliches Merkmal zu sein schien, bleibt der Verlust individueller Freiheit durch die Unterstellung der individuellen Rationalität, einer "Denkmechanik" statt des wirklichen Menschen, verborgen. Besonders deutlich wird dies in der Wirtschaftswissenschaft. Sie unterstellte zwei alternative Wirtschaftssysteme, Sozialismus als Planwirtschaft und Individualismus als Marktwirtschaft. Beide stehen sich feindlich gegenüber. Mischungen, "dritte Wege" führen zwangsläufig zur "Systemüberwindung". Aus marktwirtschaftlicher Perspektive beschrieb Friedrich von Hayek diese "Denkmechanik" in sozialen Organisationen nach dem Rationalitätsprinzip vor 50 Jahren als "Weg zur Knechtschaft" (HAYEK 1944). Diese Prognose für eine zukünftige Entwicklung der Mischung von Markt und Plan ist nur ein Spiegelbild der sozialistischen, marxistischen "Prognose" der Selbstzerstörung des Kapitalismus. Ethisch bemerkenswert an beiden Blickwinkeln ist die offensichtliche Unterstellung, daß die Gesellschaftsordnung nach der Wirtschaftsordnung (Planwirtschaft oder Marktwirtschaft) als freie oder unfreie Gesellschaft bestimmt wird: Freiheit durch Sozialismus oder Freiheit durch Marktwirtschaft.

Das wäre nach geisteswissenschaftlichen Kriterien "materialistisches Denken", das gerade durch Ethik zu überwinden wäre. Analog zur Erklärung der Menschen in der Psychologie von Freud aus dem Sexualtrieb und entsprechenden Pubertätsproblemen ließe sich auch sagen, Kapitalismus und Sozialismus sind in dieser Form Merkmale der "ökonomischen Pubertät" der Menschheit, wobei die industrielle Revolution die "Befreiung des Menschen" von materieller Not verspricht. Die Nutzung der dadurch möglichen Freiheit wäre eine der großen Herausforderungen der zukünftigen Entwicklung der menschlichen Gesellschaft. In der gegenwärtigen

Begeisterung über den "Tod des Sozialismus" durch Perestrojka und Glasnost im Ostblock (eine Art "neuer Aufklärung" im Sozialismus) droht diese Herausforderung jedoch wieder von dem holistischen Paradigma vereinnahmt zu werden, das eine Einheit der Welt nach einem Prinzip, jetzt dem marktwirtschaftlichen, vorgaukelt. Wirklichkeitsnäher müßte aus dieser Entwicklung gefolgert werden, daß eine "marktwirtschaftliche Weltrevolution" als neue Vision für eine "heile Welt" ebenso einem reinen Prinzip huldigt wie die "sozialistische Weltrevolution". Der Erfolg eines "dritten Weges" zwischen den alternativen Prinzipien gerade in der Bundesrepublik gerät dabei zu leicht aus dem Blickfeld dieser "Theorie der Wirtschaftssysteme".

Einer der ersten und bedeutendsten Vertreter der jungen Sozialwissenschaft, Max Weber (1922), erkannte den Drang wissenschaftlichen Denkens nach Ganzheit gemäß Prinzipien. Daraus entstehen Idealtypen sozialer Organisation (wie z.B. Marktwirtschaft oder Planwirtschaft). Bürokratie ist der "Idealtyp rationaler Organisation". Vergeblich bleiben deshalb alle Bemühungen, solche Idealtypen in der sozialen Organisation zu verwirklichen oder nachzuweisen. Sie ist als "Realtyp" immer eine Mischung (ein Misch-System) aus den alternativen Idealen. Auch die Bürokratie als Idealtyp rationaler Organisation kann Zwecken (Zweckrationalität) oder Werten (Wertrationalität) folgen. Selbst bei Werten, wie der Ethik, versagt die konsequente Verfolgung der Wertrationalität in der Wirklichkeit. Ethik als reine Prinzipientreue wird zur inhumanen Gesinnungsethik, wenn sie nicht durch Verantwortung vor den Menschen und ihrer Würde kontrolliert wird (Verantwortungsethik). Eine gegenwärtig viel beachtete Analyse unserer Zeit macht daraus das "Prinzip Verantwortung" (JONAS 1979).

Die Wirtschaftswissenschaft in der klassisch genannten Form der "marktwirtschaftlichen Theorie" unternimmt den Versuch, die in den Natur-, Geistes- und Sozialwissenschaften gescheiterte Ganzheit durch Rationalität neu zu begründen und eine marktwirtschaftlichen Prinzipien folgende soziale Organisation als beste Lösung zu "prognostizieren". Dabei droht Marktwirtschaft zur Gesinnungsethik zu werden, die sich aber erfolgreich mit wirtschaftlichen Interessen, dem Autonomieanspruch wirtschaftlicher Gruppen, verbindet und Optionen sowie Prioritäten zukünftiger Forschungs- und Technologiepolitik der angeblichen unsichtbaren Hand wirtschaftlicher Organisation über Märkte anvertrauen möchte. Im Idealfall wäre dann die beste Lösung: keine Forschungs- und Technologiepolitik. Sie würde nur die "Weisheit der Märkte" und ihre Gestaltung der Zukunft stören. Dieser Glaube gewinnt gerade in der Bundesrepublik auch Einfluß in den Sozialwissenschaften. Ein Extremfall der neuen interdisziplinären "allgemeinen Systemtheorie", - die Systeme nach ihrer Leistung und ihrer Struktur abgrenzt und nicht nach alternativen Prinzipien -, die sich selbst steuernden Systeme (autopoiëthische Systeme), erinnert nicht zufällig an die unsichtbare Hand der Selbststeuerung über Märkte in den Wirtschaftswissenschaften (LUHMANN 1984). Daraus folgt analog eine Ablehnung bzw. Abwertung sozialer Organisation und Gestaltung nach kollektiven Zielen.

## IV. Märkte und ihre holistische Erweiterung zur Marktwirtschaft und Marktgesellschaft in den Wirtschaftswissenschaften

Märkte gehören zu den ältesten "sozialen Innovationen" in der Menschheitsgeschichte. Das von religiösen oder weltlichen Feudalherren verliehene und kontrollierte Marktrecht an Gemeinden und Städte wurde Grundlage von Wohlstand und Freiheit der Bürger in alten Kulturen der Menschheitsgeschichte. Jahrtausende war wirtschaftliches Leben und wirtschaftliches Handeln zwar wichtig für den Bestand eines Staates und einer Gesellschaft, aber es blieb eingebunden in die Werte und Normen der Gesellschaft. Erwerb materieller Güter über das zum Leben und zum Erhalt des Lebensstandards notwendige Maß hinaus galt als unsittlich. Die Mythologie der alten Griechen schreckt ab mit dem Schicksal des Königs Midas. Leichtfertig wünschte er sich von den Göttern, daß alles, was seine Hände berührten, zu Gold würde. Der Gott Merkur war gleichzeitig der Gott der Händler, Kaufleute, Wegelagerer und Diebe. Jesus Christus vertrieb nach christlicher Überlieferung die Händler und Geldwechsler aus dem Tempel und lehrte, daß Armut den Einzug in das ewige Leben eher garantiert als Reichtum. Im Mittelalter war wirtschaftliches Handeln "praktische Theologie" (SALIN 1967, S. 36). Erst mit Beginn der Neuzeit und der Reformation in der christlichen Kirche entwickelte sich eine Vorstellung (Calvinismus nach den Lehren des Reformators Calvin vor allem), die wirtschaftlichen Erfolg als Beweis für Gott wohlgefälliges Leben zuließ. Gleichzeitig löste sich das wirtschaftliche Denken aus der Einbindung in die Theologie.

Nicht zufällig beginnt die Wirtschaftswissenschaft als "Merkantilismus" mit Überlegungen zu den Vorteilen des Handels für Staat und Gesellschaft. Die weltliche Einbindung unterstrich die Bezeichnung Politische Ökonomie. Diesen Titel tragen noch die bekanntesten Werke der klassischen Nationalökonomie nach Adam Smith. Moderne Ökonomen lassen die Wirtschaftswissenschaft am liebsten "als systematische Wissenschaft" erst mit dem wirtschaftswissenschaftlichen Werk des englischen Moralphilosophen Adam Smith beginnen (BLUM 1970). Er entdeckte vor mehr als 200 Jahren neben dem Staat, der Sympathie der Menschen zueinander, Sitte und Moral auch die Märkte als eigenständiges Ordnungselement für das Wirtschaftsleben (SMITH 1776). Sein Werk über den "Wohlstand der Nationen" wurde ein Bestseller, das philosophische Werk geriet dagegen in Vergessenheit und mit ihm die zusätzliche Einbindung wirtschaftlichen Handelns auf Märkten. Schuld daran war auch die Entstehung der Wirtschaftswissenschaften als selbständige Wissenschaft, die sich mit dem Wert der Güter und ihrem Tausch über Märkte beschäftigte. Dabei glaubten Wirtschaftswissenschaftler ähnliche wirtschaftliche Gesetze zu entdecken wie in den Naturwissenschaften. Das gelang nur durch Reduzierung des Menschen auf den "ökonomischen Menschen" (homo oeconomicus), der nach dem Rationalitätsprinzip handelt und individuellen Nutzen und Gewinn maximiert.

Der Wettbewerb auf den Märkten (die berühmte "unsichtbare Hand" bei Adam Smith) sorgt jedoch dafür, daß die Preise der Güter den Kosten der Produktion folgen, hohe Preise zudem neue Anbieter auf den Markt locken. Auf diese Weise entsteht aus Egoismus Wohlstand für alle Marktteilnehmer. Der Mechanismus funktioniert jedoch nur, wenn der Wettbewerb nicht beschränkt wird, die Güter beliebig vermehrbar sind und menschliche Arbeit die Quelle des Wohlstands ist und nicht Privilegien und ererbter Besitz.

Neben den gesellschaftlichen und ethischen Rahmenbedingungen gingen in der späteren Wirtschaftstheorie auch die ökonomischen Einschränkungen verloren. Die industrielle Revolution, die von der wirtschaftlichen Freiheit auf Märkten in der historischen Entwicklung nicht zu trennen ist, schien zu bestätigen, daß Wohlstand (ein wirtschaftlicher Zweck) und Freiheit (ein gesellschaftlicher Wert) gleichzeitig zu erreichen sind. Als Ergebnis erkennt dies auch der Sozialismus an, nur ist der Wohlstand, die Freiheit von materieller Not für alle Menschen, Voraussetzung der individuellen Freiheit und nicht ihre Folge. Die ungleiche Verteilung des Wohlstands, Konjunkturen und Krisen während der industriellen Revolution ließen deshalb die sozialistische Alternative als Ausweg erscheinen. Ihr Siegeszug unter Intellektuellen aus dem Bürgertum und unter den benachteiligten besitzlosen Arbeitnehmern erzwang, durch die Liberalisierung und Demokratisierung des Staates begünstigt, Einschränkungen der wirtschaftlichen Freiheit im kapitalistischen System der Industrieländer, ohne die marktwirtschaftlichen Prinzipien selbst in Frage zu stellen. Die Soziale Marktwirtschaft der Bundesrepublik sowie alle kapitalistischen Länder als Wohlfahrtsstaaten sind das Ergebnis dieses Lernprozesses. Umso dringender stellte sich angesichts der sozial gesteuerten Marktwirtschaft die Frage, ob Marktwirtschaft selbst unsozial sei, ethische Werte verletze und deshalb entsprechender Ergänzung bedürfe. Die Antworten auf diese Frage lassen sich folgendermaßen zusammenfassen:

(1) Die Marktwirtschaft dient den ethischen Forderungen und Erwartungen der Gesellschaft, weil "Wohlstand durch Freiheit" entsteht (GIERSCH 1960). Er wird auch insofern gerecht über Märkte verteilt (LAMPERT 1988, S. 135 ff.), weil Einkommen nach individueller Leistung entstehen (Leistungsgerechtigkeit) und die individuellen Bedürfnisse der Menschen nach der Stärke der Bedürfnisse befriedigt werden (Bedarfsgerechtigkeit). Sie schlägt sich im Preis nieder, den ein Nachfrager bereit ist, auf dem Markt für ein Gut zu zahlen. Jede Ethik besitzt so ökonomische Grundlagen (HOMANN 1988 a).

(2) Auch wenn die Marktwirtschaft menschliche Verhaltensweisen nutzt und rechtfertigt, die zu ethischen Werten der Gesellschaft im Widerspruch stehen (auf materielle Werte gerichteter Egoismus, der nur utilitaristisches Verhalten hervorbringt, das Gegenleistung, eben Tausch, erwarten läßt), so sind die wohlstandssteigernden Ergebnisse der Marktwirtschaft, die optimale Allokation der Ressourcen und ihre optimale Nutzung, eine ethische Leistung der "Marktwirtschaft als Institution" (HOMANN 1988 a, S. 236 F.). Sie bewies im Evolutionsprozeß ihre Überlegenheit. Es wäre deshalb unvernünftig, sich über diese Erfahrungen aus der Menschheitsgeschichte hinwegzusetzen (Evolutionstheorie im Werk von Friederich von HAYEK). Der Widerspruch dieser "Prognose" aus einem holistischen Paradigma zum Ausgangspunkt in der individuellen Freiheit der Menschen, die Zukunft unvorhersehbar macht (eine "seltsame Schleife" des holistischen Denkens), wird erst aufgehoben, wenn die Wirtschaftsordnung selbst als normatives System den Märkten übergeordnet ist (BUCHANAN 1975).

(3) Wenn es zu Fehlentwicklungen im Hinblick auf soziale und ethische Normen der Gesellschaft kommt, so liegt das nicht unbedingt am "Marktversagen", sondern daran, daß marktwirtschaftliche Prinzipien nie in reiner Form verwirklicht, sondern in ihrer Wirksamkeit immer durch staatliche Eingriffe gestört wurden. Diese aber folgen nicht dem Rationalitätsprinzip. Politisches Versagen, Staatsversagen stellt eine viel größere Gefahr für die Rationalität wirtschaftlicher, sozialer und gesellschaftlicher Entwicklung dar als unvollkommener Wettbewerb und Marktversagen.

Als Krönung der Wirtschaftstheorie aus dieser Perspektive gilt deshalb eine Neue Politische Ökonomie, die dem holistischen Paradigma voll Rechnung trägt. Menschliches Verhalten und gesellschaftliche Institutionen erscheinen als Ergebnisse ökonomischer Rationalität, Ökonomen als die berufenen "Optimierer" für alle Entscheidungsprozesse in der Gesellschaft (FREY 1981, S. 25). Es gibt Versuche zu einer "ökonomischen Theorie" der Politik, der Demokratie, des Rechts, der sozialen Gerechtigkeit und der Ethik (HOMANN 1988 a). Die alte Institution der Gesellschaft zur Ordnung der individuellen wirtschaftlichen Beziehungen, der Markt, wird zur Marktwirtschaft für die gesamte Volkswirtschaft und schließlich zur Marktgesellschaft, einer preisgesteuerten Gesellschaft, erweitert (STREISSLER 1973).

Aber bereits Alfred MARSHALL warnte davor, ökonomische Partialanalysen für einzelne Märkte zu Totalmodellen für alle Märkte zu erweitern. Die heutige Wirtschaftstheorie sieht in dieser Erweiterung gerade das Merkmal des Fortschritts in den Wirtschaftswissenschaften. Die "ökonomische Theorie" des Menschen und seiner gesellschaftlichen Institutionen macht die Wirtschaftswissenschaftler nicht zurückhaltender, sondern selbstbewußter bei der Übertragung der ökonomischen Rationalität auf die gesamte Gesellschaft. Der wirkliche Mensch wird als "ökonomischer Mensch" empirisch bestätigt (BECKER 1976, FREY und STROEBE 1980). Wenn Abweichungen von den Erwartungen gemäß "ökonomischer Theorie" auftreten, geraten leicht die Menschen in den Verdacht, falsch zu sein, nicht die Theorie (KRELLE 1979).

Dieses holistische Paradigma der Wirtschaftstheorie führte konsequent zuende gedacht vor allem dann in Sackgassen, wenn es darum ging, aus theoretischen Erkenntnissen marktwirtschaftlicher Theorie Orientierung für Politik, insbesondere Wirtschaftspolitik, zu erhalten. Dann taucht das schon erwähnte logische Problem auf (vgl. Teil II), aus formal geschlossenen Denkgebäuden, wie z.B. der marktwirtschaftlichen Theorie, Urteile für eine wirkliche Welt zu fällen, die die Voraussetzungen der idealen, marktwirtschaftlichen Welt nicht erfüllt. Ein weitverbreiteter Trugschluß lautet: Auch eine Annäherung an das Ideal durch entsprechende Politik (also mehr Marktwirtschaft) bedeutet eine Annäherung an den im Ideal abgeleiteten "besten Zustand". Obgleich die in der Wirtschaftstheorie als "Theorie der Wirtschaftspolitik" entstandene "Theorie des Zweitbesten" die Verläßlichkeit dieser Schlußfolgerung in Frage stellt, zeigt gerade die Neue Politische Ökonomie und ihre Abwertung der Politik und Demokratie als irrational, als Politik-, Demokratie- und Staatsversagen, daß die Wirtschaftswissenschaften der Gesellschaft eine Umkehrung der Beweislast bei den Entscheidungen für gesellschaftliche Wohlfahrt, für die Beachtung sozialer und ethischer Normcn, aufzwingt (BLUM 1983, S. 142 ff).

Nicht die Ökonomen müssen beweisen, daß ihre ökonomische Rationalität gesellschaftlichen Erwartungen und ethischen Normen entsprechen, sondern der Wunsch zu kollektiver Gestaltung durch Politik als demokratischer Entscheidungsprozeß muß sich an den Maßstäben einer Allgemeingültigkeit beanspruchenden ökonomischen Theorie messen lassen. Das führt dann im Extremfall dazu, daß einem "gütigen Alleinherrscher" mehr Vertrauen entgegen gebracht wird als der Demokratie als "Diktatur der Mehrheit" (WOLL 1984, S. 13). Demokratie und Marktwirtschaft bzw. generell Rationalität führen zu einem Konflikt (HOMANN 1988 b). Die ökonomische Rationalität wehrt sich gegen eine "Domestizierung" durch die Ethik (HOMANN 1988 a, S. 216). Diese Früchte des holistischen Paradigmas in den Wirtschaftswissenschaften fordern Mißtrauen heraus gegen eine eigenständige Wirtschaftsethik. Sie könnte - in der Differenzierung von Max Weber - zu leicht Gesinnungsethik zugunsten marktwirtschaftlicher Prinzipien werden, statt umgekehrt die gesellschaftliche und soziale Verantwortung gerade wegen des ökonomischen Strebens nach individueller Bereicherung zu fördern. Letzte Verantwortung für das Gemeinwohl erwarten moderne Gesellschaften gerade von dem durch die Wirtschaftstheorie abgewerteten zweiten dezentralen Koordinierungsmechanismus neben der Marktwirtschaft, nämlich der Demokratie.

## V. Gemeinwohl als "demokratische Ganzheit" durch Politik

Eine eigenständige Wirtschaftsethik wirft ähnliche Probleme auf wie ein besonderer Anspruch auf wirtschaftliche Freiheit, Freiheit von staatlichen, d.h. politischen Kontrollen der Wirtschaft gemäß marktwirtschaftlichem Paradigma. Es konserviert nämlich eine Vorstellung vom Staat und den Voraussetzungen individueller Freiheit in der Gesellschaft aufgrund der historischen Situation des 18. und 19. Jahrhunderts. Gegenüber einem feudalen Staat erschien die wirtschaftliche Freiheit der Bürger, die Kontrolle des wirtschaftlichen Handelns durch Wettbewerb und Märkte als ein wichtiges Gegengewicht. Dies ist die zeitgebundene Ausprägung des Liberalismus, die als Wirtschaftsliberalismus zu kennzeichnen wäre. Er neigt dazu, den Wandel des autoritären Staates zu einem demokratischen Staat zu übersehen. Dieser Wandel nimmt jedoch dem Anspruch des Wirtschaftsliberalismus auf besondere wirtschaftliche Autonomie die historische Grundlage. Aber nicht nur der Staat wandelte sich, sondern auch die wirtschaftliche Struktur und dank industrieller Revolution und weiterem technischen Fortschritt auch die wirtschaftliche Situation der Menschen (Entwicklung zum Wohlfahrtsstaat).

Die wirtschaftliche Macht wird zu einer Bedrohung des demokratischen Staats durch "Industriefeudalismus" (RÜSTOW 1949, S. 152) und Neofeudalismus (NELL-BREUNING 1966). Der amerikanische General und spätere Präsident Eisenhower nannte die Verquickung wirtschaftlicher und militärischer Macht "military-industrial complex". Auch GALBRAITH erkannte schließlich die Gefahr, nachdem er zunächst den amerikanischen Kapitalismus als ein "System von Gegenkräften" gerühmt hatte (GALBRAITH 1952), die "unsichtbare Hand" von A. Smith in neuem Gewand. In der modernen industriellen Organisation geht es schon lange nicht um die - bei den feindlichen Prinzipien Machtwirtschaft oder Planwirtschaft entscheidenden - Frage, ob Organisation nach kollektiver Rationalität notwendig ist, sondern wer organisiert: die private Wirtschaft oder der Staat durch politische, demokratische Prozesse. Das Schlagwort "military-industrial complex" unterstellt eine - gesellschaftlich unerwünschte - Unterordnung der Gesellschaft unter die Ziele wirtschaftlicher Interessengruppen.

Die Marktwirtschaft verlor durch den Strukturwandel vor allem als "ethische Institution" an sozialer und gesellschaftlicher Bedeutung - paradoxerweise gerade weil sie als "sozial gesteuerte Marktwirtschaft" so erfolgreich war. Im Wohlfahrtsstaat verliert der Wunsch nach noch mehr materiellen Gütern und damit das "materialistische Denken" an Bedeutung, zumal das Bewußtsein für die Verluste an Umweltqualität und Humanität in der Gesellschaft steigt, technischer Fortschritt und weiteres wirtschaftliches Wachstum müssen um "soziale Akzeptanz" ringen. Um so erstaunlicher ist, daß fast unbemerkt die ethische Bewertung der menschlichen Arbeit so sehr vom ökonomischen Denken beherrscht wird, daß technischer Fortschritt als "job killer" erscheint und nicht als neuer Schlüssel zum verlorenen Paradies.

## VI. Wirtschaftsethik oder Ethik der Wirtschaft in den Diskussionen um die Arbeitslosigkeit

Die traditionelle Theorie der Wirtschaftssysteme, die Systeme nach alternativen und feindlichen Prinzipien, Marktwirtschaft oder Planwirtschaft, Kapitalismus oder Sozialismus, abgrenzt, sieht die Ursache der Arbeitslosigkeit in der Vernachlässigung marktwirtschaftlicher Prinzipien: Der Produktionsfaktor Arbeit ist - nicht zuletzt wegen der Uneinsichtigkeit der Gewerkschaften - zu teuer, mit zuviel sozialer Sicherheit ausgestattet und wird deshalb durch Kapital ersetzt. Dieses jedoch findet wegen der großen Belastung auch mit Steuern und sozialen Abgaben zur Finanzierung des Wohlfahrtsstaates immer weniger Anreiz zu Innovationen und neuen Investitionen, die neue Arbeitsplätze schaffen. Also versagt das Wirtschaftssystem als soziale Organisation, wenn Arbeitslosigkeit entsteht. Bei Beachtung marktwirtschaftlicher Prinzipien wäre das nicht möglich. Die ethisch wichtige Folgerung aus dieser wirtschaftlichen "Sachlogik" ist, daß bei Arbeitslosigkeit die Menschen auf Lohn, soziale Sicherheit und Muße verzichten sollen, um dem Kapital durch größere Auslastung, weniger Steuern und größere Gewinne mehr Rentabilität und damit mehr Investitionsmöglichkeiten zu sichern.

Der Mensch geht auf diese Weise verloren. Folgerichtig sah die klassische Wirtschaftstheorie auch einen kausalen Zusammenhang zwischen wirtschaftlicher Entwicklung, Nachfrage nach dem "Produktionsfaktor Arbeit" und der Bevölkerungsentwicklung (Malthusianismus, sozialer Darwinismus). Die moderne Wirtschaftswissenschaft mit ihrer "ökonomischen Theorie des Menschen" gibt ihm als "Humankapital", das auch wirtschaftliche Rentabilität gerade in einer vom technischen Fortschritt geprägten Gesellschaft steigert, ein neues Gewicht. Der ganze Mensch wäre dem Prinzip konsequent folgend in der Sklavenwirtschaft erfaßt. Denn dann muß der Eigentümer des Humankapitals am ganzen Menschen interessiert sein, um seine optimale wirtschaftliche Leistungsfähigkeit zu erhalten. Der Extremfall ist nützlich, um die Sackgasse der Gesellschaft als Marktgesellschaft aufzuzeigen. Unbemerkt erhielt auch die Arbeit durch den Siegeszug des Wirtschaftsliberalismus und der ihn begleitenden industriellen Revolution einen anderen ethischen Wert. Arbeit wurde zum Lebensinhalt und nicht - gemäß der Überlieferung in den ersten schriftlichen Zeugnissen unserer Kultur - die Freiheit von Arbeit im Paradies, die Muße. Sie bedeutet noch in der lateinischen Sprache "Nicht-Arbeit" (negotium). Am siebten Tag die Arbeit völlig ruhen zu lassen, gilt in unserer kulturellen Überlieferung als Gottesgeschenk.

Ausgerechnet die Fortsetzung der industriellen Revolution durch immer größeren technischen Fortschritt, der menschliche Arbeitskraft durch Roboter (künstliche Sklaven) ersetzt, erzeugt die Angst vor dem technischen Fortschritt als "job killer". Diese Folge scheint dazu zu zwingen, auch am Wochenende zu arbeiten, weil gerade das moderne Kapital in Gestalt der Roboter zu teuer ist, um am Wochenende unbeschäftigt zu bleiben. Dieser "Wirtschaftsethik" kommen keine Zweifel, ob nicht der Mensch in einer "Überflußgesellschaft" zu teuer sein könnte, um ihn auch am Wochenende arbeiten zu lassen (BLUM 1988). Besorgt fragen Ökonomen, ob der Gesellschaft die Arbeit ausgeht. Die Prognose "menschenleerer Fabriken" läßt nicht neue Hoffnungen wachsen auf zukünftige Optionen und Prioritäten für mehr Muße und mehr immaterielle Güter, sondern dient dazu, in den Auseinandersetzungen der Tarifparteien um Löhne und Arbeitszeitverkürzung ebenfalls den technischen Fortschritt als "job killer" zu beschwören.

Die Vollbeschäftigung als wirtschaftspolitisches Ziel erhält im marktwirtschaftlichen Paradigma neben der ökonomischen auch eine wichtige ethische Funktion. Ihr gegenüber wäre aber gerade zu fragen, wie lange der Mensch in einer Überflußgesellschaft noch "vollbeschäftigt" sein soll, damit er Ansprüche auf mehr Muße, Bildung und außerökonomische Bedürfnisse äußern darf ohne das schlechte Gewissen, die Grundlagen der Wirtschaft und damit der Gesellschaft zu gefährden. Nicht selten ist in den Diskussionen um die Arbeitszeitverkürzung auch zu hören, der Mensch wisse mit der Freizeit, der Freiheit von der Arbeit in der Wirtschaft, nichts anzufangen. Deshalb versagt dann ein Wirtschaftssystem in dieser Perspektive auch als "ethische Institution", wenn es Arbeitslose gibt. Denn die Wirtschafts- bzw. Arbeitsethik läßt den Menschen leben, um zu arbeiten, nicht arbeiten, um zu leben.

Es versagt jedoch bei Arbeitslosigkeit nicht das Wirtschaftssystem, sondern nur ein Prinzip, das Preise auf einzelnen Gütermärkten gut zu erklären vermag, aber soziale Systeme nur als unrealistische "freie Marktwirtschaft" oder gar Marktgesellschaft zuläßt, wenn optimale Leistung erzielt werden soll. Aber nicht einmal in der Überflußgesellschaft geht den Menschen die Arbeit aus, wie ökonomische Logik prognostizieren möchte, sondern nur die für privates Kapital rentable Arbeit. Bei sozialen Leistungen entsteht ein Mangel, weil das Prinzip dazu neigt, alle Leistung in der Gesellschaft als individuelle Leistung zu betrachten und zu vernachlässigen, daß die individuellen Anstrengungen gerade wegen der industriellen Revolution und des technischen Fortschritts immer kostspieligerer sozialer Organisation als Infrastruktur bedürfen. Ihre nachträgliche Finanzierung durch den Staat über Steuern und finanzielle Beiträge läßt den Staat entsprechend dem Vorurteil des Wirtschaftsliberalismus als einen "Räuber" erscheinen, der immer größere Anteile individuellen Einkommens den Bürgern wegnimmt.

Dieser Blickwinkel verleitet dann zusammen mit dem marktwirtschaftlichen Paradigma dazu, in mehr Marktwirtschaft, d.h. mehr Abstimmung über Mehrheit der Kaufkraft statt Mehrheit der Stimmen in demokratischen Prozessen, einen Ausweg zu sehen. Das schlägt sich in der Forderung nach Deregulierung oder Privatisierung nieder. Auch dadurch werden mehr Arbeitsplätze erwartet - aber im privatwirtschaftlichen Sektor. Es gilt als Steigerung der Effizienz, wenn Wissenschaft und Kultur die Sponsoring-Angebote der Wirtschaft nutzen. Aber der marktkonforme Abbau von staatlichen Subventionen an die private Wirtschaft kommt über zögernde Ansätze nicht hinaus. Die Berufung auf (freie) Marktwirtschaft dient in der Bundesrepublik nicht selten dazu, gesellschaftliche und staatliche Ansprüche an die Wirtschaft abzuwehren. Der Sozialen Marktwirtschaft erinnert man sich, wenn es darum geht, Vergünstigungen oder Schutz vor einem den Gewinn bedrohenden Wettbewerb zu erhalten.

Entgegen der Vorstellung von Adam Smith, daß privatwirtschaftlich unrentable Güter vom Staat anzubieten seien, folgen kapitalistische Länder umgekehrt der Regel, daß von den Bürgern und der Gesellschaft geforderte Leistungen, die sich nicht als privatwirtschaftlich rentabel erweisen, so lange zu subventionieren sind, bis sich das Angebot für privates Kapital lohnt. Die Erhaltung von Arbeitsplätzen dient als zusätzliche Rechtfertigung für Subventionen oder auch für die Beibehaltung ethisch bedenklicher Produktionen, wie z.B. der Waffenproduktion, der Genmanipulation, der umweltschädlichen Gütererzeugung. Folgt man dagegen der Ethik des Marktes als gesellschaftlicher Institution, Wohlstand auf die wirtschaftlich effizienteste Weise zu schaffen, so geht die ethische Rechtfertigung verloren, wenn aus wirtschaftlichem Wachstum und Erhaltung von Arbeitsplätzen ein Selbstzweck wird. Die ethische Relevanz der Wirtschaft und der ökonomischen Aktivität liegt gerade darin, daß Freiheit von materieller Not mehr Spielraum schafft für die in einer Überflußgesellschaft ethisch höher zu bewertenden nichtökonimischen Leistungen und Aktivitäten.

Dann wäre es ethisch nicht zu billigen, die "menschenleeren Fabriken" aufgrund von "arbeitssparendem technischen Fortschritt" als Drohung im Verteilungskampf zwischen Arbeit und Kapital zu benutzen. Diese Bedrohung offenbart dagegen lediglich, daß der Ausgangspunkt der klassischen Wirtschaftswissenschaften in der Arbeit als Quelle des Wohlstands verlassen wurde und so getan wird, als gewährten menschenleere Fabriken nur dem Kapital einen Anspruch bei der Verteilung der erstellten Leistung. Dann aber müßten - konsequent zuende gedacht - die Kapitalisten, bzw. die Roboter auch die von ihnen erstellte Massenproduktion konsumieren. An dieser Konsequenz wird deutlich, daß die ökonomische Rationalität der Drohung mit dem technischen Fortschritt als job killer letztlich auch volkswirtschaftlich in eine Sackgasse führt. Ein Ausweg wäre "Eigentum für alle" (Volkskapitalismus als Alternative zur sozialistischen Volksdemokratie) - ein Schlagwort, das in der Sozialen Marktwirtschaft eine wichtige Rolle spielt, jedoch umso mehr an Bedeutung verliert, je mehr "mehr Markt" als Orientierung für Wirtschafts-, Sozial- und Gesellschaftspolitik dient.

Menschenleere Fabriken als Grundlage des Wohlstands einer Überflußgesellschaft öffnen auch den Blick für die Fragwürdigkeit einer "Wirtschaftsethik", die die "Entfremdung" zwischen dem Menschen und seiner Arbeit beseitigen möchte - eine andere Spielart der Arbeit als Lebensinhalt. Arbeit ohne Entfremdung war nicht nur ein Ausgangspunkt von Marx, sondern liefert bis heute auch eine Erklärung für die Bevorzugung kleiner und mittlerer Unternehmen im marktwirtschaftlichen Paradigma. Dasselbe gilt für neue Vorstellungen "alternativer Wirtschaftsformen" in der Bewegung der Gründen. Eventuell könnte die ethische Funktion der Wirtschaft als Grundlage des Wohlstands und der Freiheit besser zu erfüllen sein, wenn die "Entfremdung" als Folge der Vertreibung aus dem Paradies akzeptiert wird, aber auch der technische Fortschritt mit seiner Massenproduktion in Großunternehmen, die reichlich Kompensation in Form von größerem Wohlstand und größeren Möglichkeiten für mehr Muße als Freiheit von der Mühsal der Arbeit anbietet.

Da jedoch auch die Leistung in menschenleeren Fabriken letztlich auf menschlicher Arbeit beruht, behält die Arbeitsleistung ihre ethisch zentrale Bedeutung als Maßstab zur Verteilung des Wohlstands (BLUM 1988). Das Kapital als "arbeitsloses Einkommen" muß dann seinen Verteilungsanspruch besonders rechtfertigen. Dann könnten alte Institutionen biblischer Überlieferung wieder an Bedeutung gewinnen, nämlich die "Sabbatjahre" - den Professoren noch als "sabbatical" geläufig: Alle sieben Jahre sollten Schuldner auf ihre Forderungen verzichten, alle 50 Jahre sollten verlorene Eigentumsansprüche wieder an die ursprünglichen Eigentümer zurückfallen. Die Schuldenkrise der Gegenwart und der diskutierte Schuldenerlaß für die Entwicklungsländer beweist die Aktualität der Problematik genauso wie die Bemühungen um eine gerechterer Vermögensverteilung in den modernen Industriegesellschaften.

Diese Überlegungen zeigen, daß die Ethik der menschlichen Arbeit gemäß alter Bewertung in unserer Kultur nicht die "Vollbeschäftigung" zum ethischen Wert macht, sondern die Verteilung der Ergebnisse wirtschaftlicher Produktion nach der individuellen Arbeitsleistung. Wenn also die Klassiker der Wirtschaftswissenschaft den Wert der Güter nach der in ihre Erzeugung eingegangenen menschlichen Arbeit gemessen, dann steckt dahinter eher eine ethische Bewertung der Arbeit als eine wirtschaftstheoretische Erklärung der Güterproduktion. Sie ließe sich, wie Versuche in der Wirtschaftstheorie zeigen, als kapitalistische und "laboristische Ökonomie" analysieren (VOGT 1986). Dasselbe gilt für die Diskussion in der BRD, ob die Soziale Marktwirtschaft eine "Sozialtheorie" hat oder braucht (LAMPERT und BOSSERT 1987).

## VII. Zusammenfassung der Ergebnisse

Ausgangspunkt der Überlegungen ist die Vorstellung, Wirtschaft habe sich an der Ethik zu orientieren und nicht die Ethik an der Wirtschaft. Diesem Ausgangspunkt folgt auch die Soziale Marktwirtschaft in der Bundesrepublik Deutschland. Die gleichzeitige Forderung nach System- und Marktkonformität sozialer Steuerung der Marktprozesse könnte jedoch den Versuch darstellen, den Ausgangspunkt wieder umzukehren. Diese Neigung wurzelt in dem "holistischen Paradigma" traditionellen wissenschaftlichen Denkens. Es versucht, aus Teilen ein logisches und rationales Ganzes herzustellen. Dieser Versuch führt zu einer logischen Problematik, wenn immer mehr spezialisierte Fachwissenschaft ihre Urteile aus der "Fachwelt" auf die Umwelt überträgt. Ethik kann dann zu einer "Fach-Ethik" werden, wie z.B. Wirtschaftsethik.

Dieser Tendenz und ihren ethischen Implikationen wird in der Wissenschaft allgemein, in den Sozialwissenschaften und in der Wirtschaftswissenschaft nachgegangen. In der Wirtschaftstheorie zeigt sich deutlich nicht nur die Neigung, einzelne Märkte zur Marktwirtschaft nach dem ökonomischen Prinzip zu einem Ganzen, nämlich dem Wirtschaftssystem, zusammenzufügen, sondern die Marktwirtschaft wird entsprechend auch zur Marktgesellschaft erweitert. Wirtschaftswissenschaft wird so zur "Königin der Sozialwissenschaften". Ganzheit entsteht durch Fortdenken alternativer und feindlicher Prinzipien (Individualprinzip oder Sozialprinzip, Marktwirtschaft oder Planwirtschaft, Kapitalismus oder Sozialismus). Die "Prinzipientreue" verleitet in der Wirtschaftstheorie zu dem Anspruch, menschliches Verhalten generell und soziale Institutionen mit "ökonomischer Theorie" zu erklären (Neue Politische Ökonomie), bzw. sie zu benutzen, um Optimalzustände und Optimalbedingungen für soziale Organisation abzuleiten. Das Ergebnis könnte dann auch eine "ökonomische Theorie der Ethik" sein, eine Art "Idealtyp der Wirtschaftsethik". Solche Tendenzen lassen sich feststellen.

Mit diesem Selbstbewußtsein der Wirtschaftstheorie verbindet sich eine Geringschätzung der Demokratie als Weg zur Herstellung eines "sozialen Ganzen" durch Mehrheitsentscheidungen in der modernen, freiheitlichen Gesellschaft. Und eine (theoretische) Neigung zu "wohlwollenden Diktatoren". Darin liegt eine Ursache für die Probleme sozialer Akzeptanz beim technischen Fortschritt und seinen wirtschaftlichen Ergebnissen. Am Beispiel der Arbeitslosigkeit läßt sich abschließend zeigen, daß unbemerkt die Wirtschaft und ihre Anforderungen zu einer neuen ethischen Bewertung der Arbeit führten. So entstand die paradoxe Situation, daß technischer Fortschritt als "job killer" erscheint und nicht als ein neuer Schlüssel zum (verlorenen) Paradies. Das gesellschaftliche Bewußtsein akzeptiert inzwischen die "Vertreibung aus dem Paradies". Der Mensch wird zum "Arbeitstier" (workoholic). Er lebt, um zu arbeiten, statt zu arbeiten, um zu leben. Dies wäre, gemessen an dem Idealzustand des Paradieses, wenigstens noch eine "zweitbeste Lösung". Die ethische Bewertung der Arbeit als Lebensinhalt läßt die Prognose "menschenleerer Fabriken" zu einem Albtraum zukünftiger "Vollbeschäftigungspolitk" werden und zu einem Hindernis für Optionen und Prioritäten zukünftiger Forschungs- und Technologiepolitik zugunsten von mehr Muße, "mehr Paradies" statt "mehr Markt" und mehr Arbeit. Diese Sackgasse ökonomischer "Sachlogik" ließe sich leichter vermeiden, wenn Ethik in der Wirtschaft die Blickrichtung bestimmt und nicht Wirtschaftsethik.

**Literaturhinweise**


**Becker, G. S., (1976):** The Economic Approach to Human Behavior, Chicago.

**Biervert, B., und Held, M., Hrsg. (1987):** Ökonomische Theorie und Ethik. Frankfurt/New York.

**Biervert, B., und Held, M., Hrsg. (1989):** Ethische Grundlagen der ökonomischen Theorie, Eigentum, Verträge, Institutionen. Frankfurt/New York.

**Blum, R., (1969):** Soziale Marktwirtschaft, Wirtschaftspolitik zwischen Neoliberalismus und Ordoliberalismus. Tübingen.

**Blum, R., (1970):** The Interrelationships between Economic Policy and Economic Theory. "The German Economic Review". Vol. 8. S. 11-31. Auch erschienen in: ECONOMICS, A Biannual Collection of Recent German Contributions to the Field of Economic Science. Vol. 6. Tübingen 1972. The Interrelationships between Economic Policy and Economic Theory.

**Blum, R., (1980):** Artikel Marktwirtschaft, Soziale. In: Handwörterbuch der Wirtschaftswissenschaften. Stuttgart/New York. S. 153-166.

**Blum, R., (1983):** Organisationsprinzipien der Volkswirtschaft. Neue mikro-ökonomische Grundlagen für die Marktwirtschaft. Frankfurt/New York.

**Blum, R., (1986):** Die Verwissenschaftlichung von Politik als Akzeptanzproblem für den technischen Fortschritt - dargestellt am Beispiel von Wirtschaftstheorie und Wirtschaftspolitik. In: G. Bombach, B. Gahlen, A. E. Ott (Hrsg.) Schriftenreihe des Wirtschaftswissenschaftlichen Seminars Ottobeuren. Bd. 14. Tübingen. S. 283-296.

**Blum, R., (1988):** Labour as Factor of Production or Yardstick for Distribution. In: Dlugos, G., u.a., Eds., Management under Differing Labour Market and Employment Systems. Tagungsband des 2. Berlin-Toronto-Symposiums in Berlin. Berlin/New York. S. 11-25.

**Buchanan, J. M., 1975):** The Limits of Liberty: Between Anarchy and Leviathan, Chicago/London.

**CDU (1978):** Grundsatzprogramm der Christlich Demokratischen Union Deutschlands. Freiheit, Solidarität, Gerechtigkeit. Ludwigshafen/Bonn.

**Ehlert, H., und Reichel, H., (1965):** Die Zukunft der Demokratie, Erhards Formierte Gesellschaft oder sozialistischer Demokratismus. Politische Arbeitsgemeinschaft (Polag), Bereich Nordrhein-Westfalen, Rheinberg (Rhld.).

**Etzioni, A., (1988):** The Moral Dimension, Toward a New Economics, New York/London,

**Feyerabend, P., (1975):** Against Method. Outline of an Anarchistic Theory of Knowledge.

**Feyerabend, P., (1981):** Wissenschaft als Kunst. Frankfurt/Main.

**Frey, B. S., (1981):** Theorie demokratischer Wirtschaftspolitik, München.

**Frey B. S., und Stroebe, W. (1980):** Ist das Modell des Homo oeconomicus "unpsychologisch"? Zeitschrift für die gesamte Staatswissenschaft 136, S. 82 ff.

**Galbraith, J. K., (1952):** American Capitalism, The Concept of Countervailing Power. Boston.

**Giersch, H., (1960):** Allgemeine Wirtschaftspolitik I: Grundlagen. Wiesbaden.

**Hayek, F. A. von, (1944):** The Road to Serfodom. London.

**Hesse, H., Hrsg. (1988):** Wirtschaftswissenschaft und Ethik. Schriften des Vereins für Sozialpolitik. Neue Folge 171. Berlin.

**Hofstadter, D. R., (1979), Gödel, Escher, Bach**: An Eternal Golden Braid. New York.

**Homann, K., (1988 a):** Die Rolle ökonomischer Überlegungen in der Grundlegung der Ethik. In: H. Hesse, Hrsg., Wirtschaftswissenschaft und Ethik. S. 215-240.

**Homann, K., (1988 b):** Rationalität und Demokratie. Tübingen.

**Jantsch, E., (1984):** Die Selbstorganisation des Universums, vom Urknall zum menschlichen Geist. dtv Wissenschaft, 2. Auflg., München.

**Jonas, H., (1979):** Prinzip Verantwortung: Versuch einer Ethik für die technologische Zivilisation. Frankfurt/Main.

**Koslowski, P., (1989):** Grundlinien der Wirtschaftsethik. Zeitschrift für Wirtschafts- und Sozialwissenschaften (ZWS) 109, S. 245-383.

**Krelle, W., (1979):** The Way out of Unemployment Change of Group Behaviour. Kyklos 32. S. 92-128.

**Lampert, H., (1988):** Die Wirtschafts- und Sozialordnung der Bundesrepublik Deutschland, Geschichte und Staat 278, 9. überarbeitete Aufl., München.

**Lampert, H., und Bossert, A., (1987):** Die Soziale Marktwirtschaft - eine theoretisch unzulänglich fundierte ordnungspolitische Konzeption? Hamburger Jahrbuch für Wirtschafts- und Gesellschaftspolitik 32, S. 109-130.

**Ludwig-Erhard-Stiftung Bonn, Hrsg. (1988):** Die Ethik der Sozialen Marktwirtschaft, Thesen und Anfragen. Stuttgart/New York.

**Luhmann, N., (1984):** Soziale Systeme: Grundriß einer allgemeinen Theorie. Frankfurt/Main.

**Müller-Armack, A., (1966):** Wirtschaftsordnung und Wirtschaftspolitik, Studien und Konzepte zur Sozialen Marktwirtschaft und zur euopäischen Integration. Beiträge zur Wirtschaftspolitik 4, Freiburg i. Breisgau.

**Müller-Armack, A., (1974):** Genealogie der Sozialen Marktwirtschaft, Frühschriften und weiterführende Konzepte. Sozioökonomische Forschungen 1, Bern/Stuttgart.

**Prigogine, I., und Stengers, I., (1984):** "Order out of Chaos. Man's New Dialogue with Nature". London.

**Salin, E., (1967):** Politische Ökonomie. Geschichte der wirtschaftspolitischen Ideen von Plato bis zur Gegenwart. 5. erweiterte Aufl. der Geschichte der Volkswirtschaftslehre. Tübingen/Zürich.

**Smith, A., (1776):** An Inquiry into the Nature and Causes of the Wealth of Nations. London.

**Streissler, E., (1973):** Preisgesteuerte Wirtschaft - preisgesteuerte Gesellschaft. Mitteilungen der List-Gesellschaft 8, S. 67 ff.

**Vogt, W., (1986):** Theorie der kapitalistischen und einer laboristischen Ökonomie. Frankfurt/New York.

**Weber, M., (1922):** Wirtschaft und Gesellschaft. 1. Aufl. Tübingen.

**Woll, A., (1984):** Weniger Staat als Gebot der Stunde. Wirtschaftsdienst 64, S. 11-14.

# MARKTVERSAGEN UND POLITIKVERSAGEN ALS LEGITIMATION STAATLICHER FORSCHUNGS- UND TECHNOLOGIEPOLITIK

**Hans-Jürgen Ewers**

## 1. Problemstellung

Wie viele andere geht auch der Organisator dieses Seminars offenbar davon aus, daß der unübersehbare Mangel an ökologischer Vorsorge und an umweltschonender Technik in allen Industriestaaten ein Mangel der auf diese Felder gerichteten Forschungs- und Technologiepolitik sei. Die auf internationale Wettbewerbsfähigkeit zielende "angebotsorientierte" Forschungs- und Technologiepolitik sei deshalb um eine "bedarfsorientierte" Komponente zu ergänzen, mit der den drängenden Umwelt-, Energie- und anderen Gesellschaftsproblemen Rechnung getragen werde. Ich halte diese Analyse für falsch und die Unterscheidung zwischen "bedarfsorientierter" und "angebotsorientierter" Forschungs- und Technologiepolitik für irreführend.

Meines Erachtens ist der Mangel an ökologischer Vorsorge und an umweltschonender Technik nicht die Folge eines Mangels der Forschungs- und Technologiepolitik, sondern vor allem die Folge von Politikversagen im Bereich der Umweltpolitik. Diesen Mangel über die Forschungs- und Technologiepolitik bekämpfen zu wollen, kann nur eine Notlösung sein, und nicht mehr.

Die Polarisierung von angebots- und bedarfsorientierter Forschungs- und Technologiepolitik verkennt, daß die meisten technischen Neuerungen, welche mit Hilfe der "angebotsorientierten" Forschungs- und Technologiepolitik heute realisiert werden, durchaus auf eine kaufkräftige Nachfrage treffen. Denn sonst würden private Unternehmen kein Interesse an solchen Entwicklungen haben, es sei denn, der Staat garantiert eine entsprechende Nachfrage bzw. finanziert solche Entwicklungen einschließlich auskömmlicher Gewinnzuschläge vollständig. Und ob für manche der zu hundert Prozent vom Staat finanzierten Forschungs- und Entwicklungsengagements, wie die Kerntechnik oder die Raumfahrt, wirklich ein Bedarf besteht, ist durchaus kontrovers.

Im Gegensatz zu den meisten "angebotsorientierten" Technikentwicklungen besteht das Dilemma der ökologischen Vorsorge durch umweltschonende Technik gerade darin, daß die Umweltpolitik es nicht schafft, einen offenkundigen gesellschaftlichen Bedarf in kaufkräftige Nachfrage umzusetzen. Dieses über das vergleichsweise geringe Steuerungspotential der Forschungs- und Technologiepolitik schaffen zu wollen, hieße ja gerade angebotsorientiert zu handeln, nämlich zu hoffen, daß ein staatlich erzeugtes Angebot an sauberen Techniken dazu führen wird, daß diese Techniken auch genutzt werden. Diese Hoffnung ist jedoch so lange gegenstandslos, wie nicht über entsprechende Maßnahmen der Umweltpolitik Anreize geschaffen werden, solche Techniken zu benutzen.

Einen erheblichen Einfluß auf das Ausmaß an ökologischer Vorsorge in den Industriegesellschaften könnte die Forschungs- und Technologiepolitik allerdings über eine Steuerung und Intensivierung der auf die Erforschung ökologischer Wirkungsketten gerichteten Grundlagenforschung ausüben. Bei dieser Forschung versagen die klassischen Anreiz- und Lenkungsmechanismen des Wissenschaftssystems weitgehend. Unter dem Stichwort der Bedarfsorientierung sollte es deshalb darum gehen, die Funktionsfähigkeit dieses Forschungsbereichs sicherzustellen, damit dort jene Ergebnisse produziert werden, deren es offensichtlich bedarf, um die politische Blockade in der Umweltpolitik aufzulösen.

Zur Begründung meiner Behauptungen sollen im folgenden vier Thesen diskutiert werden:

(1) Die Forschungs- und Technologiepolitik hat vor allem bei der grundlagenorientierten Forschung eine überzeugende Legitimation. Ansonsten sind nur geringe Ansatzpunkte für ein Marktversagen bei Forschungs- und Entwicklungsaktivitäten festzustellen.

(2) Ursache des Mangels an sauberer Technik und ökologischer Vorsorge ist die nach wie vor falsche Anreizstruktur von Konsumenten und Produzenten bei ihren Entscheidungen über die Produktion, den Kauf und die Verwendung von Produkten.

(3) Bei dem Versuch, eine problemadäquate Anreizstruktur für die Realisierung umweltverträglicher Produktions- und Lebensformen zu erzeugen, scheitert die Umweltpolitik zum einen an etablierten Entscheidungsritualen der Umweltpolitik, insbesondere an dem kontraproduktiven Erfordernis deterministischer Schadensnachweise, zum anderen an der Wissenslücke über ökologische Kreisläufe und Wirkungsmechanismen anthropogener Eingriffe in diese Kreisläufe.

(4) Diese Wissenslücke hängt auch mit der inkompatiblen Anreizstruktur der Akteure in den öffentlichen Forschungseinrichtungen zusammen, welche eine disziplinär angelegte und auf kurzfristige Bedarfe orientierte Forschung begünstigt, wohingegen ökologische Wirkungsforschung eher interdisziplinärer Natur und auf langfristige Bedarfe hin angelegt ist. Eine Umschichtung von an anderer Stelle überflüssigen Budgets der Forschungs- und Technologiepolitik auf diese Lücke in der ökologischen Grundlagenforschung erscheint deshalb empfehlenswert.

## 2. Marktversagen als Legitimationsbasis der Forschungs- und Technologiepolitik

Für die Diskussion jeder staatlichen Intervention ist die Frage nach dem Marktversagen elementar, auch wenn viele sog. pragmatische Denker diese Frage gern in den akademischen Elfenbeinturm von weltfremden Vertretern einer "reinen" Marktlehre verweisen möchten, weil sie ihnen unbequem ist. Wer unter der wirtschaftspolitischen Grundentscheidung für den Primat der marktwirtschaftlichen Ordnung durch hoheitlichen Eingriff intervenieren möchte, schuldet den Nachweis, daß ohne eine derartige Intervention der an den Eigeninteressen der privaten Akteure orientierte Prozess der Interaktion (Marktprozeß) **systematisch** zu falschen Ergebnissen führt. Das Erfordernis eines solchen Nachweises ist nicht Ausfluß einer Ideologie, sondern basiert auf Erfahrungswissen über die Effizienz des Marktes als gesellschaftliches Entdeckungs- und Selektionsverfahren. Dieses Erfahrungswissen kann nicht einfach dadurch widerlegt werden, daß der Markt im Einzelfall zu Ergebnissen führt, die auch großen Gruppen der Bevölkerung nicht gefallen. Vielmehr muß dazu der Nachweis geführt werden, daß die Randbedingungen, unter denen dieses Erfahrungswissen gilt, in einzelnen Wirtschaftsbereichen nicht erfüllt sind. Sonst läuft man Gefahr, das Erstgeburtsrecht der marktwirtschaftlichen Effizienz gegen das Linsengericht einer staatlichen Wohltat einzutauschen.

In diesem Sinne hat die ökonomische Theorie vier Gruppen von Randbedingungen identifiziert, die für die Funktionsfähigkeit von Märkten essentiell sind. Sie beziehen sich auf die Informations- und Organisationsbedingungen, unter denen die Marktakteure handeln. Danach lassen sich vier Fälle von Marktversagen unterscheiden, auf deren detaillierte Beschreibung ich hier aus Zeitgründen verzichten muß (vgl. EWERS/WEIN 1989):

- Externe Effekte: Erzeugung von Nutzen oder Kosten bei Dritten, ohne daß eine Markttransaktion (Verhandlung und Einigung) zugrunde liegt;

- Unteilbarkeiten (natürliche Monopole): Großbetriebs- und Verbundvorteile in derartigem Ausmaß, daß die unter Kostengesichtspunkten mindestoptimale Betriebs- bzw. Unternehmensgröße nur bei Versorgung des Gesamtmarktes erreicht werden kann;

- Informationsmängel, insbesondere asymmetrische Informationsverteilung zwischen den Marktpartnern mit der Folge, daß die informationsschwächere Marktseite entweder systematisch falsche Entscheidungen, gemessen an den eigenen Interessen, trifft oder zu wenig Markttransaktionen stattfinden;

- Inflexibilität der Marktpartner mit der Folge, daß Anpassungsprozesse an Veränderungen der Rahmenbedingungen gar nicht oder nur sehr verlangsamt stattfinden.

Gilt nun eines dieser Argumente im Hinblick auf die spontane Koordination von Forschungs- und Entwicklungsaktivitäten durch den Markt? Diese Frage ist in den vergangenen Jahren vielfach von Ökonomen diskutiert worden. Die Ergebnisse sind relativ eindeutig (vgl. im einzelnen EWERS/FRITSCH 1987):

- Als allgemein akzeptiert kann gelten, daß die Forschung schlechthin mit oft erheblichen externen Effekten verbunden ist. Problematisch (im Sinne der Notwendigkeit eines wirtschaftspolitischen Eingriffs) werden solche Externalitäten jedoch nur dort, wo in Ermangelung einer hinreichenden Appropriierbarkeit der aus Forschungsergebnissen fließenden Renten die Forschung als private, eigennutzgesteuerte Aktivität unterbleibt. Damit ist im Bereich angewandter Forschung und Entwicklung praktisch nicht zu rechnen, weil dort über das Patentrecht oder über die Möglichkeit von Vorsprungsgewinnen im allgemeinen hinreichend kräftige Anreize für private Aktivitäten vorhanden sind. Schwieriger ist jedoch die Situation im Bereich der Grundlagenforschung, deren Ergebnisse gewöhnlich weder patentfähig sind noch direkt in entsprechende Vorsprungsgewinne umgesetzt werden können. Insofern besteht Einigkeit darüber, daß Grundlagenforschung entweder von staatlichen Institutionen durchgeführt oder zumindest gefördert wird und die Ergebnisse allen potentiellen Nutzern zugänglich gemacht werden sollten.

  Letzteres kann unter Umständen erhebliche öffentliche Investitionen in die Netzwerke zwischen öffentlichen Forschungseinrichtungen und insbesondere der mittelständischen Wirtschaft erfordern. Denn Investitionen in solche Netzwerke stellen aus der Sicht der investierenden Unternehmen in hohem Maße "verlorene" Kosten dar, also solche Kosten, die total abgeschrieben werden müssen, wenn das Unternehmen in dem fraglichen technischen Feld keine oder nur geringe Aktivitäten entfaltet. Wenn dann noch zur Realisierung einer Innovation Wissen aus mehreren, sehr unterschiedlichen Technologiefeldern verwendet werden muß (wie zum Beispiel im Bereich der Mikrosystemtechnik), wären ohne ein staatlich vorgehaltenes Netzwerk praktisch nur noch die größten Unternehmen bereit, auf solchen Technikgebieten tätig zu werden. Denn angesichts der Vielfalt innovativer Aktivitäten in diesen größten Unternehmen laufen sie nie Gefahr, die Kosten für den Aufbau von Transferkanälen zur öffentlich finanzierten Grundlagenforschung in Ermangelung eigener Umsetzungsaktivitäten abschreiben zu müssen.

- Marktversagen im Sinne technischer und/oder ökonomischer Unteilbarkeiten kann für den Bereich innovativer Aktivitäten kaum reklamiert werden. Sicher erfordern manche Forschungsaktivitäten einen hohen Kapitaleinsatz. Staatliches Handeln wäre hier jedoch erst dann erforderlich, wenn der Kapitaleinsatz infolge des Vorliegens von Unteilbarkeiten derart groß ist, daß er die Finanzierungsmöglichkeiten privater Unternehmen übersteigt. Für einen solchen Fall dürfte man angesichts von Unternehmensgiganten wie Daimler-Benz, AT&T oder ICI, deren Forschungs- und Entwicklungsbudgets die gesamten Forschungs- und Entwicklungsausgaben kleinerer Staaten längst übersteigen, auch schwerlich Beispiele finden. Daß diese Unternehmensgiganten in beliebten Feldern der Forschungs- und Technologiepolitik, wie z.B. der Raumfahrt, Zurückhaltung zeigen, hat weniger damit zu tun, daß sie entsprechende Projekte nicht finanzieren könnten, wenn sie wollten, sondern damit, daß sie solche Projekte schlicht für unrentabel halten.

- Neuerungsaktivitäten sind wegen der inhärenten (Umwelt-)Unsicherheit in besonderem Maße mit dem Risiko des Scheiterns behaftet. Vermindert man dieses Risiko durch staatliche Fördermaßnahmen, dann steigt zwar ceteris paribus das Ausmaß der geförderten Neuerungsaktivitäten erheblich an, jedoch ist keineswegs a priori klar, ob dies auch wirklich gesellschaftlich erwünscht ist, m.a.W. eine Wohlfahrtssteigerung darstellt. Dazu müßte man die wohlfahrtsmaximierende Innovationsrate kennen. Auch ohne Kenntnis des gesamtwirtschaftlichen Innovationsoptimums könnte man eine Aussage dann machen, wenn Anlaß zu der Vermutung besteht, daß die einzelwirtschaftlichen Entscheidungsträger die unsicheren Erträge von Innovationsaktivitäten systematisch über- bzw. unterschätzen, also mit Risikoabschlägen arbeiten, die aus gesamtwirtschaftlicher Sicht als zu hoch oder zu niedrig angesehen werden müssen. Aber - einmal abgesehen von dem Fall externer Effekte - wer will und kann die "Optimalität" solcher Risikoabschläge schon zutreffend beurteilen? Welchen Anlaß gibt es für die Vermutung, daß Beamte einer Ministerialbürokratie oder die Mitglieder von Bundestagsauschüssen besser in der Lage seien, über Risiken im Zusammenhang mit Forschungs- und Entwicklungsaktivitäten zu urteilen?
  Eine besondere Spielart des Arguments unzureichender Information als Legitimation forschungs- und technologiepolitischer Maßnahmen stellt die Behauptung unzureichender Kenntnis zukünftiger Knappheitsrelationen dar. Nach Meinung einer Reihe von Autoren erfordere die "Kurzsichtigkeit des Marktes" eine staatliche Investitions- und Innovationslenkung. Wo die "Nachfrage von morgen" noch nicht in den "Marktmechanismen von heute" deutlich werde, führe die "Selbststeuerung" des Marktes zu Fehlsteuerung. Eine beliebte andere Formulierung dieses Arguments stellt auf die "mangelnde Berücksichtigung der Bedürfnisse künftiger Generationen" durch den Markt ab. Unerfindlich bleibt bei solchen und ähnlichen Behauptungen allerdings, warum die eigennützig handelnden privaten Akteure offenbar in selbstschädigender Manier künftige Knappheiten, unter denen sie ja selber auch leiden würden, nicht in ihrem Handlungskalkül berücksichtigen sollten. Wenn nicht der Fall externer Effekte gemeint ist, den wir als solchen getrennt behandeln wollen, müßte dazu

schon dargetan werden, daß private Akteure unter systematischen Beschränkungen ihrer Zukunftseinsicht leiden, die bei staatlichen Akteuren nicht gegeben ist. Ein solcher Nachweis dürfte schwer fallen. Analog müßte im Hinblick auf die Bedürfnisse künftiger Generationen gezeigt werden, warum private Akteure etwas gegen ihre Kinder haben und aus welchem Grunde - wenn die Vernachlässigung der Interessen der eigenen Kinder denn möglicherweise ein allgemein menschlicher Grundzug wäre - dieser Mangel bei jenen nicht anzutreffen ist, die sich anmaßen, die Interessen der künftigen Generationen besser zu kennen als andere. Ist es nicht viel plausibler, davon auszugehen, daß die Interessen künftiger Generationen besser bei den Privaten aufgehoben sind als bei Politikern, deren Zeithorizont im Zweifel auf den nächsten Wahltermin limitiert ist?

Es geht mir nicht darum, die Legitimität sog. meritorischer Staatseingriffe vollständig zu bestreiten. Selbstverständlich muß die Wirtschafts- und Gesellschaftspolitik das Recht haben, die heutigen Vorlieben ihrer Bürger nicht als gegeben hinzunehmen. Die Bürger haben ja immer die Möglichkeit, dies mit ihrer Wahlentscheidung zu quittieren. Freilich soll man dann keinen Etikettenschwindel betreiben. Denn wenn man wirklich möchte, daß die Knappheitsrelationen andere sein sollten als sie tatsächlich sind, dann kann man dieses Anliegen wesentlich effektiver umsetzen als durch die Subventionierung privater Forschungs- und Entwicklungsaktivitäten, die unter den tatsächlichen Knappheitsverhältnissen nicht rentabel wären. Davon handelt die nächste These am Beispiel der Umweltpolitik.

Zuvor ist noch auf ein Argument zugunsten umfangreicher forschungs- und technologiepolitischer Aktivitäten einzugehen, das erst gar nicht auf Marktversagen rekurriert, sich aber gleichwohl größter Beliebtheit bei den Protagonisten einer Subventionierung von sog. Schlüsseltechnologien erfreut, nämlich der Hinweis auf die internationale Wettbewerbsfähigkeit der deutschen Industrie. Das Argument entpuppt sich bei näherem Besehen als Variante neomerkantilistischen, autarkiepolitischen Denkens. Basis des Arguments ist die Feststellung, daß die Regierungen anderer Länder (hingewiesen wird vor allem auf die USA und Japan) in erheblichem Umfang Forschung und Entwicklung ihrer Industrien begünstigen. Daraus wird geschlossen, daß die heimische Industrie durch Unterlassen einer derartigen Förderung benachteiligt wäre. Unterstützt wird dieses Argument durch immer neue "Hiobsbotschaften" über Erfolge ausländischer Unternehmen bei Hochtechnologieprojekten und Rückstände der inländischen Wirtschaft auf den entsprechenden Gebieten.

Man möchte meinen, daß die Vertreter einer derartigen Argumentation von dem Phänomen der internationalen Arbeitsteilung noch nicht gehört haben müssen, denn anders kann man die Forderung, dort zu subventionieren, wo Rückstände der heimischen Wirtschaft festzustellen sind, nicht verstehen. Darüberhinaus ist ein positiver Zusammenhang zwischen staatlichen

Forschungs- und Entwicklungsausgaben und dem Exporterfolg einer Volkswirtschaft bisher empirisch nicht belegt. Zwar läßt sich etwa im Vergleich zwischen der Bundesrepublik Deutschland, den USA und Japan zeigen, daß nationale Forschungsprioritäten, technisches Können der Industrien und ihre Exporterfolge ein einheitliches Syndrom bilden, m.a.W. die Staaten ihre Forschungssubventionen vor allem dort alloziieren, wo ihre jeweiligen Industrien international besonders wettbewerbsfähig sind (vgl. KRUPP 1987). In welcher Richtung aber die Kausalität verläuft, ist keineswegs klar. Bezieht man die staatliche Forschungsförderung auf die exportierte Outputeinheit, so zeigt sich, daß die Bundesrepublik Deutschland im internationalen Vergleich erheblich weniger subventioniert als ihre wichtigsten internationalen Konkurrenten. Dies spricht eher dafür, daß Exporterfolg und staatliche Forschungsförderung wenig miteinander zu tun haben.

Plausibel wäre das Argument des "mit den Wölfen Heulens" allenfalls dann, wenn entweder die Gefahr technologiepolitischer Embargos besteht oder besonders steile Lernkurven in bestimmten Technologiebereichen existieren, so daß die erfolgreiche Anwendung dieser Technologien ihre Produktion im Inland voraussetzt. Ersteres kann für die Bundesrepublik Deutschland kaum behauptet werden, letzteres ist zumindest nicht vollständig etwa im Bereich der Mikrotechniken auszuschließen, auch wenn ein entsprechender Nachweis bislang fehlt. Selbst wenn ein solcher Nachweis vorliegen sollte, muß freilich immer noch gefragt werden, warum die Unternehmen diesen Zusammenhang nicht begreifen und darauf aus eigener Kraft reagieren können.

## 3. Versagen der Umweltpolitik als Hindernis der ökologischen Vorsorge

Meine zweite These besagt, daß der Mangel an ökologischer Vorsorge und umweltfreundlicher Technik nicht in erster Linie durch eine falsche Allokation staatlicher Forschungs- und Entwicklungsbudgets, sondern durch Politikversagen im Bereich der Umweltpolitik begründet ist. Von Politikversagen sprechen wir im Gegensatz zum Marktversagen, wenn eine Regierung trotz nachgewiesenen Marktversagens auf einen Regulierungseingriff verzichtet, es sei denn, es ließe sich zeigen, daß die Kosten jedes denkbaren Regulierungseingriffs größer wären als der von der Regulierung zu erwartende Wohlfahrtsgewinn.

Grund der nach wie vor in beträchtlichem Umfang feststellbaren kollektiven Selbstschädigung durch Umweltverschmutzung ist der Umstand, daß der Staat trotz anderslautender Reden seiner Politiker nach wie vor erhebliche Externalitäten privater (und öffentlicher) Produktions- und Konsumaktivitäten zuläßt, indem er die zur Internalisierung erforderlichen Schritte unterläßt. Nach allem, was Ökonomen in den vergangenen 15 Jahren zu diesem Thema gesagt und geschrieben haben, kann ich mich kurz fassen. Der springende Punkt, um den es in diesem Zusammenhang geht, betrifft den nach wie vor großen Bereich, in dem eine kostenlose Inanspruchnahme unserer natürlichen Umwelt für Zwecke der Produktion und des Konsums möglich ist. Denn bei aller Auflagenregulierung, die ja das Hauptinstrument der Umweltpolitik in der Bundesrepublik Deutschland darstellt, bleibt jene Emission, die unterhalb der vorgesehenen Emissionsgrenzwerte liegt, kostenfrei. Damit fehlt der Anreiz, den Stand der Technik, an dem sich die Emissionsgrenzwerte orientieren, in Richtung auf saubere Technologien zu verbessern. Diese dynamische Blockade der Umweltpolitik kann durch eine kompensatorische Forschungs- und Technologiepolitik nur punktuell beseitigt werden. Angesichts der Größe der Aufgabe ist es schlechterdings unverständlich, warum die Umweltpolitik nach wie vor darauf verzichtet, die gesamte dezentrale Intelligenz des Industriesystems in die Lösung des Problems mit einzubeziehen.

Voraussetzung dafür wäre allerdings eine Umweltpolitik, die sich sog. ökonomischer Instrumente (Abgaben, Gebühren, Zertifikate, Gefährdungshaftung) bedient und auf diese Weise sicherstellt, daß Inanspruchnahme der natürlichen Umwelt kostenträchtig und Vermeidung von Emissionen gewinnsteigernd ist. Wie schnell eine solche Politik auf den technischen Fortschritt wirkt, läßt sich da beobachten, wo wie im Bereich der Galvaniken die steigenden Rohstoffpreise in der Vergangenheit jene Funktion übernommen haben, die eigentlich die Umweltpolitik haben sollte. Und umgekehrt wird man erhebliche Steigerungen der Recyclingquote solange nicht erwarten dürfen, wie die Preise zur Beseitigung von Müll für die breite Masse der Konsumenten so niedrig sind, daß den meisten die Mühen eines abfallminimierenden Verhaltens beim Einkauf von Produkten und der Separierung von Haushaltsabfällen nicht lohnend erscheinen. Obwohl es spätestens seit Beginn der 80er Jahre eine intensive Diskussion zu ökonomischen Instrumenten der Umweltpolitik gibt und die Experten mit überwältigender Mehrheit einen stärkeren Einsatz dieser Instrumente in der Umweltpolitik empfohlen haben, sind solche Instrumente auch von der amtierenden Bundesregierung bisher nicht oder doch nur in außerordentlich beschränktem Umfang eingesetzt worden (vgl. WEIDNER 1989). Im Gegenteil hat es den Anschein, als ob der Spielraum für den Einsatz ökonomischer Instrumente in allen Regelungsbereichen zukünftig noch enger wird, weil Politik und Verwaltung "ihr umweltpolitisches Heil ausschließlich in einer Perfektionierung ordnungsrechtlicher Eingriffe sehen", wie ein neuerliches Gutachten feststellt (HANSMEYER/SCHNEIDER 1989, S. 1 f). Selbst die Chancen, die sich aus einer schnelleren Durchsetzung zumindest des Standes der Technik ergeben könnten, werden - wie sich an der inzwischen fast zur Glosse geratenen Geschichte der Emissionsgrenzwerte für Automobile zeigen läßt - nicht genutzt, von einer denkbaren Dynamisierung des Standes der Technik durch automatische Reduktion von Grenzwerten in bestimmten Zeitabständen ganz zu schweigen.

## 4. Traditionelle Entscheidungsrituale und ökologische Wissenslücken als Grund der umweltpolitischen Blockade

Bei der Frage nach den Gründen für diese Blockade der Umweltpolitik trotz steigender Präferenz der Wähler für die Erhaltung der natürlichen Lebensgrundlagen ist ein Blick auf die Thesen der ökonomischen Theorie des politischen Wettbewerbs hilfreich. Diese Theorie geht bekanntlich davon aus, daß auch die politischen Akteure nicht in altruistischer Weise dem Gemeinwohl dienen, wenn sie nicht durch einen funktionierenden politischen Wettbewerb dazu gezwungen sind. Auch für die Funktionsfähigkeit des politischen Wettbewerbs lassen sich Rahmenbedingungen benennen, die sich nicht zufällig ähnlich wie die Tatbestände des Marktversagens auf die Organisierbarkeit von Interessen und die Informationsvoraussetzungen beziehen. Der Kürze der Zeit halber gehe ich nur auf die letzteren ein, weil nur sie für die forschungs- und technologiepolitischen Konsequenzen von Bedeutung sind (vgl. im übrigen EWERS/WEIN 1989).

Wie auf Gütermärkten führen auch im politischen Wettbewerb Informationsasymmetrien dazu, daß sich Akteure der Kontrolle durch den Wettbewerb entziehen können. Während sich dieses Phänomen auf Märkten im allgemeinen in überhöhten, weil funktionslosen Gewinnen äußert, kann es im politischen Bereich daran abgelesen werden, daß sich Politikprogramme durchsetzen, die eher den Interessen der jeweiligen Regierungsakteure und ihrer Sponsoren als der Mehrheit der Wählerinteressen (gemessen an der Präferenz des Medienwählers) dienen. Die Informationsasymmetrie, um die es in der Umweltpolitik vor allem geht, betrifft den unterschiedlichen Grad an Sicherheit bei Aussagen über die Kosten und die Nutzen von Maßnahmen der Umweltpolitik. Während Aussagen über die Kosten der Umweltpolitik relativ sicher sind, weil diese Kosten kurzfristig anfallen und an statistisch gut erfaßten Zuständen anknüpfen, sind die Aussagen über die Nutzen umweltpolitischer Maßnahmen meist höchst unsicher. Denn die Nutzen umweltpolitischer Maßnahmen sind die zukünftig vermiedenen Schäden durch Umweltverschmutzung. Selbst bei "Waffengleichheit" der umweltpolitischen Kontrahenten im Hinblick auf die Organisierbarkeit ihrer Interessen (von der wir m.E. noch weit entfernt sind) sind deshalb die Vertreter umweltpolitischer Interessen strukturell unterlegen.

Diese informationelle Unterlegenheit umweltpolitischer Interessen im politischen Wettbewerb kann zwar durch eine intensive Erforschung ökologischer Zusammenhänge und der Folgen anthropogener Eingriffe in die natürlichen Kreisläufe gemindert, aber vermutlich nie vollständig beseitigt werden. Denn Umweltschäden sind in den meisten Fällen komplex verursacht (z.B. bei Schadstoffsynergismen) und werden oft erst nach sehr langer Zeit sichtbar (z.B. bei Akkumulativschäden). Insofern sind die Chancen, sie a priori zu erkennen und gezielt zu vermeiden, außerordentlich gering. Deshalb muß die Umweltpolitik mit dem Tatbestand der systematischen Unkenntnis über die ökologischen Folgen unserer Eingriffe in die natürlichen Kreisläufe umgehen lernen, wenn die Umwelt wirklich eine Chance bekommen soll. Denn wenn das umweltpolitische Entscheidungsverfahren so angelegt ist, daß die Schadensinformation den gleichen Sicherheitsgrad aufweisen muß wie die Kosteninformation, dann hat bei a priori unsicherer Information über die ökologischen Folgen menschlichen Handelns eine vorsorgende Umweltpolitik praktisch keine wirkliche Chance. Maßnahmen zur Schadensvermeidung lassen sich dann erst durchsetzen, wenn ein Schaden sichtbar und auf konkrete Eingriffe in die natürlichen Kreisläufe unzweifelhaft zurückführbar ist, und das ist eben oft - wie sich etwa am Beispiel des Baumsterbens zeigen läßt - zu spät.

Eine problemadäquate Umweltpolitik muß deshalb der im Gegenstandsbereich nicht zu beseitigenden Informationsasymmetrie über die Organisation ihrer Entscheidungsroutinen Rechnung tragen, wenn das umweltpolitische Anliegen nicht zur bloßen nachträglichen Schadensbeseitigung verkommen soll. In den heute praktizierten Entscheidungsroutinen scheint jedoch eher das Gegenteil zu passieren. Denn praktisch tragen diejenigen, welche neuartige Instrumente der Umweltpolitik vorschlagen, nicht nur die Beweislast für die ökologische Wirksamkeit reduzierter Schadstoffemissionen, sondern müssen zudem noch den Nachweis erbringen, daß die neuen Instrumente auch ökonomisch/organisatorisch in der Praxis so funktionieren wie prognostiziert. Ein solcher Nachweis ist angesichts fehlender Vorbilder und der politischen Verweigerung von Experimenten schwer, wenn nicht gar unmöglich, insbesondere dann, wenn den neuen Lösungen auch noch jene Probleme entgegengehalten werden, die bereits im heutigen Auflagensystem gelöst sein müßten, damit es befriedigend funktioniert. Es bedarf deshalb einer Änderung der politischen Entscheidungskultur (vgl. EWERS 1988). Die erforderlichen Änderungen betreffen:

- **Die Verteilung von Beweislasten**

  Im heutigen Entscheidungsregime besteht die Tendenz, die Beweislast denjenigen aufzubürden, welche die Reduktion von Emissionen fordern. Angesichts der tatsächlichen Wissenslücke über ökologische Wirkungszusammenhänge bedeutet dieses Verfahren praktisch, daß alle noch nicht hinreichend bekannten Umweltrisiken der Gesellschaft zugewiesen werden. Dies ist die Umkehrung des Verursacherprinzips. Insofern müssen die Emittenten von potentiellen Schadstoffen stärker als bisher im politischen Entscheidungsverfahren unter die Pflicht des Nachweises gestellt werden, daß die Emission solcher Stoffe im speziellen Fall unschädlich ist.

- **Die Akzeptanz heuristischer Methoden der Entscheidungsfindung**
  Rechtzeitiges Handeln in der Umweltpolitik erfordert, die formalisierten Entscheidungsvorbereitungsmethoden auf der Basis deterministischer Kausalzusammenhänge zu ersetzen durch heuristische Methoden der Entscheidungsfindung und Unsicherheitsverarbeitung. Heuristische Methoden der Entscheidungsfindung überspringen die Wissenslücke im Kausalbereich durch "weiche" Methoden wie Szenarios oder Delphi-Verfahren, um trotz vorhandener Unsicherheit Entscheidungshilfen geben zu können.

- **Die Institutionalisierung öffentlicher Diskurse über Umweltrisiken**
  Um den Bereich eingegangener Umweltrisiken so weit wie möglich eingrenzen und die Öffentlichkeit im Hinblick auf diese Risiken unterrichten zu können, muß ein öffentlicher Diskurs über diese Risiken auf der Basis kompetitiver wissenschaftlicher Gutachten institutionalisiert werden. Die Organisation dieses Diskurses sollte einem unabhängigen Büro für Technikfolgenabschätzung übertragen werden.

- **Die Selbstbindung der Umweltpolitik durch Automatismen**
  Wenn Entscheidungen über Grenzwerte notwendig unter der erheblichen Unsicherheit stehen, daß die auf der Basis des vorhandenen ökosystemaren Wissens unterstellten Kausalitäten möglicherweise falsch sind oder wesentliche Folgewirkungen übersehen wurden, dann muß man weiter versuchen, der materiell nicht zu beseitigenden Unsicherheit auch über geeignete organisatorische Vorkehrungen zur generellen Emissionssenkung Rechnung zu tragen, um die mit der Versorgung einer Massengesellschaft verbundenen ökologischen Risiken klein zu halten. Solche Vorkehrungen hätten einen möglichst großen Druck im politischen wie im marktlichen System zu erzeugen, um die vorhandenen Emissionen potentieller Schadstoffe (und das sind im Zweifel alle emittierten Stoffe) zu vermindern und neue, insbesondere massenhafte Emissionen zu vermeiden. Dies läßt sich durch Einbau von Automatismen bewirken, welche sicherstellen, daß alle schadstoffspezifischen Grenzwerte in regelmäßigen Zeitabständen reduziert werden.

## 5. Das Versagen der Selbststeuerung der Grundlagenforschung bei der Erforschung ökosystemarer Zusammenhänge

Dennoch ist die Forschungs- und Technologiepolitik nicht ohne Aufgabe im Hinblick auf die Umweltpolitik. Zwar sollte sie nicht versuchen, die Umweltpolitik in ihrem eigentlichen Feld der Erzeugung kräftiger Anreize zum umweltschonenden technischen Fortschritt zu substituieren. Jedoch hat sie eine genuine Funktion bei der Lenkung der Grundlagenforschung im Bereich ökologischer Wirkungszusammenhänge, die ja - wie oben festgestellt - eine wichtige

Rolle für die Durchsetzung einer Politik zum Schutze der natürlichen Lebensgrundlagen spielt. Es läßt sich nämlich zeigen, daß diese Lenkung vergleichsweise schlecht funktioniert. Um Mißverständnisse zu vermeiden: Es geht mir nicht mehr um das oben bereits abgehandelte Problem des Marktversagens bei der Grundlagenforschung schlechthin, sondern um die Frage, welche Allokation der öffentlich bereitgestellten Mittel für die Grundlagenforschung auf die verschiedenen denkbaren Themengebiete resultiert, wenn man diese Allokation der Selbststeuerung des Wissenschaftssystems überläßt. Auch hier kann man sich der Erkenntnisse der Markttheorie bedienen, denn es handelt sich um ein weitgehend dezentralisiertes System, bei dem der einzelne Forscher nach seinen jeweiligen Interessen über die Wahl seiner Forschungsthemen entscheidet.

Sieht man sich die dabei wirksame Anreizstruktur näher an, so wird schnell klar, warum die Erforschung ökosystemarer Zusammenhänge ins Hintertreffen gerät. Dabei ist es wichtig, sich zu verdeutlichen, daß die Erforschung ökosystemarer Zusammenhänge im allgemeinen einen interdisziplinären Forschungsansatz voraussetzt, sei es, daß ein Wissenschaftler den Versuch unternimmt, in mehreren Disziplinen gleichzeitig zu Hause zu sein, sei es, daß sich interdisziplinäre Forscherteams zur Bearbeitung einer Aufgabe zusammenfinden und im Hinblick auf diese Aufgabe koordinieren.

Auch bei Wissenschaftlern können wir unterstellen, daß sie bei der Entscheidung über ihre Forschungsthemen und -methoden ihren individuellen Nutzen maximieren und dementsprechend auf die Steuerungsanreize reagieren, welche aus ihrem jeweiligen Entscheidungsumfeld erwachsen. Für einen durchschnittlichen Wissenschaftler erscheint es nicht unplausibel, eine Nutzenfunktion zu unterstellen, die monoton in Abhängigkeit von seiner wissenschaftlichen Anerkennung und seinem Einkommen steigt. Beides ist im allgemeinen mit der Ressourcenausstattung (Personal- und Sachmittel) des Wissenschaftlers positiv korreliert. Insofern muß man sich die Mechanismen der Ressourcenzuweisung ansehen, wenn man das Ergebnis von individuellen Entscheidungen über Forschungsthemen prognostizieren will. Im deutschen Universitätssystem gibt es drei wichtige Ressourcenzuweisungsmechanismen:

- **Der Reputationsmechanismus**
  Wissenschaftliche Reputation wird durch Anerkennung in der jeweiligen scientific community aufgebaut. Reputation läßt sich ablesen an der häufigen Aufnahme von Erzeugnissen eines Wissenschaftlers in die führenden Journale seiner Disziplin, der häufigen Zitation solcher Erzeugnisse durch Dritte, Einladungen zu wichtigen Konferenzen der Disziplin, Wahl in Fachgremien der Disziplin, Berufungen etc. Daß Reputation direkt ressourcenrelevant ist, läßt sich insbesondere an den Berufungsentscheidungen der Fachbereiche und den Entscheidungen der Deutschen Forschungsgemeinschaft über Forschungsanträge und Stipendien

zeigen. Für den hier diskutierten Zusammenhang ist als Ergebnis wichtig, daß Reputationsaufbau vor allem eine starke disziplinäre Orientierung der Forschungsthemen und -methoden erfordert. Denn nur die Wahl von Kernthemen und -methoden der jeweiligen Disziplin stellt eine möglichst breite und deshalb auch besonders ressourcenwirksame Reputation sicher.

- **Der Drittmittelmarkt**

  Die Drittmittelmärkte für Forschungsleistungen sind zu einem Teil reputationsabhängig, dort nämlich, wo die Entscheidung über die Vergabe von Drittmitteln im wesentlichen nur von einer fachlich-wissenschaftlichen Begutachtung abhängig gemacht wird, wie es etwa bei der Deutschen Forschungsgemeinschaft und einem Teil der Stiftungen der Fall ist. Sie üben insoweit die gleichen Anreise bei der Wahl von Forschungsthemen und -methoden aus, wie sie eben für den Reputationsmechanismus festgestellt wurden.

  Bei dem Rest der Drittmittelmärkte (insbesondere bei der Ressortforschung und der Industrieforschung) spielt die Reputation des Forschers zwar auch eine Rolle, im Hinblick auf die Themen- und Methodenwahl dominant dürfte jedoch das inhaltliche Interesse des jeweiligen Auftraggebers sein. Sowohl bei der Ressortforschung als auch vor allem bei der Industrieforschung kann man dabei davon ausgehen, daß sich ihre inhaltlichen Interessen - von Ausnahmen abgesehen - im allgemeinen nicht auf die Erforschung ökosystemarer Zusammenhänge beziehen. Ausnahmen zu dieser Regel finden sich vor allem bei jenen Ressorts, deren Aufgabenbereich direkt mit den natürlichen Lebensgrundlagen im Zusammenhang steht. Für die Industrieforschung kann man ökosystemare Fragestellungen in Ermangelung entsprechender Anreize durch die Umweltpolitik praktisch ausschließen.

- **Die Lehrkapazitäten**

  Der dritte wichtige Ressourcenzuweisungsmechanismus, der im Universitätssystem der Bundesrepublik Deutschland wirksam ist (und in vielen Fachbereichen den wichtigsten Ressourcenzuweisungsmechanismus darstellen dürfte) besteht aus den von Universität zu Universität unterschiedlichen Regeln, nach denen die zur Unterhaltung des Lehrbetriebs erforderlichen Personalressourcen zugewiesen werden. Im Zusammenhang mit der hier untersuchten Fragestellung ist dieser Zuweisungsmechanismus folgenlos. Zwar beinhaltet die Zuweisung von Personalkapazität für die Lehre wegen der Einheit von Forschung und Lehre immer auch die Zuweisung von Grundausstattung für die Forschung, sie übt jedoch keinen Anreiz zugunsten der Wahl bestimmter Forschungsthemen und -methoden aus.

Im Ergebnis zeigt sich also eine gewisse Schlagseitigkeit der für die Wahl von Forschungsthemen und -methoden vorhandenen Anreize zuungunsten der ökosystemaren Grundlagenforschung. Aus der Sicht des individuellen Forschers ist die Wahl solcher Themen im Sinne der eigenen Karrierevorstellungen nicht sonderlich attraktiv, weil interdisziplinäre Forschung wegen der erforderlichen Überwindung disziplinärer Sichtweisen und Paradigmen nicht nur mühsamer ist, sondern zudem Gefahr läuft, durch sämtliche Bewertungsraster der disziplinär geprägten scientific community hindurchzufallen. Da man aber vor allem aus Gründen der Qualitätskontrolle auf eine solche Organisation der scientific community kaum verzichten können wird, bleibt nur eine Konterkarierung dieser Anreizstruktur zugunsten der ökosystemaren Forschung durch das Auftreten der Forschungs- und Technologiepolitik auf dem Drittmittelmarkt. Dieses Auftreten muß mit Bedacht vorgenommen werden, wenn man gleichzeitig die Qualitätsvorteile des Reputationsmechanismus erhalten möchte. Die damit verbundenen Probleme können jedoch unter der mir auferlegten Zeitrestriktion an dieser Stelle nicht weiter erörtert werden.

**Literaturverzeichnis:**

**Ewers, H.-J., (1988)**: Möglichkeiten der Früherkennung von umweltbelastenden Technologien - Denkbare politische Strategien, in: Ewers, H.-J., u.a., Produktionsprozesse und Umweltverträglichkeit. Beiträge der Akademie für Raumforschung und Landesplanung, Bd. 104, Hannover, S. 75-86.

**Ewers, H.-J., Fritsch, M., (1987)**: Zur Begründung staatlicher Forschungs- und Technologiepolitik, in: Jahrbuch für Neue politische Ökonomie, 6. Bd., Tübingen, S. 108-135.

**Ewers, H.-J., Wein, Th. (1989)**: Gründe und Richtlinien für eine Deregulierungspolitik, Diskussionspapier 139, hrsg. von der Wirtschaftswissenschaftlichen Dokumentation der TU Berlin.

**Hansmeyer, K.-H., Schneider, H.K. (1989)**: Zur Fortentwicklung der Umweltpolitik unter marktsteuernden Aspekten. Abschließender und ergänzender Bericht zum Forschungsvorhaben des Umweltbundesamtes Nr. 10103107, Köln.

**Krupp, H. (1987)**: Forschungspolitik und internationale Wettbewerbsfähigkeit, in: Fraunhofer-Gesellschaft, Jahresbericht 1986, München, S. 64-66.

**Weidner, H. (1989)**: Die Umweltpolitik der konservativ-liberalen Regierung. Eine vorläufige Bilanz, in: Aus Politik und Zeitgeschichte, Beilage zur Wochenzeitung das Parlament, B 47-48/89, S. 16-28.

## REGULIERUNG UND INNOVATION[1]

**Gerhard Becher**

In den vergangenen Jahren haben sich die Rahmenbedingungen der wirtschaftlichen und gesellschaftlichen Entwicklung anhaltend verändert. Dadurch entstehen neue Herausforderungen sowohl für Unternehmen, die gesellschaftlichen Gruppen wie auch die Politik. Stichworte sind beispielsweise niedrigere ökonomische Zuwachsraten als in den sechziger Jahren, die Umverteilungen von Einkommen schwieriger machen, neue soziale und zum Teil auch politische Probleme (etwa im Zuge anhaltender Arbeitslosigkeit), neue Wettbewerbsstrukturen auf den internationalen und nationalen Märkten, erhebliche (internationale und interregionale) wirtschaftliche Disparitäten sowie besorgniserregende Umweltbelastungen. Hinzu kommen die schnelle technische Entwicklung, die beschleunigten Umschlagsgeschwindigkeiten bei Produkt- wie bei Verfahrensinnovationen sowie die wachsende Zahl neuer technischer Optionen und deren Kombinationen.

Vor diesem Hintergrund wurden in allen westlichen Industrieländern die staatlichen Aktivitäten zur Förderung von Forschung, technologischer Entwicklung und industrieller Innovation erheblich ausgebaut. Gemeinsame Merkmale dieser Politik sind die Konzentration auf technologische Großprojekte, ähnliche Schwerpunktsetzungen bei der Begünstigung von Schlüsseltechnologien und ausgewählten Industrien sowie die Dominanz außenwirtschaftlicher und wachstumspolitischer Ziele. Dies führte zu einer Selbstverstärkung staatlicher Eingriffe durch iteratives gegenseitiges Kopieren, das ökonomisch gesehen umstritten ist.

Instrumentell wurde diese Politik überwiegend durch die Vergabe von Steuergeldern gelenkt. Steigende Budgets und eine immer weiter wachsende Zahl an Technologieförderprogrammen unterschiedlicher Art sind daher das Kennzeichen dieser Politik. Die bewußte Gestaltung staatlicher Rahmenbedingungen zur Förderung technischer Neuerungen beispielsweise durch Gesetze, Verordnungen und Normen fand und findet dagegen nicht statt. Auch der Versuch des

---

[1] Der folgende Beitrag basiert auf einer Studie, die vom Bundesministerium für Wirtschaft in Auftrag gegeben und vom Verfasser gemeinsam mit folgenden Kollegen bearbeitet wurde: Dr. H. BÖTTCHER, Prof. Dr. R. FUNCK, Universität Karlsruhe; Prof. Dr. V. HARTJE, TU Berlin; Dr. G. KLEPPER, Institut für Weltwirtschaft Kiel; Dr. R.-U. SPRENGER, Ifo-Institut für Wirtschaftsforschung München; Dipl.-Volkswirt W. WEIBERT, ISI Karlsruhe. Die Studie ist beim Fraunhofer-Institut für Systemtechnik und Innovationsforschung (ISI) zu beziehen bzw. erscheint demnächst in der Reihe "Studien zur Umweltökonomie" des IFO-Instituts für Wirtschaftsforschung München.

Vergleiche zum gleichen Thema auch R. KURZ et. al. 1989: Der Einfluß wirtschafts- und gesellschaftspolitischer Rahmenbedingungen auf das Innovationsverhalten von Unternehmen. Institut für Angewandte Wirtschaftsforschung Tübingen, Forschungsberichte Serie A, Nr. 50. Da in den beiden genannten Studien die einschlägige Literatur benannt ist, wird an dieser Stelle auf weitere bibliographische Verweise verzichtet.

Staates, Einfluß auf Organisationsformen zu finden, oder als Moderator oder Initiator für andere Beteiligte im Technologiebereich tätig zu werden (z.B.: Konsensbildung über die Ziele und Instrumente der Technologiepolitik, Bewertung von Technologiefragen, Technikakzeptanz, Initiierung von Kooperationen etc.) ist eher die Ausnahme.

Dieses einfache, traditionelle Politikkonzept stößt zunehmend auf Kritik. Der Staat wird als zu mächtig, zu teuer und zu bürokratisiert kritisiert und staatlicher Innovationsförderung wird vorgeworfen, sie unterliege der technischen Faszination und verdränge vernünftige ökonomische Kalküle (Vorwurf des Politikversagens, vgl. den Beitrag von Ewers in diesem Band). Im Hinblick auf die industrielle Forschungs- und Entwicklungsförderung des Staates wird darüber hinaus gefragt,

- ob diese Politik (in diesem Umfang) notwendig sei (und nicht nur zu unerwünschten Verteilungseffekten führe) und
- ob sie ordnungspolitisch angemessen sei (und nicht nur zu Wettbewerbsverzerrungen führe) und
- ob sie wirksam sei (und nicht zu große Mitnahmeeffekte produziere).

Als Alternative oder zumindest Ergänzung der gegenwärtigen Politik wird in diesem Zusammenhang cinc Konzentration staatlicher Aktivitäten auf die Herstellung innovationsfördernder Rahmenbedingungen gefordert. Deregulierung, Privatisierung, mehr Wettbewerb, aber auch Technikgestaltung durch Schaffung neuer Rahmenbedingungen etwa im Bereich Infrastruktur, Steuerpolitik oder Qualifikation sind Stichworte in dieser Debatte.

Damit stellen sich neue Fragen, Bild 1 gibt einen Überblick.

Bild 1:

**Regulierung und Innovation**
**Leitfragen**

| zielorientiert |
|---|
| Welche Problemlagen? |
| Welche technisch/innovatorische Option? |
| Welche Priorität? |

| instrumentenorientiert |
|---|
| Welche Rahmenbedingungen? |
| Welche Wirkung? |
| Welche relative Bedeutung? |

**Zielorientiert** steht vor allem die Frage im Vordergrund: Welche Innovationen können - unter welchen wirtschafts- und gesellschaftspolitischen Rahmenbedingungen - einen Beitrag zur Lösung welcher gesellschaftlicher oder wirtschaftlicher Problemlagen leisten? Eine Frage, die in der Vergangenheit selten systematisch und auf hohem wissenschaftlichem Niveau gestellt, sondern eher mit Alltagswissen und Vorurteilen beantwortet wurde. Als methodischer Grundansatz steht hierfür die Technikfolgenabschätzung (TA) zur Verfügung - allerdings weniger im traditionellen retrospektiven Verständnis (TA, damit künftiger Schaden vermieden werden kann), als vielmehr in einem aktiven Verständnis der probleminduzierten TA (auch Gestaltungsanalyse oder Analyse technisch-politischer Optionen genannt). Im folgenden wird allerdings dieser Frage nach den wünschbaren, angemessenen und richtigen Zielen von Technologiepolitik nicht weiter nachgegangen - dies geschieht an anderer Stelle in diesem Band.

**Instrumentenorientiert** steht im Rahmen der Diskussion um die Interaktion von wirtschafts- und gesellschaftspolitischen Rahmenbedingungen und innovativen Aktivitäten in Unternehmen vor allem die Frage nach der Qualität und Nutzbarkeit solcher Regulierungen für technologie- und innovationspolitische Ziele im Vordergrund. Dabei lauten die Fragestellungen: Wo liegen Ansatzpunkte einer solchen auf die Verbesserung von Rahmenbedingungen setzenden Technologieförderung? Welche Rahmenbedingungen sind überhaupt innovationsrelevant? Welche Wirkung und welche Priorität haben sie?

Diese Fragestellungen werden im folgenden **exemplarisch** auf der Grundlage der wenigen vorliegenden Untersuchungen anhand der vier Handlungsfelder

- Steuern,
- Subventionen,
- Umweltregulierungen und
- Telekommunikationspolitik

diskutiert. Es zeigt sich:

1. Eine Veränderung wirtschafts- und gesellschaftspolitischer Regulierungen könnte - wie die folgenden Beispiele zeigen - möglicherweise wesentlich zur Förderung und Korrektur unternehmerischer Innovationstätigkeit beitragen. Staatliche Rahmenbedingungen im Bereich der Gesetze, Verordnungen und Normen sollten daher zunehmend zur Förderung technischer Neuerungen genutzt werden, wobei angesichts der gegenwärtigen gesellschaftlichen Probleme den Zielen Schonung und Erhaltung der natürlichen Umwelt und Abbau von regionalen und sektoralen Disparitäten besondere Bedeutung zukommt.
2. Dennoch muß vor überzogenen Hoffnungen gewarnt werden - schon deshalb, weil die wissenschaftliche Literatur gegenwärtig noch weit davon entfernt ist, eindeutige Hinweise

auf Wirkungszusammenhänge zwischen politischen Leitvorstellungen, den entsprechenden Regulierungskonzepten und beobachtbaren Innovationen liefern zu können.

Die Diskussion um die Bedeutung von staatlich gesetzten Rahmenbedingungen in ihrer Bedeutung für Technikentwicklung und -angebot wird vielmehr noch sehr stark ideologisch und mit geringer empirischer Evidenz geführt. Dies wiegt schwer, da die Eigenlogik der klassischen Regulierungsbereiche des Staates spezifischere Maßnahmen und regulierende Eingriffe erfordert als es in allgemeinen Diskussionen oft unterstellt wird.

**Beispiel: Steuerpolitik**

Unter Innovationsgesichtspunkten werden zwei Aspekte diskutiert:
- die Höhe der Steuerbelastung sowie
- die Steuerstruktur unter den Gesichtspunkten
  - Kompliziertheit des Steuerrechts,
  - einzelne Steuervorschriften und
  - unterschiedliche Besteuerung von Produktionsfaktoren und knappen Ressourcen.

In diesen Kontext gehören die aktuelle Diskussion um eine Veränderung der Steuerstruktur zugunsten von indirekten Steuern, die im Hinblick auf eine Harmonisierung innerhalb der EG erforderlich ist, sogenannte Öko-Steuern oder weitergehende grundsätzliche Vorschläge, die bislang hauptsächlich lohn- und einkommensbezogene Finanzierung des Sozialstaates schrittweise durch eine stärker umweltbezogene Finanzierung zu ersetzen, indem die Lohn- und Einkommenssteuer oder die Sozialabgabe teilweise durch Steuern auf Rohstoffe oder Emissionen substituiert werden.

Dabei ist unbestritten, daß Steuern in ihrer Höhe und Struktur Ausmaß und Richtung unternehmerischer Innovationsaktivitäten erheblich beeinflussen. Durch eine Rückführung des Staatsanteils z.B. lassen sich Freiräume für Abgabenentlastungen und damit vermutlich auch für mehr Innovationen schaffen. Auch ein spürbares Steuergefälle zum Ausland könnte bei zunehmender Mobilität von Kapital und damit verbundenen Innovationen (kapitalgebundener technischer Fortschritt, Lerneffekte) die Standortentscheidungen von Unternehmen beeinflussen. Unbestritten ist in der ökonomischen Diskussion darüber hinaus, daß spezifische Verbrauchssteuern oder Abgaben dazu verwendet werden können, durch eine Veränderung der relativen Preise bestimmte gesellschaftlich unerwünschte Aktivitäten zu verteuern und damit zurückzudrängen, und damit als effizientes Instrument einer neuen ressourcenschonenden Politik angesehen werden müssen. An einer Steuerreform, die diese drei Elemente aufgreift und gleichzeitig durch eine Reduzierung der Kompliziertheit des Steuerrechts (z.B. Reduzierung der

Ausnahmetatbestände) die Kosten der Besteuerung verringert, besteht daher Bedarf - sowohl aus ökonomischen wie ökologischen Gründen.

Dennoch bleiben im Hinblick auf eine Operationalisierung dieser Vorschläge im einzelnen sowie ihre langfristigen Wirkungen zahlreiche Fragen.

1. Zum Beispiel vermitteln die vorliegenden empirischen Analysen zwar Anhaltspunkte dafür, daß im internationalen Vergleich die Unternehmenssteuerbelastung in der Bundesrepublik hoch ist und gleichzeitig einzelne Steuervorschriften innovationshemmend wirken. Jedoch berücksichtigen diese Studien weder das Ausmaß von Steuervergünstigungen, Abschreibungsmöglickeiten und Investitionshilfen hinreichend - die in der Bundesrepublik eine überdurchschnittliche Rolle spielen und auf die Marktteilnehmer sehr unterschiedlich wirken können - noch den Umstand, daß diese vergleichsweise hohen Steuereinnahmen gleichzeitig wichtige Beiträge zu Sozialinnovationen im weitesten Sinne leisten können (z.B. Infrastruktur, Sozialsystem, Bildungssystem), die einen Wohlfahrtsgewinn bedeuten, makroökonomisch stabilisierend und innovationsfördernd wirken können.

   Wegen der Komplexität dieser Zusammenhänge können aus den zur Zeit vorliegenden Befunden zum Steuergefälle gegenüber dem Ausland noch keine differenzierten politischen Empfehlungen für eine Neuausrichtung der Innovationspolitik abgeleitet werden.

2. Wenig entwickelt sind gegenwärtig aber auch Untersuchungen, die nach den Auswirkungen der strukturellen Entwicklung des Steuersystems bzw. relevanter einzelner Steuervorschriften auf die technisch-wirtschaftliche Entwicklung bzw. nach den Möglichkeiten einer Umgestaltung dieser Steuerstruktur fragen, obwohl gerade von der Entwicklung dieser Steuerstruktur - insbesondere unter den Stichworten: hohe Belastung des Faktors Arbeit, geringe steuerliche Belastung des Verbrauchs natürlicher Ressourcen - und einzelner Vorschriften (z.B. Belastung kleinerer oder junger Unternehmen aufgrund von Abschreibungsfreiheiten oder ertragsunabhängigen Steuern) vermutlich tiefgreifende Auswirkungen auf das Innovationsverhalten von Unternehmen ausgehen.

3. Umstritten ist darüber hinaus die relative Bedeutung von Steuern als Innovationsdeterminante, da empirische Erhebungen zeigen, daß Steuern als Bestimmungsgrund für die Höhe des Innovationsbudgets von Unternehmen vielleicht gar nicht die zentrale Bedeutung besitzen, die ihnen teilweise in der öffentlichen Debatte unterstellt wird, weil sie gegenüber anderen Einflußfaktoren, wie insbesondere den Technology-push- und Demand-pull-Faktoren sowie der erwarteten Absatzentwicklung, nachgeordnet sind. Auch kann - das sei nur

am Rande erwähnt - von keiner allgemeinen Substituierbarkeit zwischen öffentlicher Forschungsförderung und Steuerentlastung ausgegangen werden.

Zukünftige Forschung zu diesem Thema muß sich daher an zweierlei orientieren:

1. Es ist notwendig, die gesamtwirtschaftlichen Kosten ökonomischer Prozesse genauer zu erforschen und sie ihrem Nutzen entgegenzustellen; denn erst eine Kenntnis dieser Kosten kann den Staat in die Lage versetzen, Maßnahmen zur Internalisierung durch eine Veränderung der Steuern zu ergreifen.
2. Solche möglichen Neuorientierungen der Politik erfordern andererseits dringend Analysen zu den möglichen nicht-intendierten Effekten dieser Maßnahmen in anderen Politikfeldern wie Wirtschaftspolitik, Sozialpolitik etc., um sie besser dosieren und effizienter ausgestalten zu können, die ihre Wirksamkeit erst sicherstellen. Auch in dieser Hinsicht ist gegenwärtig noch zu viel umstritten.

**Beispiel: Subventionen**

Auch hierzu nur wenige Thesen vor dem Hintergrund der immer noch wachsenden Zahl solcher staatlicher Finanztransfers, die in der Regel die Form materieller Anreize zur Förderung von Investitionen haben und mit der Intention entstanden, Branchenkrisen zu beheben oder Interessen einzelner Gruppen, die im sektoralen oder regionalen Strukturwandel negativ tangiert waren, durchzusetzen oder zumindest zu fördern.

Heute dagegen werden die meisten dieser Subventionen als Hindernisse im Strukturwandel angesehen, und es wird ihr Abbau oder zumindest eine weitreichende Umgestaltung gefordert, da sie hohe Kosten verursachen und die innovatorische Leistungsfähigkeit der sie betreffenden und konkurrierenden Unternehmen beeinträchtigen können.

Dabei werden vor allem folgende vier negativ zu beurteilende Wirkungen der gegenwärtigen Subventionspolitik angeführt:

1. Subventionen beeinträchtigen den marktwirtschaftlichen Steuerungsprozeß über den Preis mit negativer Wirkung für die Ressourcenallokation und den gesamtwirtschaftlichen Produktivitätsfortschritt; dies gilt insbesondere, wenn, wie in der Bundesrepublik, vor allem wachstumsschwache Sektoren und Branchen begünstigt werden.
2. Subventionen bewirken eine Störung des Wettbewerbs und des Ausleseprozesses über den Markt. Die nichtsubventionierten Wirtschaftsbereiche müssen zudem die Kosten der Subventionen, zum Beispiel durch höhere Steuern, tragen.

3. Insbesondere längere Subventionsperioden, die in der Bundesrepublik üblich sind, erzeugen Erwartungen auf eine ständige Unterstützung durch den Staat. Dies kann, auch in den Unternehmen, die bisher keine Subventionen erhielten, zu einer Schwächung von Antriebskräften, Leistungsbereitschaft und Wille zur Selbsthilfe führen.
4. Subventionen in der Bundesrepublik lösten nicht selten ein quantitatives Überangebot und - auch bedingt durch ihre Orientierung an den Kapitalinvestitionen - einen starken Produktivitätsdruck und als Folge davon einen massiven Verdrängungswettbewerb aus. In ihren Wirkungen (z.B. Beschäftigungseffekt) richtet sich die Subventionierung damit nicht selten sogar gegen ihre ursprüngliche Zielsetzung. Manchmal - dies sei nur am Rande vermerkt - waren auch noch die Folgen für die Umwelt fragwürdig (z.B. Subventionen in der Landwirtschaft).

Ein Abbau von Subventionen, der entweder zur Finanzierung von Steuersenkungen oder für Ausgaben im Bereich der Infrastruktur genutzt würde, kann daher als ein weiterer Ausgangspunkt für eine Verbesserung der Rahmenbedingungen des industriellen Innovationsverhaltens betrachtet werden; auch eine Umgestaltung von Subventionen mit dem Ziel, ihre Wirksamkeit zu erhöhen, kann im einzelnen angebracht sein, z.B. in der Regionalpolitik oder bei manchen Sektorsubventionen.

In diesem Zusammenhang ist allerdings zu beklagen, daß es in diesem Politikfeld (anders als etwa im Bereich der Technologiepolitik selbst) in der Bundesrepublik bislang keine empirischen Studien gibt, die explizit den Zusammenhang zwischen Subventionen und dem Innovationsverhalten von Unternehmen untersuchen, obwohl die überwiegende Mehrheit dieser Finanztransfers von ihrer politischen Zielsetzung her als Produktivitäts- bzw. Wachstumshilfen gedacht sind. Derartige Analysen sind angesichts der außerordentlich hohen Kosten dieser industriepolitischen Eingriffe mit besonderem Nachdruck zu fordern, da nur auf ihrer Grundlage eine Diskussion um eine mögliche Effizienzsteigerung solcher Subventionen sinnvoll geführt werden kann.

**Beispiel: Umweltregulierungen**

In der Diskussion um die Auswirkungen der wachsenden Zahl von Umweltregulierungen in allen westlichen Industrieländern standen in der Vergangenheit vor allem folgende Argumentationen im Vordergrund:

1. Umweltschutzregulierungen erfordern zusätzliche Investitions- und Betriebskosten und beanspruchen zusätzliche FuE-Ausgaben, die nicht mehr für Markt-Innovationen oder kostensenkende Prozeßinnovationen zur Verfügung stehen. Als Folge wurde in der Vergangenheit von vielen Ökonomen eine verringerte gesamtwirtschaftliche oder sektorale

Produktivität bzw. nachteilige Wirkungen für die internationale Wettbewerbsfähigkeit erwartet. Entsprechend wurde bei der Erfüllung von produktspezifischen Vorgaben bei der Zulassung von neuen Produkten eine Verringerung der Anzahl neuer Produkte vermutet.

2. Bei der Diskussion um die Effekte von Produktregulierungen auf bereits auf dem Markt befindliche Produkte sowie bei prozeßbezogenen Regulierungen ist dagegen vor allem umstritten, welcher Typ von Umweltschutzregulierungen den stärksten innovativen Effekt in Richtung umweltfreundlicher Innovationen erzeugt.

Empirisch haben sich die vielfach unterstellten innovationshemmenden Wirkungen der Umweltpolitik auf die Gesamtwirtschaft in den vergangenen Jahren allerdings kaum nachweisen lassen. Für eine Einschätzung auf der gesamtwirtschaftlichen Ebene der Produktivität sind zwar noch einige Fragen offen, aber wahrscheinlich ist die Bedeutung des Umweltschutzes für den beobachteten Produktivitätsrückgang in den vergangenen fünfzehn Jahren zweitrangig - vielleicht sogar völlig nebensächlich. Die Erfassung des Nutzens der Umweltpolitik - definiert als vermiedene Schäden - könnte bei einem **Nutzen-Kosten-Vergleich** sogar zu einem positiven Beitrag der Umweltregulierung gelangen. Untersuchungen, die diesen Ansprüchen genügen, fehlen aber bis heute oder sind in ihren Ergebnissen noch sehr umstritten - was ein Grund für die wirtschaftswissenschaftlich noch unbefriedigende Diskussion über die Wirkungen dieser Umweltregulierungen ist.

Bei den Produktregelungen könnte es ein vergleichbares Ergebnis bei der Bewertung der Umorientierung der FuE-Anstrengungen geben, die mittelfristig zu einer erhöhten internationalen Wettbewerbsfähigkeit der regulierten Unternehmen führen kann, wenn die Exportmärkte umweltfreundlichere Produkte, Produktions- und Entsorgungsanlagen honorieren. Darüber hinaus sind die positiven Effekte von Umweltregulierungen auf die Umweltschutzindustrie selbst zu beachten.
Deutlicher formuliert: Zwar gibt es in Einzelfällen Anhaltspunkte dafür, daß bestehende Umweltregulierungen in ihrer konkreten Ausgestaltung und Implementation (z.B. im Hinblick auf ihren Vollzug) ein Innovationshemmnis darstellen, das mit per saldo positiven Effekten ohne weiteres beseitigt werden könnte; wichtiger aber erscheinen - im Hinblick auf knappe Umweltressourcen und drohende globale Probleme etwa im Zusammenhang mit der $CO_2$-Problematik - die häufig aufgrund unzureichender Regulierung fehlenden wirtschaftlichen Anreize für Innovationen mit Umweltrelevanz. Der Schaffung solcher Anreize für hochwertige Umwelttechnologien wird daher in den kommenden Jahren die vermutlich größte Bedeutung zukommen.

Hierbei wiederum ist allerdings zu beachten, daß von der bisher in der Umweltpolitik dominierenden Auflagenpolitik nach den Ergebnissen einiger Studien nur ein schwacher Anreiz für umweltfreundliche Verfahrensinnovationen ausgegangen ist. Gegenwärtig spricht daher manches dafür, mit mehr marktwirtschaftlichen Anreizen zu operieren, auch wenn eine klare Überlegenheit des einen Instruments über ein anderes noch nicht hinreichend erwiesen ist, und es auch hier vielleicht vor allem auf den richtigen Instrumentenmix ankommt. Auf jeden Fall sollte der Streit um Umweltregulierungen in Zukunft nicht länger über das "ob überhaupt" ausgetragen werden, sondern es sollte die Frage im Vordergrund stehen, wie die zukünftigen Umweltschutzregulierungen so ausgestaltet werden können, daß sie die Schubkräfte des Marktes direkt in den Dienst der Umweltschutzaufgabe stellen.

**Beispiel: Telekommunikationspolitik**

Einige Sätze seien schließlich zum Thema Telekommunikationspolitik formuliert - ebenfalls ein Handlungsfeld, in dem der Staat in den vergangenen Jahren vehement intervenierte und das gleichzeitig von durchschlagenden technischen Neuerungen betroffen ist, das zahlreiche Möglichkeiten für neue Produkte, Dienstleistungen und Fertigungstechniken mit stark expandierenden Wachstumspotentialen eröffnet. Im Hinblick auf die Frage nach den Möglichkeiten eines Abbaus von staatlichen Innovationshemmnissen verdient daher auch dieser Bereich größtes Interesse - und eine Umorientierung der Politik mit dieser Zielsetzung wurde in vielen Ländern - insbesondere den USA, Großbritannien und Japan - längst eingeleitet.

Die Erfahrungen dieser Länder mit einer Verminderung der Regulierungsintensität im Fernmeldewesen zeigen dabei generell eine Verstärkung der Innovationsaktivität. Sowohl die Effizienz des Produktionsprozesses als auch die Vielfalt des Güter- und Dienstleistungsangebotes nahmen in der Mehrzahl der Fälle zu. Insbesondere die folgenden Wirkungen einer Liberalisierung des Fernmeldewesens wurden in verschiedenen Studien weitgehend übereinstimmend nachgewiesen:

1. Vergleichsweise höhere Wachstumsraten im Fernmeldesektor;
2. fallende Tarife für Telekommunikationsdienstleistungen;
3. ein vergrößertes Produktspektrum bei der Anwendung der neuen Technologien, und zwar sowohl bei Endgeräten (z.B. Telefon), Diensten (z.B. Fernwirkdienste) und Übertragungstechniken (z.B. Satellitentechnik, Mobilfunk);
4. eine zum Teil verbesserte Leistungsfähigkeit der Anbieter bei Netzen, Diensten und Geräten, die allerdings - wie etwa das Beispiel Großbritannien zeigt - nicht notwendigerweise bei der jeweiligen nationalen Herstellerindustrie auftritt;
5. ein starkes Anwachsen der Marktanteile neuer Wettbewerber, von dem zum Teil kleinere, innovative Firmen, vor allem aber die Niedriglohnländer der Dritten Welt profitieren.

Die vorliegenden Untersuchungen zur Neuordnung des Fernmeldewesens in den USA, Japan und Großbritannien deuten allerdings auch darauf hin, daß vor allem Geschäftskunden, und hier insbesondere große Kunden, mit ihrem Bedarf an Spezialnetzen und -diensten durch eine derartige Neuorientierung der Politik begünstigt werden; diese werden von überhöhten Tarifen für Telekommunikationsleistungen befreit und können die neuen Dienste verstärkt in Anspruch nehmen. Andere negative Folgen sind erhebliche Beschäftigtenverluste in der Fernmeldegeräteindustrie sowie bei den nationalen Post- und Fernmeldeverwaltungen. Eine Ursache hierfür ist die merkliche Intensivierung des internationalen Wettbewerbs, von der besonders Schwellenländer der Dritten Welt profitieren können, da sie zumindest bei einfachen Endgeräten den traditionellen Herstellern in den Industrieländern überlegen sind. Dies wiederum geht einher mit teilweise niedrigeren Preisen für viele Produkte, von denen die Kunden profitieren.

Die Liberalisierung der Fernmeldepolitik führte in diesen Ländern darüber hinaus z.T.zu erheblichen Verteilungseffekten (große Unternehmen und verdichtete Gebiete profitieren, kleinere Unternehmen und weniger verdichtete Regionen werden in der Tendenz benachteiligt; Geschäftskunden gewinnen mehr als Privatpersonen etc.). Zudem hat sich die Schaffung neuer regulativer Rahmenbedingungen als kompliziert herausgestellt (z.B. Bypass-Problematik in den USA). Teilweise sind auch erhebliche Transaktionskosten entstanden. Die oben skizzierten positiven Wirkungen einer Liberalisierung des Fernmeldewesens müssen also zum Teil durch negative Effekte (regionale Ungleichgewichte, Beschäftigungsverluste, steigende Transaktionskosten) erkauft werden. Darüber hinaus sind noch zahlreiche sozialpolitische Fragen, die mit einer weiteren Intensivierung der Telekommunikation verbunden sein können (z.B. Auswirkungen auf die Medien, Medienkonsum, sozialhumane Auswirkungen bestimmter neuer Telekommunikationsdienste) umstritten.

Auch hier bleiben daher Fragen, zumal sich die Diskussion zur Zeit noch zu stark auf theoretische Überlegungen stützen muß, die nur mit Fallbeispielen oder selektiven empirischen Beobachtungen angereichert werden können. Insbesondere der Stand der international vergleichenden Forschung ist defizitär.

Weitere Ansatzpunkte für eine "reformierte", "rahmenorientierte" Technologiepolitik seien - ohne Anspruch auf Vollständigkeit - stichwortartig zur Diskussion gestellt:

1. Vereinfachung und Umgestaltung der gesetzlichen und verwaltungstechnischen Rahmenbedingungen (Gesetzesfolgenabschätzung): Der Vorschlag, den Grundsatz aufzustellen, daß jeder Gesetzesentwurf oder Verordnungsvorschlag in Zukunft von einer Prüfung der Auswirkungen dieses Vorschlags auf die Unternehmen begleitet sein muß und diese Auswirkungen in einem Annex vor der Entscheidung über den Vorschlag darzustellen sind, sollte

auch in der Bundesrepublik geprüft werden. Eine solche verwaltungsintern durchgeführte Gesetzesfolgenabschätzung müßte durch einen Ausbau der Forschungskapazitäten der entsprechenden Institutionen abgesichert werden.

In diesen Kontext gehören auch Vorschläge nach weitergehenden Reformen im Hinblick auf die Entscheidungsfindung im Handlungsfeld von Technologiepolitik. Dies ist zum einen der Vorschlag, das Bundesforschungsministerium solle die Aufgabe einer Art "Frühwarnsystem" vor den möglichen Risiken einer technischen Entwicklung gegenüber den klassischen Regulierungsministerien übernehmen, sowie zum anderen die Anregung, daß ressortübergreifende Folgen politischer Entscheidungen im Rahmen interministerieller Arbeitsgruppen stärker als bisher üblich geprüft werden. Auch eine stärkere Einbindung des Parlaments in die technologiepolitischen Entscheidungsprozesse könnte hilfreich sein.

2. Die Forderung nach einer besseren Koordinierung der FuT-Politik mit anderen makroökonomischen Politiken gehört unmittelbar in diesen Zusammenhang. Die bereits angesprochenen Veränderungen im politisch-administrativen System selbst würden in diese Richtung zielen und könnten entsprechend neuen Handlungsspielraum schaffen. Bei den zunehmend komplexen Wechselbeziehungen zwischen Innovation, sozialen, ökonomischen und ökologischen Faktoren ist es besonders wichtig, daß die staatlichen Anreize und Regulierungen mehr als bisher in die gleiche Richtung wirken.
3. Bildung und Qualifikation: Angesichts der dargestellten empirischen Befunde aber auch der sich für die Zukunft abzeichnenden Trends in bezug auf Technik, Technikeinsatz und Forschung und Entwicklung in den Unternehmen werden die "human resources" zu einem Engpaßfaktor besonderer Art, dem in der Vergangenheit häufig zu wenig Rechnung getragen wurde. Dabei geht es neben der Vermittlung der betriebsbezogenen Kenntnisse auch um die notwendige sozialwissenschaftliche Ausbildung, nicht zuletzt um den verantwortungsbewußten Umgang mit Technik zu fördern.

Als **Fazit** bleibt: eine Verbesserung und Umgestaltung von wirtschafts- und gesellschaftspolitischen Rahmenbedingungen und einzelnen Regulierungen zur Förderung von Technikentwicklung und -diffusion kann als nicht-monetärer Ansatz von Technologiepolitik hilfreich sein und sollte stärker geprüft und - wenigstens additiv zum alten Konzept - eingesetzt werden. Sie stellt aber hohe Anforderungen an die Politik und an die Wissenschaft, die gegenwärtig noch nicht hinreichend eingelöst sind.

# INNOVATIVE PROGRAMME DESIGN - WHEN ARE INTEGRATED APPROACHES WORTHWHILE?

**Hans-Peter Lorenzen**

There are strong reasons to believe that for those government programmes that will have an impact not just on the R&D system, but also on other subsystems of our society, it will be necessary to use more and more integrated approaches. There are tools available that may lead the way to greater effectiveness and efficiency of government programmes, even if they intervene with a complex setting.

## 1. Reasons for growing complexity in R&D promotion

This seminar is a perfect mirror of the growing complexity in R&D promotion. We have heard a lot about

- the demands for R&D results in various fields such as environmental protection,
- the legitimation of research and technology policies and
- the effectiveness of R&D policy instruments.

We have discussed the issues from various points of view. This discussion and similar ones add to a level of awareness in R&D policy-making that is totally different from the situation, which existed when R&D politics again started concentrating on the peaceful uses of nuclear power in the Federal Republic of Germany in the fifties.

When there was nothing to build on, nearly every subject seemed worthwhile persuing, if only somebody proposed it. When no experience was available concerning the effectiveness of R&D policy instruments, direct project promotion or the setting up of big science research centers were the only means considered useful.

R&D policy has to deal new with its own success. If it was successful in a certain field of industry-oriented R&D, the whole field should be handed over to industry. If it was not, government should stop these activities as well. The considerations about legimation of R&D policies work in the same direction: You have to very carefully identify those areas where problems cannot be solved without the help of the government. In a second step you have to rely on existing evaluations and to make sure that you have a fair chance of solving the problems with the instruments that are available for state intervention.

There is another form of success. R&D policy issues are no longer restricted to R&D policy. R&D became a relevant subject for economic policy as soon as R&D was discovered to be a driving force behind economic growth, not just at a few big firms but in the economy as a whole and especially within small and medium sized enterprises. Educational policy had to be changed to meet the new demand arising in plants and in offices. when new technologies were introduced.
The interaction with the R&D system also worked the other way. Trade unions demanded sufficient R&D to improve the quality of working life in the early seventies. Recently German foreign policy discovered the German contribution to a European space programme as very useful in the bargaining process to bring about European unity.
As a part of the various interaction disciplines other than engineering and science assumed their role in technology assessment and evaluation as well as educational and organizational matters related to the introduction of new technologies.

Therefore interference with the R&D system from other quarters should not be regarded as a nuisance by the people who are part of it. They should not try to withdraw to the domain of "real scientific R&D" again but face the challenges of the more and more sophisticated subsystems of our society and their interactions. They should help to establish communication between the subsystems, even if modern sociology does not consider such activities particularly promising (Luhmann 1986, 1984).

I am going to talk now about tools which proved useful in the process of policy-making desired to meet the new demands.

## 2. At what stage of the technical innovation process do we intervene?

It is good practice among lawyers to ask first at what stage legal proceedings are and then to act accordingly. We can ask a similar question about the process of technical innovation. Figure 1 shows three dimensions: Stages of the technical innovation process, technologies and potential users. If R&D managers or promoters have identified the stage of the proposed R&D work, it is important to ask for the results of the preceding stage. Any serious planning is ruined from the beginning if it has been overlooked that necessary results of earlier stages are missing (Lorenzen 1986 a). One has to look at the requirement to be met at the subsequent stage as well. A proposal to build a terrestrial prototype of a nuclear reactor for space application was turned down in the early seventies because of the anticipated problems of achieving spaceworthiness and doubts about the range of demand for electricity in TV-satellites (Lorenzen 1985).

More generally: Who is expected to use the output of the proposed R&D as an input for his own work and what should be the output structure. A lot of problems regarding technology transfer result from the fact that the output structure of a R&D activity does not coincide with the input structure of the succeeding stage. In an opinion poll made in the early eighties "too much investment needed", "too high risk in manufacturing and selling " were ranking first among the answers of firms (Täger/Uhlmann 1984).
If two successive stages of the innovation process are open for promotion in a government programme, it is possible to make this linkage an explicit element of the programme design.

Figure 1:

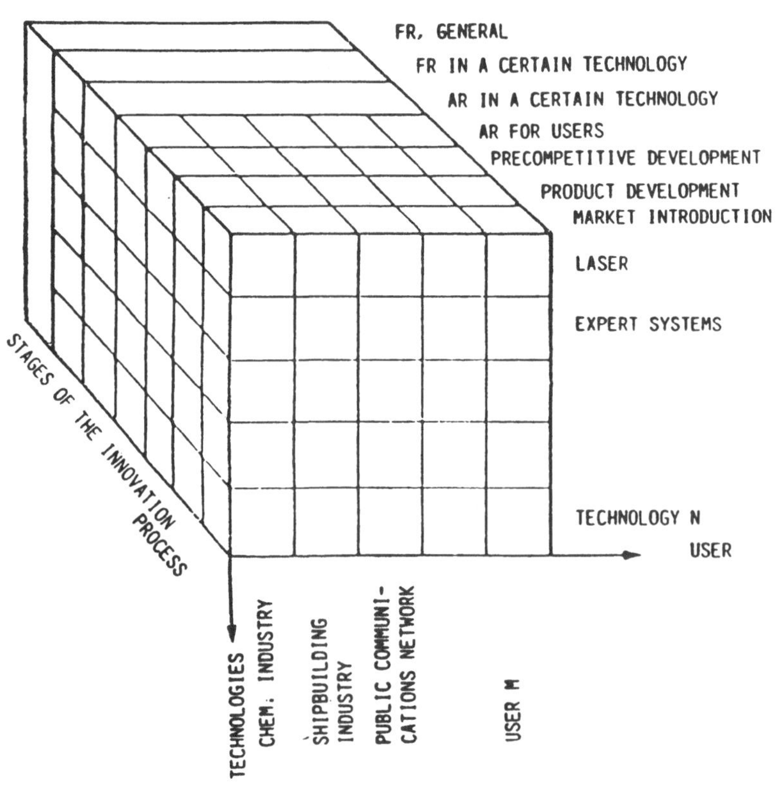

This is what we try in the new programme for microsystems technology (BMFT 1989 b). In discussions about technology assessment reference is rarely made to the stages of innovation. It seems hopeless to ask for control of technologies in their early stages by technology assessment, when complex risks cannot yet be identified (BMFT 1985). Also general models for societal control of subsystems of our society, as mentioned by Professor Mayntz in her lecture, would reflect the different communication structures typical of the various stages of the innovation process.

In the stages of fundamental research or applied research it is natural to concentrate on a single technology whereas in precompetitive development or even product development one has to look rather for the users' problems. Industrial users are not inclined to be carried away by technological fascination, but have to look for their options to secure or enlarge market shares. Therefore public support should not simply favour single technologies in the later stages of the technical innovation process but rather help to overcome obstacles at the company level.

## 3. Innovation is more than technical change

When people are talking about innovation, they usually mean technical innovation. But just think of supermarkets that took the place of small retail shops, an innovation that was not based on technology. The US Government's programmes on public health and social welfare in the sixties were aiming at non-technical innovations. The German programme "R&D" in the service of health" successfully promoted innovations such as technical service centers at hospitals or randomized controlled trials (Lorenzen 1986 a). The German Humanization of Work programme was meant to help innovations in occupational medicine, work organization and qualification. This programme was much disputed until all parties involved, such as scientists, trade unions and employers' associations, agreed on a common understanding of a broad concept of innovation. Figure 2 shows, that all sources of innovation have to be taken as input of an optimization at company level taking into account the actual market demands and the existing potential of the company (Bundesministerium für Forschung und Technologie/Bundesministerium für Arbeit und Sozialordnung 1987).

Figure 2:

BASIC AREAS OF INNOVATION
POTENTIAL FOR INNOVATION:
FLEXIBLE FORMS OF WORK ORGANIZATION
OPEN FOR FURTHER DEVELOPMENT
POTENTIAL FOR INNOVATION:
QUALIFICATION
POTENTIAL FOR INNOVATION:
TECHNOLOGY
POTENTIAL FOR INTEGRATION:
INSPECTION AND ADVICE
WORK ORGANIZATION
IN ACCORDANCE WITH HUMAN
NEEDS
OPPORTUNITIES
AND CONDITIONS FOR
QUALIFICATION IN
ACCORDANCE WITH
HUMAN NEEDS
TECHNICAL CHOICE &
DEVELOPMENT
IN ACCORDANCE WITH
HUMAN NEEDS
HEALTH PROTECTION, SAFETY AT
WORK

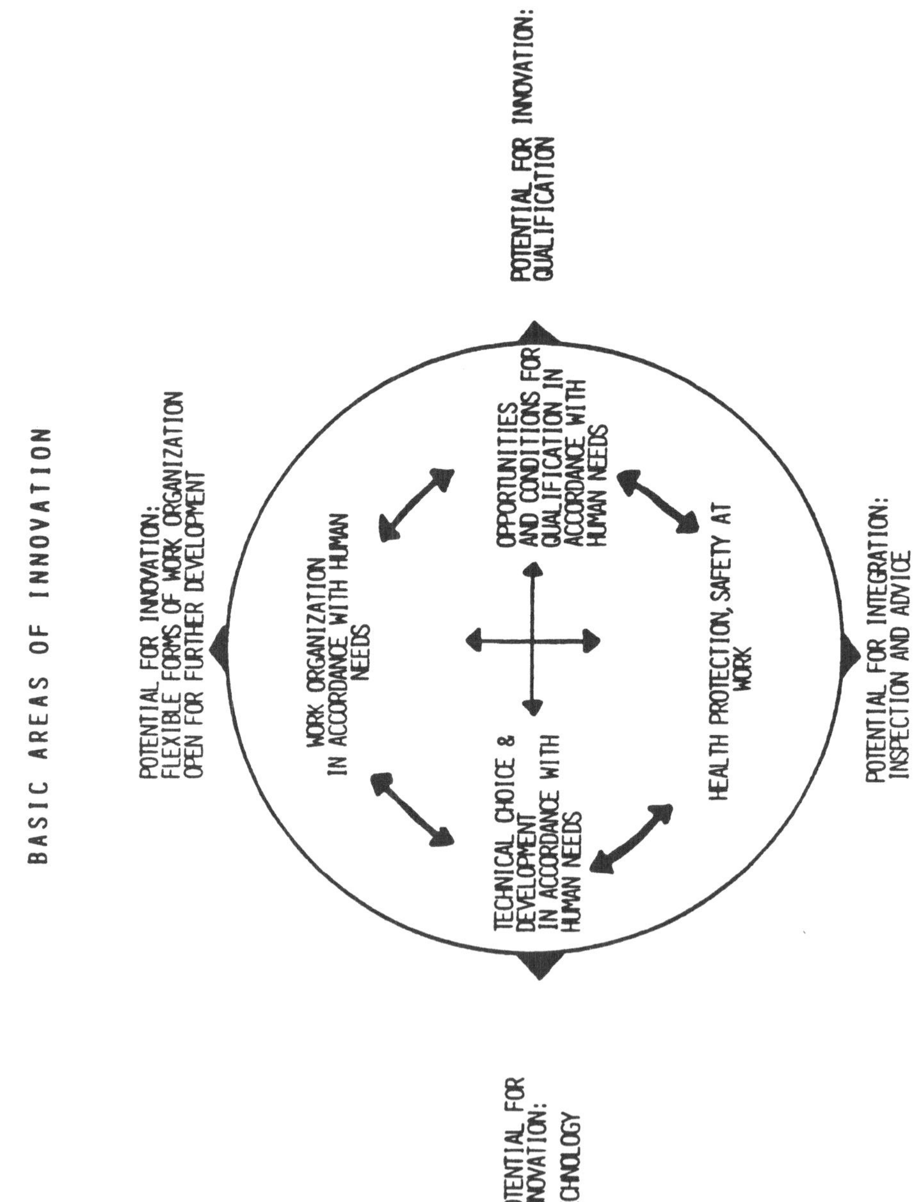

Therefore programmes that intervene at the stage of product development should never try to push technologies in a deterministic way. They should include elements of training and organization. As for microsystems technology one has to add cooperation among companies as another element because there would not be a sufficient return on investment if all relevant microtechnologies were to be installed within one company especially for production (BMFT 1989 b). The programmes should help companies to use options offered by new technologies. Using such options at company level must be considered a complex optimization process.
When policy-makers accept that there are ways of complex decision making traditional to a company just as they exist with institutions (Nelson/Winter 1982) or individuals the old complaint in implementation research just disappears, a complaint that those benefiting from government programmes do not behave as the policy-makers thought they should (Mayntz 1983 b).

## 4. How can networks be influenced?

Evaluation of the programme "Microperipherics" clearly showed the effect of a network. The companies that could rely on links to R&D institutions, commercial services or suppliers would profit most. Those that learnt to link up made the biggest steps forward in innovation management (Drüke et al. 1989). In implementation research existing network links among organizations taking part in implementing a specific governmental programme were regarded as influential with regard to its aims (Mayntz 1980 b).

Within the Humanization of Work programme we used that notion in a broader sense: Policy-makers, organizations that act as transfer agencies and companies form part of a network which also includes customers and contractors, local authorities, etc. The main question to be answered by policy-making is, how we can find out what room for action is available to any of the partners in the network or can be created over time. Programmes can then be considered to be influencing networks by helping the partners to improve the decision-making process (Lorenzen 1986 b).

Encouraged by results of influencing networks in limited areas the new programmes "Microsystems technology" and "Equity capital for New Technology-based Firms" start with a comprehensive network approach right from the beginning. I would like to explain this for the case of new technology-based firms.
They play an important role in revitalizing the economy. Due to their innovation capacity they gain product and market advantages against established competitors.

They grow at above average rates because they invest heavily in R&D and concentrate on expanding markets. But they have a big problem raising sufficient seed capital to finance R&D, as long as they cannot expect a significant turnover.
This situation is common to many European countries.

The network to be considered in Germany consisted of
- new technology based firms (NTBFs),
- investment funds, banks, private investors,
- banks that were willing to set up public backed funds to implement a new promotion scheme,
- authorities at Federal and State levels (Figure 3).

For the new scheme the formulation of targets was oriented to a desired final state of the network:
- The use of public, and particularly Federal, resources for the financing of NTBFs should be as low as possible, and conversely,
- private enterprise financing and co-partnership should be as extensive as required.

An ex ante evaluation of the network took into account the prevailing policy indicators of the venture capital suppliers and proposed investment as an instrument for government intervention. The weakest form of this instrument was chosen, which implies only the minor co-partnership or refinancing role for the public authorities' investor (Lorenzen 1989). According to this broader task of an ex ante evaluation, a formative evaluation and ex post evaluation has to monitor changes in the network, which is a much more ambitious task than only to register effects within one homogeneous target group in more usual programmes.
The intermediate results of a formative evaluation can be used for further discussion among the partners of the network and may lead to individual strategy changes.

Figure 3:

B M F T
public backed fund of refinancing
public backed seed Capital Fund
GERMAN STATES
refinancing investment
guarantee
grants
NTBF
NTBF
other fund
private investors
banks
investment size up to initial investment
initial investment
other fund
Risk sharing
Options to reduce risks and to increase investment

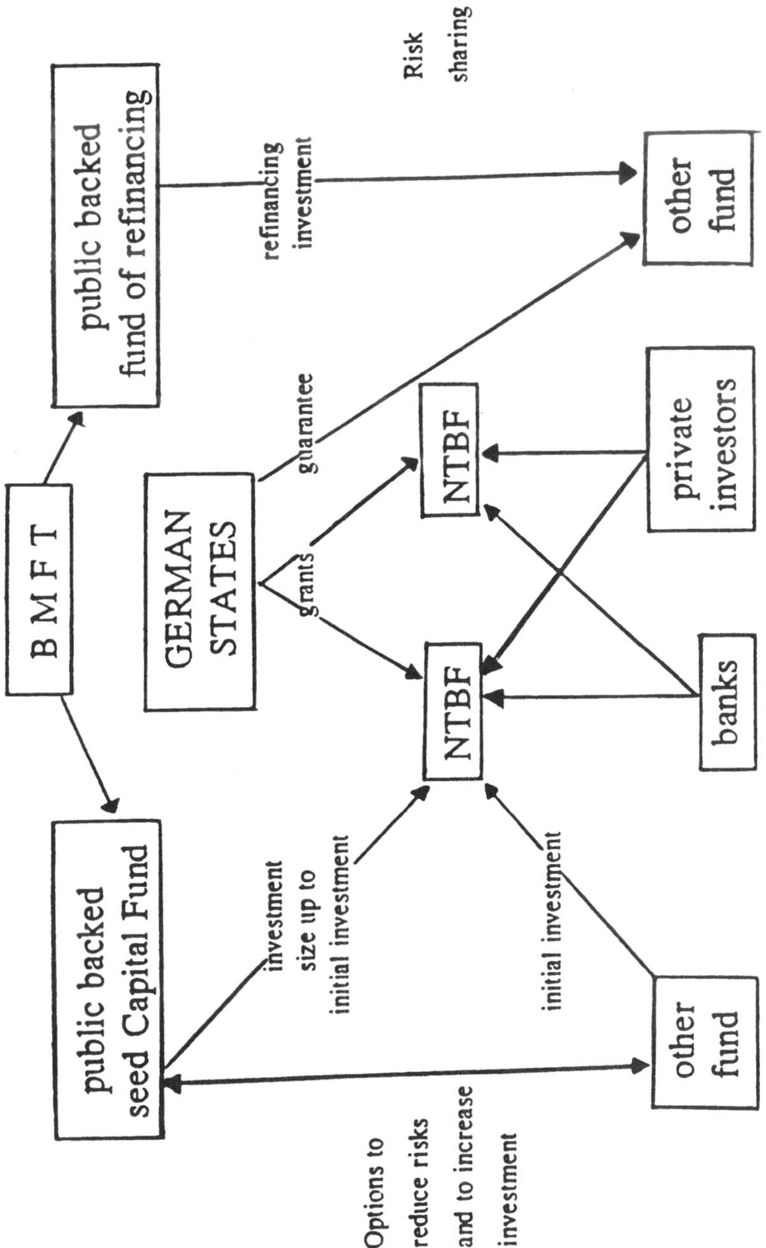

## References

**Bundesministerium für Forschung und Technologie 1985:** Antwort der Bundesregierung vom 08.11.1985 (Drs. 10/4196) auf eine Große Anfrage zur Humanisierung des Arbeitslebens, Bonn

**Bundesministerium für Forschung und Technologie/Bundesministerium für Arbeit und Sozialordnung 1987:** Forschung zur Humanisierung des Arbeitslebens - Dokumentation 1987, Bonn

**Bundesministerium für Forschung und Technologie, 1989 a:** Pressemitteilung vom 3. Juli 1989: Junge Technologieunternehmen sind wichtig für den Innovationsprozeß in der Wirtschaft, Bonn

**Bundesministerium für Forschung und Technologie, 1989 b:** Mikrosystemtechnik - Förderungsschwerpunkt im Rahmen des Zukunftskonzeptes Informationstechnik, Entwurf 11/89, Bonn

**Bruder, W. (ed.) 1986:** Forschungs- und Technologiepolitik in der Bundesrepublik Deutschland, Opladen

**Drüke, H./Holm, K./Tornow, W., 1989:** Wirkungsanalyse Mikroperipherik - Zwischenbericht, Institut für Stadtforschung und Strukturpolitik GmbH, Berlin

**Georghiou, L./Davis, E. (eds.), 1989:** Evaluation of R&D - A Policymaker's Perspective - Proceedings of the International Workshop on Assessment and Evaluation 17/18 November 1988, London, Her Majesty's Stationary Office

**Lorenzen, H.P., 1985:** Effektive Forschungs- und Technologiepolitik - Abschätzung und Reformvorschläge, Frankfurt/New York

**Lorenzen, H.P., 1986 a:** Elemente einer dynamischen Forschungs- und Technologiepolitik - Das Beispiel einer Forschungsförderung im Gesundheitsbereich, in: Bruder 1986

**Lorenzen H.P., 1986 b:** Designing for social change in the German Programme Research on the humanization of work, in: Lupton 1986

**Lorenzen, H.P., 1989:** Formulation of Aims and Evaluation using the Example of the Pilot Scheme Support for New Technology-based Firms" of the BMFT, in Germany, in Georghiou/Davis 1989

**Luhmann, N., 1984:** Soziale Systeme - Grundriß einer allgemeinen Theorie, Frankfurt am Main

**Luhmann, N., 1986:** Ökologische Kommunikation, Opladen

**Lupton, T. (ed.), 1986:** Procedings of the 3rd International Conference on Human factors in manufacturing, New York/Heidelberg/-Berlin/Tokyo

**Mayntz, R. (ed.), 1980 a:** Implementation politischer Programme, Königstein/Ts.

**Mayntz, R., 1980 b:** Die Entwicklung des analytischen Paradigmas der Implementationsforschung, in: Mayntz 1980 a

**Mayntz, R. (ed.), 1983 a:** Implementation politischer Programme II - Ansätze zu Theoriebildung, Opladen

**Mayntz, R., 1983 b:** Zur Einleitung: Probleme der Theoriebildung, in: Mayntz 1983 a

**Nelson, R.R./Winter, S.G., 1982:** An Evolutionary Theory of Economic Change, Cambridge (Mass.)/London

**Täger, U.Chr./Uhlmann, L., 1984:** Der Technologietransfer in der Bundesrepublik Deutschland - Grundstrategien auf dem Technologiemarkt, Berlin

# FORSCHUNGSFÖRDERUNG JENSEITS DES BUDGETMECHANISMUS: DAS BEISPIEL ZUKUNFTSGERECHTER ELEKTRIZITÄTSVERSORGUNG

**Martin Jänicke**

## 1. Ein tendenzieller Paradigmenwechsel

Die Strukturkrise des Imperialismus seit der Ölkrise (1973) hat Ansätze einer doppelten Neuorientierung hervorgebracht. Sie betreffen zum einen das breite Spektrum dessen, was unter den Begriff der **Produktionsweise** fällt; zum anderen die Rolle des Staates und die Person seiner **Interventionen** in den Wirtschaftsprozeß.

Um mehr als Ansätze handelt es sich bisher nicht. Aber die Neuorientierung trägt potentiell den Keim eines regelrechten Paradigmenwechsel in sich, wie er sich als Antwort auf große Struktur- und Intellektualkrisen historisch immer wieder ergeben hat. Unter Paradigmen verstehe ich hier vorherrschende Grundmuster gesellschaftlicher Fragestellungen, wie sie sich in typischen Beantwortungsmustern niederschlagen (vgl. Kuhn 1962). Der ansatzweise Paradigmenwechsel betrifft nicht nur die westlichen, sondern auch die östlichen Industrieländer.

Hinsichtlich der Produktionsweise erleben wir eine konzeptionelle Akzentverschiebung

- vom quantitativen zum qualitativen Wachstum,
- von der Tonnenideologie zu den wissensintensiven Produktionen und Produkten,
- von der Schwerindustrie zu Dienstleistungen und Informationen,
- von den energieintensiven zu den energieeffizienten Verfahren,
- von ressourcenverschwendenden zu den ökologisch angepaßteren Produktionsweisen.

Die Forschungspolitik der Bundesrepublik war allzu lange einem Politik-Netzwerk (policy network) aus Forschungsverwaltungen, Großforschungseinrichtungen und industrieller Klientel verhaftet. Ein Aufbrechen dieser geschlossenen Gesellschaften ist immer eine entscheidende Voraussetzung für Innovationen.

Ich bin kein Experte für Forschungspolitik. Aber mir scheint, wir haben bisher zwei Modelle der Forschungspolitik gehabt, die relativ geringe Innovationseffekte (jedenfalls nach dem Kriterium langfristiger Überlebensfähigkeit von Industriegesellschaften) hatten.

1) Das erste Modell der Forschungsförderung möchte ich das **bürokratisch-industrielle Modell** nennen (das big science einschließt). Es ist durch eine Geldvergabe und Geldverteilungspolitik gekennzeichnet, bei der Großakteure der Forschungsverwaltungen, der Industrie und der tonangebenden wissenschaftlichen Institute Mittel in hohem Maße untereinander aufteilen. Dabei dominieren auf seiten der staatlich geförderten Industrieforschung entweder Projekte mit geringen Marktchancen (oder auch regelrechte technokratische Hobby-Projekte) oder solche mit hohen Mitnahmeeffekten.

2) Deshalb kommt dann zweitens ein Reformmodell ins Spiel, das man das **intellektuell-bürokratische Modell** nennen könnte. Reformwillige Intellektuelle setzen dabei ihre Kenntnisse aus technischen Zeitschriften politisch um in zusätzliche Forschungsziele, die sich in zusätzlichen staatlichen Geldströmen auswirken: Ihr Kenntnisstand der Innovationen der Gegenwart wird so faktisch zu einer Planungsleitlinie der nächsten 10 Jahre. Im Umweltschutz gibt es nun F&E-Gelder für Entschwefelungsanlagen, die anderswo (in Japan) bereits Stand der Technik sind. Auf dem Gebiet der rationellen Energieverwendung ergeben sich ähnliche Effekte. Typischerweise tritt der intellektuell-bürokratische Ansatz zu dem bürokratisch-industriellen additiv hinzu. Er kann also durchaus im Widerspruch zu ihm stehen (so werden etwa Energieangebote und Energieeinsparung parallel gefördert). Wichtiger aber ist der problematische Effekt, **daß die Erfindung von heute** tendenziell **anstelle der Erfindung von morgen gefördert werden.**

3) Deshalb ist - wenigstens ergänzend - ein drittes Modell sinnvoll, das man als **Modell einer strukturellen Induzierung von Forschungsnachfrage** bezeichnen könnte. Dies ist weniger eine Angelegenheit von Forschungsetats als von Rahmenbedingungen. Ich plädiere also für ein bestimmtes Nachfrage-Modell der Forschungsförderung.

Mein spezielles Argument ist dabei die Vermutung, daß über eine veränderte Produktionsweise, über eine neue Entwicklungsrichtung von Produktion und Verbrauch längst ein breiter Konsens besteht, daß dieser Paradigmenwechsel aber durch gesellschaftliche Rigiditäten behindert wird. Diese haben insbesondere die Form von - zu verändernden - Machtlagen, Interessenlagen und Informationslagen. In deren Beeinflussung liegt ein gewaltiges Innovationspotential. Budgetäre Forschungsförderung kann auch hier eine Rolle spielen. Dies aber erst im zweiten Stadium und nur hilfsweise (und antragsabhängig).

### 3. Das Beispiel der Elektrizitätsversorgung

Ich möchte das Gemeinte am Beispiel der Elektrizitätsversorgung verdeutlichen. Diese steht seit Beginn der siebziger Jahre unter einem wachsenden Innovationsdruck, dem sie sich - in Ost und West - mit einer beachtlichen, staatlich gestützten Rigidität widersetzen konnte.

Dennoch kann man auch bei der Elektrizitätsversorgung längst von einem sich abzeichnenden Paradigmenwechsel sprechen. Weit über den Wandel in der öffentlichen Meinung hinaus geht es hierbei auch um zentrale ökonomische Parameter dieses Sektors. Eine Durchsetzung dieses Paradigmenwechsels käme der Erzeugung einer gewaltigen Technologienachfrage gleich, bezogen auf neue Energien und auf Effizienzsteigerungen aller Art.

Eine entsprechende **Energiestrukturpolitik** wäre eine wirksame Form der Energietechnologieförderung. Eine solche Politik ist über öffentliche Einnahmen vermutlich eher zu gewährleisten als über den Budget-Mechanismus. Die staatliche Steuerung ist aber keineswegs auf das Steuerungsmittel Geld angewiesen. Die Breite des verfügbaren Instrumentariums (s.u.) ist vermutlich ein gutes Anschauungsbeispiel dafür, daß nicht nur die altindustrielle Produktionsweise, sondern heute auch die Form des Staatsinterventionismus einem (tendenziellen) Paradigmenwechsel unterliegt.

Ich möchte nun neun Punkte eines elektrizitätspolitischen Veränderungsdrucks benennen, dessen staatliche "Freisetzung" einer massiven Energietechnologie-Förderung - ohne hohen Finanzaufwand - gleichkäme. Gezeigt werden soll, (1) wie stark der Veränderungsdruck auf die herkömmliche Produktionsweise in der Elektrizitätsversorgung ist, (2) wie stark er durch Rigiditäten abgewehrt wird, und (3) wie eine rigiditätsüberwindende Innovationsstrategie in etwa aussehen könnte und welch unterschiedliche Dimensionen eine Strategie der Veränderung von Rahmenbedingungen, jenseits der bürokratisch-budgetären Forschungsförderung, hat.

Der energiepolitische Veränderungsdruck entsteht vor allem durch:

- die ökologische Neubewertung der Elektrizität,
- die Neubewertung der Energie (überhaupt) im Zeichen des Strukturwandels,
- die Veränderung der langfristigen Planungskalküle der Stromversorgung,
- die Veränderung der Rentabilitätskalküle der Elektrizitätswirtschaft,
- die gegenläufige Kostenentwicklung bei alten und neuen Energien,
- die Entdeckung der billigen Primärenergiequelle der technischen Stromeinsparung,
- die wachsende Bedeutung lokaler Energieressourcen,
- die Kritik an der überkommenen Monopolstellung der EVUs und

- den Eintritt neuer Akteure in die energiepolitische Arena.

## 3.1 Der ökologische Problemdruck

Seit Beginn der siebziger Jahre unterliegt die bis dahin relativ unumstrittene Elektrizitätswirtschaft einer ökologisch motivierten Neubewertung. Sie betrifft Problemfelder, die sich im Zeitverlauf aufaddiert und verstärkt haben:

- den **Immissionsschutz**, erst zur Abwehr von Gesundheitsschäden, dann von Waldschäden,
- den **Ressourcenschutz**, der nach der Ölkrise das Ziel der Energieeinsparung begründete,
- den **Strahlenschutz**, der insbesondere nach Tschernobyl thematisiert wurde,
- den **Klimaschutz**, der in den achtziger Jahren neue Akzente bei der Energieeinsparung (zur Reduzierung von $CO_2$-Emissionen) setzt.

Die deutsche Elektrizitätswirtschaft (und nicht nur sie) konnte sich mit ihren starken Möglichkeiten zur Interessenwahrnehmung diesen Themen zeitweilig entziehen, ohne daß dies auf Dauer gelang. Sie hat Umweltschutzforderungen der Politik bis in die achtziger Jahre hinein abwehren können. Aber sie mußte die Großfeuerungsanlagenverordnung schließlich hinnehmen. Sie hat den Ressourcenschutz zu einem taktischen Argument machen können: "Weg vom Öl" wurde zu einer Strategie "hin zum Strom". Auf diese Weise konnte bei stagnierendem Primärenergieverbrauch der Absatz von Elektrizität weiterhin gesteigert werden. Die Forschungsförderung unterstützte diesen Trend auf ihre Weise.

Die Klimarisiken durch Kohlendioxid haben erstmals dem Thema der **Elektrizitäts**einsparung zu einer breiten politischen Anerkennung verholfen. Der Versuch, die Klimadebatte zugunsten des Atomstroms zu nutzen, scheint an den inzwischen gewonnenen Erkenntnissen über die Unfall- und Kostenrisiken und die ungeklärten Entsorgungsprobleme zu scheitern.

Der ökologische Problemdruck auf die Elektrizitätswirtschaft dürfte aus einer ganzen Reihe von Gründen anhalten.

## 3.2 Die Neubewertung von Energie im Zeichen des Strukturwandels

Galt ein hoher Energieeinsatz lange Jahre als ein Erfolgsindikator der Industriegesellschaften, so hat sich dies seit den frühen siebziger Jahren zunehmend geändert. Die stromintensiven Schwerindustrien sind in den entwickelten Industrieländern z.T. deutlich geschrumpft (Jänicke et al. 1989). In Japan, Schweden und anderen Industrieländern hat man diesen Strukturwandel bewußt gefördert. Hohe Energiekosten haben dem produktionstechnischen Fortschritt eine Entwicklungsrichtung gegeben, die die Energieeffizienz stärker zum Erfolgsmaßstab von Volkswirtschaften werden läßt. Angesichts der hohen Umwandlungsverluste der Stromerzeugung ist die Elektrizitätseinsparung ein maßgeblicher Faktor der energetischen Effizienzsteigerung.

### 3.3 Der Wandel der Planungslogiken

Seit den siebziger Jahren zeichnet sich - zuerst in den USA - mit zunehmender Deutlichkeit der Konflikt zweier Planungslogiken in der Stromversorgung ab. Beide haben gegensätzliche Konsequenzen. Die Energieangebotslogik geht von unterstellten Wachstumsraten der Nachfrage aus und plant die entsprechenden Kapazitätserweiterungen. Selbst bei geringen Wachstumgsraten ergeben sich hierbei rasch Verdoppelungen der nötigen Kapazität (nur 2 Prozent Zuwachs ergibt eine Verdoppelung in 35, eine Vervierfachung in 70 Jahren).

Es hat eine gewisse Zwangsläufigkeit, wenn solche Berechnungen bei der Kernkraft oder bei der Notwendigkeit von Brutreaktoren enden. Es ist auch durchaus schlüssig, bei konstantem Verbrauchszuwachs die alternativen Energien als vergleichsweise unerheblich einzustufen (bei einer Verdoppelung der Nachfrage halbiert sich deren Beitrag ceteris paribus).

Ein anderes Bild ergibt sich, wenn von einem konstanten oder gar sinkenden Stromverbrauch ausgegangen wird. Eine ganze Reihe seriöser Studien zur Stromeinsparung geht heute von technischen Sparpotentialen in der Größenordnung von insgesamt 30 bis annähernd 50 Prozent aus (Vgl. den Überblick IEA 1987, S. 217 ff.; Goldemberg et al. 1988, S. 110; Brunner et al. 1988; AKF 1989, S 58; Bodlund et al. 1989).

Erst die Überwindung der Wachstumsautomatik bei der Stromnachfrage schafft zwei weiteren Energiequellen Gewicht:

- der Effizienzsteigerung im Umwandlungsbereich (durch Kraft-Wärme-Kopplung u.a.) und
- den alternativen Energiequellen.

### 3.4 Wandel des Rentabilitätskalküls

Der Wandel des Rentabilitätskalküls der Elektrizitätswirtschaft verstärkt diesen Effekt. Galt die economy of scale jahrzehntelang als ökonomische Prämisse der Expansion der Elektrizitätswirtschaft, so hat sich inzwischen eine langfristig veränderte Kostenstruktur ergeben. Die Grenzkosten einer Kapazitätsausweitung sanken insbesondere in der Frühphase der Elektrizitätsentwicklung. Die Erzielung einer optimalen Versorgungsdichte hatte eben solche Rationalisierungseffekte wie die Vergrößerung der Blockgrößen. Verbrauchsfördernde Stromtarife hatten in dieser Situation ihre immanente Rationalität. Mit Beginn der siebziger Jahre hat sich diese Tendenz offenbar umgekehrt (die Strompreise der USA erreichten 1969 ihren historischen Tiefpunkt; Spitzley 1989, S. 24). Mit der Ausweitung der Stromversorgung steigen - langfristig - die durchschnittlichen Kosten herkömmlicher (nicht erneuerbarer) Energieträger durch verteuerte Rohstoffgewinnung wie Knappheitszuschläge. Neue Kraftwerke sind aber auch im Regelfall teuerer als die bestehenden. Die Rationalität immer größerer Blöcke ist u.a. durch die Möglichkeit der Kraft-Wärme-Kopplung in Frage gestellt, die ihr Optimum in dezentralen Erzeugungseinheiten mit kurzen Versorgungswegen erreicht.

### 3.5 Die gegensätzliche Preistendenz bei alten und neuen Energien

Langfristig knappe Energieträger lassen langfristig anhaltende Preissteigerungen erwarten. Die erneuerbaren Energien weisen eine gegenläufige Tendenz auf. Die Herstellkosten von Windenergieanlagen wie von Anlagen zur photovoltaischen Stromerzeugung sind ständig gefallen. Diese Tendenz wird allgemein fortgeschrieben. Für andere Techniken der Stromerzeugung (Biogasverstromung oder Varianten der Kraft-Wärme-Kopplung) kann dies ebenfalls unterstellt werden. Die Energiequelle der Energieeinsparung gilt bereits heute als eine der billigsten.

### 3.6 Die rationelle Stromverwendung als billige Primärenergiequelle

Angesichts der hohen Umwandlungsverluste bei der Stromerzeugung ist die Elektrizitätseinsparung eine besonders ergiebige Primärenergiequelle. Diese Energie stellt inzwischen eine besondere Herausforderung an die Elektrizitätversorgungsunternehmen dar. Sie hat in den USA besonders stark zu den Veränderungen im dortigen System der Elektrizitätsversorgung geführt.

### 3.7 Die wachsende Bedeutung lokaler Energieressourcen

Während die herkömmlichen Energieträger regional starke Importabhängigkeiten schaffen, sind eingesparte und alternative Energien - einschließlich von Abwärme und Umgebungswärme - lokal verfügbare Energien. Dies hat eine Reihe ökonomischer Vorteile zur Folge. Daher geht die lokale und regionale Wirtschaftspolitik zunehmend auch energiepolitisch eigene Wege.

### 3.8 Die wachsende Kritik am Versorgungsmonopol

Lange Zeit galt die Elektrizitätswirtschaft als Musterbeispiel eines "natürlichen Monopols". Davon ist die Rede, wenn die am Markt nachgefragte Gütermenge am kostengünstigsten von einem einzigen Anbieter bereitgestellt wird. Als Gründe werden die Kapitalintensität der Stromversorgung oder die Nichtspeicherbarkeit des Stroms angeführt. Gründe wie diese machten eine Ausnahmeregelung der Stromversorgung auch nach dem Gesetz für Wettbewerbsbeschränkungen legitim. In einer ganzen Reihe von Industrieländern wird aber eine Gegentendenz erkennbar: Gewaltige Extragewinne der Stromwirtschaft, hohe Strompreise und ein geringer Zwang zu rationellen Kostenkalkulationen als Folge ihrer Monopolstellung haben die Erkenntnis gefördert, daß Elektrizität von zusätzlichen Anbietern effizienter erzeugt werden kann. Der Marktzugang für innovative Energietechniken wird immer stärker von verbesserten Konkurrenzbedingungen abhängig gemacht.

### 3.9 Die Öffnung der energiepolitischen Arena

Durch den Eintritt neuer energiepolitischer Akteure ist auch das lange bestehende Monopol der Stromwirtschaft zur Definition der grundlegenden energiepolitischen Erfordernisse relativiert worden. Am stärksten geschah dies wiederum in den USA, wo Verbraucher-, Umwelt- wie neue Anbieterinteressen eine starke Stellung im Vorfeld von Entscheidungen haben. Auch hier kann eine Tendenzaussage gemacht werden: Die kleine, relativ geschlossene Gruppe speziell von elektrizitätspolitischen Entscheidungsträgern hat sich ständig, nicht zuletzt durch kommunale Interessenvertreter und Repräsentanten neuer Energieinteressen, erweitert. Auch auf dem Gebiete der Energieforschung ist die Kapazität und Professionalität neuer Ansätze ständig gestiegen. Das Monopol, herkömmliche Stromanbieterinteressen im Namen der Wissenschaft zu vertreten, ist heute in vielen Industrieländern durchbrochen.

## 4. Die strukturelle Induzierung energietechnischer Innovationen

Aus den erläuterten Tendenzen ist für die neunziger Jahre ein an Bedeutung rasch zunehmender **Innovationswettbewerb** um rationellere und alternative Energietechniken absehbar, bei dem es Gewinner (Vorreiter) und Verlierer (Nachzügler) geben wird. Diese Innovationen sind absehbar kaum das Resultat bürokratisch-budgetärer Technologiepolitik, sondern vor allem Folge veränderter Rahmenbedingungen, die eine Nachfrage nach entsprechenden Neuerungen schaffen. Kernpunkt einer elektrizitätspolitischen Innovationspolitik sind deshalb energiepolitische Schritte, die die Nachfrage nach ökologisch angepaßten, "intelligenten" Energietechniken bzw. -beratungsleistungen strukturell induzieren und damit den Innovationsprozeß begünstigen.

Es geht also weniger um Detailmaßnahmen (die die bestehenden Strukturprobleme leicht ignorieren), als um die **indirekte Breitenwirkung veränderter politischer, ökonomischer und informationeller Rahmenbedingungen**. Detailmaßnahmen können jedoch sinnvoll sein, wenn sie einen hohen Anstoßeffekt haben (s. Tabelle).

**Handlungsschwerpunkte einer elektrizitätspolitischen Innovationsförderung**

| Änderung von Rahmenbedingungen | | | Direkte Maßnahmen |
|---|---|---|---|
| politisch | ökonomisch | informationell | |
| - erweiterter Handlungsspielraum Kommune/EVU (Konzessionsvertrag usw.)<br>- veränd. Energieaufsicht<br>- energiepolit. Konzertierung | - Interessenlagen d. EVU (Genehmigungspraxis, Preisaufsicht, Least-Cost Planning)<br>- Interessenlagen der Verbraucher (Tarife) | - bessere Information über Bestgeräte<br>- Energieberatungswesen<br>- Datenbank zur Energieeinspartechnik<br>- Kongresse und Ausstellungen | - Mustersanierungen<br>- Pilotprojekte<br>- Sparmaßnahmen in öffentlichen Einrichtungen<br>- EG-Aktionsprogramm Rationelle Elektrizitätsverwendung (1989) |
| Breite indirekte Wirkungen | | | Anstoßeffekte |

## 4.1. Die Umsteuerung von politischen Rahmenbedingungen

Die Nachfrage nach neuen, zukunftsgerechten Energietechnologien läßt sich, wie gesagt, durch veränderte politische Rahmenbedingungen stimulieren. In der Bundesrepublik Deutschland läßt sich hierzu ein gewisser Beitrag dadurch leisten, daß die

- **Investitionsaufsicht** (Energiewirtschaftsgesetz § 4)
- die **Preisaufsicht** und
- die **kartellrechtliche Aufsicht** über die Elektrizitätswirtschaft

verstärkt in diesem Sinne gehandhabt wird. Weitere Handhaben bietet das Bauplanungsrecht. Hinzu kommt die Tatsache, daß einige Bundesländer Mehrheitsaktionär des Stromversorgungsunternehmens sind.

Bisher ist die Position des Staates zwar alles in allem schwach. Aber der systematische Einsatz der angeführten Eingriffsrechte könnte ihm eine bessere Bargaining-Position gegen über der

Elektrizitätswirtschaft verschaffen. Eine Änderung der gesetzlichen Grundlagen staatlicher Energiepolitik wäre der weitergehende Schritt.

Eine andere Ebene der politischen Umsteuerung sind in der Bundesrepublik die Konzessionsverträge zwischen Kommunen und Versorgungsunternehmen, die durch Kartellrechtsentscheidung in großer Zahl in den achtziger und neunziger Jahren auslaufen. In der Regel engten diese Verträge den ernergiepolitischen Handlungsspielraum der Kommunen erheblich ein und schufen für die Elektrizitätsversorungsunternehmen ein Privileg, nicht innovativ sein zu müssen. Inzwischen hat in der Bundesrepublik eine ganze Reihe von Kommunen die Konzessionsverträge gekündigt und in diesem Zusammenhang z.B. die Übernahme des Leistungsnetzes beschlossen.

Wo die Stromerzeuger und die Betreiber des Netzes getrennt sind, haben innovative neue Anbieter von Strom (z.B. aus der Kraft-Wärme-Kopplung) erhöhte Chancen. Enstprechende Reformen sind in Holland und sogar in Großbritannien erfolgt. In anderen Ländern wurden in den letzten Jahren die Einspeisebedingungen für neue Anbieter von Strom wesentlich verbessert (Dänemark, USA, Neuseeland). Maßnahmen zur Einschränkung der Strommonopole haben sich generell als eine Form der strukturellen Innovationsförderung erwiesen.

Eine dritte Ebene der Umsteuerung politischer Rahmenbedingungen zur elektrizitätspolitischen Innovationsförderungen ist die Aufbrechung des bisherigen policy networks im Interesse von neuen Energieanbietern, Umweltschutzverbänden oder Energieverbrauchern. Pluralistische Energiebeiräte im Vorfeld energiepolitischer Entscheidungsorgane sind ein Mittel hierfür. Sie sind umso wirksamer, je weniger ihre Tätigkeit geheim bleibt und je mehr sie Instrumente einer energiepolitischen Konzertierung sind. Konzertierung meint dabei die Verpflichtung relevanter gesellschaftlicher Akteure auf einen ergebnisorientierten Dialog über die langfristige Energieversorgung unter ökonomischen wie ökologischen Aspekten.

Konzertierungsstrategien sind innovativ insofern, als sie technische Neuerer früher und stärker in Dialoge und Willensbildungsprozesse einbeziehen als der closed shop herkömmlicher Politiknetzwerke im Energiebereich. Konzertierungsstrategien relativieren Machtlagen. In dieser Hinsicht kann wiederum von den USA gelernt werden.

### 4.2 Die Umsteuerung von Interessenlagen

Eine der großen Fragen der heutigen Energiepolitik-Forschung lautet: Ist es möglich, kapitalistische Elektrizitätsversorgungsunternehmen an der Stromeinsparung, d.h. an der Schrumpfung dieses Marktes, zu interessieren? Dies ist ein breites Feld sozialtechnischer

Innovationen mit einer vielversprechenden realtechnischen Innovationsperspektive. Die Antwort auf diese Frage heißt

- Minimalkostenplanung (least-cost planning),
- veränderte Preisaufsicht und
- veränderte Energieaufsicht (ä.o.).

Werden neue Kraftwerkskapazitäten nicht genehmigt (Energieaufsicht) oder sind ihre höheren Grenzkosten nicht auf den Strompreis überwälzbar (Preisaufsicht), so ensteht beim EVU ein Interesse an energietechnischer Effizienzsteigerung mit entsprechender Technologienachfrage. Dies kann sich doppelt auswirken: als Interesse an einer besseren Kapazitätsauslastung und als Interesse an einer Effizienzsteigerung beim Stromverbrauch.

Das Interesse des EVU an einer Endverbrauchsreduzierung kann durch die Sozialtechnik des least-cost planning deutlich erhöht werden: Bei dieser planungstechnischen Innovation werden neue Erzeugungskapazitäten nur zugelassen, wenn sie Kostenvorteile gegenüber allen denkbaren Erzeugungsvarianten, **einschließlich der Einsparvariante**, haben.

Die Planungstechnik des least-cost planning wurde 1988 bereits in 17 US-Bundesstaaten praktiziert. Als Folge dieser und anderer Rahmenbedingungen (s.o.) boten immerhin 59 amerikanische Elektrizitätsversorgungsunternehmen ihren Kunden Finanzhilfen für die Anschaffung energetisch effizienter Geräte. Es war dies zugleich ein Innovationsanreiz für die Gerätehersteller, den die staatliche Technologiepolitik über den Budgetmechanismus kaum bewirken könnte.

Eine dritte Ebene der Umsteuerung von Interessenlagen ist die der Subventionen, der Tarife und der Einspeisebedingungen für neue Anbieter von Elektrizität.

Wo das Monopol der Elektrizitätsversorger intakt ist, haben neue Stromanbieter kaum eine Chance, weil ihre Erlöse unattraktiv sind; mögliche industrielle Selbstversorger werden in der Regel mit Dumpingpreisen "am Netz" gehalten. Dabei werden in der Regel Großverbraucher von Elektrizität durch Kleinverbraucher subventioniert. Hier sind politische Änderungen möglich. Wo dies bisher geschah, waren die Innovationseffekte beachtlich.

Eine andere Möglichkeit ist die generelle Verteuerung von Energie durch Umkehrung der bisherigen Finanzprivilegien der EVU. Anstelle von Steuervergünstigungen und Subventionen (man denke an die Milliarden für Kernenergie) können Energiesteuern und Abgaben treten. Die Tendenz hierzu ist international unverkennbar. In Dänemark und anderen OECD-Ländern spielen Elektrizitätssteuern bereits eine energiepolitisch wichtige Rolle. Auch in Osteuropa vollzieht sich diese Trendumkehr. Ihr Effekt wird wiederum die Nachfrage nach den neuen Energietechnologien sein. Die Technologieförderung sollte diesen Vorgang beschleunigen.

Das angeführte Beispiel der Minimalkostenplanung zeigt, wie stark Strukturpolitik ihrerseits auf sozialtechnische Innovationen angewiesen ist. Staatliche Forschungsförderung sollte daher verstärkt den sozialen Erfindungen dienen, die den (real-) technischen Fortschritt auf dem Wege zu einer zukunftsgerechten Produktionsweise beschleunigen.

**Literatur**

Geller, H. S., 1989: Implementing Electricity Conservation Programmes: Progress Towards Least-Cost Services Among U.S. Utilities. In: Johannson/Bodlund/Williams (Eds.), a.a.O.

Goldemberg, J., Johansson, T., Reddy, A., Williams, R., 1988: Energy for a Sustainable World. New Delhi.

Hauff, W., Scharpf, F.W., 1975: Modernisierung der Volkswirtschaft, Frankfurt/M. - Köln

Hohmeyer, O., 1988: Soziale Kosten des Energieverbrauchs, Berlin etc.

Jänicke, M., 1986: Staatsversagen. Die Ohnmacht der Politik in der Industriegesellschaft, München.

Jänicke, M. et al. 1989: Ziele und Möglichkeiten einer stromspezifischen Energiesparpolitik in Berlin (West), Oktober 1989.

Jänicke, M., Mönch, H., Ranneberg, Th., Simonis, U.E., 1989: Structural Change and Environmental Impact, Intereconomics, Vol. 24, No. 1.

Kuhn, T. S., 1962: The Structure of Scientific Revolutions, Chicago

Lönnroth, M., 1989: The Coming Reformation of the Electric Utility Industrie, in: Johansson/Bodlund/Williams (Eds.), a.a.O.

Spitzley, H., 1989: Die andere Energiezukunft, Stuttgart.

# STAATLICHE POLITIK UND INDUSTRIELLE STRATEGIEN FÜR FORSCHUNG UND TECHNOLOGIE IM LICHT DER ERTRAGSBEMESSUNG

**Hariolf Grupp**

**Abriß**

Zunehmend werden quantitative Verfahren zur Bewertung des Forschungsertrags herangezogen (sogenannte Forschungs-, Technik-, Innovations- oder technologische Wettbewerbsindikatoren). Sie stellen eine wichtige Ergänzung zur meist qualitativen Bewertung des Stands von Forschung und Technik durch Fachleute dar und können - richtig eingesetzt - wesentlich zur Objektivierung der Ertragsbemessung beitragen, wirken also aufklärerisch. Daneben bedarf die Abschätzung der voraussehbaren Folgen neuer Technik oder neuer Produkte ebenfalls der intersubjektiv überprüfbaren Darlegung der technischen Entwicklung in wechselnder Detailtiefe. Hierzu können die Ertragsindikatoren einen unersetzlichen Beitrag leisten, indem sie Orientierungswissen in dem jeweils erforderlichen Zerlegungsgrad schaffen.

Der Beitrag gibt im ersten Teil einen gerafften Überblick über die Möglichkeiten und Grenzen der quantitativen Forschungsevaluierung mit Hilfe von Indikatoren. Im zweiten Teil werden - pars pro toto - drei Fallstudien vorgestellt. Sie belegen

- die messbare Zunahme der Verflechtung in der unternehmensseitigen Forschung und Entwicklung zwischen Wirtschaftszweigen und Produktgruppen;
- die Verflachung der Spezialisierungsmuster bei grenzüberschreitenden Betriebsübernahmen aus technologischer Sicht am Beispiel von General Electric, Plessey und Siemens;
- den Verlust an Grundlagenforschung außerhalb der Unternehmen am Beispiel der Telekommunikation.

Es wird gefolgert, daß weltweit der Trend zum Konformismus in Forschung und Entwicklung verläuft.

## 1. Erkennen, Orientieren, Anerkennen

Forschungspolitische Entscheidungen und das unternehmerische Innovationsmanagement erfordern Analysen über den wissenschaftlichen und technischen Leistungsstand. Der hohe finanzielle Aufwand, mit dem die Forschung und Entwicklung (FuE) heute durchweg verbunden ist, und die absehbaren strukturellen Veränderungen machen solche vergleichenden Untersuchungen künftig noch wichtiger. Dabei werden in Ergänzung zu den vorherrschenden Verfahren der Beurteilung durch anerkannte Fachwissenschaftler zunehmend auch quantitative

Verfahren zur Bewertung der Leistungsfähigkeit und zum **Erkennen von Problemfeldern und Forschungschancen** in Wissenschaft, Technik und Wirtschaft genutzt. Auf dem Gebiet der quantitativen Forschungsbewertung mit ertragsorientierten Indikatoren besteht in der Bundesrepublik ein Rückstand gegenüber einigen anderen Industrieländern, vor allem den Niederlanden, Großbritannien und den USA (van Raan 1988), die sich solcher Methoden bereits systematischer bedienen, wie auch der Bundesbericht Forschung 1988 feststellte (BMFT 1988, S. 47):

"Analysen über Leistungsstand und Wettbewerbsfähigkeit können eine sachliche Diskussion über Stärken und Schwächen der Wissenschaft unseres Landes fördern und den Wettbewerbsgedanken in der angewandten Forschung, aber auch in der Grundlagenforschung stärken. Insoweit die Bewertung wissenschaftlicher Leistungen Sache der Wissenschaft ist, ist es die Aufgabe der Bundesregierung, das Aufgreifen des Wettbewerbsgedanken zu ermutigen und die Erarbeitung sachlicher Informationen als Diskussionsgrundlage zu unterstützen. In den Bereichen, wo der Staat im Interesse unserer wirtschaftlichen Wettbewerbsfähigkeit oder zur Erarbeitung von Problemlösungs- und Handlungswissen forschungs- und technologiepolitisch aktiv wird, ist es darüberhinaus seine Aufgabe, die Effektivität und die Ergebnisse von Forschung und Entwicklung zu bewerten."

Die zitierte Quelle fährt weiter fort, daß die gewonnenen Informationen jeweils vor dem Hintergrund der internationalen Entwicklung und im Vergleich zwischen Forschungsgebieten und -instituten bewertet werden müssen. Dabei kann es nicht das Ziel sein, oberflächliche "Bestenlisten" zu erstellen, die zum Verständnis und zur Lösung der Probleme nur wenig beitragen. Vielmehr sollen "aufdeckende Analysen" das Nachdenken über bestehende Leistungsunterschiede, über sich abzeichnende Entwicklungen und deren Ursachen unterstützen, also **Orientierungswissen** schaffen.

Ein skeptischer Beobachter umriß das Problem des Schaffens von Orientierungswissen im Bereich der Forschungsplanung und Technologiebewertung wie folgt (Dahl 1984, S. 19):

"Die für das zahlende Publikum angefertigte Literatur über den Fortschritt der Wissenschaft kann man einteilen in Hofberichte und Frontberichte, und ziemlich fern ist auch nur die Ahnung, daß eine andere Art von Fragen auch eine andere und vielleicht zutreffendere Art von Antworten erbringen könnte."

In der Tat überschreitet das Erkennen der zukünftigen technologischen Entwicklungslinien prinzipiell die Erkenntnisgrenzen traditioneller strenger Wissenschaft. Empirisch abgesicherte, widerspruchsfreie Daten und Fakten über die zukünftige Entwicklung sind im voraus nicht zu erwarten. Auch genügt die technologische Vorausschau den Anforderungen wissenschaftlicher Prognosen nicht, denn sie beruht nicht auf einer bewährten Theorie (Grupp u.a. 1987, S.18). Selbst wenn (s. unten) eine rationale und nachvollziehbare Informationsbasis auf der Grundlage systematisch erhobenen Datenmaterials geschaffen wird, können die unterschiedlichen Adressaten dieses Orientierungswissen durchaus unterschiedlich einsetzen. Nicht jede Erkenntnis führt automatisch zur Anerkennung durch die handelnden Akteure im Bereich von Forschung und Entwicklung. Dies ist auch gar nicht zu erwarten und nicht zu fordern: Alles, was über die Konstatierung der Zusammenhänge hinausgeht, also Wertungen und Empfehlungen, sind nicht mehr von der Informationsbasis (gesetzt den Fall, sie existiert und ist zuverlässig) gedeckt, sondern bedürfen einer Begründung von anderswoher. Orientierungswissen läßt möglicherweise informierte Urteile zu, es kann aber forschungspolitische und innovationsstrategische Entscheidungen und Handlungen nicht ersetzen und auch nicht legitimieren (Grupp u.a. 1987, S. 18, und Schufmann u.a. 1986). So kann es ein Kriterium sein, diejenigen Forschungs- und Technikgebiete verstärkt zu fördern, in denen eine Volkswirtschaft ohnehin stark ist, oder auch das Gegenteil, die Defizitgebiete zu bevorzugen. Indikatoren liefern hierfür Daten und Fakten über Stärken und Schwächen, aber keine Entscheidungskriterien, obwohl nicht verkannt wird, daß bereits die Bildung der Indikatoren und ihre Auswahl normative Züge tragen. Wenn nach den technologischen Stärken gefragt wird und hierzu Meßvorschriften und Zahlen geliefert werden, ist damit bereits eine Festlegung erfolgt, daß technologische Stärke (oder Schwäche) ein der Bewertung zuzuführendes Kriterium **sein soll**. Bleibt die Betrachtung allein bei derartigen Indikatoren stehen, sind damit andere Bewertungskriterien, wie etwa die Wünschbarkeit oder die Annehmbarkeit einer neuen technischen Entwicklungslinie, ausgegrenzt worden.

Der Informationszugewinn, der mit Wissenschafts- und Technikindikatoren erziehlt werden kann, hängt vom Kenntnisstand des Empfängers ab. Daher werden große Unternehmen mit eigenen Analysemöglichkeiten neue Indikatoren zum internationalen Technikstand und zu den Zukunftsperspektiven wohl nur ergänzend zur Kenntnis nehmen können, während kleinere und mittelständische Firmen sowie die öffentliche Debatte davon entscheidend profitieren mögen. Wenn es zutrifft, daß "mit der wachsenden Qualität und Quantität staatlicher Aufgaben und der stärkeren Differenzierung der Gesellschaft (...) für das politische System die Komplexität der zu regelnden Materie" (Bechmann, Gloede 1986, S. 37) wächst, dann dürften auch Behörden und politische Instanzen zu den Nutznießern verbesserter Technikinformationen gehören, denn bei "der Beurteilung dessen, was eine aussichtsreiche technologische Fortschrittsentwicklung ist, muß der Staat sich auf **unsichere Marktsignale** in der Interpretation von bereits marktstarken, in der Regel großen Unternehmen, verlassen" (Ronge 1986, S. 4).

Oder, um noch deutlicher mit Krupp (1990) zu sprechen, "der Neo-Kooperativismus zwischen größeren Unternehmen und den zuständigen Regierungsstellen bestimmt die Richtung und die Geschwindigkeit der technologischen Innovation. Die handelnden Individuen haben bei diesem konzertierten und wettbewerblichen Technologieschub eine Doppelrolle: Sie tragen mit eigenen Beiträgen zur technologischen Innovation bei und sind gleichzeitig dem internationalen Wettbewerbsdruck unterworfen, der sie zur stromlinienförmigen Ausrichtung zwingt."

## 2. Über die Schwärze im schwarzen Kasten "Innovation"

Der schwarze Kasten (black box), verstanden als Teil eines kybernetischen Systems, dessen Aufbau und innerer Ablauf aus den Reaktionen auf eingegebene Signale erst erschlossen werden muß, spielt in der Wissenschaft beim Erkennen noch unbekannter Systeme eine große Rolle. An die Stelle der Signale treten im hier vorliegenden Zusammenhang, in dem der schwarze Kasten für Innovationsprozesse steht, die Wissenschafts- und Technikindikatoren. Keck (1986) hat ein realitätsnahes Rückkopplungsmodell der technologischen Innovation skizziert, daß die Verbindung instrumentellen Wissens mit Bedürfnissen gut erkennen läßt (Abbildung 1). Das Kopplungsmodell unterscheidet verschiedene Phasen im schwarzen Kasten, an denen ökonomische (für Diffusion) und technische (für Innovation), sowie patentstatistische (für Entwicklung) und bibliometrische (für Forschung) Indikatoren ansetzten können und bestätigt das Voreilen von Informationen über den Innovationsprozeß, den Wissenschafts- und Technikindikatoren vor ökonomischen Indikatoren geben können. Dieses Voreilen bewirkt den prognostischen Charakter derartiger Information.

Abb. 1: Kopplungsmodell der technischen Innovation

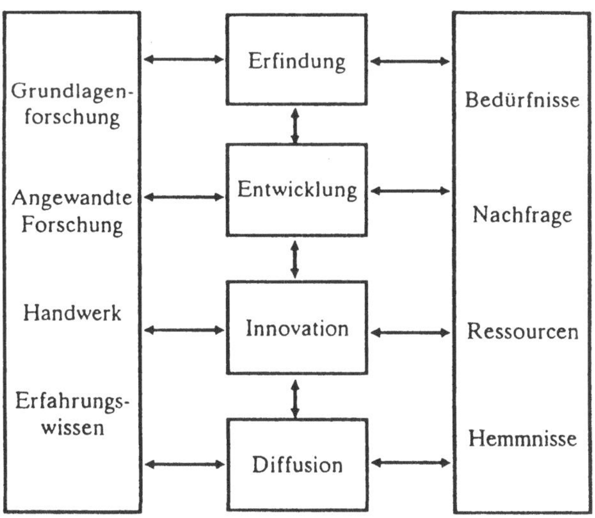

So vage die Abgrenzung innerhalb des schwarzen Kastens, also von FuE-Phasen und zugehörigen Indikatoren, auch erfolgen mag, macht das Modell doch deutlich, daß im schwarzen Kasten nicht gänzlich Schwärze herrscht. Da sich die Wissenschafts- und Technikindikatoren in ihren Gültigkeitsbereichen nur teilweise überlagern, teilweise also sich gegenseitig ergänzende informationelle Bruchstücke sind (vgl. Abb.2), können doch -jedenfalls im Halbdunkel - Strukturen und Zusammenhänge offengelegt werden. Vor allem führt die Hinzuziehung dieser Indikatoren neben den qualitativen und subjektiven Einschätzungen, die man ohnehin erhalten kann, zu einer schärferen Wahrnehmung der Vorgänge im schwarzen Kasten, also im Innovationsgeschehen im weiteren Sinne.

Abb. 2: Einfache Skizze zur Beobachtung des Forschungs- und Innovationsgeschehens mit Hilfe von Indikatoren; die Abgrenzung zwischen den einzelnen Phasen in der black box ist nicht scharf.

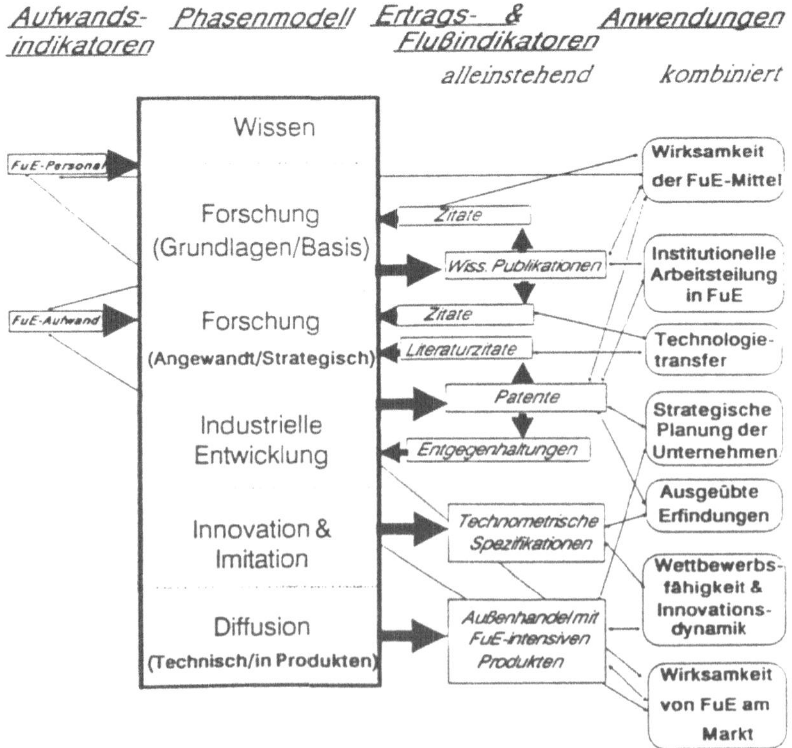

Wie hat man sich die "Messung" von relativ unbestimmten Größen wie etwa der "Forschungsleistung", des "Technischen Stands" oder des "Innovationspotentials" vorzustellen? Was sind die "Meßgeräte" und wie lauten die "Meßvorschriften"? An eine herkömmliche Messung wie in den Natur- und Ingenieurwissenschaften ist dabei nicht zu denken. Die Indikatoren müssen vielmehr als Stellvertreter für die eigentlichen Meßgrößen gesehen werden und bedürfen jeweils auf zusätzliche Informationen gestützter Interpretation. Eine hohe Aussagekraft (oder Validität) ist daher in der Regel nur durch die Zusammenschau verschiedenartiger Indikatoren zu erreichen.

In Abbildung 2 ist eine einfache Skizze zur Beobachtung des Forschungs- und Innovationsgeschehens mit Hilfe von Indikatoren wiedergegeben (aus Grupp, Schmoch 1989). Die Abgrenzung zwischen den Innovationsstadien ist dabei bewußt unscharf gehalten worden. Die linksseitigen Pfeile stehen für Aufwandsindikatoren (Input), die rechtsseitigen geraden Pfeile stehen für Ertragsindikatoren (Output). Zurückgebogene Pfeile stehen für Durchsatzindikatoren (Throughput), welche die innere Dynamik zu beobachten erlauben. Wegen der fließenden Übergänge wird klar, daß die Aussagefähigkeit der verschiedenen Indikatoren eng mit der jeweiligen Fragestellung, also dem spezifischen Informationsbedürfnis, verknüpft ist.

Von den vorgeschlagenen Indikatoren (Abbildung 2) läßt sich nur ein Teil auf der Mikroebene der einzelnen Institution reidentifizieren. Forschungsbudgets und technologische Handelsdaten sind in der Regel nur für Wirtschaftszweige oder Produktgruppen verfügbar, aber nicht für einzelne Unternehmen. Dies ist besonders deshalb bedauerlich, weil zumindest in der Bundesrepublik Deutschland etwa zwei Drittel aller FuE-Aufwendungen im Wirtschaftssektor verausgabt werden, also nur der kleinere Teil des Budgets öffentlicher Kontrolle unterliegt. Es wäre daher wünschenswert, den Mittelansatz in der gewerblichen Wirtschaft genauer zu kennen. Auf einzelne Institutionen (Unternehmen, Institute, Gruppen von Institutionen) können aber die Publikations- und Patentindikatoren zugeordnet werden. Die entsprechenden Dokumente (auch in ihrer Repräsentierung in Datenbanken) enthalten ausführliche und recht vollständige Angaben zu Autoren, Erfindern, Inhabern, institutionellen Adressen. Die Outputseite des schwarzen Kastens ist daher auf der Mikroebene durchaus transparent, aber es treten erhebliche Bewertungsprobleme bei der Verrechnung von Patenten oder Publikationen miteinander auf. Nicht jedes Patent - vorausgesetzt es wird überhaupt erteilt - wird im gewerblichen Kontext benutzt, nicht jede Publikation führt zu einem Fortschritt der Wissenschaft ("Vielschreiberei"). Trotz dieser Bewertungsprobleme darf nicht übersehen werden, daß die Patentgesetze aller Länder zur Verbreitung von konkreten technischen Informationen beitragen wollen. Die Verwendung von Patentinformation ist im Sinne des gesetzgeberischen "Erfinders". Man hat sich den Patenterwerb als ein Tauschgeschäft vorzustellen: Das anmeldende Unternehmen bekommt von der Öffentlichkeit ein territorial, zeitlich und sachlich (technologisch) begrenztes Monopolrecht zugesprochen und muß im Gegenzug der Öffentlichkeit den technischen Fortschritt, den es erziehlt hat, preisgeben. Der Begriff "Patent" stammt aus dem lateinischen Wort "patere", das "offenbar sein", nicht "schützen" bedeutet. Insofern kommt gerade der verstärkten Nutzung von Patentinformation zum Studium des industrieseitigen FuE-Geschehens ein besonders hoher Wert zu.

## 3. Technikfolgenabschätzung und Forschungsbewertung

Vor allem die außerhalb der industriellen Technikentwicklung stehende, an Forschung und Entwicklung interessierte Öffentlichkeit ist auf möglichst objektive Informationen zur **Zukunft der Technik** angewiesen. Wenn die technische Wandlungsgeschwindigkeit der sozialen angepaßt werden soll, so ist vor der prognostischen Abschätzung und Bewertung der Technikfolgen immer eine Information über die möglichen und voraussichtlichen Entwicklungen erforderlich. Auch hierzu können sich Technikindikatoren, die in ihrer Kontextgebundenheit mit subjektiven Einschätzungen einen Technikreport abgeben, eignen. Im Zusammenhang mit der Technikfolgenabschätzung werden sie allerdings noch kaum verwendet: Hier tut sich ein großes und nach Ansicht des Autors bedeutendes Forschungsfeld auf.

Betrachtet man die vorliegenden Arbeiten zur Technikfolgenabschätzung, so lassen sich zwei grobe Kategorien bilden: Diejenigen, die die Folgen bestehender Technik diskutieren (typisch: Risikoanalysen von kerntechnischen Anlagen, z.B. des schnellen Brüters in Kalkar) und Technikfolgenabschätzungen zu zukünftigen Technologien. Während bei der ersten Kategorie - wenn die Informationen nicht vorenthalten werden - wenig Probleme mit der Beschreibung der Technik auftreten und sich die Analyse ganz dem Folgenstudium widmen kann, tritt bei der prognostischen Technikfolgenabschätzung neben die Aufgabe der Einschätzung der Folgen auch die jenige der Einschätzung der wahrscheinlichen Entwicklung der technischen Linien. Viele der vorliegenden Arbeiten zur Technikfolgenabschätzung widmen sich sehr stark den methodischen und praktischen Problemen der Folgenabschätzung und verharren bei der Darlegung der zukünftigen technischen Entwicklung auf deskriptiven Ansätzen, die sehr stark aus Lehrbuchwissen schöpfen. Gerade hier kann die Informationsbasis wesentlich verbessert werden, indem die Wissenschafts- und Technikindikatoren zu einer besser fundierten und konkreteren Darstellung der möglicherweise alternativen Zukunftslinien verwendet werden können.

Die prospektive und quantitative Forschungs- und Technikevaluierung, die an anderer Stelle ausführlich diskutiert wird und derzeit vorzugsweise zur Beurteilung der Wirksamkeit von

Politikinstrumenten eingesetzt wird, sollte im Sinne eines integrierten Ansatzes zukünftig vermehrt für die Technikfolgenabschätzung eingesetzt werden, die ebenfalls an anderer Stelle ausführlich diskutiert wird. So wie die Technikfolgenabschätzung eine äußerst nützliche Methode zur Stimulierung und Anleitung rationaler Diskussions- und Entscheidungsprozesse sein kann (Krupp 1990), können Wissenschafts- und Technikindikatoren bei der Abwägung und Ausgestaltung konkreter, alternativer, technischer Lösungen eingesetzt werden. Wenn, wie Krupp zu Recht feststellt, die Technikfolgenabschätzung die "intellektuelle Transparenz der politischen Prozesse verbessert und ein wichtiges Instrument für die **demokratische Einbeziehung der verschiedenen Interessensgruppen** bei den zu treffenden Entscheidungen darstellt", dann folgt für die Bedeutung von Wissenschafts- und Technikindikatoren in analoger Überlegung, daß sie die intellektuelle Transparenz der konkreten technischen und wissenschaftlichen Lösungswege und Zukunftslinien erhöht und ein wichtiges Instrument für die demokratische Einbeziehung verschiedener Interessengruppen beim Erkennen der wissenschaftlich-technischen Möglichkeiten darstellt. Außerdem lassen sich wegen der Reidentifiziebarkeit vieler Wissenschafts- und Technikindikatoren die Handlungen von einzelnen Akteuren darstellen: Es ist nicht nur wichtig zu wissen, **was** entwickelt wird, sondern auch **wer** diese Entwicklungen vorantreibt und wer sie ignoriert. Gerade bei planvollen Neuentwicklungen weltumspannender Konzerne können Technikindikatoren aufklärerisch wirken, indem sie das Zusammenspiel der Akteure verdeutlichen.

Die allgemeinen Überlegungen der Abschnitte 1 bis 3 werden nunmehr an drei konkreten Beispielen verdeutlicht.

## 4. Verflechtung der unternehmensseitigen Forschung und Entwicklung

Bei erschöpften Märkten und sinkenden Wettbewerbschancen hat ein Unternehmen im Prinzip die Möglichkeit, durch verstärkte Eigenforschung im angestammten Produktbereich bei der Einführung der jeweils neuen Produktgeneration an der Weltspitze zu sein. Oder aber es weicht auf bisher dem Unternehmen fremde Produktgruppen aus, beginnt also zunächst mit Forschung und Entwicklung die spätere Diversifikation des Absatzes. Dieses Verhalten muß sich in einer zunehmenden Verflechtung der FuE-Aufwendungen zwischen Branchen- und Produktgruppen äußern. Dabei findet eine wissenschaftliche und technologische Wissensfusion zwischen den Branchen statt, die auch dann eintritt, wenn Unternehmen für sie neue Produktionsverfahren zur Herstellung von für sie nicht neuen Produkten einführen. Schließlich führen auch organisatorische Änderungen, nämlich die Aus- und Eingruppierung selbständiger Betriebe, zu merklicher FuE-Verflechtung.

In den 80er Jahren läßt sich eine starke Forschungsverflechtung in Japan feststellen, die weitergreift als diejenige in der Bundesrepublik und in anderen Ländern. Beispielsweise legt der Maschinenbau bei strategischer FuE für elektronische Produkte zu, während der Elektromaschinenbau die Kraftfahrzeugtechnologie im Zusammenhang mit der Elektronisierung des Autos erforscht. Umgekehrt steigen auch Kommunikations- und Elektronikausrüster verstärkt in FuE für Maschinenbauerzeugnisse ein. Abbildung 3 (aus Grupp 1990) verdeutlicht den Anteil von FuE-Aufwendungen, den die Unternehmen in mehreren Ländern für die prinzipiellen Produkte ihrer Branchen aufwenden. Die Abbildung macht deutlich, daß mehr als 50% aller Wirtschaftszweige in den betrachteten fünf Ländern weniger als 80% ihrer FuE-Aufwendungen für zukünftige Produkte einsetzen, die prinzipiell und traditionell von ihnen hergestellt werden. Ein kleiner Teil der Unternehmen gibt sogar noch wesentlich weniger für die Weiterentwicklung der eigenen Technologie aus.

Dieses Phänomen der zunehmenden Forschungsverflechtung in der Wirtschaft hat zum einen wettbewerbspolitische Gründe und stellt einen Ausweg aus kleiner werdenden Marktsegmenten bzw. entsprechend begrenzten Gewinnraten dar. Es hat daneben aber entscheidende technologische Aspekte. Bei einer immer umfassender werdenden Verflechtung zwischen Branchen und Produkten wird es immer wahrscheinlicher, daß letztlich unnütze Doppelentwicklung stattfindet. Auch wenn dies aus wettbewerblicher Sicht erwünscht sein sollte und die Gesellschaft bereit wäre, die entsprechenden Doppelausgaben zu tragen (über die Preise der neuen Produkte), ist zu fragen, ob dabei eher kreative Lösungen gefunden oder nicht letztlich die Produktlinien der Konkurrenz nur imitiert werden. Da die FuE-Aufwendungen nur inputseitig relevant sind, kann aufgrund des vorliegenden Materials nicht entschieden werden, ob die zunehmende Forschungsverflechtung zwischen Produkten und Branchen zu einer Verarmung oder Belebung der technologischen und produktbezogenen Vielfalt führt; eine andere Schlußfolgerung kann aber klar gezogen werden: Staatliche Koordinierungsbemühungen und interindustrielle Absprachen müssen unnütze und unerwünschte Mehrfachentwicklungen ausschließen. Deshalb folgt aus der zunehmenden Forschungsverflechtung die Notwendigkeit zunehmender Koordination oder - um einen unpopulären Begriff zu gebrauchen - anderer Regulierung (Reregulierung) (Grupp, Legler 1989, S. 17).

Abb. 3: Kumulierter Anteil der FuE-Aufwendungen für die prinzipiellen Produkte des eigenen Industriezweigs (N=60 Industriezweige aus den USA (1983), Japan (1987), Bundesrepublik Deutschland, Italien und Schweden (alle 1985) kombiniert)

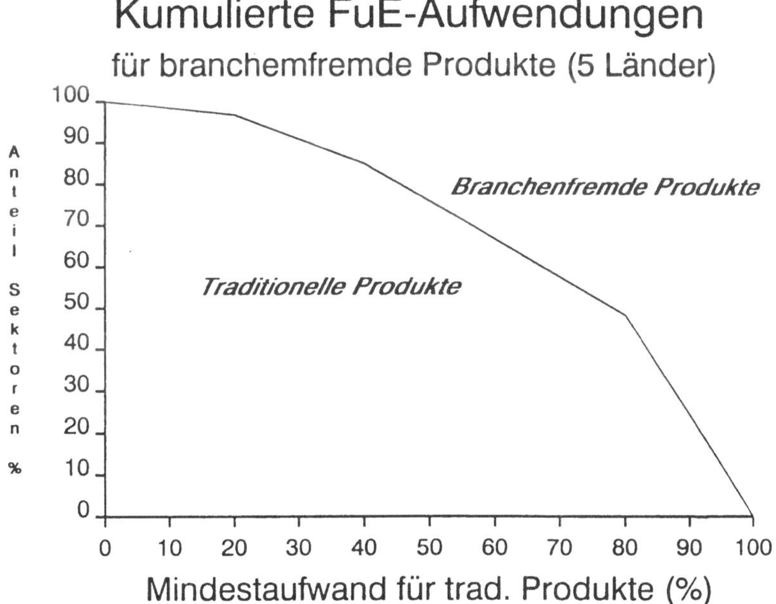


## 5. Spezialisierungsmuster bei grenzüberschreitenden Betriebsübernahmen

Im Jahre 1989 vollzog sich eine Fusion der Unternehmen General Electric Company (GEC), Plessey und Siemens, deren juristische und kapitalmäßige Aspekte hier nicht interessieren. Studiert wird die Spezialisierung der Forschung und Entwicklung der einzelnen Unternehmen auf acht Teilgebieten der Telekommunikation. Diese Teilgebiete wurden in einer umfangreichen Untersuchung sorgfältig definiert und können hier nun verbal umrissen werden (vgl. Grupp, Schnöring 1990). Es handelt sich um die leitungsgebundene Kommunikation (z.B, das Telefon; Code LE), die Funktechnik (inklusive Antennentechnik; Code FU), die Bildübertragung und die Bildkommunikation (inklusive Faksimile; Code B), die digitale Telekommunikationstechnik, vor allem im Hinblick auf die Digitalisierung der Netze (DI), die Lichtwellenleiterkommunikation (Glasfasertechnik; LL), die Hochfrequenzkommunikation (Radar etc.; HF), die Fernwirk- und Fernsignaltechnik (FS) und die sonstigen Geräte, die unter den obigen Kategorien nicht enthalten sind (SG), sowie Software- und Diensteforschung (SO) und Theorie (TH).

Die technologische Konsequenz der Fusion bezüglich der acht Teilgebiete der Telekommunikation wird in Abbildung 4 auf der Basis von Patentdaten dargestellt. Hier sind hypothetisch die jeweiligen Auslandspatente von GEC, Plessey und Siemens aus dem Jahre 1985 vereinigt worden, um die Verschiebung im Spezialisierungsprofil deutlich werden zu lassen (hypotetisch deswegen, weil 1985 die Unternehmen noch getrennt waren; man kann aber mit Sicherheit davon ausgehen, daß nunmehr der Gesamtkonzern über die Gesamtheit aller bestehenden Schutzrechte verfügt). Die Abbildung zeigt einen eindeutigen Trend zur Mitte, d.h. zum weltdurchschnittlichen Verhalten der Firmengruppe. Der Spezialisierungsindikator, der verwendet wird, setzt den Anteil an Patenten einer Institution auf einem bestimmten Teilgebiet ins Verhältnis zum Anteil derselben Institution auf allen Gebieten. Spezialisierungen oberhalb des weltweiten Durchschnitts äußern sich in positiven Werten, weltdurchschnittliche Anteile führen zum neutralen Wert 0, während unterdurchschnittliche Spezialisierungen, d.h. ein Vernachlässigen des Gebiets, sich in negativen Indikatorwerten niederschlagen (vgl. etwa Grupp, Schnöring 1990).

Während das Unternehmen Plessey drei starke Gebiete verfolgt (nämlich die Funktechnik, die Digitaltechnik und die Hochfrequenzkommunikation) und alle übrigen FuE-Gebiete weniger aktiv gestaltete, und das Unternehmen GEC gar nur in zwei Teilgebieten positiv hervorragt (Funktechnik und Lichtleitertechnik), hat die gesamte Firmengruppe nunmehr nur noch zwei klare Defizitgebiete in der Bildübertragung und bei sonstigen Geräten. Alle übrigen Teilgebiete sind überdurchschnittlich oder knapp unterdurchschnittlich repräsentiert. Aus technologischer Sicht ist die Fusion als eine Ergänzung komplementärer Stärken und Schwächen anzusehen; die technologische Analyse verweist darauf, daß die bisherigen FuE Akzente der beteiligten Firmengruppen im Bereich der Telekommunikation jeweils andere Schwerpunkte hatten und nur wenige Überschneidungen zeigten. Unter Effektivitätsgesichtspunkten mag man den Trend zum weltdurchschnittlichen Verhalten im Bereich der Telekommunikation als günstig bewerten; es muß jedoch darauf hingewiesen werden, daß der Weltdurchschnitt durch die Mehrzahl der anderen großen Konzerne definiert wird. Die in der Einleitung angesprochenen Sachzwänge zur stromlinienförmigen Ausrichtung der FuE-Aktivitäten auf das Verhalten der internationalen Wettbewerber kann jedoch nicht nur positiv gesehen werden: Durchschnittliches Verhalten von vielen industriellen Entscheidungsträgern führt zu einer Verarmung an technologischem Wettbewerb um alternative Linien, zur Vernachlässigung kreativer Lösungen und eigenständiger Entwicklungslinien.

Abb. 4: Spezialisierungsprofil des hypothetischen Gemeinschaftsunternehmens GEC, Plessey und Siemens in der Telekommunikationstechnologie auf der Basis von Auslandspatenten 1985 (die Codifizierung der Teilgebiete im Text)

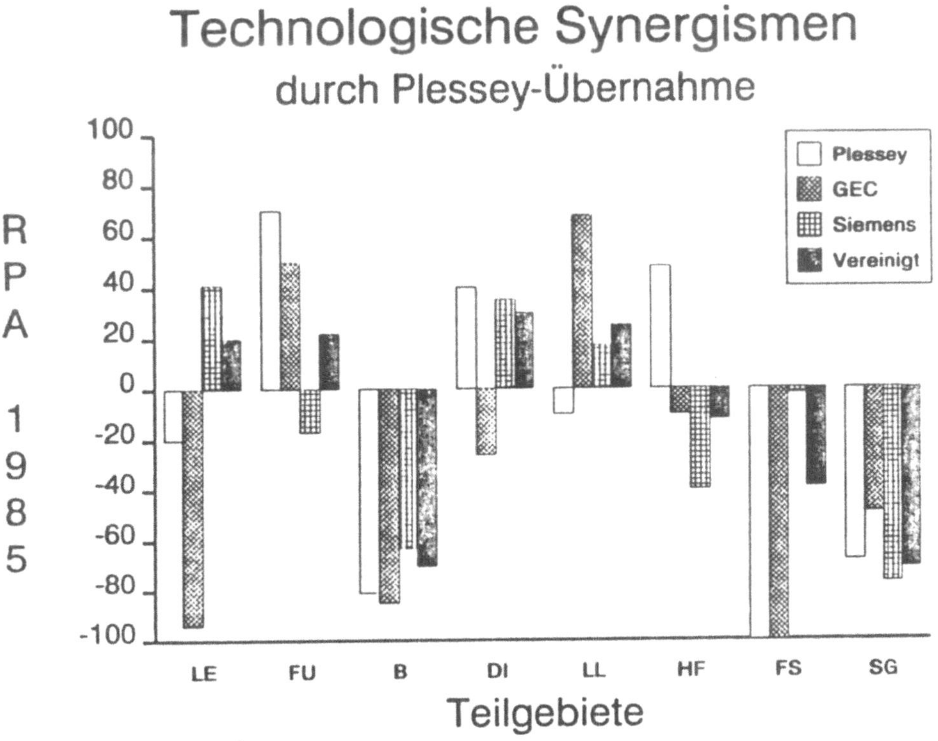


## 6. Verlust an Grundlagenforschung außerhalb der Unternehmen am Beispiel der Telekommunikation

Die Existenz einer vom Netzträger ( der Deutschen Bundespost) unabhängigen staatlichen FuE-Förderung im Bereich der Telekommunikation sollte sich in der Tendenz positiv auf die Vielfalt der grundlegenden technologischen Optionen auswirken, die von den Forschungseinrichtungen eines Landes verfolgt werden (Schnöring 1989, S. 19). Andererseits wird ein völlig unkoordiniertes Nebeneinander von staatlicher FuE-Förderung und FuE-Politik des nationalen Netzträgers auf der anderen Seite die Gefahr bergen, daß mit staatlicher Unterstützung technologische Entwicklungslinien verfolgt werden, die in der Entwicklungsplanung des Netzträgers keine Rolle spielen. Dasselbe gilt für die Hersteller von Telekommunikationsgeräten, die sich idealtypisch in einer Arbeitsteilung mit öffentlich geförderten, vor allem akademischen Institutionen befinden sollten. Wenn sich die Wirtschaft der industriellen Entwicklung verschrieben hat, so kann und soll der akademische Sektor sich eher der nicht zweckgebundenen Grundlagenforschung widmen. Wenn die Ergebnisse der grundlegenden Arbeiten langfristig Anwendungspotentiale in sich tragen - um so besser. Krupp (1984) hat hierfür den Begriff "langfristig anwendungsorientierte Grundlagenforschung" geprägt.

Ziegler (1989, S. 149) verweist zu Recht darauf, daß der Gebrauch des Begriffs "Grundlagenforschung" teilweise eine große, aber unbewußte Irreführung bewirken kann: Wer sich darauf beruft, bekommt gleichsam einen Heiligenschein aus der Verfassung, welche den Anspruch auf Freiheit, Autonomie und Unterstützung für selbstgewählte Themen ohne Einmischung garantiert. Wie aber sieht es mit dem grundlegenden Charakter der Arbeiten im akademischen Sektor, der den Begriff Grundlagenforschung gleichsam gepachtet hat ohne auf den Einzelfall zu achten, in einem anwendungsnahen Gebiet wie dem der Telekommunikation aus, das zunehmend unter internationalen Wettbewerbsdruck gerät?

Die volkswirtschaftlichen Spezialisierungsprofile bezüglich der Forschung (auf der Basis von wissenschaftlichen Publikationen) und der industriellen Entwicklung (auf der Basis von Patentanmeldungen) für die westdeutschen Akteure im Telekommunikationsgebiet werden in den Abbildungen 5 und 6 verglichen. Weil Datumsangaben zur Einreichung einer wissenschaftliche Publikation nicht zugänglich sind, wird dabei angenommen, daß die Publikationen etwa ein Jahr vor dem Publikationsdatum (das bekannt ist) entstanden sind. Deshalb werden die Erfindungs- und die Publikationsjahrgänge um ein Jahr zueinander versetzt, um Zeitgleichheit herzustellen. Die Erfindungsjahre stehen in enger zeitlicher Beziehung zum Erfindungszeitpunkt; es wird ferner unterstellt, daß die Einreichung einer Publikation mit dem Zeitpunkt der Entstehung der wissenschaftlichen Ergebnisse in enger Beziehung steht. Diese Annahmen sind in anderen Gebieten als demjenigen der Telekommunikation empirisch bestätigt worden (Schmoch u.a. 1988). Mithin werden die Publikationsperioden 1982 bis 1984 und 1985 bis 1987 den Erfindungsjahrgängen 1981 bis 1983 (Abbildung 5) und 1984 bis 1986 (Abbildung 6) zugeordnet.

Anfang der 80er Jahre korrelierten die Spezialisierungsprofile für Forschung und Entwicklung negativ ($t = -2{,}131$ bei einer Irrtumswahrscheinlichkeit von $< 10\%$, zweiseitiger Test, Teilgebiete mit einem Größenindex gewichtet). Die Bundesrepublik Deutschland war in der Forschung stark spezialisiert auf Bildübertragung und Bildkommunikation. Im Bereich der digitalen Übertragungstechnik, der Glasfaserforschung, der Fernmeßtechnik und im Bereich von Software und Diensten ergaben sich weltdurchschnittliche Forschungsaktivitäten. Hingegen war die industrielle Entwicklung stark auf die drahtgebundene und drahtlose Kommunikation und die hochfrequente (Radar) und niederfrequente Fermeßtechnik gerichtet. Bis Mitte der 80er Jahre verschob sich das Spezialisierungsmuster im Bereich der industriellen Entwicklung kaum (vgl. Abbildungen 5 und 6 in derselben Reihung der Teilgebiete). Auf der Seite der Forschungsspezialisierung traten jedoch neue Gebiete verstärkt in Erscheinung: In diesem Zeitabschnitt betonten westdeutsche Forschungsorganisationen besonders stark die digitale Technik, welche dem nationalen Ziel der Errichtung eines dienste-integrierten digitalen Netzes (ISDN) entsprechen (Grupp 1990). Deshalb erstaunt es nicht, daß die Forschungsspezialisierung Mitte der 80er nicht mehr negativ mit der Entwicklungsspezialisierung korreliert ist (t = -0,391, d.h. unkorreliert, nicht signifikant).

Abb. 5: Spezialisierungsprofile für Forschung und Entwicklung am Beginn der 80er Jahre in der Bundesrepublik Deutschland auf dem Gebiet der Telekommunikation (beruhend auf wissenschaftlichen Publikationen und Patentanmeldungen; Anordnung nach absteigender Patentspezialisierung; Codifizierung der Teilgebiete im Text)

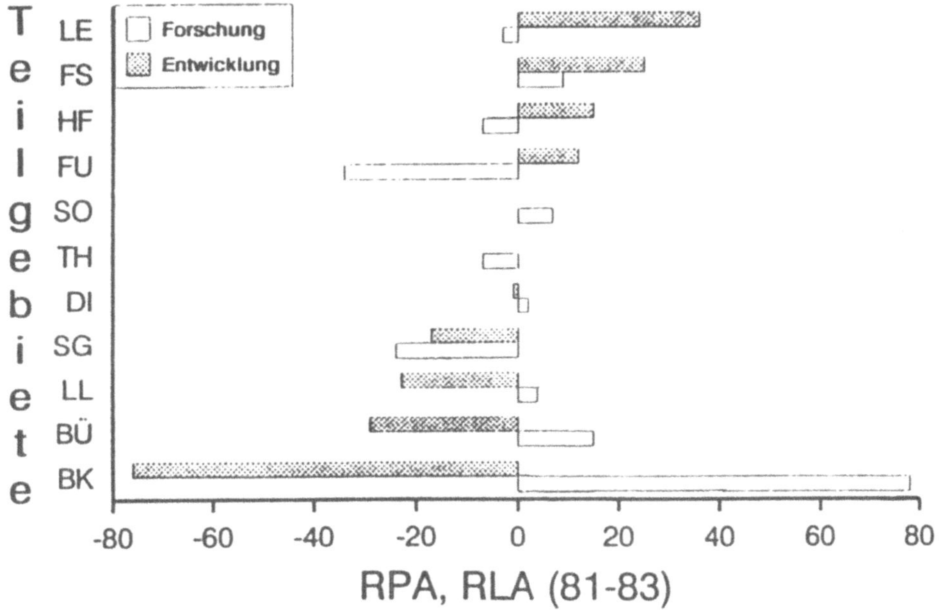

Wenn man voraussetzt, daß die Patentspezialisierung im wesentlichen durch die industriellen Innovationsstrategien geprägt ist (mehr als 90% aller Patente stammen aus Unternehmen), kann man feststellen, daß das westdeutsche Forschungssystem inzwischen mehr noch als Anfang der 80er Jahre durch industrielle Ziele beeinflußt ist. Auch wenn offen bleiben muß, ob dieser Trend vor einem längeren Zeithorizont bestätigt wird, kann doch daraus geschlossen werden, daß die kurzfristige Anpassung der bundesdeutschen Telekommunikationsforschung im Hinblick auf industrielle Innovationsstrategien in diesen letzten Jahren des Strukturwandels zu digitalisierten Netzen mehr oder weniger gelungen ist. Aus Sicht der Wirtschaft und der staatlichen Industriepolitik ist dieser Trend sicherlich begrüßenswert, führt er doch zu einer starken Bündelung aller Ressourcen auf wettbewerbliche Ziele und garantiert über Produktion und Export ein hohes Lohnniveau und eine günstige Beschäftigung. Wo aber bleibt die langfristige Ausrichtung der Forschung bei dieser Bündelung? Kann es sich das drittgrößte Industrieland innerhalb der OECD erlauben, die langfristige Forschungsvorsorge den kurzfristigen - aber berechtigten - Wettbewerbszwängen unterzuordnen?

Abb. 6: Spezialisierungsprofile für Forschung und Entwicklung Mitte der 80er Jahre in der Bundesrepublik Deutschland auf dem Gebiet der Telekommunikation (beruhend auf wissenschaftlichen Publikationen und Patentanmeldungen; Anordnung nach absteigender Patentspezialisierung wie in Abb. 5; Codifizierung der Teilgebiete im Text)

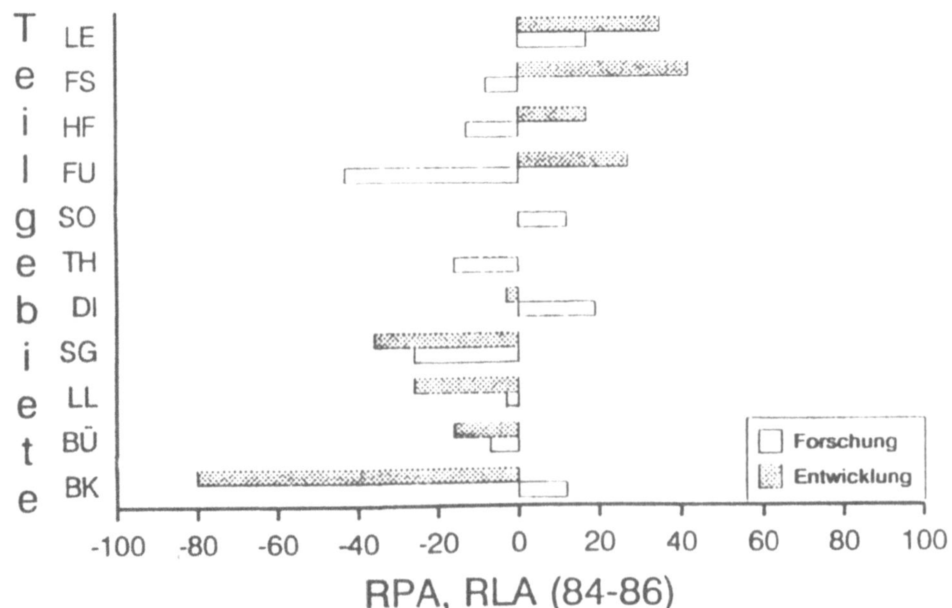

Ein Blick auf Japan zeigt, daß anläßlich der Reregulierung des Telekommunikationssektors eine bemerkenswerte Verschiebung von Aktivitäten stattgefunden hat. Trotz der überaus schnell veränderten FuE-Struktur und mit dem deutlichen Willen zum Erhalt langfristiger Arbeiten in einem verstärkten Wettbewerb zwischen Netzträgern und Herstellern auf internationalem Niveau, hat das japanische Postministerium außerordentliche Weitsicht und Durchsetzungsvermögen bewiesen. Es ist neben dem Wirschaftsministerium (MITI) zum zweiten wichtigen Ministerium im Bereich der angewandten und langfristigen Forschung aufgestiegen. Durch eine Kopplung von regionalpolitischen mit forschungspolitischen Aspekten hat das Ministerium auf die Herausforderung der Telekommunikation mit einer umfassenden Reorganisation reagiert, so daß die Beibehaltung einer Führungsfunktion unter internationalen Maßstäben auch in der Forschung ungefährdet erscheint und im Laufe der Zeit eher zunehmen dürfte. Die einzelnen Etappen dieser Reorganisation der langfristigen Forschung, die neue Programme, neue Kooperationsmodelle und die Etablierung eines neuen Forschungszentrums einschließen, können hier nicht diskutiert werden (vgl. Grupp, Schnöring 1990). So sei lediglich festgestellt, daß es realisierte Gegenmodelle zu einem Ausdünnen der langfristig orientierten Grundlagenforschung, die auch für Großbritannien festgestellt wurde (ebenda), gibt. Obwohl eigenständige kreative organische Lösungen immer erstrebenswert sind, gibt ist in dem hier studierten Fall bereits Musterlösungen, die kopiert bzw. übertragen werden können.

## 7. Folgerungen

Die quantitativen Verfahren zur Bewertung des Forschungsertrags, die sogenannten Forschungs-, Technik-, Innovations- oder Wettbewerbsindikatoren stellen eine wichtige Komplettierung zur meist qualitativen Bewertung des Stands von Forschung und Technik durch Fachleute dar. Richtig eingesetzt können sie wesentlich zu einer Objektivierung der Ertragsbemessung beitragen und nicht sehr transparente Sachverhalte aufdecken. Sie wirken also - siehe die obigen Beispiele, die auf einen weltweiten Trend zum Konformismus in FuE hindeuten - aufklärerisch. Der Innovationsprozeß ist verschwenderisch: In den frühen Phasen von FuE werden viele Lösungen erarbeitet, die sich am Ende technisch, organisatorisch oder ökonomisch nicht als gangbar oder profitabel erweisen. Innovation ist Selektion. In den Abschnitten 4 bis 6 wurde an Einzelbeispielen erläutert, daß

- die Wirtschaftszweige ihre FuE-Aktivitäten wechselseitig auf die Produkte jeweils anderer Wirtschaftszweige umorientieren,
- bei Firmenzusammenschlüssen die Spezialisierung ihre individuelle Ausprägung verliert und sich dem Weltdurchschnitt annähert und die sog. Grundlagenforschung unter Anpassungsdruck an industrielle Entwicklungsstrategien gerät.

Dies Einzelbeobachtungen geben Anlaß zu überprüfen, ob

- der innovatorische Ausleseprozeß noch funktionieren kann, wenn schon die frühen Phasen von branchenübergreifenden Vereinheitlichungsmustern gekennzeichnet sind,
- genügend kreative technische Lösungen verfolgt werden können, wenn schon auf der Ebene von Erfindungen durchschnittliche Verhältnisse zwischen den Konkurrenten herrschen und
- noch genügend mittelfristige Zukunftsvorsorge getroffen wird, wenn die Arbeitsteilung zwischen Grundlagen- und strategischer Forschung und industrieller Entwicklung aufgehoben wird.

Da die Technikfolgenabschätzung vor allem bei antizipierter neuer Technik oder bei neuen Produkten der überprüfbaren Darlegung der technischen Entwicklung in wechselnder Detailtiefe bedarf, können die Ertragsindikatoren einen unersetzlichen Beitrag zu einer verbesserten prospektiven Technikfolgenabschätzung leisten, indem sie Orientierungswissen in dem jeweils erforderlichen Detailgrad schaffen.

Die Anwendung von derartigen Indikatoren für statistische und bilanzierende Zwecke muß noch als konventionell bezeichnet werden. Ihre Verwendung im Zusammenhang mit Evaluierungsarbeiten ist gerade am Beginn. Die Zusammenführung von Indikatorik und Technikfolgenabschätzung befindet sich erst in einem frühen Denkstadium. Umgekehrt zu diese Anordnung sind die verbleibenden offenen Forschungsfragen zu sehen : Sehr umfangreich im Zusammenhang mit einer Einbeziehung in die Technikfolgenabschätzung, groß bezüglich der Verwendung in der Programmevaluierung und weitgehend gelöst im Zusammenhang mit eher berichtenden und statistischen Arbeiten.

**Literatur**

BMFT (Hrsg.),
Bundesbericht Forschung, Bonn, 1988.

Bechmann, G.; F. Gloede,
Sozialverträglichkeit - eine neuer Strategie der Verwissenschaftlichung von Politik? In:
Jungermann et al. (Hrsg.); Die Analyse der Sozialverträglichkeit für Technologiepolitik, München, 1986.

Bechmann, G.; F. Meyer-Krahmer (Hrsg.),
Technologiepolitik und Sozialwissenschaft, Frankfurt, New York, 1986.

Dahl, H.,
Der unbegreifliche Garten und seine Verwüstung, Stuttgart, 1984.

Grupp, H.,
The measurement of technical performance in the framework of R&D intensity, patent, and trade indicators.
Im Erscheinen, 1990a.

Grupp, H.; O. Hohmeyer; R. Kollert; H. Legler,
Technometrie - Die Bemessung des technisch-wirtschaftlichen Leistungstand, Köln, 1987.

Grupp, H.; H. Legler,
Strukturelle und technologische Position der Bundesrepublik Deutschland im internationalen Wettbewerb, FhG-ISI und NIW, Karlsruhe, Hannover 1989.

Grupp, H.; U. Schmoch,
Technologieindikatoren: Aussagekraft, Verwendungsmöglichkeiten, Erhebungsverfahren, in: Bullinger (Hrsg.), Organisation und Technik der Kommunikation, München, erscheint 1990.

Grupp, H.; Th. Schnöring (Hrsg.),
Forschung und Entwicklung im Telekommunikationssektor - internationaler Vergleich mit zehn Ländern.
Im Erscheinen, 1990.

Keck, O.,
Die gesellschaftliche Steuerung der Technik - Ein institutioneller Ansatz, in: Bechmann, Meyer-Krahmer, 17-41, 1986.

Krupp, H.,
Basic research in German research institutions. Proceedings of the Japan - Germany Science Seminar, Japan Society for the Promotion of Science, Tokyo, 73-109, 1984.

Krupp, H.,
Problems of West-German Technology Policy. Im Erscheinen, 1990.

Ronge, V.,
Instrumentelles Staatsverständnis und die Rationalität von Macht, Markt und Technik, Typoskript, ohne Ort, 1985.

Schmoch, U.; H. Grupp; W. Mannsbart; B. Schwitalla,
Technikprognosen mit Patentindikatoren, Köln, 1988.

Schnöring, Th.,
FuE-Förderung des Bundesministeriums für Forschung und Technologie im Telekommunikationsbereich, Diskussionsbeiträge zur Telekommunikationsforschung des Wissenschaftlichen Instituts für Kommunikationsdienste 51 (1989).

Schufmann, G., G. Bechmann, F. Gloede,
Frühwarnung zwischen Technologieförderung und Gefahrenvorsorge - Ihre wissenschaftlichen und politischen Restriktionen, in: Bechmann, Meyer-Krahmer, 43-73, 1986.

vaan Raan, A.F.J. (Hrsg.),
Handbook of Quantitative Studies of Science and Technology, Amsterdam, 1988.

Ziegler, H.,
Freiheit und Feigheit der Wissenschaft als Organisation - Beobachtungen aus der deutschen Politik, in: Faber, H., E. Stein (Hrsg.), Auf einem Dritten Weg, Frankfurt, 1989.

# EVALUATION DER WIRKSAMKEIT VON INSTRUMENTEN DER FORSCHUNGS- UND TECHNOLOGIEPOLITIK

**Frieder Meyer-Krahmer**

## 1. Was ist Evaluierung?

Unter Evaluierung wird häufig die Analyse und Bewertung von technologiepolitischen Zielen, Instrumenten und Wirkungen verstanden. Allerdings unterschlägt diese allgemeine Definition den Umstand, daß Evaluierung sehr stark vom jeweiligen Kontext der Forschungs- und Technologiepolitik bestimmt wird. Der ganz überwiegende Teil der staatlichen Forschungs- und Technologieförderung in der Bundesrepublik Deutschland konzentrierte sich bis Mitte der 70er Jahre auf eine Phase des Innovationsprozesses, die Forschung und Entwicklung (FuE). Erst in jüngster Zeit wird in der Bundesrepublik Deutschland dazu übergangen, verstärkt die nachgelagerten Innovationsphasen wie Produktionsvorbereitung und -aufnahme und Markteinführung, den Diffusionsprozeß technischer Neuerungen und innovationsorientierte Dienstleistungen und Infrastruktur zu unterstützen. Dieser Historie folgend (vgl. Übersicht 1) liegt ein wesentlicher Schwerpunkt der Evaluierungen oft in verschiedenen Formen der Förderung von industrieller FuE, aber die Analysen erstrecken sich zunehmend auch auf andere Aspekte der Forschungs- und Innovationsförderung.

Der Kontext der Forschungs- und Technologiepolitik bestimmt hauptsächlich folgende Elemente von Evaluierungen:

- Ihre Reichweite,
- die verwendeten Meßkonzepte und Indikatoren,
- die eingesetzten Methoden,
- die Auslegung des Designs.

Grundlagenorientierte FuE läßt sich angemessen durch den klassischen Ansatz mit Hilfe einer Peer-Group evaluieren, während - als anderes Extrem - die Evaluierung z.B. von Technologieparks und -gründerzentren, bei denen neue Akteure mit neuen Instrumenten umzugehen haben, eher als institutioneller Lernprozeß aufgefaßt werden kann.

## Übersicht 1

**Evaluation depends on the S&T policy:**

- From R&D to innovation
- From innovation to diffusion
- From financial support to innovation and regional policy
- From federal government to multi-institutional actors

Ein Konzept zur Evaluierung staatlicher Innovationspolitik läßt sich wie folgt präzisieren. Hierbei wird unter Innovationspolitik die staatliche Einflußnahme auf die technologische Entwicklung und ihrer wirtschaftliche Umsetzung verstanden. Innovation soll den Prozeß der Entwicklung technologisch neuer oder verbesserter Produkte und Verfahren und deren Kommerzialisierung auf dem Markt bzw. deren Aufnahme in die Produktion bedeuten. Evaluierung umfaßt hier folgende Elemente (vgl. Übersicht 2): Stellt das zu untersuchende Programm eine adäquate Lösung für das zugrundeliegende technische, wirtschaftliche oder gesellschaftliche Problem dar? Sind die dem Programm zugrundegelegten Prämissen empirisch zutreffend? Das erste Element untersucht die Frage, ob das Programm den strategisch adäquaten Lösungsweg für die jeweils zugrundeliegende Problemstellung darstellt (strategische Effizienz).

## Übersicht 2

**Evaluation-Concept for Innovation Policy Programmes**

1. Programme appropriate?
   Underlying assumptions?
2. Clientel reached?
3. Direct and indirect impacts?
4. Goal attainded?
5. Implementation and administration efficient?

Daneben sind Wirkungsweise und Wirksamkeit staatlicher Innovationspolitik zu untersuchen und zu bewerten. Hierzu gehören insbesondere die intendierten und nicht-intendierten, tatsächlich eingetreten Effekte, eine Analyse von Zielgruppen, Zielerreichung und Mitnehmereffekten sowie der Implementation und administrativen Abwicklung solcher Programme. Diese Elemente betreffen die operative Effizienz des untersuchten Programms.

In der Bundesrepublik Deutschland sind seit Beginn der 80er Jahre eine Reihe von Analysen zu den Auswirkungen des Einsatzes verschiedener Instrumente in diesem Bereich durchgeführt worden. Ein Schwerpunkt dieser Analysen liegt auf finanziellen Anreizen, wie die finanzielle

Förderung von spezifischen FuE-Projekten, generellen Zuschüssen und Steuererleichterungen. Einen zweiten Schwerpunkt stellen Maßnahmen zur Förderung des Technologietransfers und zur Erhöhung der Diffusionsgeschwindigkeit von neuen Technologien dar. Dies sind überwiegend Maßnahmen in den Bereichen Information, Beratung, Know how-Vermittlung und Kooperationsförderung. Hierauf soll hier allerdings nicht weiter eingegangen und stattdessen auf einen Überblick an anderer Stelle (Meyer-Krahmer 1989 a) verwiesen werden.

Evaluierungen der Forschungs- und Technologiepolitik sind bisher überwiegend auf unmittelbare Effekte im Bereich Forschung und Entwicklung beschränkt. Es gibt weniger Untersuchungen zu den langfristigen Effekten auf Wirtschaft und Gesellschaft. Die Gründe liegen primär darin, daß die Komplexität der Wirkungszusammenhänge mit wachsendem Abstand zwischen Forschungs- und Technologiepolitik und zu analysierender Wirkung (vgl. Übersicht 3) stark zunimmt, die Wirkungen in hoher Abhängigkeit vom wirtschaftlichen und sozialen Kontext stehen und ein erhebliches Maß an Theorie- und Methodendefizit vorherrscht. Ausführlicher diskutiert dies der Beitrag von Luke Georghiou in diesem Band.

Aber es liegen durchaus interessante Untersuchungen zu den langfristigen wirtschaftlichen, sozialen und gesellschaftlichen Effekten der Forschungs- und Technologiepolitik vor. Dieses soll am Beispiel einer sog. makroanalytischen Evaluierung über die langfristigen Wirkungen der Forschungs- und Technologiepolitik auf die Beschäftigung im folgenden Kapitel dargestellt werden. Daran schließt sich ein Beispiel einer mikroanalytischen Evaluierung an, in dem auf die Effekte der verschiedenen FuT-politischen Instrumente eingegangen wird.

**Übersicht 3**

**Innovation Stages and Evaluation**

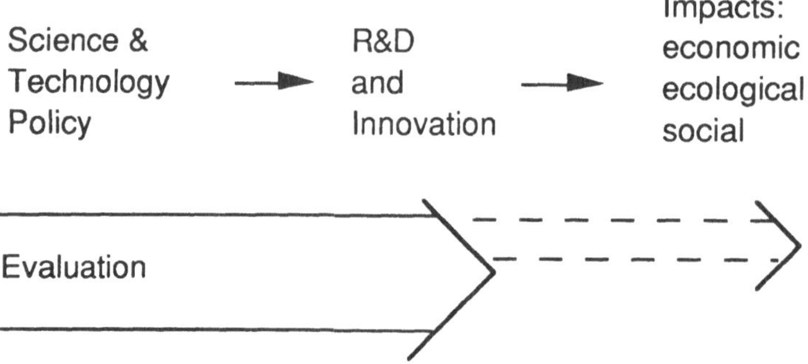

## 2. Beitrag der FuT-Politik zur Beschäftigungsentwicklung - Beispiel einer makroanalytischen Evaluierung

Im Rahmen einer Technologiefolgenanalyse hat sich das Deutsche Institut für Wirtschaftsforschung (DIW) u.a. mit der Frage befaßt, welche Folgen ein staatlich erzeugter Innovationsschub langfristig auf die wirtschaftliche Entwicklung in der Bundesrepublik Deutschland und die Lösung des Arbeitslosenproblems hat. Um die arbeitsplatzschaffenden Effekte des technischen Wandels, die sich in der Gesamtwirtschaft durch Kreislaufzusammenhänge ergeben, vollständig zu erfassen, wurde ein gesamtwirtschaftliches ökonometrisches Modell eingesetzt (Blazejczak 1987). Mit seiner Hilfe wurden die langfristigen makroökonomischen Auswirkungen verstärkter bzw. unterlassener Innovationsanstrengungen analysiert. Das Anliegen war es insbesondere, außer den Freisetzungseffekten des technologischen Wandels auch die entgegengesetzten Kompensationseffekte quantitativ abzugreifen und die Bedingungen darzulegen, unter denen eine beschleunigte Einführung von Innovationen gesamtwirtschaftlich positive Beschäftigungseffekte haben kann (Meyer-Krahmer 1989 b). Hierbei wurden allerdings nicht explizit Technik-Variablen in das Modell aufgenommen, sondern es wurden Innovationsszenarien formuliert, ausgedrückt in technikbedingten Veränderungen wichtiger gesamtwirtschaftlicher Aggregate - zusätzliche Investitionen, beschleunigter Produktivitätsfortschritt und eine verbesserte internationale Wettbewerbsfähigkeit. Schließlich wurden unter diesen Bedingungen Pfade der wirtschaftlichen Entwicklung einschließlich der Beschäftigung in der Bundesrepublik Deutschland bis zum 2000 aufgezeigt.

Unter dieser Annahme könnte die durchschnittliche jährliche Wachstumsrate des Sozialprodukts um etwa einen halben Prozentpunkt höher ausfallen als unter Status-quo-Bedingungen. Die rechnerischen Freisetzungseffekte des beschleunigten Produktivitätsanstiegs würden damit zu rund 85 vH kompensiert. Sensitivitätsanalysen zeigen, daß unter für die Arbeitsmarktentwicklung günstigen Bedingungen in bezug auf den Zusammenhang zwischen Investitionen und Produktivitätsanstieg und in bezug auf die Verbesserung der Position im Qualitiätswettbewerb die Freisetzungseffekte sogar mehr als kompensiert werden könnten. Umgekehrt ist unter ungünstigen Bedingungen auch vorstellbar, daß der Kompensationseffekt lediglich 60 vH beträgt. Nur unter günstigen Bedingungen (deutlich höhere Wachstumsrate von Anlageinvestitionen und Zunahme des Anteils der Warenausfuhr am Welthandel) ist also bei verstärkten Innovationsanstrengungen mit positiven Beschäftigungseffekten zu rechnen (vgl. Übersicht 4).

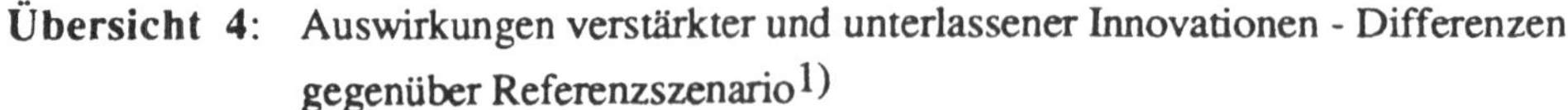

**Übersicht 4:** Auswirkungen verstärkter und unterlassener Innovationen - Differenzen gegenüber Referenzszenario[1)]

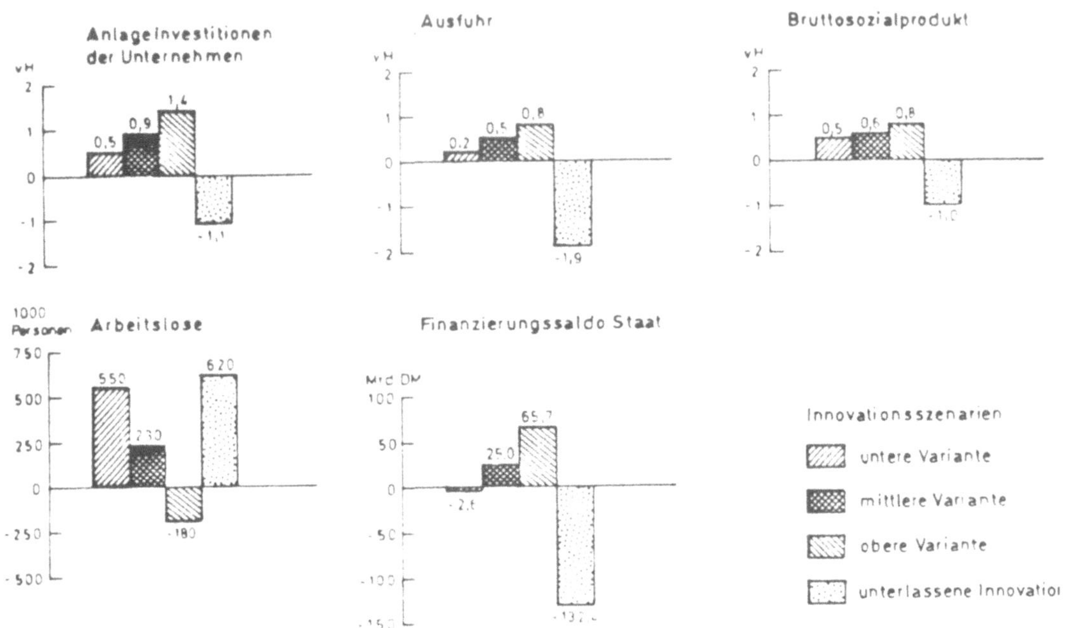


1) Differenzen der durchschnittlichen jährlichen Veränderungsrate 2000/1987 gegenüber dem Referenzszenario bzw. Differenzen der Werte im Jahr 2000

Quelle: Blazejcak 1(1989)

Als Kontrast hierzu wurde auch die Frage analysiert, welche gesamtwirtschaftlichen Folgen für Wachstum und Arbeitsmarktbilanz bei unterlassenen Innovationen zu erwarten wären: Ist das der Fall, kann sich der Produktivitätsfortschritt verlangsamen und die internationale Wettbewerbsfähigkeit verschlechtern. Eine Verringerung des jährlichen Produktivitätsfortschritts würde rein rechnerisch zu einer Mehrbeschäftigung führen. Dem stehen die Effekte einer Verschlechterung der Position im Qualitätswettbewerb entgegen. Einer Verschlechterung der Wettbewerbsfähigkeit sind von der übrigen Welt aus wesentlich weniger enge Grenzen gesetzt als einer Verbesserung. Nimmt man eine Halbierung des realen Außenbeitrags gegenüber dem Referenzszenario und zusätzlich eine wesentlich ungünstigere Entwicklung der Terms of Trade an, so daß sich als Ergebnis im Jahr 2000 eine in etwa ausgeglichene Außenhandelsbilanz ergibt, so würde sich ein gravierender Beschäftigungseinbruch ergeben. Mindestens ebenso schwerwiegend ist die Verringerung der Wachstumsrate des Sozialprodukts. Die damit verbundenen Probleme beständen insbesondere in dem sinkenden Spielraum für Verteilungsauseinandersetzungen, der Vergrößerung des Finanzierungsdefizits der öffentlichen Haushalte und damit auch einem geringeren Handlungsspielraum des Staates.

Allerdings spielt sich ein erheblicher struktureller Wandel ab, sowohl in bezug auf die Veränderung betrieblicher Qualifikations- sowie der Berufsgruppenstrukturen als auch in bezug auf den sektoralen Strukturwandel. Diese strukturellen Auswirkungen des technischen Wandels sind letztlich bedeutsamer als seine rein quantitativen Beschäftigungswirkungen. Die Vorteile des technischen Wandels sind letztlich bedeutsamer als seine rein quantitativen Beschäftigungswirkungen. Die Vorteile des technischen Wandels erlangen die innovierenden Unternehmen durch Steigerung ihrer Gewinne. Ferner profitieren die dort Beschäftigten durch die nunmehr teilweise erheblich höheren Löhne. Die Kunden dieser Unternehmen profitieren dadurch, daß neue, qualitativ bessere Produkte angeboten werden oder bei ihrem Einsatz (im Falle von Investitionsgütern) kostenreduzierend wirken können. Zudem führt der technologische Wandel zu einem höheren Anteil des Dienstleistungs- und Handelsbereichs an der Gesamtbeschäftigung. Nachteile von diesen Entwicklungen haben jene Beschäftigten, die durch die Rationalisierung ihren Arbeitsplatz verlieren und jene, die Arbeit suchen, für die aber die Wahrscheinlichkeit, auch Arbeit zu finden, aufgrund des niedrigen Arbeitsplatzbedarfs gesunken ist. Dies bedeutet, daß die wirtschaftspolitischen Rahmenbedingungen, insbesondere in Zeiten starker Rationalisierungsanstrengungen, auf eine günstige Nachfrageentwicklung und eine damit verbundene Ausweitung der Investitionsnachfrage ausgerichtet sein müssen. Die Angebotsbedingungen verbessern sich quasi automatisch durch die Produktionszuwächse.

Die absoluten (Netto-) Beschäftigungseffekte sind also von geringerer Bedeutung als die strukturellen Änderungen. Der durch die FuT-Politik ausgelöste strukturelle Anpassungsprozeß und die in diesem Zusammenhang auftretenden Friktionen sind damit die entscheidenden Folgewirkungen, mit denen sich die Wirtschafts- und Technologiepolitik auseinandersetzen muß. Eine bedarfsorientierte FuT-Politik hat sich deshalb auch insbesondere mit der Richtung des Strukturwandels auseinander zu setzen (vgl. auch Majer 1989).

Die Konsequenzen für die Technologiepolitik lassen sich damit in zwei Thesen zusammenfassen. Erstens zeigen die Resultate, daß eine Innovationsstrategie in bezug auf die Beschäftigung eine wirtschaftliche Defensiv-Strategie darstellt: Sie schafft gesamtwirtschaftlich kaum neue, zusätzliche Beschäftigung, verhindert jedoch größere Beschäftigungseinbrüche. Der eigentliche Beitrag der Technologiepolitik liegt in diesem Zusammenhang in der mittel- und langfristigen Stabilisierung und Stärkung der internationalen Wettbewerbsfähigkeit und damit in der Sicherung des erreichten Beschäftigungsniveaus, nicht in der Lösung aktueller Beschäftigungsprobleme.

Zweitens unterstreichen die Ergebnisse der Analyse, daß eine Innovationsstrategie allein sich nicht zur Lösung der Arbeitsmarktprobleme eignet. Verstärkte Innovationsanstrengungen ermöglichen aber über ein höheres Wachstum größere Spielräume für die Wirtschaftspolitik. Diese können für anderen Elemente einer auf Beschäftigung ausgerichteten Politik genutzt werden. Dazu gehören - worauf das DIW schon früher hingewiesen hat - Umweltinvestitionen im Unternehmensbereich, die Bereitstellung einer leistungsfähigen Infrastruktur, die Ausweitung des privaten und staatlichen Dienstleistungsangebots sowie vielfältige Formen der Arbeitszeitverkürzung und -flexibilisierung.

Der Technologiepolitik kommt dabei eher die Rolle eines Politikbereiches mit weitem Zielhorizont zu; wichtige, in der Bundesrepublik z.T. vernachlässigte Tätigkeitsfelder sind hierbei Bereiche mit hohen externen Effekten wie Umwelt und Ressourceneinsparung, eine stärkere Bedarfs- und Nachfrageorientierung der Technologiepolitik, die Verbesserung einer innovationsrelevanten Infrastruktur und die Vernetzung des Forschungssystems einschließlich der Mobilität des Forschungspersonals. Damit würde die Technologiepolitik u.a. einen Beitrag zur langfristigen Stärkung und qualitativen Umstrukturierung der binnenwirtschaftlichen Nachfrage leisten. Letzteres ist allein schon aus ökologischen Gründen erforderlich, ersteres wäre nicht zuletzt wegen der notorischen Leistungsbilanzüberschüsse der Bundesrepublik Deutschland auch gesamtwirtschaftlich wünschenswert.

Diese Resultate stellen gleichzeitig auch ein Beispiel für eine prospektive Evaluierung künftiger Auswirkungen unterschiedlicher Politikpfade und -optionen dar, wobei hier wegen des begrenzten Rahmens nicht auf die notwendige Differenzierung (bezüglich Strukturänderung, Instrumentenmix usw.) eingegangen werden kann. Derzeit wird am DIW eine ähnlich gelagerte Analyse zur Umweltpolitik durchgeführt (DIW 1989), innerhalb derer unterschiedliche umweltpolitische Optionen (Verbote, Auflagen, finanzielle Anreize, Lizenzlösungen) analysiert werden (vgl. Schulz 1989). Dieser Typ von Evaluierung stellt ein wichtiges Instrument für künftige Politikentwürfe dar, der auch eng verknüpft ist mit dem Technology Assesment. Bisher wurde diese Art prospektiver Evaluierung zu wenig eingesetzt.

## 3. Wirkungen verschiedener FuT-politischer Instrumente - Beispiel einer mikroanalytischen Evaluierung

Eine mikroanalytische Evaluierung setzt bei den Wirkungen der FuT-Politik an, wie sie bei einzelnen Akteuren wie Forschungsteams, Unternehmen und Haushalten feststellbar sind. Die Ausgangsfrage für diese Kapitel ist: Welche unterschiedlichen Wirkungen sind von verschiedenen FuT-politischen Instrumenten zu erwarten? Im folgenden wird nur auf direkte und indirekte Subventionen für FuE, auf den sog. Realtransfer (Informationen, Beratung) und die öffentliche Auftragsvergabe eingegangen. Regulierungs- oder Infrastrukturmaßnahmen werden in anderen Beiträgen dieses Bandes ausführlich behandelt (vgl. z.B. den Beitrag von G.Becher).

Die überwiegend ordnungspolitisch geführte Diskussion um die geeigneten Förderinstrumente in der Bundesrepublik Deutschland hat eine lange Tradition. In der Technologie- und Innovationspolitik wird diese Debatte allerdings weitgehend auf eine Gegenüberstellung von direkter und indirekter finanzieller FuE-Förderung begrenzt. Aus diesem Grunde wird hierauf ausführlicher eingegangen und aufzuzeigen versucht, daß diese Debatte auf dem Hintergrund der vorliegenden Wirkungsanalysen insofern revisionsbedürftig ist, daß diese beiden Förderinstrumente nicht - wie überwiegend unterstellt - konkurrierend, sondern eher einander ergänzend sind. Neben diesen finanziellen Anreizen gibt es eine Reihe weiterer Instrumente zur Förderung von industrieller Innovation. Die wichtigsten sind Information, Regulierung und öffentliche Nachfrage. Diese Instrumente werden in praktisch allen westlichen Industriestaaten angewandt, unterscheiden sich jedoch bezüglich ihres relativen Gewichts innerhalb der nationalen Technologie- und Innovationspolitik und darin, wie die Instrumente in Einzelmaßnahmen und -programmen operationalisiert werden. Obwohl kaum thematisiert, dürfte aus Wirkungsgesichtspunkten die staatliche Nachfrage eine besondere Bedeutung spielen. Tritt der Staat als potenter und kenntnisreicher Konsument auf, so werden gerade in Frühphasen technologischer Entwicklungen für innovierende Unternehmen die Unsicherheiten bezüglich des Marktpotentials verringert und auf diese Weise ein wirksamer Nachfragesog hergestellt (vgl. auch Schmookler 1966). Außerdem tritt der Staat als sachverständiger Konsument in Aktion, was er sonst häufig nicht ist. Dies ist gerade im Fall einer Produktförderung - um die es sich im Fall öffentlicher Nachfrage überwiegend handelt - von besonderer Bedeutung.

Der grundsätzliche Unterschied zwischen finanziellen Anreizen (direkt oder indirekt) und öffentlicher Nachfrage besteht darin, daß finanzielle Anreize die Kosten der Innovation reduzieren, nicht dagegen das Risiko (wie häufig fälschlicherweise behauptet wird). Die Präsenz öffentlicher Nachfrage reduziert dagegen das Marktrisiko der Investitionen in neue Technologie. Welches dieser beiden Instrumente bei gleichem Ressourceneinsatz eine größere Wirkung auf die Innovationsaktivitäten der Unternehmen hat, hängt deshalb davon ab, ob diese stärker auf eine Verringerung der Kosten oder des Marktrisikos reagieren. Untersuchungen zu dieser Fragestellung liegen bisher kaum vor. Zieht man jedoch die Ergebnisse zu den Innovationsengpässen von kleinen und mittleren Unternehmen heran, so wird von den Unternehmen den Markt- und Absatzrisiken eine weitaus höhere Bedeutung eingeräumt als den Finanzierungs- und Kostengesichtspunkten. Diese Ergebnisse deuten darauf hin, daß möglicherweise die Unternehmen auf das Instrument der öffentlichen Nachfrage weitaus sensibler reagieren als auf Anreize (oder Sanktionen). Eine ähnliche Einschätzung ergibt sich auch aus den wenigen vorliegenden Wirkungsanalysen zu den Auswirkungen der öffentlichen Nachfrage.

Während die Wirksamkeit der öffentlichen Nachfrage vermutlich relativ hoch eingeschätzt werden kann, ist der Einsatz dieses Förderinstruments hauptsächlich durch Implementationsschwierigkeiten begrenzt. In der Bundesrepublik Deutschland gelang es z.B. im Rahmen der Förderung der Datenverarbeitung von 1967 bis 1979 nicht- wie in den USA-, die öffentliche Nachfrage ausreichend zu mobilisieren (Scholz, Thalacker 1980; ADL/SRI 1982). In den USA war diese Nachfrage militärischer Natur. Eine zivile Nachfragekoordination stößt jedoch in diesen beiden Ländern an die Grenzen des politischen Systems, da dies nicht zuletzt aufgrund de förderalistischen Struktur fragmentiert und deshalb schwer koordinierbar ist. Hieran sind auch andere Initiativen des BMFT, z.B. in der kommunalen Entsorgung, gescheitert.

Die Diskussion um die direkte und indirekte FuE-Förderung hat sich soweit auch in regierungsamtlichen Mitteilungen niedergeschlagen, daß das Budget des BMFT entsprechend klassifiziert wird. Direkte und indirekte FuE-Förderung werden hierbei üblicherweise in ein Verhältnis gesetzt. Diese Rate hat sich von 14,4:1 (1976) über 4,8:1 (1980) bis 2,4:1 (1984) entwickelt. Diese Entwicklung wird von der Bundesregierung als positiv angesehen, da es gelungen sei, die indirekte Förderung nicht nur ablsolut, sondern auch relativ in höherem Umfang zu realisieren. Die Ziele - zumindest der wirtschaftsbezogenen Technologiepolitik - sind dagegen im wesentlichen unverändert geblieben. Dem liegt die Hypothese zugrunde, daß die direkte Förderung durch die indirekte Förderung ohne einen Verlust an Zielerreichung substituiert werden kann. Diese Hypothese hat folgende Voraussetzungen: Die mit Hilfe der direkten bzw. indirekten FuE-Förderung erreichbare Klientel von Unternehmen unterscheiden sich nur unwesentlich; beide Förderinstrumente führen zu ähnlichen innerbetrieblichen Auswirkungen; beide Förderinstrumente setzen an ähnlichen Innovationsengpässen an.

Zusätzlich werden den Instrumenten folgende spezifische Vor- und Nachteile nachgesagt (vgl. Streit 1984, Gröbner 1983, Hasenritter 1982): Spitzentechnologieförderung kann nur durch Selektion bezüglich Technologiegebiet, Qualität, Risiko- und Technologiehöhe vorgenommen werden und ist deshalb nur durch die direkte Förderung möglich. Findet keine solche Selektion statt, wird vorwiegend Technologie von mittleren und niedrigerem Niveau gefördert. Indirekte Förderung nimmt wenig Einfluß auf unternehmerische Entscheidungen und hat damit nur einen geringen Steuerungseffekt auf das Marktgeschehen. Der indirekten FuE-Förderung wird deshalb auch ein hohes Maß an Mitnehmereffekten nachgesagt. Indirekte Förderung hat einen hohen Verbreitungsgrad, für die Technologiepolitik schwer erreichbare Unternehmen können in die Förderung mit einbezogen werden. Dies setzt eine rasche und unbürokratische Abwicklung voraus, die wiederum mit einer strengeren Kontrolle und Überprüfung der Angaben der

Unternehmen konfligiert. Der Projektförderung wird neben einem hohen Abwicklungsaufwand auch eine administrative Starrheit nachgesagt, die im Gegensatz zu den eine hohe Flexibilität erfordernden FuE-Prozessen stehe.

Es läßt sich feststellen, daß aufgrund von Untersuchungen zur Förderung von kleinen und mittleren Unternehmen (ausführlich in Meyer-Krahmer 1989 a) die These von der prinzipiellen Substituierbarkeit von direkter und indirekter FuE-Förderung als revisionsbedürftig angesehen werden muß. Nicht nur die Zielsetzungen, sondern auch die tatsächlich erreichte Klientel, ihr Innovationsverhalten, die relative Bedeutung von neuen Technologien als Determinante für die Marktstellung dieser Unternehmen und die festgestellten innerbetrieblichen Auswirkungen weisen darauf hin, daß beide Förderinstrumente eher einander ergänzender Art sind, da sie eine unterschiedliche Klientel, eine unterschiedliche Technologieorientierung und unterschiedliche innerbetriebliche Auswirkungen aufweisen. Es bestätigen sich der hohe Verbreitungsgrad der indirekten FuE-Förderung, die geringe Einflußnahme auf unternehmerische Entscheidungen und die rasche und unbürokratische Abwicklung. Ebenso bestätigen sich die Nachteile einer geringen Kontrollmöglichkeit und die Förderung von vorwiegend inkrementaler Innovationstätigkeit. Ob große Unterschiede in bezug auf Mitnehmereffekte bestehen, konnte nicht untersucht werden. Die fachprogrammbezogene Förderung des BMFT dagegen erreicht diejenigen kleinen mittleren Unternehmen, die eine ganz besonders hohe Technologieorientierung und Innovationsstärke auszeichnet und regt gerade diese risikofreudigen und dynamischen Unternehmen an, in größere, risikoreiche FuE-Projekte und neue Technologiegebiete einzusteigen. Insofern scheint dieses Förderinstrument besonders geeignet, Unternehmen anzuregen, sich in risikoreiche, neue Gebiete vorzuwagen. Es bestätigt sich damit, daß sich die bisherige Praxis der Spitzentechnologie- bzw. der High-Technology-Förderung mit Hilfe der direkten FuE-Förderung, wie sie seit jahren praktiziert wird, als ein - im Vergleich zur indirekten FuE-Förderung - sinnvolles Förderinstrument erweist. Die Nachteile der Administration und Einflußnahme auf unternehmerische Entscheidungen bleiben dagegen bestehen (vgl. Übersicht 5).

## Übersicht 5

## Vergleich von Förderstrategie, Klientel, Wirkungen und Administration der FuE-Personalkostenzuschüsse und der fachprogrammbezogenen Projektförderung

| | Art der Förderung | |
|---|---|---|
| Bewertungskriterium | Fachprogrammbezogene Projektförderung (nur kleine und mittlere Unternehmen betreffend) | FuE-Personalkostenzuschüsse |
| **1. Förderstrategien** | | |
| Ziele | a) Internationale Spitzentechnologieförderung | a) allg. FuE-Potentialerhöhung |
| | b) Ausgleich technologiespezifischer Defizite | b) Ausgleich spezifischer Defizite von kleinen und mittleren Unternehmen |
| - Selektionsgrad | sehr hoch | sehr gering |
| - Konzentrationsgrad bzgl. Branchen, Regionen | FuE-intensive Branchen und Regionen überwiegen | FuE-intensive Branchen und Regionen überwiegen |
| **2. Klientel** | | |
| - Verbreitungsgrad | eng begrenzt | sehr hoch |
| - Innovationsstärke | mittel bis groß | gering bis groß, jedoch vorrangig gering |
| - typische FuE-Projekte | z.T. relativ risikoreiche, aufwendige und längerfristige Projekte | überwiegend kleine, marktnahe Projekte |
| **3. Wirkungen** | | |
| auf FuE | | |
| - Anteil risikoreicher, aufwendiger und längerfristiger FuE-Projekte | hoch | gering |
| - Verstärkung der FuE-Orientierung | i.d.R. eindeutig ja | hauptsächlich bei Unternehmen mit Technologieorientierung |
| auf Innovation und Wettbewerbsfähigkeit | | |
| - Zeitraum bis zur wirtschaftlichen Umsetzung | langfristig (relativ für KMU) | kurz |
| - erstmaliger Einstieg in größere, risikoreiche FuE-Projekte | relativ häufig | nicht vorhanden |
| - Einstieg in neue Technologiegebiete | vielfach | selten |

| | | |
|---|---|---|
| - Einfluß auf einen beschleunigten Strukturwandel | punktuell | diffus |
| - Sekundär-Wirkung: Know-how-Zuwachs für Folgeprojekte | vielfach groß | unterschiedlich, i.d.R. begrenzt |
| auf den Abbau von Innovations-Finanzierungsdefiziten | nur kleiner Anteil von Unternehmen hat gravierende Finanzdefizite | nur kleiner Anteil von Unternehmen hat gravierende Finanzdefizite |
| **4. Administration** | | |
| - Zugangsbarrieren, speziell für Erstzuwendungsempfänger | hoch | niedrig, jedoch nur Produzierendes Gewerbe |
| - Transparenz der einzelnen Fördermöglichkeiten | gering | gut |
| - Antrags- und Abwicklungsaufwand | absolut und relativ hoch | niedrig |
| - Kontrolle | hoch | gering |
| - Beratung | neben administrativer auch fachliche Beratung | administrativ: gering fachlich: keine |
| - Zuschußhöhe | hoch | absolut und relativ (Bemessungsgrundlage) niedriger |
| - Kalkulierbarkeit für mehrjährige Projekte | längere Vorlaufzeit (bis zur Bewilligung), dann stabile Kalkulationsgrundlage | Unsicherheit über künftige Änderungen der Förderkonditionen |

Quelle: Eigene Zusammenstellung

Die ordnungspolitische Debatte kann vor dem Hintergrund dieser Ergebnisse möglicherweise an Heftigkeit verlieren. Auch von ordoliberalen Positionen wird staatliches Engagement in Form der direkten Förderung in begründeten Ausnahmefällen als vertretbar angesehen, wenn besonders risikoreiche Investitionen getätigt werden sollen. Dies ist i.d.R. bei der High-Tech-Förderung der Fall. Und gerade hier setzt die direkte Förderung an. Der ordnungspolitische Streit läßt sich damit auf die (empirisch zu klärende) Frage reduzieren, ob, wo und wie häufig in der bisherigen technologischen Praxis von der Regel abgewichen wurde, direkte Förderung nur unter den genannten Bedingung anzuwenden. Gegenwärtig wird jedoch diese Debatte (immer noch) von der Frage dominiert, ob die direkte Förderung prinzipiell ein in einer Marktwirtschaft zulässiges und sinnvolles staatliches Förderinstrument ist.

Bei der Diskussion um die direkte, indirekt-spezifische und indirekte Förderung sollte allerdings nicht übersehen werden, daß es zu diesen Instrumenten noch weitere Alternativen gibt. Zumindest in Teilbereichen der Technologie - und Innovationspolitik stellen die öffentlichen Nachfrage und Regulierungsmaßnahmen vermutlich weitaus effizientere staatliche Instrumente dar als finanzielle Anreize, sei es in direkter oder indirekter Form. Für diese Fälle erweist sich der Streit um die direkte bzw. indirekte Förderung möglicherweise als weitgehend irrelevant.

Die Effekte des jeweiligen Instruments unterscheiden sich wenig danach, ob sie auf der Angebots- oder Nachfrageseite ansetzen. Dagegen weichen die Wirkungen der unterschiedlichen Instrumente ganz erheblich voneinander ab. Die direkte FuE-Projektförderung erreicht primär die "Vorreiter", die z.B. den Einstieg in eine neue Umwelttechnik wagen; die generellen finanziellen Anreize verstärken z.B. vorhandene FuE-Aktivitäten im Umweltbereich, ohne die Richtung betrieblicher FuE zu beeinflussen. Informations- und Beratungsmaßnahmen tragen eher zur Veränderung des Verhaltens von Unternehmen oder Konsumenten bei. Es hängt letztlich von der FuT-politischen Strategie ab, welches Instrument bzw. welcher Instrumenten-Mix gewählt wird. Diese Ergebnisse zeigen allerdings nur die strategische Wirkungsrichtung der Instrumente auf, sagen aber noch nichts über deren Effizienz oder den Grad an Mitnehmereffekten, die an dieser Stelle nicht behandelt werden.

## 4. Welche Rolle kann Evaluierung für politische Entscheidungsprozesse spielen?

Evaluierungen können grundsätzlich als Planungs- und Analyseinstrument angesehen werden, um die Grundlagen für eine politische Entscheidungsfindung zu verbessern. Notwendig erscheint ihr Einsatz in Zukunft, um alternative Optionen und Pfade der FuT-Politik - insbesondere hinsichtlich ihrer langfristigen ökonomischen, ökologischen und sozialen Auswirkungen - transparenter zu machen. Reichhaltig vorhanden sind Evaluierungen zur operationalen Effizienz und zu den einzelnen innerbetrieblichen Auswirkungen von FuT-politischen Programmen. Defizitär dagegen sind die Evaluierungen zur strategischen Effizienz der Programme.

Inzwischen gibt es eine ganze Reihe von Erfahrungen, in welcher Weise Evaluierungen in politische Entscheidungsprozesse eingegangen sind. Für die Bundesrepublik Deutschland lassen sich folgende Beispiele anführen:

- Verbesserung der Feinsteuerung und des Managements der Programme.
- Grundlagen für Überlegungen zu neuen Programmen.
- Erstmaliges Verfügbarmachen neuen empirischen Materials.

- Rasche Umsetzung von Erfahrungen mit neuen, experimentellen Maßnahmen, insbesondere bei regional orientierten Innovationsprogrammen, Ermöglichung notwendiger institutioneller Lernprozesse und Qualifizierung der beteiligten Akteure.

Nicht nur für die Bundesrepublik Deutschland gibt es kein Beispiel dafür, daß ein Programm aufgrund einer Evaluierung gestoppt wurde. Solche grundsätzlichen Auswirkungen auf technologiepolitische Entscheidungsprozesse haben Evaluierungen offensichtlich nicht. Ihren Eingang haben sie dagegen in die Programmausgestaltung, die Feinsteuerung und die Neukonzeption von Programmen gefunden (vgl. Übersicht 6). Eine Untersuchung der Nutzung von Evaluierungen in politischen Entscheidungsprozessen in vielen europäischen Ländern (Meyer-Krahmer, Montigny 1989) hat darüber hinaus ergeben, daß Evaluierungen in erheblichem Maße der Gefahr der politischen Funktionalisierung ausgesetzt sind. Zudem wurden bisher vorwiegend kleine und mittelgroße FuT-politische Programme untersucht, Großprogramme sind in der Regel - bis auf interne Evaluierungen - von solchen Analysen ausgenommen worden.

Diese Erfahrungen stellen den Wert von Evaluierungen keineswegs in Frage, sie machen jedoch deutlich, daß die Nutzung von Evaluierungen stark von der Logik politischer Entscheidungsprozesse abhängt. Berücksichtigt man dies bei der Anlage und Implementation von Evaluierungen (wie Unabhängigkeiten der Evaluatoren, präzise Zieldefinitionen, Meßkonzepte usw.), so können Evaluierungen als ein wichtiges Instrument nicht nur zur kritischen Prüfung gegenwärtiger Forschungs- und Technologiepolitik dienen, sondern insbesondere auch zum Entwurf und zur öffentlichen Diskussion alternativer Politikpfade in der Zukunft.

**Übersicht 6**

**Use of evaluations**

| In principle: | In reality: |
|---|---|
| - basis for rationale decision making | - Improvement of fine-tuning and managment |
| - clarifying policy alternatives (ex ante) | - basis for new programmes,<br>institutional learning process and qualifying actors |
| - critical review of existent policy<br>(strategic goals, efficiency, impacts) | - no programme canceled,<br>pure legitimation,<br>only small and medium scale programmes |

**Literatur**

ADL/SRI (Little, A.D., SRI International):
Die Entwicklung der Datenverarbeitung in der Bundesrepublik Deutschland.
Programmbewertung der DV-Förderung des BMFT 1967 bis 1979), Wiesbaden 1982

Blazejczak, J.:
Gesamtwirtschaftliche Auswirkungen verstärkter Innovationsanstrengungen, in: Meyer-Krahmer, F. (Hrsg.): (1989 b)

Blazejczak, J.:
Simulation gesamtwirtschaftlicher Perspektiven mit einem ökonometrischen Modell für die Bundesrepublik Deutschland, Beiträge zur Strukturforschung des DIW, Heft 100, Berlin 1987

Deutsches Institut für Wirtschaftforschung
Beschäftigungswirkungen des Umweltschutzes - Abschätzung und Prognose bis 2000, Zwischenbericht, Berlin 1989

Gröbner, B.:
Subventionen. Eine kritische Analyse, Göttingen 1983

Hasenritter, B.:
Staatlicher Forschungs- und Entwicklungspolitik in der Bundesrepublik Deutschland, München 1982

Majer, H.:
Technischer Fortschritt und Qualitätsveränderung: Die Identitätshypothese, in: Seitz, T. (Hrsg.): Wirtschaftliche Dynamik und technischer Wandel, Stuttgart, New York 1989

Meyer-Krahmer, F.:
Der Einfluß staatlicher Technologiepolitik auf industrielle Innovation, Baden-Baden 1989 (1989 b)

Schmookler, J.:
Invention and Economic Growth, Cambridge/Mass. 1966

Scholz, G., Thalacker, L.:
Technologiepolitik als sektorale Strukturpolitik: Die deutsche Computerindustrie, in Hartwich, H. (Hrsg.): Strukturpolitik. Aufgabe der achtziger Jahre, Opladen 1980

Schulz, W.:
Instrumente der Umweltpolitik - Sachstand und Perspektiven, Referat im Rahmen der Seminarreihe "Stand und Probleme der Umweltökonomie" des Deutschen Instituts für Wirtschaftsforschung, Berlin 1989

Streit, M.:
Innovationspolitik zwischen Unwissenheit und Anmaßung von Wissen. In: Hamburger Jahrbuch für Wirtschafts- und Gesellschaftspolitik 29,1984

# EVALUATION OF RESEARCH AND TECHNOLOGY - SOME BROADER CONSIDERATIONS

**Luke Georghiou**

## 1. Introduction

In recent years, the evaluation of research and development has become an increasingly widespread activity in industrialized countries. The reasons for this are not difficult to identify. Against a background of a desire by politicians of all denominations to demonstrate value-for-money in public expenditure, science and technology have been subjected to a level of scrutiny far higher than in the past. This has been accompanied by level budgets and growth in science-based technologies with the result that a policy of selectivity in research funding has been almost inevitable. Choice demands information and it is to evaluation that policymakers have turned.

This paper is not about the development of evaluation; that has been described elsewhere.[1,2]. Rather, it is concerned with the limitations of the methodologies used, in terms of their current application but more particularly with regard to their inappropriateness when applied to the evaluation of broader social goals. There appears to be an inability to carry out evaluation which bridge the gap between research programmes and their ultimate impacts. This point was illustrated in a recent study carried out by PREST on behalf of the European Commission[3] which examined the impact utility of EC evaluation reports by interviewing policymakers in seven countries. It was noticeable that the least satisfied were those in environmental and health ministries who drew attention to the lack of material dealing with impacts of R&D upon policies.

Evaluation panelists themselves noted the difficulties; the panel evaluating the Environment Programmes, in an otherwise substantial report, confined themselves to stating that

"the study of socio-economic impacts constitutes a valid area of R&D which is essential to ensure the cost-effectiveness of Community action in the field of environmental research"

and called for a basis to classify benefits and a set of criteria for weighting them. This was a typical experience and one which exposes a problem which lies not in the capabilities of the Commission or its panelists but in the deep-rooted problems we have in assessing the impact of social benefits. In this paper I shall first consider some of the problems faced in evaluating R&D directed towards industrial competitiveness. This will be followed by a brief discussion of the organizational context of evaluation and then a consideration of the extent to which these and other difficulties are encountered when evaluating research directed towards social goals. Finally, some suggestions are made on ways to advance understanding of the evaluation of research directed towards social goals so as to address "the impact gap".

## 2. The Goal of Enhancing Industrial Competitiveness

R&D support programmes are frequently justified in term of their expected contribution to industrial competitiveness. This applies to most national programmes for strategic research and also to EC programmes, where the Single European Act states:

"The Community's aim shall be to strengthen the scientific and technological basis of European industry and to encourage it to become more competitive at international level"[4].

When framing the criteria for evaluation of R&D programmes a three part classification may be used:

- Criteria relating to the **implementation** of a programme are concerned with the efficiency of its management and the effectiveness of the structural and organizational aspects of the programme.
- Criteria relating to the **appropriateness** of a programme address whether the programme was conceived in a way likely to ensure that its goals will be achieved, for example covering issues such as scale and whether alternatives to R&D might have been better routes to the objectives.
- Criteria relating to the **impact** of a programme are those most commonly associated with an examination of the contribution R&D has made towards particular objectives, or simple its effects, whether they fall under the objectives or not.

For basic research the impact is primarily upon the scientific community, advancing the field concerned or, more rarely, providing insights which benefit other scientific fields. These are Weinberg's internal and external criteria for science.[5] Another way of putting it is that other scientists are the consumers of the results. At this level evaluation procedures for research in areas which might ultimately be seen to benefit social goals (e.g. atmospheric science) do not differ from those for research likely to benefit commercial goals (e.g. materials science). There are two reasons for this. One is that the ethos of the scientific community is fairly consistent across all fields and places peer approval as its prime determinant of worth. The second reason is that basic research may eventually prove relevant to unexpected areas - there is no reason why atmospheric science should not underpin commercial products nor why new materials may not yield environmental benefits.

If we move downstream to research justified in terms of its relevance to socio-economic goals, we then encounter an investment view of science which frames the context for evaluations of impact. In short, if resources are provided for science on the basis that benefits will follow, the investor is likely to whish to see evidence of that return. This view is, naturally, most evident in research directed towards commercial goals. Firms allocating scarce resources under rational assumptions appraise research projects on this basis. By implication, the same should apply to state support schemes for industrial research since these generally exist to further by proxy the objectives of firms.

The problem faces in implementing this investment view is that in practice it is rather difficult to identify and evaluate the benefits which may be ascribed to a particular piece of research.

Two related problems create this difficulty:

**a) Timing**

There is often a long period of time between the performance of a given piece of research and its exploitation. If this involves only the time taken to scale-up and innovate this need not in itself prevent evaluation, though it may well prevent an impact evaluation being carried out in time for its findings to be applied in decisions on whether to continue the research. The timing may be extended because the application has not been perceived or because complementary advances are necessary before results become exploitable. In these cases it is much harder to establish a link between research and impact.

**b) Attribution**

This last circumstance is an aspect of the second major problem with implementing the investment view, that of attributing benefits realized through products and processes to a particular piece of research. Several factors lead to this problem. The first is that the outputs of research are both codified (e.g. patents and publications) and tacit (e.g. skills and know-how). Process and product improvements often result from a flow of tacit knowledge, sometimes associated with a movement of personnel, but which is inherently more difficult to measure than codified arrangements such as licensing.

Few products represent wholly the outcome of a single stream of research. Either implicitly or explicitly they are systems drawing upon a number of streams of past research, either those proprietary to the firm concerned, or from the publicly available knowledge base. Weighting different inputs is again very difficult even for those directly involved.

A further impediment to attributing benefits from products or processes to research is that the realization of these benefits is dependent upon successful innovation and marketing. In this context a successful outcome to research is only one among several factors necessary to the innovation process. Other management and market-related practical evaluation experience has shown that this is an unduly pessimistic position. The purpose of evaluation is to learn and make policy improvements and this has proved quite possible within the above constraints. For example in the evaluation of the United Kingdom's Alvey programme for Advanced Information Technology, interview guides were designed to identify tacit as well as codified benefits and a great deal could be learned from observing the process of technology transfer from R&D project either directly to pilot production or indirectly to enhancement of the firms, skills and capabilities. Firms themselves usually are not able to **quantify** the benefits of a particular R&D project but they are certainly able to give a view on its level of significance and within broad categories to state whether it was a worthwhile investment.

## 3. The Organizational Context of Evaluation

It is important always to stress that discussions of the evaluation of R&D in terms of methods and techniques alone can be misleading. Evaluation is a social process and a real evaluation will have a specific context and purpose. Evaluations are characterized by their scope, purpose and criteria and failure to define these at an early stage jeopardizes the entire exercise.[7] Scope includes the level at which the evaluation is being carried out, which could be the individual, the project, the programme, the institution or even the field of science. Other dimensions of scope include the type of research addressed (basic, strategic, applied, etc.) and the timing of the evaluation in relation to the research.

The purpose of an evaluation is often less than clear cut at the outset and may vary from a purely routine administrative exercise through to a thinly disguised cover for budget cutting or worse. In between are far more positive purposes such as improvement of management and decision-making, or assisting an activity in justifying its existence.

Criteria were briefly discussed in the previous section. Programme objectives often provide the starting point for deriving evaluation criteria but they do not solve the problem as objectives often shift and evaluations need to reflect current priorities. A problem which is of particular pertinence to the pursuit if social goals is that of multiple objectives. Even where the objectives are complementary there is the question of weighting them. Often there is conflict between the objectives, for example between economic benefit and environmental protection. In these instances, evaluations may reveal the impact on each objectives and the trade-offs but they cannot resolve the conflict or provide a weighting based on empirical findings - this is a political judgement.

## 4. Evaluation of Research Directed at Social Goals

Having reviewed the difficulties associated with evaluation of research directed towards commercial goals, we may now consider whether these and others apply to research directed towards social goals. Leaving aside medical research which involves a particularly complicated relationship between industry and researchers, two good examples of this type of research are those concerned with environmental protection and with occupational health and safety. In each of these cases there are some commercial products associated with research (e.g. anti-pollution or safety equipment). However, much of the research is devoted to understanding processes. Its benefits are enabled when, on the basis of research findings, regulations, laws, standards or changed practices come into effect.[8]

Nevertheless, a changed regulation does not of itself yield environmental benefits. It is now widely agreed among scientists that CFC gases are harmful to the ozone layer and that damaging effects follow from this. Yet, regulations and practices vary widely across industries and particularly between different countries. Regulations are subject to diffusion as much as are products or processes. Even where regulations are in place, their impact is dependent upon the degree to which they are enforced (or even enforceable). It is often the case that factory regulations, for example, are hard to enforce. Standards require some time to take effect, particularly when their realization requires technological innovation.

There is then a double link in impact analysis, as illustrated in Figure 1. The gap between R&D and effect is larger and

Figure 1: The Impact Gap

more complex. The "scope" of evaluations, as defined above, often is confined to the first half of this sequence only. In the light of this we may now consider the efficiency of the main methods of evaluation when applied to research directed at social goals. Evaluation methods can be classified as falling into four groups.[9]

**a) Peer Review**

Peer review addresses scientific quality as judged by scientific peers. This may be direct or indirect, as in bibliometrics, where the past judgements represented by citation to publication are used. As remarked in Section 2 of this paper, distinctions between research directed towards social goals are not important here. However, the peer-review process has in recent years often been modified to extend beyond questions of scientific quality. The modification has been achieved by including broader constituencies on the panels. "Users" in terms of environmental research are more likely to be policymakers or regulators than representatives of the public at large. For occupational health and safety trade union representatives may fulfill this role. By and large, the experience has been, as with the case of the EC evaluation cited at the beginning of this paper, that broadening a panel, in itself does not provide answers to complex questions about the effects of R&D and in the worst cases panels can polarize in their views.

**b) Clientele Relevance**

Probably the most widely used evaluation approach for addressing criteria other than scientific merit is that which seeks to tap the views of the "clientele" for the research programme. The problem in the case of research oriented towards social goals is the identification of those clients - it is virtually a definition of a social goal that it has a large and diffuse clientele. There may be no direct contact between research and clientele. Transaction costs are frequently high in relation to individual benefit leading to a rationale for state-funding. The question is whether the state is an adequate proxy customer in sending the appropriate signals back to the researchers or in determining the appropriate level of resources.

**c) Cost-benefit Approach**

Cost-benefit approaches to evaluation most directly address the return on investment in this type of research. Nevertheless, a number of difficulties arise in trying to implement such an approach. These are:

- Many benefits are not reducible to monetary terms, rather involving quality and value of life. Although various scales exist for assessing these (for example, to apply in cases of compensation for industrial accidents) there is little evidence to suggest that these are based on a broad social consensus.
- Even if benefits are reducible to monetary terms, they are still difficult to treat because environmental impacts are often long term and hence it is necessary to consider inter-temporal pricing to value the costs and benefits incurred by future generations.
- Some environmental changes are irreversible, again with the implication that a cost on behalf of future generations needs to be considered which may differ from the current valuation.
- As noted above, environmental or safety issues are very likely to be raised in the context of multiple and conflicting objectives.

In the light of these problems, the results of cost-benefit exercises need to be treated with considerable caution. As with cost-benefit approaches to commercial research, their greatest value often lies in the heuristic assistance they offer rather than in any single figure which emerges.

## 5. Conclusions - the Impact Gap

In this brief review we have seen that despite the preeminence of the investment view of science, evaluation of research, however useful it may be in other respects, has not generally been able to measure quantifiably the return on that investment with any reliability. This is the case for research oriented towards commercial goals and is still more pronounced for research directed towards social goals. Evaluation of the latter faces the problem of a more diffuse and indirect connection between research and effect which I have termed the impact gap.

These methodological problems do not, however, constitute a reason for not carrying out evaluation in these areas. Indeed, it may be because of lack of progress in identifying the benefits of this kind of research that we are experienced what many perceive as the consistent under-investment it has experienced. What is clear is that there is insufficient understanding of the linkages between research direct towards social goals and its impacts. To address this it is necessary to move forward on three levels:

**a) Methodology**

- The scope of evaluations should be broadened to include not only the link between research and policy but also between policy and effect.
- More detailed case-study work is necessary to increase understanding of these linkages in order that more precise methods may be developed.

**b) Organization**

- An adequate "customer" for the research is needed to articulate objectives with benefits both for the research and its subsequent evaluation.
- More broadly, to address the problem of undervaluation, it is necessary to ensure that an adequate feedback system exists to accommodate the findings of evaluations.

**c) Socio-Political**

- Evaluators cannot be expected to operate without a socio-political reference point. In particular, society must decide upon the magnitude and weighting of the values which evaluators seek to measure. The purpose of evaluation is to ensure that the system is on course and able to learn. It cannot be a substitute for decision-making by policymakers on behalf of society.

### References


1 **M. Gibbons and L. Georghiou**: Evaluation of Research - A Selection of Current Practices, OECD, Paris, 198

2 **L. Georghiou and E. Davis (eds.)**: Evaluation of R&D - A Policymakers' Perspective, HMSO, London, 1989

3 **L. Georghiou, P. Cunningham and K. Barker:** "Impact and Utility of European Commission Research Programme Evaluation Reports" Report to DGXII H4 of the Commission of the European Communities, December 1989.

4 **European Single Act**, Article 130f.

5 **A. M. Weinberg:** Criteria for Evaluation, a generation later, in Ciba Foundation Conference, The Evaluation of Scientific Research, Wiley, London, 1989.

6 **Office of Technology Assessment:** Research funding in an investment: Can we measure the returns? Washington DC, US Congress OTA, 1986.

7 **L. Georghiou:** "Organization of Evaluation" in Ciba Foundation op. cit.

8 **K. Barker:** "The Evaluation of Health and Safety Research" MSc thesis, University of Manchester 1989.

9 **L. Georghiou and M. Gibbons:** Evaluation of Applied Research report to Department of Trade and Industry, October 1987.

# TECHNIKFOLGENABSCHÄTZUNG UND -BEWERTUNG ALS INSTRUMENT UND PROZESS: UNGENUTZTE POTENTIALE ZUR BEWERTUNG TECHNISCHER NEUERUNGEN

**Eberhard Jochem**

Dieser Beitrag geht auf folgende Fragen ein:

- Ist Technikfolgen-Abschätzung (TA) praktikabel und als prognostische Leitwissenschaft für Politikentwürfe nützlich?

- Kann TA auch als Einführungshilfe und Akzeptanzbeschaffer für Technikangebotsschübe gebraucht und mißbraucht werden?

Die Antworten zu diesen Fragen gebe ich aus dem Blickwinkel einer 20jährigen Erfahrung mit TA-Konzepten.

## 1. Begriffsunschärfe als Zeichen mangelnder TA-Praxis

Für den Außenstehenden gibt es heute eine verwirrende Vielfalt von Definitionen und Konzepten zur TA:
- Einerseits werden **neue Begriffe für denselben Inhalt** der TA eingeführt; so spricht z.B. der VDI in seiner neuen Richtlinie von "Technikbewertung", als sei es notwendig, dem seit fast 20 Jahren in der Bundesrepublik eingeführten Thema der Technikfolgen-Abschätzung (z.B. Bundestag, 1973; Haas, 1975) einen neuen Namen zu geben.
- Andererseits - und da wird die Verwirrung ärgerlich - werden Marktanalysen, Akzeptanzanalysen, Analysen zu Sicherheits- und Gesundheitsfragen am Arbeitsplatz oder zu Umweltauswirkungen mit der größten Selbstverständlichkeit als TA bezeichnet (vgl. Daimler-Benz AG, 1988).
- Oder der holländische Kollege Boxsel verwendet den TA-Begriff mit dem zusätzlichen Adjektiv "constructive" in einem interventionistischen Konzept; diese umfaßt weitgehende Mitbestimmungsmodelle, staatliche Eingriffe durch Moratorien und Zwischenevaluationen, denen sich die betroffenen Wirtschaftsunternehmen bereitwillig unterwerfen.

Die Hintergründe dieser Begriffsverwirrung sind vielfältig und können an dieser Stelle nicht im Detail erläutert werden. Viele dieser Hintergründe lassen sich aber letztlich auf mangelnde TA-Praxis und -Erfahrungen in der Bundesrepublik zurückführen. Damit einher geht ein mangelndes Verständnis für die Möglichkeiten und die Grenzen der Machbarkeit des idealtypischen Konzeptes der TA (vgl.Abschnitt 2). Mangelndes Verständnis zeigt sich z.B. in den Befürchtungen der Wirtschaft, daß TA die Innovationskraft der Unternehmen durch begrenzende Interventionen seitens des Staates lähmen könnte (Medford, 1973). Dies wurde und wird insbesondere für den internationalen Wettbewerb befürchtet: Die aus volkswirtschaftlicher Sicht gebotene Internalisierung externer Effekte einer Technik führe nur dann nicht zu "inakzeptablen Positionsverlusten" gegenüber Wettbewerbern, solange diese analoge Internalisierung vornähmen. Da diese aber häufig fehlen und international schwer durchsetzbar sind (vgl. die Bemühungen zur Begrenzung der $SO_2$-Emissionen oder der Produktion von chlorierten Fluorkohlenwasserstoffen), versucht man, die klassische Situation des "Gefangenendilemmas" mit der Behauptung, man mache ja TA (in Form von Marktanalysen, Verträglichkeitsanalysen für Umwelt und Arbeitsplatz), zu verdrängen.

Zur Klarstellung des Begriffs TA möchte ich noch einmal die TA-Konzeption ins Gedächtnis rufen, die ihren Ursprung in der 2. Hälfte der 60er Jahre in den USA hatte und 1973/74 von der OECD formuliert wurde (Hetman, 1973; OECD 1975). An dieser systemaren Konzeption der TA orientiert sich auch die internationale scientific community, die Ende der 70er Jahre eine eigene Gesellschaft für diese neue "Fach"wissenschaft, die Internationale Association for TA (später for Impact Assessment (IAIA)) gründete. Das TA-Konzept in seinen idealtypischen Schritten (s.u.) gilt sowohl für die eigentliche wissenschaftliche Analyse als auch für den TA-Prozeß, d.h. für den systematischen Entscheidungsprozeß über die Entwicklung oder Einführung einer neuen Technik.

## 2. TA als idealtypisches Vorgehen in Wissenschaft und Praxis

Es wird immer wieder behauptet, TA werde als Analyse und Prozeß regelmäßig bei der Einführung neuer Techniken gemacht. Diese Behauptung ist nur teilweise richtig. Der Wahrheitsgehalt liegt darin, daß innovierende Unternehmen und FuE-Gelder verteilende Administrationen sich in folgender Art mit den Wirkungen einer neuen Technik auseinandersetzen:

- Man konzentriert sich auf die direkten und gewünschten Folgewirkungen.
- Man versucht, sich auf eine meist intuitive, kursorische und unsystematische Weise mit technischen Konkurrenten, den indirekten und langfristigen Folgen einer Technik oder den späteren Reparaturarbeiten des Staates auseinandersetzen.

Diese von Partialinteressen und Partialkenntnissen geprägte und im qualitativen Argumentationsnebel gehaltene Verfahren versucht man, durch eine systemare Vorgehensweise zu ersetzen, indem man einen ganzheitlich angelegten Analyse- und Entscheidungsprozeß anstrebt (vgl. Abb. 1).

**Abb. 1**: Idealtypische Vorgehensweise bei einer TA-Analyse

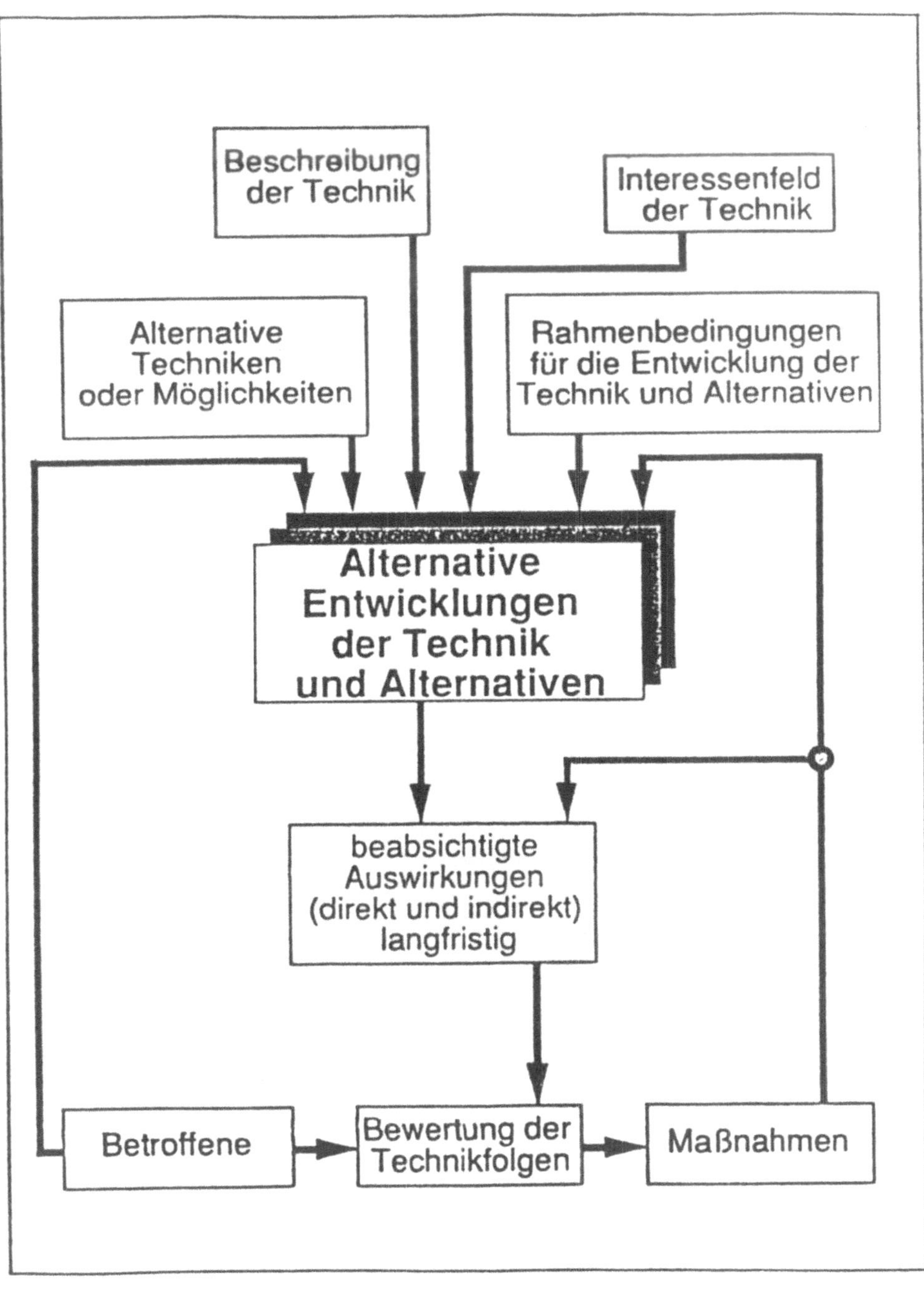

Die Entwicklung einer Technik und deren Auswirkungen sind häufig mitbestimmt durch deren technische Alternativen sowie das wirtschaftliche, gesellschaftliche und politische Umfeld. Deshalb sollte eine TA (als Analyse) sowohl die Entwicklungsmöglichkeiten der technischen Alternativen und deren Auswirkungen betrachten als auch die angenommene Technikdiffusion in ihren denkbaren Entwicklungsmöglichkeiten variieren.

Es ist zentrales Anliegen einer TA, nicht nur die intendierten oder direkten Auswirkungen einer Technik zu beschreiben, sondern auch die unbeabsichtigten, die indirekt und möglicherweise mit großer Zeitverzögerung auftretenden Wirkungen.

Die Analyse der Realisierungsbedingungen der betrachteten Technik und die Bewertung der identifizierten Auswirkungen erfordern, denkbare Handlungsoptionen privater und öffentlicher Entscheidungsträger sowie betroffener Interessengruppen in die Analyse miteinzubeziehen. Dieser Einbezug erfolgt in der TA-Analyse meist "theoretisch" - vielleicht durch einen Projektbeirat simuliert -, wird aber dann im TA-Prozeß als politischer Aushandlungsprozeß "real". Diese idealtypische Vorgehensweise einer TA-Analyse unterstellt, daß kein Teilbereich der Gesellschaft und der natürlichen Umwelt a priori ausgeschlossen wird, sondern daß die Eingrenzung des Untersuchungsfeldes jeweils bewußt und begründet vollzogen wird.

## 3. Prognostische Machbarkeit und politische Relevanz der TA

Natürlich wirft dieses idealtypische TA-Konzept viele Fragen zur wissenschaftlichen Machbarkeit und politischen Durchsetzbarkeit auf. Die Sozialwissenschaftler können mit Recht die mangelnde theoretische Erklärung der Technikgenese ins Feld führen, um die "Prognostizierbarkeit" (im Sinne "Was wird sein?") technischer Entwicklungen anzuzweifeln. Dieser Einwand unterstellt aber ein kausalistisches Prognosemodell, das auf grundsätzliche Bedenken stößt. Die Politologen mögen argumentieren, daß TA-Ergebnisse nur schwache Handlungsrelevanz haben werden, weil sie in der Regel nur als Kulisse im Kampf der Interessen um neue Technologien wahrgenommen werden können. Hinzu kommt, daß gerade wegen des Prognosedilemmas (nur Wenn-Dann-Aussagen machen zu können) bestellte Gutachten die Informationssignale von TA-Ergebnissen weiter abstumpfen können.

Die bisherigen Erfahrungen scheinen den Skeptikern in vielen Punkten Recht zu geben:

1) Die unzureichende Prognosemöglichkeit technischer Entwicklungen und ihrer Folgewirkungen wird in vielen Diplomarbeiten, Dissertationen und Fachbeiträgen beklagt (z.B. Wagner-Döbler, 1989). Allerdings - so möchte ich hier anmerken - geschieht dies häufig mit einem naiven Prognoseverständnis und unter Nichtbeachtung gelungener

Projektionen und ihrer Ursachen (z.B. wird über die richtige Projektionsvariante von Bossel/Denton (1977) zum zukünftigen Energiebedarf in der Bundesrepublik in fast keiner der Energieprognose-Kritiken berichtet).

2) Die konglomerathaft zusammenwachsende Lobby einzelner Technologiebereiche wie der bemannten Raumfahrt, der Informations- und Telekommunikationstechnik, Stromerzeugungstechnik und einzelner biotechnologischer Bereiche ruft zu immer neuen Technologie-Schüben auf, die sich mehr an den Interessen dieser Lobby-Konglomerate als an dem absehbaren gesellschaftlichen Bedarf orientieren. Der jüngste FuE-Plan der EG, der vom Bundesforschungsministerium (BMFT) nur in kleinem Umfang, aber nicht in den grundlegenden Prioritäten kritisiert wurde, ist für diese Feststellung ein beredtes Beispiel (vgl. Tab. 1). Die angebotsorientierten FuE-Budgets sind in der Regel um fast eine Größenordnung größer als die bedarfsorientierten.

**Tab. 1: Aufschlüsselung des FuE-Programms 1990-94 der Europäischen Gemeinschaften**

| Technology Push Bereiche: | Mio ECU |
|---|---|
| - Information und Kommunikation | 2.221 |
| - Agrarforschung | 333 |
| - Nukleare Sicherheitsforschung | 199 |
| - Kernfusion | 458 |
| - Biotechnologische Grundlagenforschung | 164 |
| - Materialforschung | 888 |
| Technology Demand Bereiche: | |
| - Umweltforschung | 414 |
| - Medizin und Gesundheit | 133 |
| - Wissenschaften und Techniken für die Dritte Welt | 111 |
| - Fossile und erneuerbare Energiequellen und rationelle Energienutzung | 157 |

Quelle: DG XIII Newsletter Vol. 11/1 (1990)

3) Selbst wenn TA-Analysen in der Bundesrepublik in der Vergangenheit gemacht wurden, so waren sie nicht Element eines Entscheidungsprozesses. Dies sei am Beispiel von TA-Analysen im Energiebereich erläutert (vgl. Tab. 2).
   - Die drei in den 70er Jahren durchgeführten TAs waren Fingerübungen, um die Möglichkeiten und Grenzen derartiger Studien auszuloten. Dazu gehört auch die Solar-TA aus dem Jahre 1986.
   - Die beiden Kernenergie-TAs Anfang der 80er Jahre kamen 10 Jahr zu spät, weil alle Bauentscheidungen für Kernkraftwerke gefallen waren. Ähnlich verhielt es sich mit der TA zu Kohletechnologien, weil das BMFT 1984 sein FuE-Programm zur Kohlevergasung und -verflüssigung bereits auf volle Höhe gebracht hatte.

- Die große Engergiestudie in Baden-Württemberg, die im Gefolge der Tschernobyl-Katastrophe initiert wurde, hatte praktisch keine Wirkung auf die Energiepolitik des Landes, auch wenn es eine Reihe fundierter energiepolitischer Empfehlungen gab - unabhängig von der zurückgenommenen Akzeptanz der Kernenergienutzung und den einbrechenden Energieweltmarktpreisen.

**Tab. 2: TA-Analysen im Energiebereich für die Bundesrepublik Deutschland 1975 - 1985**

| Themenbereich | Publikationsjahr |
|---|---|
| - Wirkungen einer Ölverknappung | 1976 |
| - Wirkungen einer Stromknappheit | 1976 |
| - Auswirkungen der Motorisierung (ex post) | 1983 |
| - Auswirkungen der Kernenergie | |
| - Wirkungen des Methanoleinsatzes im Verkehr | 1984 |
| - Wirkungen der Solarenergienutzung | 1986 |
| - Auswirkungen des Ausstiegs aus der Kernenergie in Baden-Württemberg | 1986 |

Letztlich blieb nur die TA zum Methanol-Einsatz im Verkehr eine zeitgerechte und entscheidungsorientierte TA. Aber auch hier sorgten die Erdölpreiseinbrüche seit 1985 dafür, daß überprüft werden konnte, inwieweit TA-Ergebnisse Entscheidungen mitbestimmen.

In einem ersten Fazit möchte ich aber nicht den Eindruck erwecken, als sei die TA - im Sinne der eingangs gestellten Frage - wenig praktikabel und für die Technologiepolitik wenig nützlich. Vielmehr möchte ich folgendes **Zwischenfazit** ziehen:

- TA steht heute als systemarer Analyseprozeß und als Teil eines politischen Entscheidungsprozesses zur Entwicklung neuer Technologien in der Bundesrepublik und vielen europäischen Staaten als ungenutztes Potential zur Verfügung.
- Welche Rolle die TA für die deutsche Technologiepolitik in Zukunft haben kann, läßt sich nicht beantworten, weil die TA bisher in der Bundesrepublik Deutschland nicht ernsthaft in den politischen Entscheidungsprozeß eingebracht worden ist.

In den USA, wo man auf eine nunmehr fast 20jährige Lernphase der TA-Praxis zurückblicken kann, wird der signifikante TA Einfluß in bestimmten technologiepolitischen Feldern durchaus anerkannt (Casper, 1986).

## 4. Äußere Anlässe für die TA

So sehr die Sozial- und Politikwissenschaften

- vor den Illusionen eines scientistischen Konzepts der TA oder
- vor zu großen Erwartungen zu den Auswirkungen auf technologiepolitische Entscheidungen warnen, so ernstzunehmen sind auch die wachsenden objektiven Notwendigkeiten einer TA. Dabei setze ich voraus, daß man den industriellen Technisierungsprozeß nicht in Entwicklungen treiben lassen will, die von unserer Nachwelt als irrational und sozialunverträglich beurteilt werden dürften.

Lassen Sie uns nun zu den materiellen Realitäten kommen, die bei allem intellektuellen Räsonieren ihre Risiken für uns und unsere Kinder nicht verlieren, sondern akkumulieren. Die Gefährdungen verstärken sich in zeitlicher und räumlicher Hinsicht (vgl. Abb. 2):

- Zeitlich rücken die Zeitpunkte der Anwendung einer Technik und ihrer Auswirkungen zunehmend auseinander: Die Schäden konventioneller Luft- und Wasserbelastung werden häufig binnen Tagen oder weniger Monate offensichtlich. Dagegen benötigen die Weltmeere im Durchschnitt 100 Jahre, um heute emittiertes $CO_2$ zu absorbieren. Gegenmaßnahmen brauchen somit eine ungewohnt lange Reaktionszeit.
- Räumlich erreichen die Folgewirkungen zunehmend größere Dimensionen: Während die Stankt-Florians-Mentalität (z.B. bei der Standortwahl einer Mülldeponie) nur ein örtlich begrenztes Problem ist (mit dem Widerspruch, daß fast niemand sein Abfallvolumen drastisch vermindern will), nehmen die Verschuldung der Entwicklungsländer sowie die Klimabeeinflussung durch antropogene Schadstoffe (vor allem durch $CO_2$, $CH_4$, $N_2O$ und troposphärisches Ozon) globale Ausmaße an.

Dies sind Folgen einer technischen Entwicklung, die nicht von dem Wunsch der Akteure begleitet wurde, einen möglichst umfassenden Blick auf die Folgen des eigenen Tuns zu werfen.

**Abb. 2: Verschiebung der Zeit- und Raumhorizonte für Krisenpotentiale**

| | |
|---|---|
| Zeitlich: | - konventionelle Luft- und Wasserbelastung, Tage, Monate<br>- Altlasten, FCKW-Aufstieg zur Stratosphäre, $CH_4$-Verweilzeit in der Atmosphäre 10-20 Jahre<br>- $CO_2$-Verweilzeit in der Atmosphäre, Endlagerung von Sondermüll, größer als 100 Jahre |
| Räumlich: | - zunehmende Sankt-Florians-Mentalität ohne Selbstzügelung<br>- hohe regionale Arbeitslosigkeit<br>- Verschuldung der Entwicklungsländer<br>- globale Klimabeeinflussung |

## 5. Chancen für ein nützliches TA-Instrument

Wenn aber die Zwänge, systemarer als heute technologiepolitische Entscheidungen zu bedenken, so offensichtlich werden, dann sind wir wieder bei unserer Ausgangsfrage:
Wie hoch sind die Chancen, TA mit ihren Ergebnissen für technologiepolitische Entscheidungen sinnvoll zu nutzen?

Kurz gesagt: Sie sind hoch. Ich sage dies aus langjähriger Beobachtung. Hierzu ein paar Hinweise:

1) Die Probleme der Motorisierung, die wir heute in der Bundesrepublik haben, wurden praktisch alle in der Fachliteratur über öffentliche Verkehrsmittel und zeitkritischen Literatur in den 20er und 30er Jahren genannt (Jochem u.a., 1976; Grupp 1986). Aber in den 50er und 60er Jahren gab es in Europa keinen TA-Prozeß, der diesen Warnungen hätte Geltung verschaffen können.
2) 1976 veröffentlichte das ISI eine TA zum Versorgungsengpaß auf den Weltenergiemärkten, wobei das Team als Nebeneffekt seiner Arbeiten auf das Ergebnis gestoßen war - zur eigenen Überraschung -, daß die Bundesrepublik eine Massenarbeitslosigkeit von 2-3 Mio Menschen in den 80er Jahren haben würde (Jochem, u.a., 1976 a). Auch dieses Ergebnis konnte zunächst erfolgreich im politischen Raum verdrängt werden, weil diese TA nur eine methodische Fingerübung im Auftrag des BMFT war und nicht eingebunden in einen TA-Prozeß beim Bundeswirtschaftsministerium.
3) 1977 veröffentlichten Bossel und Denton Energiebedarfsprojektionen für die Bundesrepublik, die in einer Variante von einem stagnierenden Energiebedarf bei weiterem Wirtschaftswachstum von 2-3% pro Jahr ausgingen. Zur gleichen Zeit genehmigten Energieaufsichtsbehörden noch Kraftwerksbauten und kämpften Bürgerinitiativen gegen Raffinerie- und Kraftwerksstandorte.
4) Die Fehleinschätzung der Marktchancen der Wärmepumpe war das typische Ergebnis einer Partialanalyse. Man dachte weder an die technischen Fortschritte der konventionellen Brenner- und Kesseltechnik, noch an die Kostenentwicklung einer Stromerzeugung, die damals auf einer emissionsintensiven Kohle- und Ölbasis und auf einer noch wenig entwickelten Sicherheitstechnik bei den Kernkraftwerken beruhte.

**Fazit:** Auch wenn die prognostischen Möglichkeiten der TA begrenzt sind und prinzipiell begrenzt bleiben werden, zeigt die Empirie, daß die Chancen für eine nützliche Entscheidungshilfe hoch sind.

Wenn der Erkenntnisgewinn aus einer TA-Analyse die Chancen für umsichtigere technologiepolitische Entscheidungen erhöht, so ist damit auch die Frage der Nützlichkeit für die Technologiepolitik beantwortet. Es ist aber zu fragen, ob man von den technologiepolitischen Akteuren erwarten kann, daß sie einen systemaren Bewertungsprozeß aus ihrer Sicht für nützlich halten.

- Die Bürger wünschen sich wegen der eigenen Betroffenheit sicher mehr Analysen zu den Folgen der Technik.
- Die Unternehmen mögen den Zeitverzug durch TA-Analysen und -Prozesse oder notwendig werdende Anpassungen nicht lieben, weil kurzfristige Gewinne nicht erziehlt werden können. Ich schließe aber nicht aus, daß die Kapitaleigner langfristig abgesicherte Gewinne infolge risikoärmerer und sozialverträglicherer Produkte zu schätzen wissen.
- Wenn technologiepolitische Entscheidungen in einem TA-Prozeß ressortübergreifend behandelt werden, wären Effizienzsteigerungen der Bürokratie möglich, weil um Ressortkompetenzen weniger gestritten werden brauchte.
- Für Parlamentsabgeordnete ist aufgrund der amerikanischen Erfahrung offensichtlich, daß TA-Analysen und -Prozesse ihnen bei ihrem schwierigen Alltagsgeschäft helfen könnten.
- Schließlich könnte ein TA-Prozeß die einzelnen Ingenieur-, Natur-, Wirtschafts- und Sozialwissenschaftler aus ihrer fachlichen Isolierung herausholen und die Komplexität und Gestaltungsmöglichkeit von technischen Innovationen in der interdisziplinären Arbeit und Politikberatung erleben lassen. Diese neu gewonnene Realitätsnähe dürfte den Wissenschafter motivieren und den Anwendungsbezug seiner Arbeit verstärken.

Lassen Sie mich ein **zweites Zwischenfazit** ziehen:

- TA als Analyseinstrument macht den Entwicklungsspielraum einer Technik klarer und nachvollziebarer, weil er
  - -- die Ergebnisse in Abhängigkeit von den getroffenen Prämissen deutlicher macht,
  - -- den gesellschaftlichen Kontext, die Bewertungskriterien und die technischen Alternativen präzisiert.
- TA-Ergebnisse können dazu dienen, allgemein akzeptierte Kenntnisse klarer von umstrittenen Meinungen zu trennen.
- Wissenschaft und Politik sind eng verschränkt und TA kann den Realitätsbezug der Wissenschaft und die Rationalität der Politik (im Sinne der ratio communis) fördern.

## 6. Erkennen und Handeln (Worauf warten wir noch?)

Die TA scheint in Europa ein Paradefall für das Dilemma von Erkenntnis und Interesse zu werden. 1966 brachte der amerikanische Abgeordnete Daddario eine Gesetzesinitiative zur Errichtung eines TA-Amtes in den amerikanischen Kongreß ein. 1972 nahm dieses Office of Technology Assessment (OTA) seine Arbeit auf und ist heute mit seinen 120 Mitarbeitern eine angesehene Institution, die für den Kongreß in technologiepolitischen Fragen eine wesentliche Informationsquelle ist.

Im Jahre 1973 begann eine vergleichbare Initiative im Deutschen Bundestag. Diese und weitere Initiativen, der Legislative eines großen Industrie- und Technologielandes eine eigene unabhängige Beratungsinstitution zu geben, scheiterten an den jeweiligen Koalitionsparteien, die durch die Einrichtung einer TA-Institution eine technologiepolitische Stärkung der Oppositionsparteien befürchteten (Paschen, 1978; Thienen, 1989). In diesem Fallbeispiel galt der Satz: Macht zu haben heißt, nicht lernen zu müssen. Die Enquête-Kommission des 11. Bundestages einigte sich jedoch darauf, ein zunächst auf drei Jahre begrenztes Experiment einer institutionalisierten TA durchzuführen. So wird es ab Mitte 1990 ein unabhängiges Institut mit einem jährlichen Budget von 2,5 Mio. DM (davon 0,5 Mio. DM für externe TA-Forschung) geben, das den Prozeß der TA im Bundestag und insbesondere in seinem Forschungs- und Technologieausschuß unterstützen wird. Wenngleich diese Entscheidung angesichts der mangelnden Beratungskapazität diese Ausschusses als halbherzig zu bezeichnen ist, so eröffnet sie doch die Chance, daß die Legislative längerfristig über eine TA-orientierte Erkenntnisbasis verfügt, mit der sie eine Technologiepolitik machen könnte, die die ohnehin zunehmenden Krisenpotentiale nicht weiter erhöht. Mit der gleichen Schnelligkeit, mit der der Europäischen Kommission in der letzten Zeit eine technologiepolitische Rolle zuwuchs, wäre die Etablierung einer TA-Funktion in Brüssel von Nöten.

## Literatur


Bossel, H.; Denton, R.: Energy futures for the Federal Republic of Germany. Energy Policy (1977) 3, S. 35-50

Casper, B.M.: Anspruch und Wirklichkeit der Technikfolgen-Abschätzung beim US-amerikanischen Kongreß. In: Dierkes, M. u.a. (Hrsg.): Technik und Parlament. Berlin 1986, S.205-238

Daimler-Benz AG: Technikfolgenabschätzung und Technikbewertung. VDI-Verlag, Düsseldorf 1988

Deutscher Bundestag: Antrag der CDU/CSU-Bundestagsfraktion zur Einrichtung eines Amtes zur Bewertung technologischer Entwicklungen. Drucksache VII/468 vom 16.04.1973

Grupp, H.: Die sozialen Kosten des Verkehrs. Grundriß zu ihrer Berechnung. Teil I und II. In: Verkehr und Technik (1986) 9/10, S. 359-366/S. 403-407

Haas, H.: Technikfolgen-Abschätzung. Verlag Oldenbourg, München, Wien 1975

Hetmann, F.: Society and the Assessment of Technology. OECD, Paris 1973

Jochem, E. u.a.: Die Motorisierung und ihre Auswirkungen, Verlag Otto Schwartz, Göttingen 1976 (Schriften der Kommission für wirtschaftlichen und sozialen Wandel, Nr. 108)

Jochem, E. u.a.: Entwicklung eines Verfahrens zur Technikfolgen-Abschätzung (TA) mittels dynamischer Simulation am Beispiel eines Mineralölangebots ISI-Bericht B-2-76, Karlsruhe 1976

Medford, D.: Environmental Harrassment or Technology Assessment. Amsterdam 1973

OECD (Hrsg.): Methodological Guidelines for Social Assessment of Technology. Directorate for Scientific Affairs, Paris 1975

Paschen, H.; Gresser, K.; Conrad,F: Technology Assessment. Technologiefolgen-Abschätzung. Campus Verlag, Frankfurt 1978

Thienen, V. von: Technikfolgen-Abschätzung beim Parlament. In: Politische Bildung. Neue Technologien. Andersen, U. u.a. (Hrsg.), Stuttgart (1989)2, S. 30-48

Wagner-Döbler, R.: Das Dilemma der Technikkontrolle. R. Bohn Verlag, Berlin 1989, S. 148 ff

## *KOMMENTAR ZUM ABSCHNITT 3 "STEUERUNGSINSTRUMENTE"*

*Je näher die Seminarinhalte an die Handlungsebene rücken, umso*

- *schwerer tun sich selbstkritische Wissenschaftler und umso*
- *schneller sind Wissenschaftler mit Vorschlägen bei der Hand.*

*In der Regel sind diese jedoch einem Theorienfundus entlehnt, dessen Vermittlung zur situativen Komplexität der Praxis selten gelingt. Recht gut entwickelt sind aber, wie dieser Abschnitt zeigt, Verfahren, um Politikvorschläge und -instrumente auf ihre Wirksamkeit zu prüfen, auch wenn die Fachleute über die Unzulänglichkeit ihrer Werkzeuge gegenüber der Unendlichkeit unserer Welt klagen.*

***Reinhard Blum** beschreibt ideologisierende Resonanzgebilde zwischen postulierten gesellschaftlichen Normen und interessengerechter Wirtschaftsverfassung. Einerseits indizieren sie ordnungspolitische Modelle (z.B. freie Marktwirtschaft, Sozialismus), die sich in der Praxis zu bewähren haben und sich wegen der Dichotomie zwischen simplistischen Metakonzepten und der außerordentlichen Komplexität jeweiliger Praxisvielfalt Korrekturen gefallen lassen müssen, um operabel zu sein. Andererseits haben solche Heuristiken intersystemare Kommunikationswirkung, sind emotionsgeladene Appelle zugunsten politischer und wirtschaftlicher Interessen.*

*Die Selbstbezogenheit von Wirtschaft und Gesellschaft läßt sich aber nicht in Legitimationshierarchien Gesellschaft/Wirtschaft oder umgekehrt auflösen. Die Dignität von Wirtschaftsverfassungen oder Ordnungspolitiken kann sich auf kein a priori stützen, sondern erwächst aus gesellschaftlicher Bewertung und operativer Bewährung, die durch wissenschaftliche Instrumente wie Evaluation oder Technikfolgen-Abschätzung und -Bewertung geprüft werden kann, die aber ebenfalls in Selbstbezüglichkeit befangen bleiben.*

*Die verbreiteten Versuche von Wirtschaftswissenschaftlern, der Forschungs- und Technikpolitik durch ein dichotomes Modell Staats- versus Marktversagen theoretisch unter die Arme zu greifen, mögen heuristisch nützlich sein, sind aber begrifflich zu eng.*

- *Märkte für photovoltaische Solargroßkraftwerke kann es für mehrere Jahrzehnte nicht geben, da die verfestigte Elektrizitätswirtschaft ihre "versunkenen" Kosten ausbeuten möchte und aus ihrer Warte **zu Recht** ihre Risiken minimiert.*
- *Am ehesten kann von Staats- oder Politikversagen gesprochen werden. Aber kann der Staat als verantwortlicher Lehrer für gesellschaftliches Lernen angesehen werden, angesichts prekärer Mehrheiten in unseren westlichen Regierungen, die von jedem größeren Industriesektor bei Nicht-Wohlverhalten gekippt werden kann?*

*Monodisziplinäre Wissenschaften haben es schwer, gesamtgesellschaftlichen Phänomenen gerecht zu werden, auch wenn sie ihre Theorien oder ihr Vokabular strapazieren.*

***Hans-Jürgen Ewers** benennt aufgrund vermuteten Staatsversagens überzeugende Beispiele für falsche Forschungsförderung und defiziente ökologische Vorsorge. Dabei besteht die Gefahr, sich im Praxisgestrüpp zu verfangen:*

- *Das Problem sind nicht Wissensasymmetrien zwischen "Beamten der Ministerialbürokratie oder Mitgliedern von Bundestagsausschüssen" einerseits und Privaten, sondern im Gegenteil, deren wissenssymmetrische Kollusionen schaffen in unserem System unwiderstehliche Förderungszwänge (z.B. staatliche Prestigeprojekte).*
- *Wie unsere Umweltschäden zeigen, sind "die Interessen künftiger Generationen" nicht "besser bei den Privaten aufgehoben als bei den Politikern", denn niemand hätte die Betreiber von Großkraftwerken oder Chemiewerken an frühzeitig wirksamem Umweltschutz gehindert.*
- *Wissensasymmetrien bezüglich Umweltschutzkosten versus erreichbarem Nutzen sind in der Regel nicht maßgeblich für Handlungsdefizite. Nicht ungenaue Schätzungen über den Nutzen von Geschwindigkeitsbegrenzungen für Autos behindern deren Einführung, sondern Machtverhältnisse.*

*Groß ist folglich, wie **Gerhard Becher** zeigt, die Ratlosigkeit der Fachwissenschaften angesichts der Aufgabe, konkrete Politikentwürfe vorzulegen:*

- *Unzulängliche Wirtschaftstheorien können nur unzulängliche Handlungsempfehlungen geben.*
- *Wegen Theorienstreit fallen die Empfehlungen widersprüchlich aus.*
- *Nicht einmal bei der Evaluation historischer Beispiele kann man sich einigen.*

*Der Politiker kann von Wissenschaftlern ein differenziertes Geflecht von Denkkategorien, von Kriterien erfahren, die er bei Politikentwürfen berücksichtigen sollte, inhaltliche Bestimmungen kaum.*

*Bei aller Erkenntnis, daß Forschungsplanung ein eminent politischer Prozeß und "rationale" Priorisierung unmöglich ist, geben die Arbeiten von **Hariolf Grupp**, **Frieder Meyer-Krahmer** und **Luke Georghiou** einen Einblick in Wissenschaft und Praxis der Evaluation von Projekten und Projektergebnissen. Umfassende Kriterien, Raster und Verfahren sind hierfür entwickelt worden, zur ex ante-, projektbegleitenden und zur ex post-Messung von Wirkungen und Wirkungsbrechungen in den Handlungsfeldern. Die Klagen der Wissenschaftler über die Unzulänglichkeiten von Evaluation entstammen deren Selbstbezogenheit und dem Schmerz über fehlende Absoluta. Es wäre schön, Prioritäten aus einer causa prima et efficiens ableiten zu können, aus Marktaxiomen oder ethischen Geboten, aber aus unserem selbstge-*

*machten Zirkel kommen wir, wie widerspenstig sich Naturgesetze auch immer gebärden mögen, nicht heraus.*

*Effizienzvermindernd wirkt auch die in der Bundesrepublik ideologisch begründete Isoliertheit des Forschungs- und Technikressorts, das nur wissenschaftlich-technische Potentiale schaffen soll, sich aber innovations- und wirtschaftspolitischer Abstinenz zu befleißigen hat. Eine solche Philosophie erleichtert zwar regierungsinterne Allokationsvorhaben, wird aber der Vernetzung unserer technischen Welt nicht gerecht. Energieversorgung, Umweltschutz, Verkehr, Telekommunikation, Stadterneuerung usw. erfolgen in verzweigten Systemen, die staatlicher Artikulation und Organisation bedürfen, um überindividuelle Versorgung zu gewährleisten. Die isolierte Förderung der photovoltaischen Dünnschichttechnik im Bereich regenerativer Energieumwandlung ist hochgradig ineffizient im Vergleich zu einer ressortübergreifenden längerfristig orientierten Politik, die ausgediente Kernreaktore durch Sonnenkraftwerke ersetzen möchte. Ein seiner Aufgabe gerecht werdendes Forschungs- und Technikressort müßte zusammen mit seiner industriellen und staatlichen Klientel die Visionen entwickeln, die den Nachfragesog ausüben, der zu einem effizienten Wissenstransfer von der Forschung bis in die massenweise marktgerechte Anwendung führt. Genau aus diesem Grund haben Großunternehmen erhebliche Umorganisationen vorgenommen, nachdem in Nachkriegsjahrzehnten ineffiziente Teilautonomien gepflegt wurden (wie jetzt die zwischen Forschungs-, Wirtschafts- und Finanzressort). Die Arbeit von* ***Hans-Peter Lorenzen*** *zeigt, wie in Kleinnetzwerken versucht werden kann, dieser Zuständigkeits- und Akteursdispersion zu begegnen.*

*Die wissenschaftlichen Einzeldisziplinen haben ihre differenzierte Tiefe nur durch Ausblendung des größten Teils gesellschaftlicher Wirklichkeiten erreichen können. Daher werden die gegenwärtigen technischen Fehlentwicklungen oft der Perspektivenge oder -losigkeit der Einzelwissenschaften angelastet. Technikfolgen-Abschätzung und -Bewertung (TA) - so* ***Eberhard Jochem*** *- ist daher ein überdisziplinärer Versuch, unter Verzicht auf innerwissenschaftliche Stringenz und durch bewußte Hineinnahme von Wertungsprozessen technische Entwicklungen zu beschreiben und im Licht von Alternativen zu bewerten. Wenn wir in unserer Gesellschaft einen Bewußtseinswandel wahrnehmen, der die Gefährdungen unserer Umwelt und unseres Überlebens mindern möchte, dann ist Technikfolgen-Abschätzung und -Bewertung das methodische Instrument, rationale Planungsgrundlagen zu gewinnen. Mögliche Zukünfte können aber nicht mit EDV-gestützten Modellen ausgerechnet werden, sondern bedürfen einer kreativen Wechselwirkung zwischen Bewußtseinswandel, Basisbewegungen und TA-gestützten Wissenschaften. Alternative gesellschaftliche Denkmöglichkeiten, alternative Projekte, Prioritätenbildungen und gesellschaftliche Gewichtungen sind nicht das Ergebnis von wissenschaftlichen Verfahren, sondern die TA-Wissenschaften sind ein möglichst rationaler Nachvollzug des gesellschaftlichen Pluralismus. Deshalb ist valide TA ohne intensiven Einbezug Anders-*

*denkender nicht möglich. Auch liefert TA keine fertigen Resultate, sondern ist ein langdauernder Begleitprozeß, der gesellschaftliches Lernen strukturiert transparent macht.*

*Die Abwägungen zwischen verschiedenen Kriterien können in hohem Maße dilemmatisch sein:*

- *Aufschub heutigen Nutzens zugunsten des Nutzens in ferner Zukunft und zugunsten der Weltsolidarität;*
- *Kurzfristig risikoarme Konformität mit internationalen Tendenzen des technology push gegenüber risikobehaftetem Umsteuern in eine nachhaltige Politik;*
- *Nutzung minimierter Transaktionskosten in gegenwärtigen Wirtschaftseinheiten und -verbünden versus Inkaufnahme anfänglich höherer Transaktionskosten, z.B. beim Übergang in dezentralere Energieversorgungssysteme;*
- *kurzfristig wählerfreundlicher Erhalt gegenwärtiger Angebotsstrukturen versus politische Abwahlrisiken bei wirtschaftlichen Strukturinnovationen.*

*Unsere Politik ist weit davon entfernt, dieses Werkzeug in seiner Breite und Tiefe zu nutzen, sondern statt TA findet man eher perspektivverengte Evaluation, die Alibi- und Selbstbestätigungscharakter hat. Das gilt z.B. für Großprojekte und -programme mit Akzeptanzschwierigkeiten wie die bemannte Raumfahrt und Gentechnik und für die großen Subventionsverteilungsprogramme der Europäischen Gemeinschaft. Schon deren schieres Förderungsvolumen, dessen jährliche Zuwächse und teilweise auch der Typ der ad hoc sich zusammenfindenden multinationalen Nutznießergruppierungen weisen darauf hin, daß hier nicht durch Evaluation und TA gesteuerte hohe Nutzen/Kosten-Effizienz primäres Ziel ist, sondern multinationale neokorporatische Interessendurchsetzung in Standardbereichen wie Mikroelektronik, Telekommunikation und Kernenergie.*

*Wie ein Seminarteilnehmer (Scharpf) könnte man zunächst kalauern: "Do you believe in evaluation?", "man, I have seen it done." Die Wirksamkeit und Qualität und von Evaluation und Technikfolgenabschätzung ist in hohem Maße abhängig vom politischen Klima, in dem sie stattfinden. In Ländern wie den USA und Großbritannien sind tendenziell kritischere Ergebnisse zu erwarten als etwa in Japan oder der Sowjetunion. Die Europäische Gemeinschaft befindet sich auf halbem Wege. Der Druck der Öffentlichkeit auf Glaubwürdigkeit in der Politik und damit auf qualifizierte Evaluation und Technikfolgenabschätzung scheint zu steigen. So wie der Grad der gesellschaftlichen Offenheit Evaluations- und TA-Ergebnisse determiniert, kann Evaluation, umgekehrt, ein bewußt eingesetztes Vehikel sein, um kritischere und selbstkritischere Offenheit zu stimulieren, etwa durch Einbeziehung international anerkannter Peers mit nicht erkennbarer Vorpolarisierung.*

***Fazit***

*Es gibt ein reichhaltiges, qualifiziertes Instrumentarium für Politik- und Instrumentenevaluation und für Technikfolgen-Abschätzung und -Bewertung, das politisch-instrumentelles Lernen ermöglicht. Wegen des grundsätzlichen gesellschaftlichen Selbstbezugs hängt der Nutzen dieses Instrumentariums naturgemäß von dessen politischer Einbettung ab.*

# STRATEGIES FOR THE SOCIAL CONSTRUCTION OF TECHNOLOGY - THE CASE OF SPACE FLIGHT IN THE FEDERAL REPUBLIC OF GERMANY

**Johannes Weyer**

When the European Research Ministers on November 9, 1987 determined on the "European Long Term Space Plan 1987 - 2000" [1], they opted for a big technology only comparable to nuclear technology or large scale military technologies such as e.g. SDI. The new dimensions European space flight now is aiming at, can be characterized by different aspects:

i) The financial resources required to build up the European space systems are immense. Official figures of the German Research Ministry (BMFT) in 1987 accounted for 14 billion DM, which is equivalent to about two fast breeders, but it could be demonstrated by recalculating the ESA figures that much more money would be required. My prediction of 1987 that at least 8 billion DM more would be required[2] and that this would raise unsolvable problems for the research budget in the 1990s now has been confirmed by German officials[3], which arouses suspicions that the real problems might be even worse.

ii) The technical systems of the ESA programme focus on manned space flight, which also indicates a new qualitiy in European space politics. The space station modules, named COLUMBUS, the mini shuttle HERMES, and the new rocket ARIANE V, mainly required to launch HERMES, all indicate that a large amount of resources within the long term programme is directed towards **manned** space flight. Other projects such as planetary missions or scientific exploration of the earth will, according to official ESA plannings, slowly be reduced from 68.5% (1987) to 28.8% (1993) and then to 26.4% (2000) of the total ESA budget[4] , and a continuing cost explosion of manned systems might even accelerate this trend. Projects such as earth observation or astronomic missions are to be shifted to manned systems, but the community heavily criticizes this. The arguments are well-known: manned space flight is a hinderance not a promotion for research. [5]

iii) According to the strategies pursued by the German space lobby (Western) Europe should obtain a leading rule in this new struggle for superiority in the world. In these concepts space flight is regarded as a symbolic instrument for the creation and prevailance of these new politics.[6] In my view the political usefulness of space flight is the only explanation for the emphasis given to manned systems. German astronauts in space are of only marginal use for the progress of science or economics, but the specific visibility of manned missions and the symbolic effect of being the first anywhere are of great use for politics, especially in the age of international hightech competition.[7]

iv) Another new dimension of the space programme is the social implications of this enterprise, which again demonstrate its deeply political character. In 1989, two years after the ESA decision, lenghty negotiations about the foundation of a German space agency (DARA) and a German industrial-military-aerospace complex (Daimler-MBB) were completed and the two new institutions were finally established. In both cases a dissolution of traditional organizational arrangements which had been constitutive for German space politics and a construction of totally new social relations took place. The delegation of the space programme to a private agency may be regarded as an important turning-point in West Germany´s research politics.

The **purpose** of this paper is to explain the social restructuring triggered by a technology programme and to ask why technology can play this intermediate role in social games. The **hypothesis** of this paper is as follows: In the case of space flight (and maybe in some other cases) technology has no value of its own, but is regarded by the co-players as a means of restructuring the social arena in a way that serves one´s own interests. The configuration of the technology and its concrete use are of less importance compared with its function of establishing social networks between different social groups.
The underlying assumption of this argument that manned space flight is a useless technology will be quite briefly discussed before outlining the sociologic model .

## The endless disaster of the European space programme

In the years 1984 to 1987 proponents of the new ESA programme created a picture of manned space flight to be the key to Europe´s future. Without the new space systems Europe would fall back in the technological and economic race and soon be at the level of an underdeveloped country.[8] Research and development activities only possible under microgravity conditions[9] were judged as the forefront of scientific progress and as the key to technological and economic leadership. These arguments have frequently been rejected and refuted by most of its addressees, i.e. the scientific community and the non-aerospace industry.[10] Nevertheless they helped to legitimize the space projects in public debates. Only shortly after the ESA decision of 1987, however, it became obvious that even the space systems which constitute the technical base of all the premises will not work. The reasons are partly technical, partly political. HERMES, The European mini-shuttle, had to be modified according to new safety standards developed after the CHALLENGER crash - information possibly held back until November 1987 in order not to disturb the ESA decision. The final outcome of all HERMES modifications is likely to lead to the result that HERMES will never fly or, if it can fly, it will not be able to carry a payload. After all HERMES is a useless project, a very expensive re-invention of the shuttle, which has gradually been redefined as a technology project indispensable for the development of the next generation of shuttles on the one hand and - besides - new hypersonic combat aircraft on the other.[11] The history of the space station since 1987 also challenges the assertion that Europe´s future will depend on manned space flight. Only some weeks after the signing of the Memorandum of Understanding between NASA and ESA on September 29, 1988 concerning the European COLUMBUS module (which is to become part of the U.S. space station) it became public that NASA, forced by budgetary pressure, is going to withdraw from the station project step by step. The configuration of the space station has been reduced to a minimum of the scale which the European had been baited with, the launch of the station has been delayed several times.[12] It is questionable whether manned space systems to be launched in the late 1990s using technologies of the 70s and 80s[13] may be called high tech in an age when the innovation cycle in technology intensive industries has been reduced to only a few years. Even the Soviet Union is now calling into doubt their very cost-expensive space programme, although the Soviet approach had been much more conservative and incremental than the U.S.-European plans.

Considering the disastrous situation of European space projects it is hardly surprising that the arguments propagated by the critics of manned space flight in 1986/87 are now common-sense even in parts of the German governmental parties.[14] Now it can be asked why the consequences of the ESA decision, which had been predicted already in 1987, were not taken into consideration when the decision was made. Was it foolish politicans who launched a programme of the scale of manned space flight without conducting a serious technology assessment beforehand? Some aspects of the problem may be covered by that argument, but as a sufficient explanation it is misleading. What were the reasons to vote for suboptimal or even non-functioning technology? It is obvious to interpret HERMES as a political compromise with France and COLUMBUS as a political game with the U.S.. But games could also be played with functioning technologies.[15] And an important point - who is responsible for the irreversible social consequences of the decision for manned space flight? The German Space Agency DARA, brought into being by 'levers' such as HERMES, will persist even when HERMES is only a subject for techno-historians, just as NASA survived (even) when its original mission to bring a man to the moon had been completed. DARA as well as the new industrial aerospace leader DAIMLER-BENZ will generate their own social dynamics and will create ever new futuristic space flight projects (as NASA did). The failure of HERMES or, to take an example from the history of German space flight, the failure of the EUROPA-rocket in the 1960s did **not** deconstruct the social network of space flight and its social dynamics. Whether the technologies which helped to construct a social network, prove to be successful or not obviously doesn´t affect the dynamics of the network. It is social autodynamics rather than technical dynamics which push the development of ever new space projects.

**The social construction of technological dynamics**

In order to understand the German decision to support the ESA programme, it is necessary to reconstruct the genesis of this decision. My starting point, which of course is artifical, since every historical event has predecessors and causes of its own, is the year 1983.This year marks a deep crisis in the German aerospace industry. After overproportional increases in the turnover rate in the late 1970s the rates became small or even negative in the early 1980s.[16] The typical life cycle curve of big technologies[17] can be regarded as an important factor in this cyclic industrial development.

In the FR Germany big programmes such as the combat aircraft TORNADO or the space laboratory SPACELAB were reaching the end of the production phase, and, seen from the viewpoint of the user of these systems, there was only little need for launching the next big programme at the beginning of the utilization phase of the previous one. But for the aerospace industry the follow-on problem was a real pressure. The same applies in the case of the big science laboratory DFVLR: The large R&D programmes of the 1970s were soon to be terminated; the ARIANE programme was to end in 1986, the spacelab programme in 1983.[18]

In this situation where the German aerospace industry and the big science laboratory were looking for follow-on projects, the American President Reagan announced his SDI-programme and one year later (1984) raised the project of an international space station. Both projects defined space as the front where technological superiority and national strength could be demonstrated. Both programmes offered opportunities for the cooperation of international partners, but the restriction of the fields of cooperation and the subordination under U.S. control indicate that both SDI and the space station can be interpreted as measures within the global high-tech race, primarily aimed at Japan and Western Europe and not at the Soviet Union. [19] The American initiatives served as a support for the German space lobby who could now better argue that space flight was a main factor in international competition. The first German space programme released after SDI was a memorandum written by the German Association of the Aerospace Industry (BDLI), published in 1984. It is interesting to see that this memorandum not only calls for large new programmes (which is the duty of the aerospace lobby), but also tries to translate the demands of the industry into political terms. The BDLI argues that German space politics should be nationalized (i.e. the amount of the contribution to European programmes should be reduced) and the German aerospace market should be protected against foreign competitors. It submitted this concern with reference to the "political independence" (BDLI 1984: 72) which e.g. new data relay satellites give to the nations. The proposal of a "national military communication satellite system" (p.49) also indicates that in the age of SDI the space lobby could argue with reference not only to the industrial policy impacts of defence programmes (cf.p.46) but also to the specific military utility value of space systems - an argument which was a novelty in the German space discourse, but which again could be applied as a lever to convince politicans of the political value of space flight. Cooperation projects with the U.S. and France, i.e. COLUMBUS, ARIANE and HERMES, are assessed of low interest to Germany, while a European space station and national satellites are at the centre of the BDLI proposals.

"European autonomy" and "German system leadership" became prominent terms in the programmes of the space industry lobby, indicating the political character of the argumentation. The Research Centre DFVLR also began to argue in this manner when it in turn released a voluminous "space flight strategy study" in 1984, which had been written by order of the Research Ministry. The arguments used to substantiate the projects listed by the DFVLR are much more sound and cautious than in the case of the BDLI, but the criteria for evaluation of the different scenarios discussed by the authors are purely political, namely European "autonomy" (DFVLR 1984:96) and "German leadership" (p.XIV) in the European space programme. It is not surprising that the scenario selected by using these arguments is judged to be the best way because of its political potential (p.XIII) and its flexibility for future modifications. Besides, this scenario puts emphasis on German space systems; the French proposal HERMES is not part of it.

In order to understand the new quality of the 1984 proposals, they must be compared with the previous memorandum, released in 1981 by the DFVLR together with the three major aerospace firms in Germany (Dornier, MBB, ERNO). Although military and political applications of space flight are also mentioned, the emphasis of the argumentation is on the innovation potential of space flight and especially of communication satellites (DFVLR 1981:2,7,11). Manned space flight only plays a subordinated role. In 1984 the new political context, produced by Reagan´s initiatives one the hand, the new conservative government in the FR Germany on the other [20], made possible new forms of political legitimation of space flight, and enabled a call to be made for programmes of new orders of magnitude.

The German government had no clear position. In a cabinet decision on January 16, 1985 it opted "for European independence **and** transatlantic cooperation" [21] and continued its traditional double strategy by voting for COLUMBUS **and** ARIANE. The French proposals for strengthening European cooperation in space, be it civilian or military, were sharply rejected:

> "With the realisation of both these projects (COLUMBUS and ARIANE, J.W.) the options of the German government, to embark on civilian (!?) projects of a similar size, are exhausted under the given circumstances." [22]

This strategy of combining European with transatlantic cooperation in space flight, which had marked the German "Sonderweg" in space politics since 1962, had different implications for the discourse about space flight in the mid-eighties:

i) It showed that German government was willing to launch large new space projects and to commit itself to the novel political justification of space flight without regard to the use of space flight in terms of R&D politics. Research Minister Riesenhuber clearly stated that he was not really willing to join those projects because he couldn´t see any R&D justification. He preferred

to continue unmanned space research aimed at constructing a much smaller station than COLUMBUS.
ii) At the same time the government´s resolution really indicated a non-decision policy. In a situation where the U.S. had defined space as the place for a symbolic competition between the world´s economic superpowers, a dual strategy above all was not sufficient to satisfy the advocates of a new Europe. Further it was illogical, seen from the viewpoint of space lobbyists, to rely on the good-will of the U.S. although European launching systems and space station elements were already available or under construction. The ESA decision of January 31, 1985 to accept the invitation to join the space station project expresses this mistrust, as to whether cooperation on the space station project could ever be realized "without discrimination" [23] against Europe.

The government´s and the ESA decision of January 1985 thus indicate that outlines of a new space arena were fixed, but there still remained room for negotiation. The different partners were prepared to play the game, and a pre-selection of potential argumentative connections had been made: a justification of space projects by means of their scientific value, for example, was now socially much less valuable than a political justification, because it could not provide politicians with strong **political** arguments. Besides, such a justification was not acceptable to industry, which needed large long-time programmes for their own survival. A small number of scientific satellites could not serve this purpose, but a large number of military satellites or a complex configuration of manned systems could.
The years from 1985 to 1987 can thus interpreted as a period of intensive "Kontextsteuerung" (Wilke) (contextual control), in which the different actors in the space arena strengthened the network by generating arguments which fitted the strategies of their partners and helped to promote their positions. The remarkable result of this process is the fact that ESA revisited its "Long Term Space Plan 1985 - 1995" [24] only two and a half years after it was passed in January 1985 and voted in November 1987 for the new long term programme mentioned above.The main difference between the two programmes is the emphasis the 1987 plan puts on autonomous European space flight. This was symbolized by HERMES which now became another central element of the programme. Different factors played an important role in this process of negotiation. Some were external, such as the CHALLENGER accident. Others came from the European stage, where especially France was busily working to get the HERMES project launched. But most important is the way actors in the national space arena worked with the options available in the context, and how they shaped their strategies according to changing situations.
In these discourses scientific or even technological or economic considerations played only a minor role. It is hardly understandable that Europe should, according to the decision taken in 1987, re-invent the space shuttle only to have a means of decoupling from the space station they

just have coupled to with COLUMBUS. This programme is not only immanently illogical, its economic effiency and its scientific value are also questionable. Its technically suboptimal shape can only be understood as a result of negotiations between different interest groups and as a political compromise between different partners.
The crude logic of the space programme was formulated by an expert group of a German policy research institute (DGAP) which united representatives of all interest groups in the space arena. It served as an intermediate organisation which linked the different positions and harmonized the interests and the arguments of the space lobby. In this way it strengthened the positions of its members: a space scientist could now argue, faced with opposite views in his scientific community, that his view was part of a network and that space science had to join the unavoidable trend. The core-argument which held this network together and which thus served as a social link was expressed in a memorandum of this expert group released in 1986. It states that West Germany has to become the "shaping power of a West European space power" (DGAP 1986:42). In a democratic society such as the FR Germany the social acceptability of a large space programme and its budgetary consequences, according to the memorandum, can only be achieved by a national consensus, which in turn could be stimulated by the "higher political symbol-effect" (p.38) of manned space flight.
The intermediate function of the DGAP is thus evident. Firstly it served as a hybrid community between different social groups. Secondly it made available an argumentative figure (manned space flight as a means of national politics to conquer the world) that could not only convince the public but could also be retranslated into the subjective images of the different interest groups. For the group of the 'Europeans' within politics space flight now served as a symbolic means of European integration. For space scientists it helped to define new research frontiers, which had to be promoted by R&D-programmes. And for the aerospace industry manned space flight was the way out of the dilemma of the cyclic development of big technologies, since ESA plans covered a period of at least 10 to 15 years and a long-term committment of the government to space flight could be expected. It is understandable that this space network had a strong momentum and could not even be stopped by well-founded arguments against manned space flight. As the network included social actors, it also excluded others.

## Technology discourses as a 'lever' for social innovation

The previous chapter has demonstrated that a technology programme may be the integrating element of a social network and the trigger of social dynamics. Now an attempt will be made to integrate this empirical evidence into a sociological model. This model must answer the question why technology can serve as an intermediate factor in social interactions.
Since there are as many notions of technology as there are sociologies of technology, I shall try to answer the question from another starting point, i.e. the analysis of the interactions of social

systems. An important theoretical assumption in my considerations is the premise that no separate social system 'technology`exists, but society can, according to Luhmann, be differentiated in social sub-systems such as science, economy and politics (to mention only those sub-systems which play a role in space politics).[25] A second assumption, derived from different concepts of systems theory (Wilke, Krohn/Küppers) claims that in a functionally differentiated society which has no privileged position for a central control, actors can only control other co-actors by "Kontextsteuerung" (contextual control), i.e. by incentives which can be accepted by the addressee, but which, however, can also be rejected. [26] The producer of a social offer (e.g. a new research programme) has no control over the behaviour of his addressees. If this sounds like an "anything goes"-game, systems theory makes an important theoretical point in resolving this arbitrarity of social interaction and/or non-interaction when it focusses on the systemic conditions of "Anschlußfähigkeit" (social linkability). The social logic of the science system is the production of knowledge, the logic of the economic system is to deal with goods and money, and the political system operates with the logic of power. These three systemic mechanisms are not comparable or interchangeable: Expensive research need not be true just as true knowledge need not be profitable. Luhmann deserves the credit for calling the sociologists' attention to the fact that social systems cannot communicate with each other on the level of their systemic code. Intersystemic communication in his view only takes place in a few cases where an event has a functional meaning in two systems. Luhmann doesn´t discuss the question of which events are likely to be communicated in different social systems and what social actors could do to increase the likelihood of intersystemic communication. These questions are outside the range of Luhmann´s interests.

My claim now is that there are some social phenomena which possess a general "Anschlußfähigkeit" in the sense that different social systems can communicate them because they fit into the social logic of the respective systems. Technology seems to be an intersystemic structure of this kind: it can be handled by the science system, since technological work is research in the sense of knowledge production. It cannot be distinguished from other research by the type of action required and the systemic code separating research from non-research. [27] From the perspective of the economic system, technology is a factor which affects production success. And the political system, finally, can deal with technology as a means of generating political power and/or legitimacy e.g. in the case of health, transport, communication or war technologies.

This view implies a constructivistic perspective insofar as each social system interprets a concrete project, e.g. the space station, by its own systemic view. At the same time my approach tries to circumvent the trap Pinch and Bijker never found their way out of, when they had to introduce into their model the fact that despite different interpretations the artefact really exists. In my model the artefact plays a minor role, maybe because discourses in the specific case of space flight are mostly conducted a long time before the technologies are really built. As mentioned in a previous chapter, artefacts do not disturb the discourse. What is communicated between different social groups are utopian ideas or visions of technology which may be interpreted in quite different ways with reference to the specific view of each system involved. Whether a consensus can be achieved that various partners are talking about the 'same' object is not a question of theory but of history.

At the same time, however, it is evident that strategic actors do not wait for intersystemic coupling to happen by chance (which is, as Luhmann says, rather unlikely), but actively try to construct chances. As Hughes showed very convincingly, innovative actors systematically integrate different perspectives (technical, economic, political) into their considerations and their strategies. [28] They do not simply react to their social context, but try to shape this context in a way that serves their interests. Krohn/Küppers have integrated this aspect of strategic action and strategic networking into their model 'self-organization of science'. Technology could be, even if not explicitely mentioned by Krohn/Küppers, one of the feed-back loops by which social actors influence their context on the one hand, and import resources as levers for social innovations on the other. The latter is a significant aspect: intersystemic communication is not an end in itself, but a selfish purpose. Actors who mobilize other actors, construct intersystemic networks and mutually exchange resources do this because of the social benefits they can attain in this way. A simple example may illustrate this: a scientist who can make use of a novel research programme has competitive advantages compared with his colleagues. However, he can draw, a maximum profit from such a constellation, if the initiative for the research programme has been **his** idea and if **he** has been able to form the shape of this programme according to his own purposes. This again is only possible if he can offer something to politics that has a specific political value, e.g. a ballistic missile defence, a cure-all for AIDS or the technology for everlasting wealth (superconduction?). The example shows very convincingly that technology is a well-suited means of translation between different social logics. Because of this feedback mechanism in practice we will mostly observe interactive processes of mutual control, in which the translation of specific interests into the 'language' of other actors is the major task of strategic players. [29]

## Conclusion

The sociological concept of technology discourses as a lever for social innovations, outlined very briefly [30], will hopefully contribute to a better understanding of the dynamics of big technology programs. Firstly, the model points to the fact that large scale technologies need equally large scale social support. To construct this social basis techno-visions are invented which serve as links between different actor groups and their individual interests. Since these visions must be acceptable in different social systems, translations into the different 'languages' of the social systems must be made. If the translations fit to each other, the network will work and gain its own dynamics, if not, it will fail. Secondly the model draws attention to the problem of re-translation: For example a research group involved in hypersonic research that can only ensure the continuation of its work by integration into a programme of manned space flight is then forced to construct manned systems (e.g. HERMES), even if this purpose is not considered to be valuable by the scientific community. In this way, the network may develop autodynamics which produce effects the individual actors did not aim at. Thirdly the model focusses on the relation between technical and social dynamics, as it shows that technical innovations, or more specifically discourses about such innovations, are a means for the achievement of social innovations. As soon as these social innovations are accomplished, they may 'forget' their history: whether HERMES will fly or not will probably not affect the institutional innovations generated by the 'lever' HERMES. Artefacts need not interfere with discourses, and discourses need not necessarily lead to functioning technologies. 'Negotiation about technology' is a strategic game with social implications which cannot be reduced to technical impacts.

**Notes:**

(1) ESA/C (87)3, Paris, 10 june 1987 (mimeo)
(2) Memorandum 1987: 39,66; Weyer 1987
3) Frankfurter Allgemeine Zeitung (FAZ), 7.11.1989
(4) cf. Memorandum 1987: 65 (Prozentuierung von Reihe 9 und 7)
(5) Out of the large number of references only a recent example will be quoted here: it is reported that experiments on crystal growth on board of the U.S. shuttle have been unexpectedly successful. But at the same time the presence of the astronauts is criticized by the experimenters as a serious obstruction. (FAZ 29.11.1989, p.N1)
(6) cf. DGAP 1986, Schreiber 1986, Genscher 1987, from a critical perspective: Schierholz 1987
(7) This strategy only works if the mission succeeds - a high-risk option for politics. (cf. Luft- und Raumfahrt 2/1988:28, where it is reported that it was discussed whether to delay the launch of a U.S. shuttle because of the presidental elections.)
(8) cf. Anhörung 1985
(9) which do not really exist on board of the space station
(10) cf. Beratender Ausschuß 1987; Heraeus, in: Der Spiegel 34/1987, 36pp.
(11) Luft- und Raumfahrt 2/1988:38; MBB-Aktuell
(12) It is typical that parallel with the decline of the station new futuristic space projects are submitted in order to recover political support for NASA.
(13) In the definition phase of space projects the technical design must be "frozen" (Orientierungsrahmen 1987:9) in order to secure technical coherence of the product. In the case of large-scale and long-term projects this may lead to the consequence that computer technologies are applied in space which our children would no longer accept for their computer games.
(14) FAZ 31.10.1989
(15) It may be argued, but will probably never be proved that the U.S. had defined space as the new frontier for the purpose of orienting the Europeans towards economically foolish projects.
(16) cf. Hornschild/ Neckermann 1988:21
(17) cf. Hornschild/Neckermann 1988:50; becomes especially apparent if two curves are superimposed.
(18) DFVLR 1984:1
(19) cf. Bluth 1986 for the large number of studies on the European reaction to SDI.
(20) After the 'Wende' (change of government) in Bonn in 1982 the 1970s were re-interpreted as a time of depression ("Talsohle"), followed by an impetus ("Aufschwung") after the installation of the conservative government. (quotes from Haunschild, in: DFVLR-Nachrichten 50/1987:17)
(21) quoted from BMFT (ed.), Übereinkommen über die Internationale Raumstation und das Programm COLUMBUS, Dokumentation (22. Juli 1988), p.86, emphasis added
(22) source seen fn. 21
(23) ESA-Rat, Entschließung über die Beteiligung am Raumstationsprogramm (angenommen am 31. Januar 1985), ESA/C-M/LXVII/Res.2 (Final), Paris, 4. Februar 1985, source see fn 21, p.90
(24) ESA/C(84)46, rev.1, Paris, 21. November 1984

(25) cf. Luhmann 1987
(26) Krohn/Küppers 1989; Wilke 1984
(27) cf. Krohn/Rammert 1985
(28) cf. Hughes 1987
(29) This concept differs from the original notion of "Kontextsteuerung" generated by Wilke, because he usually concentrates on the process of uni-directional action or argues from the point of view of an enlightened societal metarationality.
(30) A more detailed presentation of the model can be found in Weyer 1989.

**Bibliography:**

Anhörung: Deutscher Bundestag, 1985: Ausschuß für Forschung und Technologie, Stenographisches Protokoll der 46. Sitzung des Ausschusses am 11./12.11.1985, öffentliche Anhörung "Weltraumforschung - Weltraumtechnik" (verv. Ms.)

BDLI - Bundesverband der Deutschen Luftfahrt-, Raumfahrt- und Ausrüstungsindustrie e.V., 1984: BDLI-Memorandum zur Zukunft der Raumfahrt in der Bundesrepublik, Bonn (verv. Ms.)

Beratender Ausschuß der Industriephysiker, 1987: Memorandum zur Materialforschung mit bemannter Raumfahrt. In: Physikalische Blätter 43: 375-376

Bluth, C., 1986: SDI: The challenge to West Germany, in: International Affairs 1986: 247-264

DFVLR, 1984: Deutsche Forschungs- und Versuchsanstalt für Luft- und Raumfahrt, Strategiestudie Raumfahrt, o.O. (Köln)

DFVLR/Dornier/MBB/ERNO, 1981: Memorandum zur Zukunft der Raumfahrt in Deutschland, Bonn, Juni 1981

Forschungsinstitut der Deutschen Gesellschaft für Auswärtige Politik, 1986: Deutsche Weltraumpolitik an der Jahrhundertschwelle, Analyse und Vorschläge für die Zukunft (Vorsitz: Karl Kaiser), Bonn

Genscher, H.-D., 1987: Kontinuität und Wandel. Moderne Außenpolitik in der Perspektive 2000. In: Ders. (Hg.), Nach vorn gedacht..., Perspektiven deutscher Außenpolitik, Stuttgart 1987: 9-25

Hornschild, K./Neckermann, G., 1988: Die deutsche Luft- und Raumfahrtindustrie. Stand und Perspektiven, Frankfurt/New York: Campus

Hughes, T.P., 1987: The Evolution of Large Technological System. In: W.E.Bijker, T.P. Hughes, T.J. Pinch (Eds.), The Social Construction of Technological Systems. New Directions in the Sociology and History of Technology, Cambridge (Mass.)/ London: MIT Press, 51-82

Krohn, W./Küppers, G., 1989: Die Selbstorganisation der Wissenschaft, Frankfurt: Suhrkamp

Krohn, W./Rammert, W., 1985: Technologieentwicklung: Autonomer Prozeß und industrielle Strategie. In: Soziologie und gesellschaftliche Entwicklung. Verhandlungen des 22. Deutschen Soziologentages in Dortmund 1984, Hg.: B. Lutz, Frankfurt/M., New York: Campus, 411-433

Krupp, H./Weyer J., 1988, Die gesellschaftliche Konstruktion einer neuen Technik. Legitimationsstrategie zur Durchsetzung der bemannten Raumfahrt als Beispiel. In: Blätter für deutsche und internationale Politik 33 (1988): 1086-1098 und 1249-1262

Luhmann, N., 1987: Wissenschaft als soziales System (verv. Ms.)

Memorandum, 1987: Kritik der Bonner Weltraumpolitik.Orientierungsrahmen Hochtechnologie Raumfahrt, 1987: Gesamtüberblick und Empfehlungen. Hg.: Deutsche Forschungs- und Versuchsanstalt für Luft und Raumfahrt.

Schierholz, H., 1987: Die Beherrschung des Raumes. Die neo-imperialen Ambitionen bundesdeutscher Weltraumpolitik. In: Forum Wissenschaft 3/87, 23-25

Schreiber, W., 1986: Die Bedeutung der Erforschung und Nutzung des Weltraums für die militärische Sicherheit. In: Europa-Archiv 21/1986: 629ff.

Weyer, J., 1987: Subventionsruinen im erdnahen Orbit. Fiskalische Konsequenzen der Bonner Weltraumpolitik. In: Forum Wissenschaft 3/87: 15-19

Weyer, J., 1988a: Bemannte Raumfahrt: Taktische Spiele im All. In: Die ZEIT 22.4.1988, 36-37

Weyer, J., 1988b: European Star Wars. The Emergence of Space Technology through the Interaction of Military and Civilian Interest Groups, in: E. Mendelsohn/M.R. Smith/P. Weingart (Eds.), Science, Technology and the Military (Sociology of the Sciences. A Yearbook, Vol.XII), Dordrecht/Boston/Lancaster/Tokyo: Kluwer, 243-288

Weyer, J. 1989: "Reden über Technik" als Strategie sozialer Innovation. Zur Genese und Dynamik von Technik am Beispiel der Raumfahrt in der Bundesrepublik. In: M. Glagow/H. Wiesenthal/H. Wilke (Hg.), Systemische Steuerung und partikulare Handlungsstrategien, Pfaffenweiler: Centaurus, 81-114

Wilke, H., 1984: Gesellschaftssteuerung zwischen Korporatismus und Subsidiarität, Bielefeld: AJZ Verlag, 29-53

## ÖKOLOGISCHE POLITIK

### Knut Bauer

Die Bundesregierung hat am 29. September 1971 erstmals mit einem "Umweltprogramm" einen neuen Politikabschnitt eingeleitet. Dieses Programm baute auf einer soliden Basis von Fachwissen und Regelungen auf. Bereits vor 1970 gab es vor allem in den Bundesländern Einrichtungen für den technischen Umweltschutz und den medizinisch-hygienischen Umweltschutz. Die wissenschaftliche Beratung für diesen begrenzten Umweltbereich war ebenfalls organisiert und leistete wichtige Beiträge zur Festlegung von Emissionsgrenzwerten und zulässigen Schadstoffkonzentrationen. Erinnert werden soll beispielhaft an die VDI-Kommission zur Reinhaltung der Luft, die Kommission der DFG zu Fragen der zulässigen Schadstoffgrenzwerte in Lebensmitteln, am Arbeitsplatz, im Meer. Charakteristisch für alle Beratungsgremien aber auch für die entsprechenden rechtlichen Regelungen war die Behandlung von Einzelproblemen, d.h. einzelnen Schadstoffen, ihren Wirkungen und den entsprechenden Schutzmaßnahmen.

1969 hat sich die Sozialliberale Koalition die Aufgabe gestellt, eine nationale Umweltpolitik zu formulieren. Im Frühjahr 1970 wurde ein Kabinettsausschuß für Umweltfragen gebildet und im September dieses Jahres ein "Sofortprogramm Umweltschutz" veröffentlicht.

### Politische Voraussetzungen

Faktum war, daß im Zuge des wirtschaftlichen Aufbaus, des wachsendem Konsums und des Freizeitverhaltens der Bevölkerung einzelne Umweltbelastungen wie

- verschmutzte Luft, vor allem in Ballungsgebieten;
- verschmutzte Gewässer, in denen man nicht mehr baden konnte;
- Verkehrs- und Nachbarschaftslärm;
- zunehmende Abfallmengen und wilde Müllkippen,

die Wahrnehmungsschwelle vieler Menschen überschritten hatten und damit zum Politikum wurden. Der Einzelne war als Individuum unmittelbar betroffen. Das politische Wahlkampfversprechen vom "blauen Himmel über der Ruhr" war das bekannteste Signal in Deutschland, das in Erinnerung geblieben ist.

## Wissenschaftliche Voraussetzungen

Für die Wissenschaft, insbesondere die Naturwissenschaften, war Umweltforschung kein wichtiges Thema, da Probleme sozusagen aus der Anwendung von Technik und technischen Produkten abzuleiten, wegen ihrer Komplexität nicht exakt wissenschaftlich zu beschreiben und mit dem definierten Methodenarsenal der jeweils eigenen Disziplin zu lösen waren.

Die Ökologie, selbst wenn der Begriff gelegentlich benutzt wurde, spielte in der Umweltdiskussion keine wesentliche Rolle. Der Grund ist darin zu sehen, daß sich die Ökologie praktisch ausschließlich mit den natürlichen Ökosystemen, die damals noch Biotope hießen, beschäftigte. Die Ökologie war eher eine beschreibende Wissenschaft. Sie zählte Arten, beklagte aber auch deren Verarmung oder Vernichtung durch externe Einwirkungen. Aufgrund mangelnden methodischen Instrumentariums war sie aber nicht in der Lage, die Dynamik und Vernetzung der vielen Parameter eines Ökosystems zu beschreiben und daraus Belastungspfade und Toleranzen abzuleiten. Für die Formulierung von konkreten Handlungen und Maßnahmen gegen konkrete wahrnehmbare Umweltbelastungen waren die Ergebnisse ökologischer Forschung nicht brauchbar. Im ersten Umweltprogramm der Bundesregierung spielten daher ökologische Ansätze praktisch keine Rolle.

Die Wissenschaft selbst war also nicht in überzeugender Weise in der Lage, Hilfestellung zu programmatischen Diskussionen zu leisten, die dem Anspruch "ökologische Politik" zu sein, also eine ganzheitliche Betrachtung der lokalen, regionalen und globalen Lebensgemeinschaften dem politischen Handeln zugrunde zu legen, genügen konnten.

## Gesellschaftliche Ausgangssituation

Die Sensibilität der Gesellschaft gegenüber Umweltproblemen war noch wenig ausgebildet. Wissen, Verständnis und Unterstützung umweltpolitischer Maßnahmen aus der Bevölkerung heraus war gering. Das Sankt-Florians-Prinzip, das auch heute keineswegs ausgestorben ist, dominierte die damalige Akzeptanzdiskussion von Umweltmaßnahmen. Maßnahmen, die mit Verhaltensänderungen, Beschränkungen, und ggf. Kosten verbunden sind, wurden immer nur für den Nachbarn gefordert. So mußte z.B. der Rat von Sachverständigen für Umweltfragen in seinem ersten Umweltgutachten 1974 noch empfehlen: "Die Wirksamkeit des Umweltschutzes hängt vom Verantwortungsbewußtsein des Einzelnen ab. Deshalb ist die Wandlung der Einstellung des Bürgers von der Gleichgültigkeit zur Verantwortung gegenüber der Umwelt von entscheidender Bedeutung. Der Rat empfiehlt daher, die Aufklärung der Öffentlichkeit auf allen Gebieten des Umweltschutzes zu verstärken."

## Erstes Umweltprogramm der Bundesregierung

Es bestand das Dilemma, einerseits eine möglichst ganzheitliche Analyse der Situation der Umwelt zu erarbeiten, also einen systemaren Ansatz zu versuchen, andererseits aber rasch Maßnahmen in zahlreichen Sektoren zu formulieren und auch durchzuführen. Dem durchaus energisch vorgetragenen Versuch der sogenannten Picht-Kommission, systemare Ansätze einer Programmformulierung zu versuchen, wurde nicht gefolgt.

Das erste Umweltprogramm wurde auf der Basis des Standes von Wissenschaft und Technik formuliert. Es war in Sektoren gegliedert. Wesentliches Ziel war es, Umweltbelastungen durchzuführen, die die Wahrnehmungsschwelle bereits überschritten haben. Dieses soll an einigen konkreten Beispielen erläutert werden: Die Reduzierung der hohen Luftverschmutzung hatte als wesentliches Ziel den Schutz auch schwächerer Bevölkerungsschichten, wie Kinder und ältere Menschen, vor gesundheitlichen Gefahren.

Die hohen Abwasserbelastungen bedeuteten eine Gefahr für die Versorgung mit Trinkwasser und mußten deshalb reduziert werden. Umweltchemikalien, vor allem Agrarchemikalien, sollten begrenzt werden, um der Kontamination von Lebensmitteln und Trinkwasser vorzubeugen. Der Naturschutz sollte verstärkt werden, um naturnahe Ökosysteme in ihrem Erholungswert für die Menschen zu erhalten. Diese wenigen willkürlich herausgegriffenen Beispiele zeigen, daß die anthropozentrische Sichtweise der Umweltproblematik dominierte.

In der Regel gab es bereits belastbare Daten, die wissenschaftlich bewertet werden konnten und für die Lösungen für geeignete Gegenmaßnahmen formulierbar waren, seien es technische Lösungen oder seien es Hinweise auf notwendige technische Entwicklungen. Ein weiteres Ziel war es, die geeigneten ordnungspolitischen Rahmenbedingungen zu schaffen, um erkannte Umweltbelastungen bei vorhandenen technischen Lösungsmöglichkeiten mit ordnungspolitischen Instrumenten auf ein verantwortbares Maß zurückzuführen.

Die sektorale Betrachtungseise spiegelte sich auch in der Organisation des Umweltschutzes innerhalb der Bundesregierung und in der Organisation der Arbeitsgruppen zur Erarbeitung des ersten Programms wieder. Es galt das Ressortprinzip der Zuständigkeit für definierte Sachbereiche. Zwar wurde der Bundesminister des Innern als Koordinator für die Umweltpolitik der Bundesregierung eingesetzt; er hat aber nie versucht, diese Rolle wahrzunehmen, Umweltschutz als Querschnittsaufgabe zu betrachten und über Ressortgrenzen hinaus kooperativ zu gestalten. Entsprechend dem Ressortprinzip sah er dagegen Umweltschutzpolitik als Fachpolitik und damit als Aufgabenzuwachs. Wesentliche Aktivitäten wurden daher in der

Anfangsphase durch Ressortauseinandersetzungen über die sachgerechte Abgrenzung der jeweiligen Teilzuständigkeiten gebunden.

Der Organisationsansatz "Umweltschutz als Fachpolitik" besteht im Grundsatz noch heute und hat seine konsequente Ausgestaltung in der Bildung eines eigenständigen Umweltministeriums gefunden. Das Unbehagen darüber, daß schon aufgrund der Organisation des Umweltschutzes innerhalb der Bundesregierung übergreifende "ökologische" Ansätze der Politik behindert werden, führt u.a. zu der gelegentlich erhobenen politischen Forderung, dem Umweltminister eine übergreifende Mitzeichnungs- und Vetofunktion, analog etwa zum Finanzminister, bei umweltrelevanten politischen Entscheidungen zu geben.

Das erste Umweltprogramm wurde in zahlreichen Projektgruppen erarbeitet. Federführend war das jeweils zuständige Ressort. Je angewandter und drängender die notwendigen Maßnahmebündel in den jeweiligen Medien, Luftreinhaltung, Wasserwirtschaft, Abfall usw. waren, umso praxisnäher war auch die wissenschaftliche Expertise, die zur Formulierung herangezogen wurde. So wurden in den oben genannten Projektgruppen im wesentlichen Experten aus Bundes- und Landesanstalten gehört. Einzelne Wissenschaftler aus Universitäten oder anderen Forschungseinrichtungen waren "Gäste".

## Bewertung des ersten Umweltprogramms

Nachträglich betrachtet ist diese sektorale Vorgehensweise im Umweltschutz unter Vernachlässigung systemarer Zusammenhänge und globalerer Ansätze gerechtfertigt gewesen. Es bestand ein erheblicher Nachholbedarf an Umweltmaßnahmen. So mußte ein umfassender gesetzlicher Rahmen für den Umweltschutz geschaffen werden. Nach Verabschiedung des Umweltprogramms folgten daher auch in rascher Folge die wichtigsten Umweltschutzgesetze:

- Das Bundesemissionsschutzgesetz mit seiner wichtigsten Verordnung, der "Technischen Anleitung zur Reinhaltung der Luft";
- das Wasserhaushaltsgesetz;
- das Abfallwirtschaftsgesetz;
- das Chemikaliengesetz.

Die Umsetzung war schwierig. Es tauchte bald das Schlagwort des Vollzugsdefizits auf. Dieses war einerseits verknüpft mit dem Mangel an qualifiziertem Personal auf allen Ebenen des Verwaltungshandelns sowie der Konkurrenz der verschiedenen Planungsbehörden bei der Durchführung von Umweltschutzmaßnahmen. Auf der anderen Seite war das Vollzugsdefizit auch dadurch ausgelöst, daß sich Widerstand gegen einschneidende Maßnahmen - die in der

Regel nach gängiger Wirtschaftstheorie und Praxis "unproduktiv" waren - organisierte. Der Konflikt zwischen Wirtschaftspolitik und Umweltpolitik hat die Geschwindigkeit der einzelnen Schritte und letztlich den Gesamtertrag der Umweltpolitik in ihrer ersten Phase bestimmt. Beispielhaft dafür ist die Aussage des damaligen Innenministers Baum in einer Rede vor der Arbeitsgemeinschaft für Umweltfragen im Januar 1979. Er sagte: "Umweltpolitik und Wirtschaftspolitik finden schwer zueinander. Die Ökologen werfen den Ökonomen vor, sie hielten an überholten quantifizierenden Denkweisen fest, seien Wachstumsfetischisten. Die Ökonomen rechnen die Kosten der GRÜNEN-Vorschläge nach und verteidigen den Status quo beim Kostenfaktor Umweltschutz, sprechen von der Investitionsbremse beim Umweltschutz. Für die einen ist die Art unserer expandierenden, rohstoff- und energieverschwendenden Wirtschaft eine Wohlstandsfalle, für die anderen ökologische Bewegung, grünes Narrentum, wirtschaftliche Naivität und Torheit."

## Umweltforschung und Technologie

Forschungs- und Technologiepolitik müssen schon wegen des stark auf wissenschaftliche Beratung angewiesenen Charakters der Umweltpolitik integraler Bestandteil dieser Politik sein. Der Forschungsminister war daher von Anbeginn einer der wichtigsten Partner im Umweltkabinett und hat vor allem die Formulierung der wissenschaftlich-technischen Aufgaben entscheidend beeinflußt.

Wegen des Anliegens des Umweltprogrammes, erkannte Probleme kurzfristig lösen zu wollen, waren die Schwerpunkte der Forschungs- und Entwicklungsaktivitäten ebenfalls sektoral organisiert: Luftreinhaltetechnik, Umweltanalytik, gesundheitliche Auswirkungen von Umweltchemikalien, Abfalltechnik, Wassergewinnung und -reinhaltung. Hier wurden auch kurzfristig Erfolge erzielt. So konnten z.B. die Staub- und Schwefelemissionen bei der Energieerzeugung auf etwa 1/4 ihrer Maximalwerte reduziert werden. Ebenso wurde die Qualität der Fließgewässer erheblich verbessert.
Langfristiger angelegt ist der originäre Beitrag des BMFT zum ersten Umweltprogramm, der Bereich "umweltfreundliche Technik". Dies war durchaus der Versuch, integrale technische Lösungen für Umweltprobleme zu entwickeln und die Verlagerung von Belastungen in andere Medien bei der Behandlung eines Schadstoffes zu vermeiden. Dies waren damit auch erste Beispiele für das Prinzip "Vorsorge" im Umweltschutz. FuE-Schwerpunkte wurden bei den Technologien und Produktionsprozessen mit den höchsten Emissionen aus den Industriebereichen Chemie, Eisen und Stahl, NE-Metalle, Glas Keramik Papier, Energie und Verkehr gesetzt. Da es sich nicht um Nachrüstmaßnahmen an bestehenden Verfahren handelte

und der wissenschaftlich nicht klar definierte Begriff "umweltfreundlich" als Anforderung an die jeweilige Technik erst quantifiziert werden mußte, waren schnelle Erfolge nicht möglich.

Die Entwicklung umweltfreundlicher Technik ist eine kontinuierliche Aufgabe, die sich auch heute noch in dem jüngsten Umweltforschungsprogramm als Fördermaßnahme wiederfindet, allerdings nicht mehr so hervorgehoben wie in der ersten Phase. Dies ist auch nicht erforderlich, da der gesetzliche Rahmen und das Umweltbewußtsein bei Verbrauchern und Produzenten heute so ausgeprägt ist, daß man erwarten kann, daß die Entwicklungen neuer Produktionsprozesse (dies ist grundsätzlich eine Aufgabe der Wirtschaft) umweltfreundlich erfolgen.

Im ersten Umweltforschungsprogramm - es gab übrigens niemals ein gemeinsames Regierungsprogramm Umweltforschung, da die beteiligten Ressorts keinen weiteren Koordinator für die entsprechende Forschung akzeptieren wollten - finden sich auch bereits erste Ansätze für die systemaren Aufgabenstellungen, die wissenschaftlich nur interdisziplinär bearbeitet werden können. Ich meine, das Konzept der Bioindikatoren, die als analytische Instrumente für komplexe Wechselwirkungen in belasteten Ökosystemen eingesetzt werden sollen. Hier zeigte es sich, daß die Wissenschaft auf derartige komplexe Aufgaben, die heute mit dem Begriff Ökosystemforschung umschrieben werden, nicht vorbereitet war. Es bedurfte mehrere Jahre und vieler Iterationsschritte, bis engagierte Wissenschaftler Forschungskonzepte formulieren konnten, die in ihrer wissenschaftlichen Qualität valide waren, und es dauerte noch einige Jahre, bis erste Arbeitsergebnisse vorlagen.

Lange Zeit konnten Umweltpolitiker davon ausgehen, daß ihre Politik erfolgreich und die Zielerreichung möglich sei, ein vergleichsweise leichter Interessenausgleich zwischen den verschiedenen Politikbereichen denkbar und nicht nur national, sondern auch international abgestimmt erfolgen könne. Mit anderen Worten, man glaubte auf dem richtigen Weg zu sein.

Zunächst als Warnung von Wissenschaftlern, die etwa zeitgleich mit Fragen aus der heute für Umweltprobleme sensibleren Öffentlichkeit von der Forschungspolitik aufgegriffen und in erste orientierende Programme umgesetzt wurden, wurden Phänomene beschrieben, die in komplexer Weise Lebensgemeinschaften lokaler, regionaler und globaler Art - also Ökosysteme - beeinflußten und irrevisible Veränderungen befürchten ließen.

Ich erwähne einige Beispiele in der Reihenfolge ihrer zeitlichen Wahrnehmung, ohne sie näher zu erläutern, da sie uns allen hinlänglich bekannt sind:

- Zunächst das "Ozonloch" der Stratosphäre, mit der Gefahr der somatischen und genetischen Veränderung biologischer Objekte einschließlich des Menschen und damit ganzer

Ökosysteme. Bereits 1977 und '78 wurde dieses Phänomen politisch aufgegriffen und in internationalen Konferenzen, 1977 in Washington und 1978 in München, abgehandelt.

- Die Bedrohung der Waldökosysteme, bei uns durch die sogenannten neuartigen Waldschäden, in den Tropen durch irreversible Übernutzung.

- Die Kontamination von Böden und Wasser durch landwirtschaftliche Intensivnutzung, sogenannte Altlasten (Sonderabfälle) und Emissionen über den Luftpfad.

Und schließlich als bedrohendstes Element

- die Gefahr der Klimabeeinflussung durch den sogenannten Treibhauseffekt.

Die Forschungs- und Technologiepolitik hat, wie bereits erwähnt, in der Bundesrepublik jeweils frühzeitig darauf reagiert. Es wurden entweder unmittelbar umfangreiche Forschungsprogramme initiiert oder, wenn entsprechende Forschungs- und Entwicklungskapazität nicht vorhanden war, zunächst durch intensive wissenschaftliche Vordiskussion und den Dialog zwischen den Disziplinen wissenschaftliche Kapazität aufgebaut, Interesse an den komplexen Themen geweckt und dann entsprechende Programme begonnen. Ein Beispiel für diesen Prozeß liefert die interdisziplinäre Ökosystemforschung. Ökosysteme sind offene Systeme mit offenen Stoff- und Energieflüssen. Eingriffe in diese Systeme erzeugen in der Regel Wirkungen, die nicht in einfacher Weise kausal erklärbar sind. Ökosystemforschung kann daher nur erfolgreich betrieben werden, wenn die Bereitschaft und das Vermögen zu interdisziplinärer und integrativer Forschung besteht. Die klassische Ökologie spielt dabei nur eine begrenzte Rolle. Mit der neuen Form der Organisation dieser Forschung in sogenannten Ökosystemzentren wird versucht, hier das nötige Instrumentarium zu entwickeln, um die Dynamik und die Lebensbedingungen dieser Ökosysteme zu verstehen, die Wirkung von Belastungen bewerten und daher die Nutzung der Systeme ökologisch verantwortbar definieren zu können.

Wenn Sie das jüngste Programm Umweltforschung und Umwelttechnologie des Bundesministers für Forschung und Technologie anschauen, so werden Sie feststellen, daß die Bearbeitung dieser Probleme die zentralen Angaben im Programm sind. Dies wird auch deutlich in der Entwicklung des Umfangs der Forschungsmittel und ihrer Verteilung auf die verschiedenen Programmschwerpunkte. Die häufig artikulierte Forderung, hier erheblich mehr Mittel einzusetzen und mehr Forschung zu betreiben, muß auch unter dem Gesichtspunkt betrachtet werden, daß die Kapazität und Qualifikation in der Wissenschaft begrenzt sind. Richtig ist andererseits, daß ökologische Forschung bisher nicht zu den Themen mit dem höchsten wissenschaftlichen Ansehen gehört. Die außerordentlich komplexe Problematik muß zu nach stärkerer Vernetzung der wissenschaftlichen Disziplinen führen, um die Aufgaben qualifiziert bearbeiten zu können.

## Wissenschaftliche Beratung in der Umweltpolitik

Gestatten Sie mir einige Anmerkungen zum Thema ökologische Politik und ihre wissenschaftliche Beratung.

Ökologische Politik heißt, daß alle Fachpolitiken ökologische Kriterien nicht nur beachten, sondern internalisieren. Eine förmliche Umweltverträglichkeitsprüfung, durchgeführt von einem Landesamt für Umweltschutz oder anderen Behörden, ist unter diesem Anspruch ein unzureichender Schritt, der leider eher zu Verzögerungen und administrativ bedingten Kostensteigerungen führen wird. Er reicht nicht, um wirklich ökologisch verträgliche Politik zu betreiben. Das Dilemma ist, daß die ökologischen Anforderungen heute mangels Kenntnissen nicht formuliert werden können, wie ich durch die Beschreibung des Status quo in der ökologischen Forschung deutlich zu machen versuchte.

Möglicherweise sind derartige Anforderungen wegen der Komplexität der Wechselwirkungen nicht quantitativ zu formulieren. Konkrete Maßnahmen können nicht "umfassend" bewertet werden, sondern nur hinsichtlich der erkennbaren kausalen Wechselwirkungen mit einzelnen Elementen von Ökosystemen. Es muß daher in allen Politikbereichen ein "Gefühl" dafür entwickelt werden, in welchem Umfang getroffenen Maßnahmen dem Ziel der ökologischen Verträglichkeit dienen und nicht entgegenlaufen.

Dies erfordert die wissenschaftliche Beratung auf allen Ebenen der Politik. Daher zunächst wieder einige Bemerkungen zur Geschichte der Organisation der wissenschaftlichen Beratung der Umweltpolitik.

Bei der Erarbeitung des ersten Umweltprogramms wurden auch Konzepte zur wissenschaftlichen Politikberatung ausgearbeitet. Es war im wesentlichen die nach ihrem Vorsitzenden genannte "Picht-Kommission", die als zentrales Beratungsorgan eine Umweltkommission als Mittler zwischen Wissenschaft und Politik und als wissenschaftlicher Partner der Exekutive vorschlug. Diese Kommission sollte den von der Bundesregierung gebildeten Kabinettsausschuß für Umweltfragen beraten. Die interdisziplinären wissenschaftlichen Analysen, sowohl eines Umweltgesamtkonzeptes, als auch einzelner Teilprobleme, sollte federführend von einem unabhängigen, neuzugründenden Forschungsinstitut "ARGUS" in Zusammenarbeit mit externen Analysegruppen durchgeführt werden. Ein alternativer Vorschlag der Arbeitsgruppe umweltfreundliche Technik sah ein ähnliches, allerdings nicht "unabhängiges" Gremium, sondern ein Gremium, in dem auch der wissenschaftliche Sachverstand der Wirtschaft ein wesentliches Gewicht erhalten sollte, vor. Beide Konzepte waren integral angelegt und sollten in der Lage sein, Gesamtzusammenhänge und Wechselwirkungen darzustellen.

Wegen der schon dargestellten Ressortbezüge und des sektoral ausgerichteten Umweltprogrammes wurden diese Vorschläge nicht aufgegriffen. Hätte man sie ernsthaft diskutiert, hätte man wahrscheinlich festgestellt, daß zu diesem Zeitpunkt die wissenschaftlichen und sachlichen Voraussetzungen fehlten, um dem eigenen Anspruch gerecht zu werden.

Die wissenschaftliche Beratung wurde daher nach in der Exekutive bekannten und erprobten Schemata organisiert: Für die Gesamtberatung wurde der "Rat von Sachverständigen für Umweltfragen" durch Erlaß des Bundesministers des Innern vom 28. Dezember 1971 eingerichtet. Dies war sozusagen die administrative Lösung, die in diesem Falle mit der parteipolitischen in Einklang stand. Es bestand ein ungeschriebener Proporz. Die Parteien konnten "ihre" Sachverständigen in ausgewogenem Verhältnis in den Sachverständigenrat entsenden. Daneben wurde auch dem Ressortinteresse Rechnung getragen. Die Sachverständigen wurden durch den Innenminister und die Mitglieder des Umweltkabinetts berufen. Ich zitiere hierzu: "Der Rat von Sachverständigen wird zum 1. Januar 1972 beim Bundesminister des Innern im Einvernehmen mit dem Kabinettsausschuß für Umweltfragen berufen. Sie sollen die wissenschaftlichen Hauptgebiete und die wesentlichen gesellschaftlichen Erfahrungsbereiche repräsentieren."

Ich möchte damit nicht sagen, daß damit verhindert wurde, einen wissenschaftlich qualifizierten Rat zu berufen. Zu diesem Zeitpunkt konnten weder Politiker noch Administration voraussehen, wie sich die Eigendynamik und das Erreichen einer "corporate identity" eines solchen Rates entwickeln würde. Die Arbeitsergebnisse dieses ersten Rates von Sachverständigen waren von erstaunlich hoher Qualität. Das erste Umweltgutachten von 1974 ist nach meiner Auffassung noch heute in seinen Aussagen richtungsweisend und kann noch immer mit Gewinn gelesen werden.

Für die Durchführung der einzelnen Programmteile ließen sich die Bundesressorts in bewährter Weise durch Sachverständige aus Wissenschaft, Wirtschaft und Gesellschaft in Anhörungen, Beiräten usw. beraten. Dabei war das Beratungssystem des Bundesministers für Forschung und Technologie traditionell am differenziertesten und multidisziplinärsten organisiert.

Darüber hinaus schuf sich die Exekutive ihre eigenen wissenschaftlichen Arbeitseinheiten, an erster Stelle das Umweltbundesamt. Aber auch die bestehenden Bundesforschungsanstalten und Großforschungseinrichtungen übernahmen zusätzliche Aufgaben. Und natürlich wurden mit wachsendem Interesse an ökologischen Fragestellungen entsprechende Kommissionen bei den Wissenschaftsorganisationen entweder neu geschaffen oder die Aufgaben bestehender Kommissionen umfassender definiert.

Insgesamt sind wir mit der Pluralität in der Beratung nicht schlecht gefahren. Auch die neue Herausforderung der modellhaften Beschreibung ökologischer Systeme und der Bewertung von Belastungsfaktoren hätte mit den etablierten Beratungssystemen bewältigt werden können.

Aber die wissenschaftliche Beratung und Umsetzung der Ergebnisse von Forschungs- und Entwicklungsprogrammen in praktisches umweltpolitisches Handeln sind aus mehreren Gründen nicht befriedigend:

- Weil die erforderliche Zeit zwischen der wissenschaftlichen Erkenntnis, der Formulierung von Maßnahmen und ihrer politischen Durchsetzung zu lang ist. Die Integration in die Fachpolitiken, sowohl national und noch viel schwieriger international, erfolgt entweder nicht oder (zu) spät.
- Weil mangelndes Vertrauen in die Objektivität der wissenschaftlichen Beratung herrscht. Das Vertrauen in die Rationalität staatlichen Handelns ist geschwächt und damit auch das Vertrauen in die Objektivität staatlicher Beratungsgremien. Beispiel: Der Sachverständigenrat von Umweltfragen hat eine hervorgehobene Position in der Beratung der Bundesregierung. Doch entgegen seiner Akzeptanz in der ersten Phase nach der Gründung wird seine Stimme heute nur noch als eine unter vielen gewertet. Ein weiteres Beispiel sind die Reaktorsicherheitskommission und die Strahlenschutzkommission. Verstärkt durch die erhebliche Akzeptanzkrise bei der Kernenergie wird vor allem von den militanteren Gegnern der Kernenergie versucht, diesen Kommissionen die Sachkompetenz weitgehend abzusprechen. In diesem Zusammenhang müßte man sich über das Phänomen des "Alterns" verwaltungsnaher Beratungsgremien (nicht ihrer Mitglieder!) Gedanken machen. Die langfristige Institutionalisierung von Beratungsgremien zeigt aller Erfahrung nach Schwächen, da sich in der Regel Anspruch und wirklicher Bedarf nach einiger Zeit auseinanderentwickeln.
- Weil Wissenschaft nicht mehr nach einheitlichen Qualitätskriterien organisiert ist. Es gibt immer mehr Wissenschaftler, die ihre Reputation nicht über qualifizierte Veröffentlichungen in anerkannten Zeitschriften suchen, sondern über die Medien oder als Berater von lautstarken Organisationen und Parteien. Wir haben in der Bundesrepublik keine hervorgehobene wissenschaftliche Organisation, deren Analyse und Aussagen allgemein respektiert und beachtet wird und die daher von allen "Parteien" als objektiver und neutraler Gutachter befragt wird. Dies heißt nicht, daß die wissenschaftspolitischen Aussagen angesehener

wissenschaftlicher Gesellschaften nicht beachtet werden. So hat z.B. das zweite Memorandum der Deutschen Physikalischen Gesellschaft zur "Klimaveränderung" erhebliche Aufmerksamkeit erregt und ist eingegangen in die wissenschaftlichen und politischen Diskussionen. Ich hoffe, daß auch die beim BMFT neu eingerichteten Räte, z.B. der Klimabeirat, in ihren Aussagen entsprechend anerkannt werden. Trotzdem gilt die oben gemachte Aussage, daß in der Bundesrepublik keine allgemein respektierte wissenschaftliche Institution existiert. Wir mögen dies bedauern, können aber nicht umhin, hier nach neuen Formen zu suchen, die eine notwendige und sachgerechte Politikberatung ermöglichen. Ich möchte hierzu abschließend auf einen neuen, nach meiner Auffassung effizienten und erfolgversprechenden Weg der wissenschaftlichen Politikberatung hinweisen, der zumindest die Chance hat, die Lücke zwischen der Formulierung wissenschaftlicher Ergebnisse und Lösungsvorschläge, ihrer politischen Wahrnehmung und politischen Umsetzung, erheblich zu verkleinern.

Ich meine die Enquête-Kommissionen, in denen Parlament und Wissenschaft sich unmittelbar mit Problemen auseinandersetzen und für Gesamtparlament und Exekutive Handlungsvorschläge ausarbeiten. Die Enquête-Kommission zum Schutz der Atmosphäre und vorher bereits die Enquête-Kommissionen zur Gentechnik und zur Kernenergie haben hier Zeichen gesetzt. Sie haben bewiesen, daß ein Abbau der Informationsasymmetrie zwischen Politik, Verwaltung und Wissenschaft möglich ist, daß dieser Abbau eine verbesserte Konsensfindung ermöglicht. Es zeigt sich, daß der Weg von einem erkannten und wissenschaftlich beschriebenen Problem zu einem "politischen issue" erheblich verkürzt werden kann.

## Hürden für eine ökologische Politik

Abschließend möchte ich auf einen wesentlichen Mangel der Umweltpolitik aufmerksam machen, den auch die Wissenschaft und die F+E-Politik nicht entscheidend haben verringern können.

Es ist in der bisherigen Umweltpolitik nicht gelungen, und wird noch viel weniger gelingen, wenn wir von der Vision einer ökologischen Politik sprechen, die naturwissenschaftlichen Fakten und technischen Lösungsangebote mit dem gesellschaftswissenschaftlich formulierten Bedarf, bzw. mit problemangepaßten gesellschaftspolitischen Modellen, zu verknüpfen.

Die Wissenschaft ist hier insgesamt herausgefordert, neue Modelle zu entwickeln. Es geht darum, ökologische Fakten, gesellschaftliches Bewußtsein und daraus formulierten Bedarf so miteinander zu verknüpfen, daß das Ergebnis zu politisch operationalen Handlungsanweisungen führt.

Wir bekommen heute keine Antwort auf die Fragen:

- Wie sieht ein ökologisches Wirtschaftssystem aus, in welchem Umfang sind darin technische, soziale und kulturelle Dienstleistungen enthalten?
- Was ist ein ökologisch verträgliches Verkehrssystem?
- Welches Maß und welche Qualität an Konsum ist gesellschaftspolitisch verantwortbar?
- Wie sieht ein ökologisch kompatibles Freizeitverhalten aus?
- Oder die Schlüsselfrage: Wieviele Menschen sind in welchen Regionen unserer Erde ökologisch tolerierbar?

Wir sehen das Dilemma: Solange derartige Fragen nicht beantwortbar sind, gibt es keine in sich konsistente ökologische Politik. Und wenn diese Fragen wissenschaftlich quantifizierbar und bewertbar wären, wären sie politisch nur schwer durchzusetzen. Dies gilt schon für überschaubare Gesellschaften wie unseren Staat. Um wieviel größer ist das Problem, wenn globale ökologische Bedrohungen, wie die mögliche Klimakatastrophe, nur im Konsens mit allen Gesellschaftssystemen rund um die Erde gelöst werden können. Ökologische Politik ist eine Vision, die als Ziel nicht aus den Augen verloren werden darf. Dieses Ziel aber ist nur mit bescheidenen und kleinen Schritten erreichbar und die Gefahr, daß Maßnahmen zu spät ergriffen werden, ist sehr groß.

# DEMAND ARTICULATION: TARGETED TECHNOLOGY DEVELOPMENT

**Fumio Kodama**

## Introduction

In the high-tech era, the key issue of technology policy has become not how to break through technological bottlenecks, but how to put existing technology to the best possible use. Accordingly, a day of reckoning has come for technology policy, which traditionally has emphasized the supply side of technology development. A need has now arisen for a technology policy which works from the demand side.

In developing new policies to meet this need, the most important element is the process of demand articulation. Through this process, the need for a specific technology manifests itself and the R&D effort is targeted towards developing and perfecting it. In order to succeed in demand articulation, you must have good markets, good economics and good technologies.

As far as a market for technology is concerned, many articles in the field of market research cover this area of research. They point out the importance of understanding market needs. However, many of these articles do not mention technology development very much.

Somewhere outside market research articles, we can find some research which mentions technology development. In the SAPPHO (Scientific Activity Predictor from Patterns with Heuristic Origin) Project, which was conducted in the UK, it was pointed out that the understanding of users' needs is the most critical factor for successful innovation [1]. In some areas, Eric von Hippel argues that users who understand these needs of the market most often develop the technology first [2]. Hippel proposes a customer-active paradigm of technical innovation, however, his analysis is limited to the innovation of industrial goods, such as scientific instruments and semiconductor process equipment. In the case of consumer goods, it is hard to imagine that a consumer is the source of innovation. Because analysis in this field focuses on the factors and actors of innovation, it has several management implications, but does not have as many policy implications.

The economics of innovation point out the fact that innovation occurs when it pays, thus stressing the cost-effectiveness side of innovation. Since this framework of analysis is static and retrospective, it does not lead to any implications for technology policy which deals with the dynamic and action aspects of innovation.

Some economists, however, pay attention to the intrinsic dynamics of technology development. Nathan Rosenberg concludes that "backward linkage" has been an enormously important source of technical change in the Western world [3]. He discusses the manner in which the demand for new techniques emerges and is perceived. He argues that the ordinary messages of the market place are general and not specific enough to specify the directions in which technical change should be sought. Therefore, he argues, besides the marketplace there should be forces pointing emphatically in certain directions. Rosenberg comes to the concept of "technological imperatives" as guiding the evolution of certain technologies: bottlenecks in connected processes and obvious weak spots in products form clear targets for improvement.

On the other hand, as Nelson and Winter argue, the directions taken seem "straighter" than what is suggested by Rosenberg's emphasis on the shifting focus of attention [4]. They term these paths "natural trajectories". They write, the interpretation of trajectories within classes of technology is useful for organizing thinking about certain irregularities in the pace and pattern of technical progress. They also point out, within any of the classes of technology, technological advance may follow a particular trajectory. At any given time all the R&D may be focused on one class of technologies, with no attention being paid to other technologies because the structure of knowledge is weak in that area.

Their approach is, of course, an historical analysis; hence, the cases they dealt with are major innovations which took a long time to occur. Their concepts of "technological imperatives" and of "natural trajectories" are based on long-term and macro level phenomena of technical change. However, when it comes to the analysis of technology policy, we need some micro-level version of their concept. We call it "demand articulation" of technology.

From the view point of scientists and technologists, demand articulation is the search and selection process among technical options. However, the sample population from which technical options are to be drawn, varies over the wide spectrum of sources of innovation. It may be drawn from the shelf of existing technical collections, where the research in market research and economics studies are most concentrated. It may also be drawn from the pool of scientific knowledge, which is advocated by scientists and technologists in terms of a linear progression model of innovation, although some technologists expressed disagreement on this model [5]. In between these two extremes, there exists a wide range of technology development, which might be best described as "targeted technology development".

In endeavors of this sort of technology development, Nelson & Winter's metaphor of "alternatives out there waiting to be found" is somewhat forced. As far as sources of innovation are concerned, some parts may be drawn off the shelf of existing technologies, while some parts may be drawn from the scientific pools or somewhere beyond them. In fact, this range of technology development may cover the majority of technology development.

## 1. Structure of Demand Articulation: Integrated Circuit Technology in the Defense and Civilian Sectors

As far as the development of integrated circuit (I.C.) technology is concerned, the demand articulation concept is visible in both the defense and civilian sectors. In order to clarify what is meant by demand articulation, we will describe U.S. experiences of I.C. development in the defense sector and the Japanese experiences in the civilian sector. By doing so, we try to prove that this concept of demand articulation is a general and intrinsic concept in technology development.

### 1.1 U.S. Experiences in Defense Sector

It is said that the integrated circuit technology was developed through defense research in the U.S. However, a detailed investigation into the development process reveals the importance of demand articulation. In other words, a vaguely defined demand for national security did not induce the development of I.C. technology. The clear translation of defense demand into the subjects of technology development led to the development of I.C. technology.

The defense strategy in the decade after the conflict and with the intensification of the Cold War has become to be formulated around the concept of "deterrence", which replaced the concept of sheer "destructive power" of nuclear bombs which had prevailed during World War II.

In the early years after World War II, the essence of U.S. strategy emphasized the sheer destructive power of nuclear weapons, a strategy that found its essence in Secretary of State Dulle's emphasis on massive retaliation. By the mid-to-late 1950's, the adequacy of such a simple notion of deterrence was increasingly recognized, and is demonstrated by the unwillingness of the U.S. to use such weapons or their umbrella, in Dulles's phrase, "at a place and time of our choosing", in relation to the 1956 Hungarian revolution; the ultimately negative assessment about using U.S. nuclear weapons in the face of the French defeat in Vietnam; and, most importantly, the development of Soviet nuclear weapons and missiles.

These factors combined with the RAND based study with its emphasis on assured second strike forces and loss of overseas bomber bases, the counter-force preferences of the Kennedy

Administration, and emerging overhead reconnaissance and targeting technology worked to create a general climate of strategic demand. The demands were for precision in delivery of nuclear weapons, highly survivable missiles suitable for a second-strike, and communications, command and control of nuclear forces that was equally survivable. Also, they were for technologies that would minimize missile size and maximize the space and weight that could be used for weapons per se, i.e. payload. The U.S. came to opt for lighter rather than heavier missiles, in contrast the the Soviet Union.

In this context, how quickly and how accurately nuclear weapons could be carried to the targets became the critical factors. Thus, the development of the carrier of nuclear weapons, i.e. the missiles, became the central issue. The defense R&D was then focused on the development of small and reliable electronic circuits which compose the control mechanism of the missile. Through this process, the defense strategy of deterrence was translated into the technological problems of "miniaturization and higher reliability of electronic circuit".

When it became clear that the requirements of miniaturization and higher reliability of electronic circuit could not be fulfilled by the conventional technology of the vacuum tube, nor by the transistor, a breakthrough concept of "molecular electronics" was suggested by the Department of Defense in 1958 [6]. In brief, components using this technology would embody various electronic functions without specifically fabricating electronic parts including transistors, diodes, capacitors and resistors; the material itself would simulate electronic function such as oscillators and amplifiers. Responding to this concept, the R&D efforts were conducted in the various institutions, and the I.C. technology was generated.

A point worth noting is that Texas Instruments and Fairchild Semiconductor, who both made key innovations in I.C. technology, sought and received no support from the government in any fashion in their early I.C. development work. Texas Instruments demonstrated the first I.C. as we know it today, i.e. electronic components indivisible embodied within semi-conductor materials. Fairchild provided the planer process that revolutionalized the embryo I.C. then available and moved it from the laboratory to the production line. These breakthroughs, however, were brought about by the in-house R&D efforts by those companies which responded to the articulated demand of defense.

## 1.2 Japanese Experiences in Civilian Sector

In the transition of the I.C. market from the defense to the civilian sector, the development of manufacturing technology becomes more important. In this area, the Japanese manufacturers played an important role. Particularly, the Research Association for the VLSI (Very Large Scale Integration) development, which was in existence from 1974 through 1978, made a major contribution. The association included all five of Japan's major I.C. chip manufacturers at the time: NEC, Toshiba, Hitachi, Fujitsu and Mitsubishi Electric. The association made possible the demand articulation for the manufacturing equipments and the materials for chip making [7].

The Engineering Research Association Act, enacted in 1961, established the framework for setting up research associations for a limited duration. Participating firms provide research funds and personnel while the government provides project funds and preferential tax treatment. In the joint research be rival firms in the same industry, success hinges largely on ensuring that the research is basic and of common interest to all the participants. In the VLSI research association, therefore, rather than focusing on the method of producing chips, research efforts centered around developing a prototype for I.C. manufacturing equipment and analyzing a process for the crystallization of silicon, a basic material on chip production. More importantly, no manufacturers of either production equipment nor chip materials were among the participants.

The specific activities of the association included the development of the optical stepper. The research laboratory of lithography sought to reduce the electronic circuit onto the silicon base optically, not electronically. Therefore, this laboratory contracted research to camera manufacturers who owned the lens technology. Thus, companies such as Nikkon and Canon succeeded in developing the optical stepper. Canon became very successful in the export market. The 40 percent of the Canon' aligners were exported in 1983. It was not easy to penetrate foreign markets as it was necessary to provide good technical services to the users [8].

At the same time, the results of the silicon crystallization process research were passed along to Shin-Etsu Semiconductor Co. and Osaka Titanium Co., both of which came to comprise Japan's silicon production industry.

In conclusion, by getting together all the major chip manufacturers in one place, the articulation of demands on the manufacturing equipments and materials for chip making was implemented. In this way, the infrastructure was established by the efforts of demand articulation by the chip manufacturers. However, in order to clarify the concept of demand articulation, we must investigate the following items: testing machines and second-tier suppliers.

As far as the multiple nature of the supplier is concerned, the suppliers of optical steppers, i.e. first-tier suppliers, are not the only beneficiaries of this joint effort. We can find the real beneficiary within the second-tier suppliers. Ushio Denki Co., the supplier of the lamp used for the optical stepper, ended up dominating the world market for lamps much more than the Japanese suppliers of optical stepper. Ushio has a market share of 100 % for aligner lamps in Japan and 50 % of the global market in 1983.

As far as the testing machine is concerned, the VLSI Research Association did not pay enough attention to the importance of this machine. Thus, it did not work as a demand articulation mechanism for the tester. What made demand articulation for the testing machine possible was the joint research managed by the telecommunication company, Nippon Telegraph and Telephone Company. In 1977-1981, NTT conducted a joint research on the next generation of testers with the Takeda Riken Co., which became the major supplier of testing machine in the world market.

Takeda Riken's worldwide market share is 20 percent. However, when it comes to memory testers, Takeda is clearly the leader with 30 % of a global market in 1983. In this joint research, detailed requirements for the new tester were collected from major VLSI manufacturers such as NEC, Fujitsu, Hitachi and Oki. However, the fundamental requirements were eventually set by NTT after several meetings to work out the joint specifications [8].

### 1.3 Structure for Demand Articulation

We can learn the following lessons from these two experiences in the U.S. defense and the Japanese civilian sector. As far as the responsibility of the government is concerned, the government articulated and shaped the problem to which the innovative candidate technology should be addressed; then supported the more promising of the aspirants generated by industry.

As far as the structural aspects of demand articulation are concerned, the multi-level and multi-pole hierarchical structure exists in the causal chain of demand articulation. In the defense sector, there exists a strategy level, a system level and a technological level. For the civilian sector, MITI's project articulated in demand for optical steppers and materials, while NTT's project did it for the testing machine. In conclusion, such a complex structure is necessary to articulate the demand for a radical innovation such as integrated circuit technology.

## 2. Process of Demand Articulation: Home-use VTR and Liquid Crystal Technology

In the preceding chapter, we focused our analysis on the structural aspects of demand articulation. Therefore, in this chapter, we will try to pay more attention to the process of demand articulation. In the introduction, we described that the critical issue in high-tech era is how to articulate the demand for technology development rather than how to break the technological bottlenecks. However, this statement does not mean that technology development is becoming less important than market research. On the contrary, the demand articulation consists a major part of the effort to develop new technologies and to perfect them.

### 2.1 Development of Home-Use Video-Tape-Recorder

In the case of video tape recorders, what made demand articulation possible was the manufacturer's lang-term commitment to the market. Ever since the appearance of VTRs for use by the broadcast industry, Japanese manufacturers were keenly aware of the future for home-use VTRs. In choosing which technologies to use in developing industrial-use VTRs, they took into account the eventual development of home VTRs. Moreover, their successes on this point were not the result of choices among existing technologies, but of research which harked back to basics, such as a fundamental format for VTRs and component technology.

For broadcast-use VTRs, a key technological challenge was to control the vibration of video tape as it runs through the machine. Vibration can cause variations in the amount of time it takes to run through a type, making it difficult to maintain accurate timing. For home VTRs, however, a certain amount of time variation is permissible. A greater imperative was finding a way to use narrower video tape without cutting in two the recorded signals for each frame. If the signals are split, a line appears across the viewer's TV screen. In the video tapes used by the broadcasting industry, the signals for each frame are recorded in lines perpendicular to the length of the tape. Sony Corp., however, invented a means of recording signals diagonally, so that they can be fit onto narrower tape without being split.

For color VTRs, since the density of colors is expressed through the aptitude of the 3.58 MHz sub-carrier of color signals and color tones are expressed through the phase of the carrier, a slip in time can cause a slip in the phases. In industrial-use VTRs which were developed by Ampex, this is corrected through massive electronic circuity. This was not feasible for home VTRs. Sony, however, responded by reducing the frequency of the carrier to one-sixth, 600 KHz, a level at which small time slippages would not affect the color.

The fundamental technology of 8 mm VTR, which aims to be a miniaturized and lighter VTR, was a development of the recording medium of higher density. The VTR tape of iron oxide, which had been used in the last 30 years, was getting closer to the physical limit. On the other hand, the metal tape was not yet realized, although it was known that its energy density is 4 times as much as the tape of iron oxide. In order to utilize metal tape in the VTR, various technologies had to be developed such as a high quality head for the metal-tape, a smooth and rust-free surface for the metal tape, and a low temperature affinity of the tape base.

In the case of the development of a head, a metal head was used first, then a ferrite head. The magnitude of the magnetic field of the ferrite head was about 650 oersted, a level far below the 1450 oersted needed for a metal tape. Therefore, a composite head was developed; the metal was used only for the critical part of heads gap and the ferrite was used for the total magnetic circuitry because its reproduction characteristics are much better.

To sum up, a long-term commitment to a specific product concept made a consistent demand articulation possible. This, in turn, allowed the successive development of new technologies to meet specific technological needs. In retrospect, these achievements would have been inconceivable under a mere extrapolation of existing technologies.

## 2.2 Development of Liquid Crystal Technology

In the development of the liquid crystal technology, demand articulation for more advanced, sophisticated products helped foster innovative new technologies. There were clear commercial applications for liquid crystal displays, and the companies which were most successful in this field were those whose technological goals were most suitable to such applications.

Watch manufacturer, Seiko Co., whose overriding objective was the development of an electronic quartz watch, had specific needs for technology which would extend the life of its product, reduce energy consumption and allow a far smaller, thinner display. For that reason, from early on it undertook research into displays using little energy, and soon narrowed its sights onto liquid crystal displays.

At the same time, Sharp Corp. was caught up in stiff competition in the development of pocket calculators. Its key to success was creating smaller, thinner products which used little energy. It would be bothersome, for example, to carry around a calculator whose batteries had to be replaced after every 10 hours of use. By focusing its technology development efforts on liquid crystal displays and complementary metal oxide semiconductors (CMOS), Sharp was able to extend the life of its calculators and develop a card-size calculator.

Liquid crystal was discovered by Europeans in terms of a pure research and they led the research community in understanding the principles and developing materials. The basic idea of utilizing liquid crystals as a display device was brought about when RCA invented the dynamic scattering mode (DSM) in 1967. RCA demonstrated the various prototypical products such as a display device of numerals and letters, a window-glass curtain, still picture display equipment, and a display panel for operators. All the products, however, were premature in the then available technologies and RCA gave up commercializing these products.

Those who developed the liquid crystal display technology and made the manufacturing technology possible for mass production were the Japanese watch and calculator manufacturers. Thus, success in these product areas demonstrated to the world the effectiveness of liquid crystals and established the basis for the long-life and stable liquid crystal technologies. Thereafter, various innovations progressed in terms of larger screens, higher precision, quicker responses, color displays, and easiness of display.

When liquid crystals were invented, the standard for display technology was the cathode-ray tube. The flat panel display was nothing more than a dream. Even in the flat panel display, there existed other technological alternatives such as electro-luminescence and plasma display, and manufacturers agonized over technological choices. RCA, which had itself invented the liquid crystal display, chose to stick with the CRT technology, as did most manufacturers of CRT screens.

What turned out to be the correct technological choice was made by the more specialized manufacturers. They limited their applications to displays for calculators and watches, and had a specific need to reduce energy requirements. In other words, they were the only manufacturers who had achieved demand articulation vis-a-vis liquid crystal technology.

## 2.3 Necessary Conditions for Demand Articulation

In order for the successful cases in the process of demand articulation described above to be realized, we find that the following conditions are necessary. A given industry's capacity for demand articulation depends greatly on the technological level of related industries. All the industries must have a high level of technological capability before a high degree of demand articulation can take place. It is also clear that demand articulation requires brisk competition between companies, almost to the point of excess. This competition, moreover, must focus on developing specific technologies for specific needs. Technological competition is ultimately competition over how skillfully demands can be articulated.

Finally, it should be noted that demand articulation requires a long-term view. This means a long-term commitment to providing stable and adequate financial and human resources for research and development, of which demand articulation is a crucial part.

## 3. Demand Articulation applied to Cultural/Medical Products: Japanese Word Processor and Computerized Axial Tomography

The analysis in preceding chapters is confined to the commercial products which are universal in nature and thus can be distributed world-wide. Therefore, we have to verify the importance of demand articulation in product development in other areas. The one is the case where the product is culture-specific and thus its development has to be conducted domestically. The Japanese language word processor is this case. The other is the development of welfare-oriented products and thus has to be conducted within the framework of existing national welfare system. The development of computerized axial tomography is this case. Therefore, we are interested in how demand articulation is to be conducted to those two areas.

### 3.1 Development of Japanese Language Word Processor

In the development of Japanese language word processors, a cultural factor made demand articulation possible. The Japanese language uses a mixture of the 50-character kana alphabet and over 3000 Chinese kanji characters. The "keyboard" of a traditional Japanese typewriter - actually a plate printed with rows of tiny characters, and a mechanical arm with a pointer to select them - contains over 3000 characters which the operator must find and punch in one by one. Not surprisingly, only trained specialists are able to operate them. Thus, the diffusion of Japanese typewriters were far behind the U.S. and Europeans. And it was feared that this handicap would become the bottleneck in the office automation in Japan.

The first attempt at a Japanese language word processor, which also used a plate printed with individual characters, i.e. the tabulating input equipment, ended in failure. Manufacturers were forced to return to fundamental research, starting from the basic principles of linguistics. After ten years of wide-ranging research at Toshiba's laboratories, a new method was finally devised in which kana can be converted to kanji. The result was the birth of a new product concept: the

Japanese language word processor. Working from a keyboard of 48 kana, the operator can simply key in text as it is pronounced, while a computer programmed with a dictionary of Japanese vocabulary and grammar automatically converts the kana letters into kanji characters where necessary.

The development was conducted in related technologies such as dot printers and cathode-ray tubes for display. In the choice of printer technology, it was clearly recognized that the minimum requirement for Japanese word processor is 24 by 24 dots, not 16 by 16 dots, which was available at that time. In order to realize the 24 by 24 dots printer, the research was done on the diameter and arrangement of the pin of print head and on materials. Thus, the new wire dot printer was developed. The other reasons for this choice were the requirements for carbon print and difficulty in change to be used as an official document, such as those to be submitted to the government.

The resolution capacity of cathode-ray tubes for display was 600-700 lines, but it was not sufficient for the 1000 lines which are necessary for A4 size of paper and 40 characters of 24 dots per line. This problem was solved by enhancing horizontal resolution of cathode-ray tube. In seven years, the price of a Japanese language word processor was reduced to one-fiftieth and its size was significantly reduced. Thus, the Japanese language word processor is now widely used not only in office but at home. The market size of Japanese language word processor has grown to two million units annually.

Particularly in developing technology directly related to the culture of a specific country, adequate time must be devoted to fundamental research and the careful articulation of needs. Moreover, once goals have been set, the technology must be improved until these goals are fully met.

### 3.2 Development of Computerized Axial Tomography

The first X-ray computerized axial tomography (CAT) was developed by EMI of the UK, with the cooperation with the British Department of Health and Social Security. CAT scanners were expensive, costing as much as 200 million yen, and therefore, its diffusion rate was low in Japan. The Japanese government purchased only one unit for the Research Institute of Legal Medicine.

On the other hand, the Japanese government was trying hard to solve the problem of trade surplus since 1976. When it was decided that Queen Elizabeth would visit Japan, the Japanese government decided to purchase 33 CAT scanners, at a price of 200 million yen each. This idea came from the Automotive Insurance Association. At that time, motorization was very progressed in Japan. In many traffic accidents, there were many cases of brain damage which cost the insurance agencies. In other words, it was very important for insurance companies to ascertain whether brains suffered damage or not.

These purchased CAT scanners were distributed to brain surgery departments in major public hospitals: it was the first time many doctors had a chance to use the scanners. In medical schools, doctors learn medicine through cross-sectional pictures of human body, but in practice they could only get vertical section pictures of human body, which the X-ray photograph had provided them. After they had a chance to use the scanners, therefore, many doctors could do nothing without the scanners. Through this process, Japan became a country with many scanners.

When the number of CAT scanners surpassed 200 units, and the number of experts became 1000, a professional association of experts was established. This association turned out to be a lobbying group which demanded that the Ministry of Health should permit the use of scanners to be covered by the insurance policy. In November 1978, the government decided to cover the use of the scanners in the insurance policy, and then afterwards the market of scanners expanded rapidly.

Although Japanese medical equipment manufacturers underestimated the market potentials for CAT scanners in the early stage, they recognized the potentials and initiated the research and development efforts, because they saw the potential profit. In 1980, around 2500 units of scanners were installed worldwide: 1400 units in the USA, 200 units in Europe and 900 units in Japan. The 60 % of those installed in Japan are produced by the Japanese manufacturers, and the average price of CAT scanners is reduced to one-fourth of its original, i.e. 50 million yen.

In 1988, approximately 6000 CATs have been installed all over the Japanese hospitals, and 60 % of them are whole body CATs. As to the CATs made by Toshiba, which developed the first whole body CAT in the world, 2755 units have been already installed, out of which 2023 units are whole body CATs, i.e., it amounts to as high as 73 % of all CATs made by Toshiba. In 1988, the Japanese production of CAT reached to 76.3 billion yen, and the export reached 33.3 billion yen.

## 4. Demand Articulation Resulting from Industrial Changes: Development of Facsimile and Mobile Communication

In the field of telecommunications, institutional changes can often trigger technological developments [9]. In other words, the changes in regulation result in the initiation of demand articulation process. One example is the progress being made in developing new technologies for facsimile communications in Japan. Given the particular character of the Japanese language, potential demand for this type of communication has surfaced, taking advantage of the liberalization of the use of telephone circuit networks through the revision of the telecommunication law. As a result, research and development have been accelerated both on workstation technology and network technology.

Another example is the progress made for the automobile telephone system. Although Japan's first automobile telephone system was developed in 1966, frequency assignment restrictions limited its use to urban disaster liaison. To overcome this limitation, efforts were made to develop a new frequency band, narrow-zone formation technique, and other related techniques. This opened the way toward the commencement of full-fledged automobile telephone services in large cities.

### 4.1 Development of Facsimile Communications

Revision of the Public Telecommunications Law and the consequent opening of the telephone network for free use in 1971 permitted the emergence of latent demands for facsimile communications: the facsimile itself being inherently suited to the Japanese language. The market that had hitherto been limited to special applications and specific businesses was now wide open to general business, and research and development in both terminal and network technologies were launched.

As early as in 1930, the Ministry of Communications, now the Ministry of Posts and Telecommunications, started telephotography services between Tokyo and Osaka. During that period, the primary use of the facsimile was for special applications, such as sending photographs and diagrams by the news media and weather service. Subsequently, the police, as well as large banks and electric and railroad companies, which needed a vehicle to transmit missive amounts of documents, began to use the service. In the years up to 1965, use by general business corporations expanded, and local municipates as began to use the service for various tasks such as census registrations. However, the spread of the service was limited because terminal equipment was structurally complex and expensive as were communications fees. Moreover, usable lines were than limited to non-switched leased lines only. The situation was identical in other countries, so the facsimile was often referred to as a "sleeping giant".

Partial amendment of the Public Telecommunications Law in May 1971 allowed the telephone network to be used for purposes other than voice transmission. Although facsimile use was previously limited to non-switched leased lines, deregulation of the network enabled facsimile equipment to be connected to subscriber lines. This meant that charges could be levied according to the length of time and distance used for communication, and not at a fixed rate. Furthermore, any facsimile could freely communicate with another facsimile on the public telephone network if they could be properly interfaced. Thus, with the freing of the network, facsimile communications began to spread rapidly.

In 1973, a new public telecommunications service was inaugurated. This is facsimile service, and is connected to the switched telephone network and enables a subscriber to connect a facsimile to his line. Communication equipment manufacturers simultaneously began to sell equipment to telephone subscribers. One company after another began to use the service for general communications, that is to send documents between offices and usage spread from large to small businesses and stores. In less than two years after deregulation, the number of facsimiles installed doubled from 8800 units in 1971 to 16000 units in 1973.

The rapid growth in facsimile use was accompanied by a rapid progress in scanning and recording techniques. This was due to intensified competition among equipment manufacturers. At the same time, the transmission time was reduced through the development of band-width compression techniques, resulting in the development of Group II and then Group III facsimiles. Furthermore, efforts were made to develop low-cost, high reliability, compact facsimiles for household use. Moreover, studies were begun on a "facsimile communications system" to be integrated with a stored and a forward-switching network providing versatile services at low communications costs. This system was inaugurated in September 1981.

As a result, the number of facsimiles installed topped one million units in 1985. A 1984 international comparison reveals the spread of facsimiles as follows: Japan - 700,000 units (56 %), the United States - 420,000 units (34 %) and Europe - 120,000 units (10 %). According to the most recent statistics of 1988, the Japanese annual production of facsimile is 4.7 million units, out of which 3.7 million units are exported.

### 4.2 Development of Automobile Telephone System

Although Japan's first automobile telephone system (400 MHz) was developed in 1966, frequency assignment restrictions limited its use to urban disaster liaison. To overcome this limitation, efforts were made to develop a new frequency band (800 MHz), a narrow-zone formation (busy channel switch-over technique), and other related techniques. This opened the way toward the commencement of full-fledged automobile telephone services in large cities.

The first automobile telephone was an intra-city system using the 400 MHz band which was used by Japan National Railway (JNR) telephones. However, frequency assignment restrictions at that time meant that demands from an estimated one million subscribers across Japan could not be met. Consequently this system was not put into general service. (But this service was begun later and has been used to data as radio portable phones for emergency use.)

To relieve the frequency restriction and to provide a large-capacity automobile telephone system, it was urgent to obtain new frequency bands and efficient frequency utilization. This, in turn, meant studies were required on radio propagation characteristics in higher frequency bands, as well as on radio frequency circuitry and zone distribution technology.

Developmental work on a new system using the 800 MHz band, which had been under way since 1967, clarified radio propagation characteristics in question and brought about developments in related technologies and equipment. These developments included the following: voice and control signal transmissions in narrow-band (25 KHz), FM mobile radio channels, a mobile radio unit capable of selecting between hundreds of channels using a phase-locked loop (PLL) frequency synthesizer, a 4-group 64-channel high-gain base-station antenna and duplexer, as well as efficient frequency utilization and a busy channel switch-over circuit using narrow zone (cellular) structures. Thus, the technology required for implementing an 800 MHz band automobile telephone system was established.

As a result, the 800 MHz band was assigned for land mobile communications. After field research, which started in 1973, was concluded, a 800 MHz automobile telephone system was put into service in Tokyo in 1979. In 1989 it has approximately 323,000 subscribers. However, its diffusion was much slower than in the USA and in the European countries, although they started the service in 800 MHz later than NTT. The United States have 2 million subscribers and the UK has 600 thousands. The diffusion ratio of per capita basis in Japan is one third of that in Sweden and Norway. The recent privatization of telecommunication service might accelerate the diffusion.

## 5. Demand Articulation resulting from Energy Crisis: Development of Automotive Technologies

The two energy crisis in 1972 and 1978 provided us with a chance to implement a social experiment of demand articulation by a national economy as a whole. However, it was the case in which the demand was forced to be articulated. That is, there were no immediate alternatives other than development of energy-saving technology.

Japan is unique in terms of fragility of energy structure: her dependency on imported energy was as high as 80.1 % in 1986 and was highest among the advanced countries, followed by France (55.6 %); her dependency on oil was as high as 55.2 % and was also highest, followed by West Germany (43.6 %); and the ratio of industrial use in total energy consumption was as high as 49 % and was the highest, followed by West Germany (34.6 %).

### 5.1 Energy Crisis as a Forced Demand Articulation

How the economy responded to this articulated demand caused by the energy crisis can be manifested by the strong correlation between energy consumption and R&D expenditure. In 1965-76, the correlation was positive, i.e. the R&D was directed toward building up of energy consuming economy, while the correlation was shifted to negative in 1978-86, i.e. the R&D was directed toward saving energy [10].

Some experiences in the steel industry is a case in point. By the time of the first energy crisis, the Japanese steel production was continuing to grow, and all the blast furnaces were operated at full capacity. Because of the slow down of economy and its resultant negative growth on steel production, the steel industry had to operate the blast furnace far below the full capacity. This gave the steel industry the first chance to learn how to operate it efficiently. What they did was to slow down the operation level bit by bit, so that they could experiment with and investigate the blast furnace. By gaining the empirical knowledge of the burning and melting process within the blast furnace, they could accumulate the know-how of operating the blast furnace below its full capacity. In other words, the energy crisis gave the steel industry a chance to develop energy saving technology, which was not available during the time of high growth. Needless to say that they could develop "oil-less production technology" for steel making.

As far as the Japanese automobile industry is concerned, the increase in exports in 1975 and 1979, coinciding with the two oil shocks and their abrupt increase in crude-oil prices, was due to the advantage of the Japanese automobile in fuel economy, which was favored by its competitiveness in a situation if high fuel prices. It is recognized worldwide that the Japanese auto industry has made substantial contributions in the areas of antipollution and fuel economy. From 1960 to 1978 it reduced the pollutant content of the exhausted gas dramatically; since 1979 it increased fuel economy drastically.

Even more important it is frequently reported that two innovations are closely inter-related as far as R&D efforts are concerned. Because of the severe emission standards set by the government, the Japanese auto industry invested a lot of money and manpower in anti-pollution technology. The research was focused on the burning process of fuel inside the cylinder, i.e. what is going on inside the cylinder. It is easy to understand that this research experience helped very much in improving fuel economy, which became a demand of the consumer at a later stage [11].

## 5.2 Demand Articulation in History of Automotive Technology

If you look at the long history of automotive technology, you will find that there are four aspects of automotive technology: product technology, manufacturing technology, commodity technology and social technology.

Basic components of product technology were developed and perfected in the 19th century by Europeans, such as G. Daimler, K. Benz and J. Dunlop. This product technology was transferred to the US and improved by H. Ford. His major achievement was, as everyone knows, the development of manufacturing technology, such as the conveyor system with interchangeable parts.

In the 1920s, consumers began to demand fashionability and comfort in the car. With this kind of new market trend, A. Sloan of GM created commodity technology, such as the closed model, full-line policy, consumer credit system and a distribution system for used cars.

In the 1960s, when the diffusion rate of cars surpassed the level of one car per two persons in the US, people began to recognize the social disadvantage of car usage, i.e. pollution problems. This was followed by the oil shock and we became aware of another disadvantage, i.e. the waste of precious non-renewable resources.

Thus, technological developments were needed to overcome these problems brought about by wide-spread use of cars. This technology is quite different from the commodity technology developed by GM. It makes survival of the car in this society possible and fulfills a necessary condition for establishing the car as the transportation of choice for the public. We have called it "social technology". No one denies the contributions of the Japanese industry in developing social technology [12].

## 6. Demand Articulation built in National Policy: Post-War Development of Japanese S/T and Industrial Policy

In the past, the science and technology policy of MITI was formulated and implemented, not overtly but implicitly, within the framework of industrial policies. In the earlier stage of post-war industrial policy, technology assimilation was a key concept for both industry and government. However, it takes time to assimilate technology and hence the sequencing of technology assimilation deserves more attention.

We can assimilate technology only after the domestic demand for it has been clearly understood. It is often said that we should first assimilate the basic technology for the upstream industries, because these form the industrial infrastructure. However, the technology for upstream industry can not be assimilated, unless it is known how downstream industries will use the outputs of the upstream industries.

As far as the formulation of overall science and technology policy is concerned, the Council for Science and Technology is supposed to set the general guidelines for framework for the Japanese national science and technology policy in the coming decade. They published several recommendations approximately every five years. By looking at those recommendations in the historical backgrounds, we find that national science and technology policy has undergone significant changes in the course of the past quarter of a century since the establishment of the Council. What has not changed, however, is the fact that Japan had been making enormous efforts to promote science and technology, based on the recognition that science and technology must be the motive power of social and economic development and the significant key to solve social problems.

## 6.1 Sequence of Technology Assimilation

We can understand the demand for the upstream industry, only after we assimilate the technology of the downstream industry. If we follow this logic, the assimilation of downstream industry should precede that of upstream industry. In fact, without the prior assimilation of downstream technology of oil products, Japan would have never assimilated the oil refinery technology with less gasoline contents, which reflected the less use of motor vehicle than in the USA.

An analysis on a short history of Japanese leading industries after World War II gives us the following observation. We could assimilate the technology for machine tools and computers, only after we finished assimilation of industrial technology for steel, shipbuilding, petro-chemicals and automobiles, which are the main user industry of computers and machine tools [13].

We can call this dynamics of technology assimilation "backward approach". However, this was the approach taken by Japanese industry in its own initiative. On the other hand, the government continued to emphasize the importance of establishing the upstream industrial technology. It approached this problem, taking this kind of technology assimilation dynamics into consideration.

As a part of the reconstruction policy, the Japanese government was rather successful in supporting the technological improvement of automotive parts suppliers, but auto manufacturers maintained strong independence in their decision making with regard to production, as is indicated by the fact that the government's People's Car Plan in 1955 was not accepted by the industry.

In fact, it was said that MITI's intention was to promote supplier industry, not so much for auto manufacturers. The top priority of MITI at that time was to establish the machinery industry, for it is the most important industry for Japan to become the country based on manufacturing industries, and automotive part suppliers comprise a major portion of the machinery industry.

When it comes to the public policy formulation, however, it is much easier to formulate the policy to promote auto manufacturers than to promote supplier industry directly, because it is more visible and understandable to the public. However, it indirectly induces the development of part suppliers. In other words, the development of auto manufacturers was a kind of "catch word", which was used for the development of machinery industry [7].

## 6.2 Overall Science and Technology Policy

We have to understand the recommendations by the Council in the context of the historical development of Japanese science and technology policy. In the course of the past quarter of a century since the establishment of the Council, national science and technology policy has undergone the following significant changes [14].

The first Recommendation in 1960 advocated that for the 1960's economic growth the policy should be oriented to catch-up with the levels of western advanced countries by means of an increase of scientific and technological personnel and of intensive R&D activities. Then, the advice in 1966 stressed the importance of relieving the over-dependence upon imported technology. And it recommended that we should fulfill Japan's own technological basis in anticipation of free international trade of capital and technology.

However, the 5th Recommendation in 1971 emphasized the need to solve environmental concerns and other issues resulting from the preceding rapid growth of the national economy. After the first energy crisis the 6th Recommendation was published in 1977. It stressed the need to strengthen the capability to cope with the rapid changes of international situations, such as the oil crisis, and to aim at the improvement of the quality of life, in particular, in areas of social welfare and medical services.

After it became clear that Japan overcame both the environmental and energy crisis fairly successfully, the Eleventh Recommendation, which is the most recent one, was published in 1984. Three focal issues of the recommendation are: promotion of creativeness in science and technology; harmonization of science and technology between man and society; and strengthening international relationship. These three points, it said, are based on the following two needs: the need to accumulate scientific and technological stocks and the need to accommodate international expectations.

As can be seen in the historical context described above, the demands of the country at the time were articulated, based on the recognition that science and technology must be the motive power of social and economic development and the significant key to solve social problems.

## Concluding Remarks

As described above, the demand articulation worked fairly well at the company level, the industrial sector level and the country level. The question which remains is whether demand articulation works on an international level. Examples of problems on the international level are global environmental problems such as global temperature-rise by carbon oxide. Within national boundaries, the question remains as to whether demand articulation can be applied to the public sector. Examples are social and urban development.

I would like to conclude this paper by presenting research agendas for future research. The first agenda is whether demand articulation is necessary and/or effective in technology development in international and public areas. The structure of demand articulation in these areas might be quite different from those in the areas described in this paper. Who is the beneficiary of the development of those technologies? Who pays for the cost of their development? Is there any mismatch between those two agents?

The second agenda is to determine if the process of demand articulation is different when it is applied on the international and public levels. Even if demand articulation is effective for such technology development, the decision making process for adopting such new technologies is different. For social and urban development, actors in decision making involve citizens, developers and local government. For global environmental problems, national governments, regional organizations and international organizations are the decision makers.

The third agenda is to determine who the demand articulation agent is. It might be local government and international organization in urban development and global environment respectively. Those agents, however, do not own the technical capability for demand articulation. What is important is how they can mobilize and organize the technical capability need for demand articulation.

There might be other research agendas. But my belief is that all of these are challenging to science policy researchers. To answer these challenges, the research community of science policy research might have to be extended to include other disciplines. In fact, how to best organize these needed disciplines is a challenging subject.

**References**

1 R. Rowthwell and et. al., "SAPPHO updated - SAPPHO phase II", Research Policy, Vol. 3, No. 3, 1974.

2 E. Hippel, "The Sources of Innovation", Oxford University Press, 1988.

3 N. Rosenberg, "Perspectives on Technology" pp. 108-125, Cambridge University Press, 1976.

4 R. Nelson and S. Winter, "An Evolutionary Theory of Economic Change", pp. 254-262, The Belknap Press of Harvard University Press, 1982.

5 S. Kline, "Innovation is not a Linear Process", Research Management, Vol. 24, No. 4, pp. 36-45, 1985.

6 OECD, "Case Study of Electronics with Particular Reference to the Semiconductor Industry", in the Report by Joint Working Party of the Committee for Scientific and Technological Policy and the Industry Committee on Technology and the Structural Adaptation of Industry, DSTI/SPR/77.43, DSTI/IND/77.76, pp. 133-163, Directorate for Science, Technology and Industry, November 1977.

7 K. Oshima and F. Kodama, "Japanese Experiences in Collective Industrial Activity: An Analysis of Engineering Research Associations", in Technical Cooperation and International Competitiveness (Ed. H. Fusfeld and R. Nelson), pp. 93-103, Rensselaer Polytechnic Institute, New York, 1988.

8 J. Sigurdson, "Industry and State Partnership in Japan: The Very Large Scale Integrated Circuits Project", Discussion Paper No. 168, pp. 86-93, Research Policy Institute, University of Lund, Sweden, 1986.

9 F. Kodama and et. al., "The Innovation Spiral: A New Look at Recent Technological Advances", presented to The Second US-Japan Conference on High Technology and the International Environment, National Academy of Sciences, Kyoto, Japan, 1986.

10 E. Aminullah, "The Inductive Power of Japanese Technological Innovation: An Empirical Analysis with Special Emphasis on Energy Crisis", dissertation paper submitted to the Graduate School of Policy Sciences, Saitama University, August 1989.

11 F. Kodama, "Newcomers in the World Auto Industry", presented to International Auto Industry Forum, Center for Japanese Studies, The University of Michigan, Hakone Japan, November 5-6, 1984.

12 R. Cole and T. Yakushiji (Ed.), "The American and Japanese Automobile Industries in Transition", Center for Japanese Studies, The University of Michigan, 1984.

13 F. Kodama, "Dynamic Interactions Between Technology Transfer and Engineering Education", in Engineering Eduction: United States and Japan, Proceedings of the Fourth United States-Japan Science Policy Seminar (Ed. E. David and T. Mukaibo), pp. 187-193, National Science Foundation, 1988.

14 F. Kodama, "Japanese National Attitude with Regard to Basic Research", in Problems of Measuring Technological Change (Ed. H. Grupp), pp. 36-64, Verlag TÜV Rheinland, Köln, 1986.

## *KOMMENTAR ZUM ABSCHNITT 4 "APERÇUS DER TECHNOLOGIE-POLITISCHEN WIRKLICHKEIT"*

*Die soziologische Analyse der Forschungs- und Technikpolitik ist in der Bundesrepublik hochgradig unterentwickelt, so daß neben dem bekannten Nachvollzug der Kernenergieentwicklung durch Keck die Untersuchungen von* ***Johannes Weyer*** *Seltenheitswert haben und wegen ihrer Qualität einen Glücksfall darstellen, auch in ihrer Verbindung zwischen (System-)Theorie und Wirklichkeit. Weyer zeigt: Da im Rahmen der bemannten Weltraumfahrt technischer Nutzen nicht nachgewiesen werden kann, ja kaum noch behauptet wird, ist der technische Zweck dieser gesellschaftlichen Konstruktion als Kriterium für die Programmpersistenz zunächst unerheblich. Entscheidend ist vielmehr, daß es dank eines ursprünglich offenbar zündenden Heuristikums (Arie Rip) gelungen ist, neo-korporatistische Verfestigungen zwischen Staat und Rüstungsindustrie herzustellen, denen bemannte Raumfahrt als Alibi dient - wie das Ost/West-Feindbild früherer Jahrzehnte -, um langfristige Daueralimentierung durchzusetzen. Vor allem wegen Rüstungsinteressen wird die Raumfahrt auch zukünftig staatlich gefördert werden. Aus naturwissenschaftlichen, technischen, wirtschaftlichen und politischen Gründen dürften bis jetzt noch propagierte nationale und internationale Prestigeobjekte der* ***bemannten*** *Raumfahrt aber zunehmend an heuristischer Überzeugungskraft und öffentlichem Interesse verlieren:*

- *Der naturwissenschaftliche Nutzen ist gering, insbesondere im Kosten/Nutzen-Vergleich mit unbemannten Satelliten schneiden Raumlaboratorien sehr schlecht ab.*
- *Die Öffentlichkeit registriert immer mehr, daß gezielt lancierte Spekulationen über technischen Nutzen, z.B. frei fliegender oder auf dem Mond stationierter Sonnen- bzw. Fusionskraftwerke, der Science fiction-Literatur angehören. Auch sind im Kosten/Nutzen-Vergleich die Erwartungen an spin-off oder serendipity-Effekte geschwunden.*
- *Der wirtschaftliche Nutzen staatlicher Weltraumforschung ist vergleichsweise gering, da der Raumfahrtsektor klein ist und besonders geringe Multiplikationswirkungen auf die Volkswirtschaft ausübt.*
- *Der politische Prestigeeffekt, etwa durch den Vergleich zwischen sowjetischen Sputnikflügen und amerikanischen Mondlandungen, nutzt sich ab. Er scheint auch durch internationale Raumfahrtteams nicht mehr ausreichend wiederzubeleben sein, da zu Recht entgegengehalten wird, daß andere* ***Großprojekte in internationaler Solidarität****, vor allem im Bereich der regenerativen Energiegewinnung und des Umweltschutzes, Vorrang verdienen.*

*Wegen ihrer militärischen Exponiertheit werden bemannte Satelliten inzwischen auch von Rüstungsinteressenten nicht mehr ernsthaft propagiert. Es kann allerdings noch einige Jahre dauern, bis sich dieser Bewußtseinswandel auch in den verschiedenen nationalen Forschungs- und Entwicklungsbudgets niederschlägt, zumal diese Diskussion in Ländern wie der Sowjetunion und Japan noch weitgehend hinter vorgehaltener Hand geführt wird.*

*Exemplarisch zeigen die Erörterungen von Weyer die gesellschaftliche Gestaltungsfähigkeit der technischen Szenerie. Entschlossener Korporatismus unter wirkungsvollen, möglichst emotions- und sinnbeladenen Werbeslogans zwischen Unternehmen, der Industrie und der zuständigen öffentlichen Verwaltung, im Verein mit verwendungsfähigen Wissenschaftlern, führen seit Jahrzehnten und weltweit zu erheblichen staatlichen Ausgaben für Großvorhaben wie*

- *Kernspaltungstechnik mit Teilvorhaben wie Isotopentrennung, schneller Brüter, Wiederaufarbeitung und Endlagerung;*
- *Kernfusionstechnik;*
- *Magnetschnellbahn;*
- *Submikron-Elektronik;*
- *Telekommunikation;*

*und Forschungsprojekten wie*

- *geophysikalische Tiefbohrung;*
- *Genomanalyse.*

*Ein spektakuläres Beispiel aus der US-amerikanischen Szene ist SDI.*

*Das durchgängige Handlungsmuster scheint in folgenden Schritten zu bestehen:*

- *Großindustrie und ihr zuarbeitende Wissenschaftler beobachten die wissenschaftlich-technische Entwicklung daraufhin, ob sie zu wirkungsvollen Heuristiken und staatlichen Großprojekten hochstilisiert werden könnte. Auch Regierungsressorts (Verteidigung, Forschung usw.) alimentieren diese Suche. Sie erfolgt im internationalen Vergleich, um ggf. mit dem internationalen Konkurrenzargument werben zu können. Politische Parteien werden frühzeitig einbezogen: Regierungsparteien, weil sie staatlichen Finanzquellen nahestehen, und Oppositionsparteien, die ggf. auf Regierungsversäumnisse hinweisen möchten, evtl. auch im Interesse* ***regionaler*** *Klientel.*
- *Kritische Technikfolgen-Abschätzung und -Bewertung wird so lange wie irgend möglich vermieden. Erst wenn die Interessenkonstellation zwischen Wirtschaft, öffentlicher Verwaltung, Wissenschaft und Politik ausreichend gefestigt ist, kann die kritische Diskussion erfolgen, da sie dann sogar akzeptanz****fördernd*** *wirken kann, indem die einschlägigen technischen Begriffe in den Medien breit gestreut werden und breite Bekanntheitsqualitäten erzeugen, während die fundierte kritische Erörterung mangels gut*

*ausgestatteter kritischer Forschungseinheiten mit ausreichender Informiertheit erst sehr spät kommt. Aus diesen Gründen haben sich solche Großprojekte über Jahrzehnte etablieren und halten können, auch in Fällen, in denen ein Scheitern oft schon frühzeitig vorausgesagt werden konnte.*

*Staatliche Prestigeprojekte durchlaufen daher, wie auch andere neue Techniken, Zyklen, die von den Inszenatoren möglichst in solcher Weise aneinandergereiht werden, daß die interessierte Großindustrie stetige staatliche Zuwendungen erhält und sich die großen Systemfirmen in aller Welt auf ihren staatlichen Auftraggeber und dessen Unterstützung durch Publizitätskampagnen konzentrieren können und zivile oder private Märkte nicht zu entwickeln brauchen. Nach einigen Jahrzehnten, nachdem schon sehr große Investitionen geflossen sind, können dann die einzelnen Projekte wieder aufgegeben werden, da Nachfolgeprojekte herangereift sind.*

*Gemessen am jeweiligen nationalen Bruttosozialprodukt mögen die Projektvolumina klein sein (Größenordnung: Bruchteile eines Prozent); bezogen auf den disponiblen staatlichen Anteil an nationalen Forschungs- und Entwicklungsbudgets binden solche Projekte der Größenordnung nach aber bis zur Hälfte der verfügbaren Mittel. Mit diesen werden auch knappe qualifizierte Humanressourcen gebunden, die für wichtige Vorhaben nicht mehr zur Verfügung stehen.*

***Knut Bauer** beschreibt die Embryogenese der bundesdeutschen Umweltpolitik und die schwache Rolle, die die ökologischen Wissenschaften hierbei spielen konnten. In seinem letzten Abschnitt formuliert er noch einmal die entscheidende Frage: Wie könnte eine zukunftsorientierte Wissenschaftspolitik aussehen? "So nicht" kann man antworten, wenn man die gegenwärtige Forschungs- und Technikpolitik und deren Korrelate in anderen Ressorts anschaut.*

***Fumio Kodama** beschreibt, wie die private Nachfrageartikulation (und -organisation) den japanischen Konsumboom alimentiert, mit der Hintergrundsfrage, ob derartige Mechanismen bei der Transformation von Bedürfnissen der Umweltvorsorge in kaufkräftigen Bedarf genutzt werden könnten. Die hypothetische Antwort lautet: Ja, sofern der Staat einen entsprechenden Kontext (Rahmenbedingungen) zu schaffen vermag.*

***Fazit***

*Es bestätigt sich, daß Technik das Produkt gesellschaftlicher (Selbst-)Steuerung ist. Sie kann durch gesellschaftliches Lernen verändert (verbessert) werden. Technik braucht mehr Politik.*

## WESTERN CULTURE, THE FRAGMENTATION OF KNOWLEDGE AND THE GLOBAL APPROACH

**Guiseppe Lanzavecchia**

The complexity, the intensity and the dimensions, frequently global, of the problems typical of our era - from those concerning the human mind and health to those of the climate and the environment - call for a transdisciplinary, or at least interdisciplinary systems approach. Sometimes they suggest the use of holistic conceptions, at least in the sense of a comprehensive view of a unified physical or spiritual entity that transcends the mechanistic approach, which simply sums up its constituent aspects, events, phenomena and elements, and does not take sufficient account of their irreversibility, hence of the need to assess their long-term effects.

The factors are leading to a reassessment of Asiatic cultures, which traditionally lean towards comprehensive approaches rather than, as in the West, towards the fragmentation and compartmentalisation of problems, knowledge and entities, which entail reductive types of approach. The trend towards holistic conceptions is basically a more or less conscious response to the growing complexity imposed by science, technology and social organisation, as well as the fact that such complexity leads to negative consequences whose symptoms can be seen in our traffic- and smog-saturated cities; in disorderly modes of production and unemployment; in social upheavals and psychological disorders such as the mental damage done by the media; in major irreversibilities such as air, soil and water pollution, acid rain and other alterations of the natural environment which are taking place in the still virgin parts of the world as well as in the industrial countries, and could eventually threaten our very survival.

Concern about these grave, irreversible consequences is heightened by the belief that systems have only a limited capacity to degrade, and that any process that produces entropy must sooner or later lead to the system's death. Based on this concept, well-known scholars and economists like Georgescu-Roegen and Jeremy Rifkin suggest minimising the production of entropy, especially the kids that are not directly derived from natural inputs such as solar energy and biological processes. This would mean drastically limiting human activities in order to put off the death of the planet and the extinction of mankind.

But things are still more complex than this. Entropy is not only the memory of a system's degradation, but also the memory of creative processes; that is, the system's vitality and the modification it undergoes. A system that produces no entropy would be static, hence lifeless. Though entropy eventually leads to death, the absence of entropy means a system is already dead. This does not mean, however, that all transformations, all human interventions, are legitimate, or that they are more damaging than natural events. It does mean that human actions must be planned so as to maximise the positive, creative aspects and minimise the negative, degrading aspects. Scientific and technological knowledge of complex systems and of their evolution over time thus translates into a more effective way of working.

In the same way, many people take for granted that complexity is inherent in the man-made system, but not in the natural world, and believe we should therefore let ourselves be guided by nature in a totalitarian conception of the universe, where man is simply one part blending into the whole. This idyllic view is absolutely contrary to reality. Nature is extremely complex, and its complexity has increased over time, from the universe's "big-bang" origin to the formation of atoms, solid matter, the stars and planets, rocks, and all the different forms of plant and animal life, and finally man. All creative events, all steps towards greater complexity, involve the consumption of energy and the transformation of matter, hence the production of entropy. Moreover, since all complex systems, living or inanimate, are out of thermodynamic balance, they have a perennial need of energy to survive. As far as man is concerned, the growing complexity of technology and organisation reflects our ceaseless attempts to fit them better to natural conditions, and to achieve better control of the inherent complexity of the situations in which we operate.

Obviously man finds many things much simpler when the task of governing phenomena and situations is left to nature, but he must then face other problems. The behaviour of primitive peoples, whose tools and knowledge do not enable them to master nature to any great degree, is essentially conditioned by the whims of nature: famine, drought, flood, disease, climatic changes, and so forth. These were the conditions in which man lived before the agricultural revolution ten thousand years ago; then the planet sustained about five million human beings in precarious conditions, while today we are over five billion, with incomparably more resources, physical well-being, wealth and protection per capita.

All human activities require some understanding of natural phenomena and the physical, chemical and biological laws that govern them, of the nature and functions of the human body, and of the behaviour of human individuals and societies. Over time this has called for an increasing scientific approach.

However, a truly scientific approach - meaning one capable of identifying and understanding problems and situations, and of translating knowledge into operating instruments - cannot be merely "global". To be scientific, a global approach cannot be simply a "black box": it must command the maximum possible knowledge on a different scales that may need to range down to the molecular, the atomic or subatomic - of the innumerable different events and elements which make up a problem or a physical or spiritual entity. That is, the global scientific approach is viable only insofar as it constitutes the synthesis of a number of reductive approaches, none of which can stand alone, but without which there can be no scientific knowledge.

True knowledge, or culture, springs from a continuous dialectic between fragmentation and synthesis. The better we know the various aspects of a problem, the better able we will be to form a global, if not holistic, idea of it. Western culture tends much more than others to probe the individual reductive aspects. However, it is also the only culture which makes it possible to tackle global problems in a scientific manner. It is a balanced synthesis of the rational approaches typical of Greek and mediterranean culture, the theoretical, systems approaches typical of Germanic culture, and the empirical, pragmatic approaches typical of the English-speaking world. Our contemporary science and technology, our philosophic and legal thought, our views of justice, ethics and the relationship between the individual and society, our very democracy and pluralism - all are the result of a cybernetic process of mental construction and experimental testing of inductive, deductive, adductive and abductive processes.

Ours is a revolutionary culture which, as Montesquieu observed in the Persian Letters, denotes Europe's superiority in science and technology, in the mastery of chaos, and in the transformation of nature. It required gradually transcending the archaic concept, found in all the primitive cultures, that knowledge is a sin against God (original sin, the Pillars of Hercules, etc.). In Western Culture, knowledge requires research and action: the very opposite of intuitive, holistic knowledge. Because it lacerates the sacred aspects of nature and of life, it has had to be protected with taboos, with its own impassable Pillars of Hercules. The sense of sin and the prohibitions have resurfaced time and again. Today they coalesce mainly around phenomena involving living beings, man in particular, seemingly threatened by the science of genetics and by intervention in the process of reproduction; in the near future they will concern artificial intelligence and the growing symbiosis between man and machine - which in truth has always existed, from the time when man began to clothe himself, to ensure his well-being, and to make tools to multiply the strength of his muscles and the efficiency of his senses.

As our knowledge deepens and grows more compact, our conventional approach to action is increasingly subverted. As Popper observes, while it was once the past which determined the future, today we ourselves design the future, and it becomes an objective to be built. Thus our very way of understanding life - often conceived in teleological terms - is being turned upside down.

All this is carried over into our culture and our behaviour. Until not long ago, people seemed to think the majority of humanity had already lived and died, and their experience belonged to the past, although in a geometrically growing system quite the contrary is true. Today, however, concomitantly with a low birth-rate (at least in the individual countries), we no longer gauge our lives in relation to the past, but think of tomorrow's prospects, and of our descendants. In this respect man's behaviour is quite different from what is characteristic of the natural world, which some believe proceeds by trial and error in a Darwinian search for the fittest solutions, while others - Teilhard de Chardin, for one - believe it is driven by a teleological process. But as wee have seen, man tends to design his own future, and step by step adjusts his plans in accordance with the knowledge at his disposition and his ability to increase and focus it.

Western culture has come to proceed in this way by gradually fencing off the naturalistic, ideological and religious accretions and the various preconceived notions that condition the acquisition, interpretation and use of knowledge. Not that it eliminates these elements entirely from the context of individual and social life, but it does tend to exclude them from the cognitive process, while leaving them to act as stimuli for the creation of new knowledge.

Thus western culture has come to do without logical schemes biased in favour of finite, limited, circumscribed, ordered aspects. These were typical of Greek culture, but not functional to the progress of western culture. The concept of finiteness, or completeness, is linked to the idea of bounds: the Earth encompassed by its surface, the universe by the celestial spheres. A closed system has a finite mass and encompasses finite resources. But this conception does not correspond to reality: man invents new resources, and above all new situations. Intelligence seems to have no bounds. Consequently, if it is true that our world is complete, it is also true that it is unlimited. Morever, man conquers physical space: in the past, new continents; today, new worlds beyond Earth. Both physically and conceptually, we are living today in a world in expansion, unlimited, without boundaries.

Not only has man invented and expanded his space; he has invented and gradually altered his concept of time: another aspect of the fragmentation of knowledge and being, and of the transcending of a holistic concept of the universe. In the past, time was marked by cycles: days, months, seasons, years. Today time is percieved as duration, or successive intervals, and is linked to actions, appointments, commitments. The patterns of our lives, the organisation of our relationships, and the structure of our society is accordingly different. Cyclical time is suitable for a static, rural, mechanistic society; time concieved as duration is suitable for a dynamic, cybernetic society. Even our way of measuring time has changed: from the hour-glass to mechanical time-pieces and now digital clocks.

Scientific culture makes it possible to overcome the irrational ideological forces unavoidably released from time to time by the onset of new problems. It handles such problems by building the knowledge and the instruments required to solve them, thereby defusing their ideological charge, which would act as a conservative element if allowed to persist too long. The tendency to conserve is a feature of many other cultures not as critical and perennially evolving as that of the West.

The resulting society of change is perforce fragmented on all levels, including the cultural, but this is precisely the characteristic that drives its ceaseless search for a unitary vision, and gives it a strong unitary foundation. Some of the most striking features of this society - the most highly organised the world has ever seen - are its "scientification" of technology; the ascendancy of scientific knowledge and the systems approach over empiricism and specific, limited visions, or over the great holistic intuitions; the capacity to take into account the direct and indirect consequences of man's actions and intervention; hence also to design actions and interventions according to long-term strategies, so as to avoid or decrease the negative consequences for man and the environment.

At the same time, the hyperchoice of solutions made possible by the outburst of innovations, the fact of ceaseless change, the use of new and imperfectly understood tools, the creation of new situations that cannot be mastered completely and harbour the unexpected - all these factors continually work to create conditions of uncertainty which bewilder public opinion and complicate the work of political, economic, industrial and organisational decision-makers. Morever, insofar as our deeper and wider scientific knowledge reveals the gaps in our theoretical and practical knowledge - much more plainly than in the past, when we were more ignorant - it is another factor contributing to the creation of uncertainty.

The acceleration of all our activities, and of the rate of change itself - which is primarily an acceleration of thought, of ideas, of new knowledge, hence absolutely cannot be eliminated without resorting to dictatorial controls inconceivable today in the industrialised countries of the West - also creates the feeling, often corresponding to specific realities, that events are spinning out of control, and that they must be tackled urgently if we are not to be overhelmed by them.

This feeling is an intrinsic effect of "catastrophic" phenomena. The heralded catastrophe may not actually take decades to occur, as in the case of the destruction of the ozone layer, or climatic changes due to the greenhouse effect, or the destruction of tropical rain forests. But we also know that the adjustment of an immense, complex system - in the cases just mentioned, one of planetary dimensions - can take decades too: intervention must first be conceived, its feasibility calculated, its possible negative side-effects identified, and the appropriate decisions taken, before it can even be implemented.

The feeling of events being out of control is typical of our era. In the last analysis, it may be the most radical effect of the scientific and technological revolution we are living through. No longer is our society one of slow, gradual change, or of relatively few great innovations which accumulate over short periods of time, at intervals of half a century or so, giving rise to the so-called Kondratiev waves of development. Today everything is in a constant state of change: basic assumptions are continually challenged; new solutions are superseded by others which are still newer, more efficient and more effective; still others, engendered by encounters among the most widely varied experiences, are being born in the most disparate areas of study and activity.

Ours is the society of change, of continual interaction, the cybernetic society of instant input and feed-back, the society of catastrophes. Sudden, unpredictable events are generated by non-linear phenomena - that is, those which do not obey the Newtonian laws and rules we improperly attribute to the natural world, and which erupt mutations the way storms erupt. In fact, nature is full of catastrophic events, from volcanic eruptions and earthquakes to glaciation and other climate changes. Indeed, strictly speaking the very term "ecosystem" is a misnomer, for even when natural systems are not undergoing catastrophic change, they are constantly evolving. The environment is a system that is out of thermodynamic balance; its animate and inanimate forces lead to conditions of pseudoequilibrium only if they are sustained by a coninous energy input, as is demonstrated by Hertz' simple mechanics, or Prigogine's thermodynamics, or chaos theory. Suggestive though it is, James Lovelock's "Gaia theory" of a planet similar to a single living being does not seem absolutely confirmed by nature's laws and behaviour. Likewise, human society is out of balance - increasingly and unarrestably, if not uncontrollably, out of balance, because its balance is primarily one of thought, knowledge and creativity, and only secondarily physical.

The empirical experience we have accumulated - the practical wisdom of yore - is no longer valid or useful. This, much more than change and technology per se, is what bewilders people: from the man in the street to the technician, the expert, the economic or political leader. We have entered upon the society of uncertainty, a condition we shall never be able to remedy. In more static societies, uncertainty can be dealt with by relating new phenomena to known, tested experiences; the centuries-old control of the Venetian lagoon and of the Dutch sea coasts are just two examples. Managing a society of change and uncertainty requires not only an immense baggage of specific knowledge of systems, but also the continuous creation of appropriate new knowledge, and a long-term vision.

The dynamism and disequilibrium inherent in the current process of innovation outdate traditional attitudes, approaches and theories of technological development, the natural sciences themselves, the social sciences, economics and organisation. Theses were substantially static, even when they dealt with phenomena of evolution and change. Also increasingly less valid and useful are the extrapolative theories based on concepts of "natural evolution" described by equations, such as those of Volterra-Lotka, which classify, predict and translate into the well-known logistical curves phenomena evolving in a stable context, where the rules are not continually challenged and altered.

To the contrary, the systems and the context in which we operate are continually tested and altered by innovation, by information technologies, by cybernisation, and by creative intervention. Products, technologies, even whole industries are constantly being revamped. The international division of labour, as it appeared in life-cycle theories no longer corresponds to reality. The life cycles of industries are prolonged by grafts of new technology, while the life cycles of products become shorter and shorter due to constant innovation of performances, quality and esthetics. Marketplaces expand, and often take on world dimensions, while the time frame of decision-making, of development and of product lives constantly narrows. Homeostatic regulation of firms, organisations, markets, the economy and at least partly even of ecosystems becomes ever less effective if not completely useless as the effectiveness of our long-term targeted intervention and our continual ad-hoc adjustments increases. These are some of the reasons why conventional analytic methods are outdated and at least partially invalid.

We need to learn how to manage our lives, our activities and our businesses, how to tackle the great global problem, and how to conduct our governments and our economies, knowing that the operating conditions are those of uncertainty, and that for just that reason decisions must be taken, and new knowledge developed, promptly. Computers will increasingly handle routine management, but to manage uncertainty requires human intelligence and creativity.

Thus we need to replace conventional organisational patterns with new ones - think tanks, task forces, monitoring teams, teams assigned to tackle new problems - which are flexible, adaptive, functional, and structured for responding to emergencies more than to the routine.

We already have the tools to handle complexity; if we cannot manage it, this depends on our lack of tools and attitudes to cope with and manage uncertainty, and to make decisions under conditions of uncertainty. This lack proceeds less from deficiencies of general knowledge or of specific instruments than from ideological and psycho-social factors: habits of mind that make us want to reduce to known, tested situations what is substantially irreducible per se.

The new technologies are formidable instruments of information and knowledge: from the complex that includes microelectronics, information technologies, automation, telecommunications, sensors and actuators, to materials that are increasingly valued for their inherent negentropy (that is, the information contained in their structures), to the biotechnologies, which represent the most extraordinary information science ever available. The important thing is that the information content of these new technologies, even more than their specific features and benefits, be used properly.

An astounding number of new facts occur in our society, and it is more important to anticipate which of them will lastingly affect the economy and social structure, and how, and which are merely fleeting, than to predict by predetermined analytic schemes how facts already consolidated are going to develop.

New approaches and theories are now available: Rene' Thom's catastrophes, chaos theories, Prigogine's non equilibrium thermodynamics, Mandelbrot's fractals, Feigenbaum's numbers and, more in general, calculation of the umpredictable and management of uncertainty. Evolutionary predictions based on the extrapolation of strong trends are being supplemented and increasingly replaced by innovative techniques that take account of the weak signals so often mistaken for fluctuations.

To manage the cybernetic, creative society engendered by the scientific and technological revolution, by the consequent explosive innovative process and by the cultural evolution that proceeds hand in hand with it, we will need to learn how to gauge future "thermodynamic jumps" in the complexity of social and economic systems, to anticipate the "catastrophic" events that will produce these and other changes - that is, the radical alteration of operating conditions or of the rules of behaviour - and to understand how apparently consolidated situations break down, and how the nuclei of new structures and creative openings coalesce and develop.

One of the essential tools for anyone interested in the future - scientists, technologists, businessmen, planners, sociologists, politicians - is the analysis of weak signals: the scientific, technological, economic, environmental, social and ethical indicators that herald the cardinal changes of tomorrow. Weak signals appear at the level of behaviour, aspirations, expectations or rejections, of patents, initiatives, ideas and ventures. We encounter them in our newspapers and magazines, or as we examine informal structures and how they diverge from codified structures, and so forth. Analysing weak signals enables us to verify whether the moments of coalescence last or break down or develop further.

Continual change, uncertainty, the increasingly significant negative side-effects of human intervention on our minds, our social relationships, our rules of behaviour and ethical values, the environment, the climate, our crowded cities - all these call for a process of comparison and reunification of knowledge and experience. The cybernisation of society leads in the same direction. Thus, we are starting to correct the excessive compartmentalisation of disciplines and of production structures brought about by the scientific revolution and then by the industrial revolution, which nonetheless led to an immense productivity of knowledge.

The railway, electric power, motor vehicles, the airplane, the conquest of the moon, the organisation of business, of the city, of the State, and of today's complex, pluralistic society - all these are achievements that only western civilisation and culture could have produced. The same can be said for our understanding of the human body and mind, and of intelligence. Just to take one example, the airplane required knowledge of physiology (from the structure of birds' wings to muscular force and functions), of mechanics, physics, chemistry (fuel, for instance), pneumatics, aerodynamics: a congeries of extremely varied knowledge that had to be amalgamated before the problem of heavier-than-air flight could be solved. No other approach could ever have achieved that result.

Likewise, our understanding of microscopic matter (atoms, nuclei, sub-nuclear particles, and the forces that govern their behaviour) and of how this microscopic world helps us understand the macroscopic world - even the universe, its birth, structure and evolution. Today the approach to artificial intelligence merges the most highly varied sciences and research, from logic and mathematics to information and knowledge engineering, with robotics, artificial vision, recognition of objects and classes of objects, physiology, perception analysis, neurology, psychiatry, psychology and even philosophy. Morever, all this is stimulating our understanding of the processes of memory, of learning, and of how human intelligence makes decisions.

Another interesting aspect is that of medicine and the western approach to health, which in general is reductive and analytical. Sylvia Marcos writes, in "El reto de las medicinas populares" (IFDA Dossier 71, May/June 1989), that "in the so-called developed countries, most people have internalised as a 'perception' the mathematised vision of the body elaborated by scientists. For them, the links between the inner being with the world, the cosmos, have been cut. This is not so in Mexico, where the traditional 'doctor' is the one who re-establishes the broken links with the delicate fabric of life. For him (or rather her), 'health is a well access and opening to the world, conviviality with the others."

Nonetheless, the myriad of extraordinary instruments that have contributed decisively to the astounding lengthening of the average life-span and to the elimination of terrible epidemics and diseases were created by western medicine, not by the "cosmic" sort. It also possesses the knowledge to fully exploit the beneficial natural properties which chance and observation - not holistic visions - have provided to primitive medicine and peoples. Today the preventive approach, based on the systems concept of the human body, is leading to further progress:

fewer chances to catch disease, longer life, healthier old age. All this is in increasing opposition to popular medicine, and to such holistic-ideological arts as homeopathy.

Much the same ca be said about our approach to nature. Again, the ties that blended man with his environment have been broken. But in this case too, the western scientific approach leads to an increasingly broad and deep understanding of nature, its laws and behaviour in terms of systems, whereas ideological and holistic approaches end up by ascribing to nature characteristics and properties it in no way possesses. Nature is neither hostile nor friendly to man; ours is simply one of the innumerable species that nature takes into the balance, while oblivious to the fate of individuals. As Voltaire remarked, "Nature does not care a whit about individuals. She is like those grand generals who think nothing of losing hundreds of thousands of men, so long as those death enable them to achieve their ends."

This explains why individualistic societies like those of the western world have worked to alter nature for their own benefit. Today we are so "artificial" as to care not only about the species and the environment, but - unlike nature - about each individual human being as well, and we care enough about plant and animal species to fight for their preservation. We can no longer accept the natural principle of the survival of the fittest.

On the other hand, to ascribe ethical characteristics to nature - for instance, to maintain that only the social environment and not nature is responsible for certain mental diseases - is an ideological prejudice that recalls the errors of Lysenko, now re-embraced by some of the "green" movements, though of course many kinds of mental disorder and psychological conditioning are indeed due to the social environment, to imposed organisations and to the effect of the media. Viewed from the philosophical standpoint, this kind of non-scientific attitude calls to mind the medieval diatribes between rationalists like Albertus Magnus and empiristics like Roger Bacon.

Other aspects that characterise the fragmentation of western culture, its increasingly scientific nature and the trend towards systemic globalisation - in opposition to the unitary holistic vision - are the history of language (the origins of speech, the transformation of the value of words, first equivalent to possession of the things to which they refer, now the sign of the "knowledge" they embody); the creation of cybernetic networks replacing the old pyramidal hierarchies; awareness of the risks entailed in acting (or not acting), and how to manage them; the onset of doubt and how to deal with it.

Innumerable examples can be taken from the pure and applied sciences and the great existential questions regarding the universe, our planet, life and human activity. All of them go to show that western culture is still the only one that if properly used, has the capacity to provide concrete answer in a global view of the world which, contrary to holistic visions, is based on phenomena, experience and reasoning, not on ideology and mere intuition.

All this makes western civilisation the one most "fit," in Darwinian terms, to handle contemporary problems and to build industries, organisation, democracy, individual and collective liberties. This is why we now see it gradually spreading throughout the world, engulfing other traditions, ideologies and religions. Nonetheless, western civilisation and culture are still too closely tied to rigid schemes carried over from the past. The way it manages science, technology, the political system, the economic system and the marketplace do not allow it to deal successfully with the problems that afflict us and that frequently we ourselves have created.

Science is still leagues away from the problem-solving, or totalising, types of approach that the technological-industrial system has been quicker to learn, because of the risk that its machines and processes may break down if any details are ignored. We may recall the space shuttle disaster, caused by the fact that an aspect considered marginal - the rubber O-rings of the boosters - had not been solved to perfection. Since Galileo's day, science has tried to simplify and idealise problems. It tends to go around rather than over any obstacles it encounters; it does not need to be complete. This is why science is often unable to provide answers to the great problems confronting us. Simplifying problems in order to understand the way things work in less complex cases, or ignoring interactions, is not enough, and may even be misleading.

Technology is created to meet overly specific needs, and is substantially governed by market forces, which are notoriously short-lived. Technology is motivated by the search for profits in the near term, and often ignores interdependencies with other systems (man and society, culture and ethics, the environment). The point is not to block scientific research or technological, economic and social development, or impose rigid guidelines on them, but rather to get them to take global problems and mankind's true interests into account.

To achieve this will require developing a real capacity for social control by all forces and individuals, so as to be in a position to assess all the costs and profits, all the damages and benefits created by any activity. And it will also require stimulating the development of all the tools that help decision-makers make a choice based on the best available knowledge of the way things are, not on the benefits to some or the ideology of others. To put it briefly, the aim is to go from a fragmentary system of scientific knowledge to an increasingly global scientific system.

The fragmentation of culture and its continual convulsive change are especially typical of western civilisation, engendered in Europe by the fortunate encounter of very different approaches. This process of fragmentation proceeds hand in hand with that of the reaggregation of learning. Together, fragmentation and reaggregation represent a formidable instrument for cultural progress. All this profoundly affects both individuals and society, their way of operation and of organisation and, of course, their values and ethical principles.

# DER BEDARF NACH GANZHEIT ALS PARADIGMA FÜR DIE WELTKULTUR VON MORGEN - ETHISCH-KONZEPTUELLE ÜBERLEGUNGEN

**Günter Altner**

Das Ganze so sagen wir, ist mehr als die Summe der Teile. Freilich ist zu befürchten, daß wir die irdische Biosphäre unter dem Druck von Nutzungs-, Wirtschafts- und Wissenschaftsinteressen eher in ihre Bestandteile zerlegen, als daß wir sie in ihrer noch vorhandenen Ganzheit - als Biosphäre - bewahren werden. Das ist das Thema der großen Weltanalysen, wie sie seit der Veröffentlichung des Ersten Berichts des Club of Rome bis heute in bunter Reihe erschienen sind. Auf dem Weg über einen wachsenden Durchsatz von Energie und Materie verwandeln wir die geordnete Struktur der irdischen Lebenswelt immer schneller und dynamischer in Unordnung.

Dabei wäre es doch die Aufgabe des Menschen und der Sinn der menschlichen Geschichte, an den Aufbauprozeß der irdischen Evolution mit genuin menschlichen Mitteln anzuknüpfen und ihn fortzusetzen. Die Biologen rätseln schon lange über den Menschen. Ist er eine Fehlkonstruktion der Natur? Geht er an seinem Großhirn zugrunde, wie auch die Säbelzahntiger an ihren überdimensionierten Säbelzähnen zugrundegingen? Wird er ein Opfer seiner steinzeitlichen Kleingruppen-Aggresivität? Soweit die biologistischen Thesen mancher Zoologen und Anthropologen. Oder folgt der Mensch einem anthropofugalen Prinzip, wie der Philosoph Ulrich Horstmann vermutet? [1)] Ist die Verwirklichung seiner endgültigen Auslöschung die Stunde seiner Sinnverwirklichung? Die Schwäche dieser ganzen Spekulationen liegt darin, daß sie verdrängen, daß der Mensch sich zu diesen Deutungen kritisch reflektierend verhalten kann. Die behauptete Zwanghaftigkeit des Menschen ruft unseren Widerspruch hervor. Und indem sie es tut, ist sie widerlegt. Man muß eben die fatalistischen Thesen von der Selbstzerstörung des Menschen heute bei seiner Verantwortung behaften.

Hartmut Bossel hat in seinem Buch "Bürgerinitiativen entwerfen die Zukunft" als ethischen Imperativ in der ökologischen Krise aus einem reichen Schriftenmaterial die Maxime herausgefiltert: "Handle so, daß alle heutigen und zukünftigen lebenden Systeme erhalten werden können." [2)] Das erinnert an eine bestimmte Variante von Kants Kategorischem Imperativ: "Handle so, als ob die Maxime deiner Handlung durch deinen Willen zum allgemeinen Naturgesetze erhoben werden sollte". Die bei Kant vorausgesetzte Sittlichkeit verpflichtet dazu, in die Abstimmung meiner Handlungsziele mit anderen Handlungszielen auch diejenigen Ziele mit einzubeziehen, die ich als in der Natur liegend zu erkennen vermag. Kants Imperativ impliziert, daß der Mensch in Wahrnehmung seiner Pflichten gegenüber sich selbst und seinesgleichen auch Pflichten gegenüber der Natur einzulösen hat. Freilich ist bei Kant das entscheidende

Motiv nicht die Natur als Partner des Menschen, sondern die Freiheit des Menschen, die sich solche Umsicht schuldet.

Noch deutlicher tritt der Gedanke einer globalen Pflichtengemeinschaft zwischen Mensch und Natur bei Albert Schweitzer zutage. In seiner Kulturphilosophie umreißt er die Aufgaben der dem Leben dienenden Ethik so: "Also wage sie den Gedanken zu denken, daß die Hingebung nicht nur auf Menschen, sondern auch auf die Kreatur, ja überhaupt auf alles Leben, das in der Welt ist und in den Bereich des Menschen tritt, zu gehen habe. Sie erhebe sich zur Vorstellung, daß das Verhalten des Menschen zu den Menschen nur ein Ausdruck des Verhältnisses ist, in dem er zum Sein und zur Welt überhaupt steht." 3)

Die Genialität der Schweitzer'schen Ehrfurcht vor dem Leben liegt darin, daß sie schon nach 1918 auf eine lebensweltliche Gesamtverantwortung zielt. Dabei muß es uns nicht so sehr stören, daß Kants und Schweitzers Ethik vom Individuum her gedacht sind und die sozialen und gesellschaftlichen Bedingungen menschlichen Handelns weitgehend ausklammern. Wir können und müssen das heute anders sagen. Hier sind insbesondere drei Momente hervorzuheben:

1. Die wissenschaftlich-technische Zivilisation hat ihre Wurzeln in Europa und überzieht die ganze Welt. Soviel an Gutem sie für uns und unsere Welt auch bedeutet, mit dem Übermaß ihrer Erfolge bedroht sie heute zugleich ihr Überleben. Die Gefahr einer atomaren Katastrophe, die Bedrohung durch unumkehrbare ökologische Zerstörungsprozesse und der Skandal der arm gemachten Länder der Erde hängen unmittelbar mit den von Europa ausgehenden Fortschrittsprozessen zusammen.

2. Die Menschheit ist eine Überlebensgemeinschaft geworden, die auf Gedeih und Verderb ihr gemeinsames Überleben in und mit der Biosphäre organisieren muß. Informations- und verkehrstechnisch, industriell und ökonomisch, politisch und militärisch hängt alles mit allem zusammen.

3. Zum ersten Mal ist dem Menschen in seiner Geschichte eine derartige Verantwortungslast aufgeladen. Die Mündigkeit des Menschen, der seine Welt und ihre Zukunft zu verantworten hat, ist mit ihrer ganzen gefährlichen Folgenschwere ans Licht gekommen. Tiefgehende Wandlungs- und Lernprozesse liegen vor uns.

Die Menschheit als ganze, das kennzeichnet die Neuzeit, ist zum Subjekt der Verantwortung geworden, ob sie das nun zu leisten vermag oder nicht. Alle übergeordneten Sinnhorizonte, die früher einmal gegolten haben mögen, sind wie weggewischt. In einem immer schneller werdenden Fortschrittsprozeß rasen wir taumelnd in eine dunkle Zukunft. Friedrich Cramer hat das folgerichtig formuliert: "Mit dem technischen Zeitalter seit 150 Jahren und besonders mit dem Eintritt in das biotechnische Zeitalter seit 10 Jahren tritt erstmalig eine bis dahin nicht gekannte Interaktion zwischen dem Reich der Ideen und der Natur auf. Diese neuartige, vom Menschen hervorgebrachte und von ihm zu verantwortende Rückkopplung kann der Naturgeschichte die gleiche Instabilität, den gleichen Komplexitätsgrad, die gleiche Krisenanfälligkeit aufprägen, wie wir sie in der Geschichte beobachten. Diese Wechselwirkung droht außer Kontrolle zu geraten und zur globalen ökologischen Katastrophe oder zum Atomtod oder zur genetischen Totalmanipulation zu führen" [4)]

In einer solchen Situation muß die Bemessung und Prüfung der Handlungsfolgen im Sinne einer umfassenden Verantwortung für Mensch und Natur an oberster Stelle stehen. Vier grundsätzliche Maßstäbe haben sich durchzusetzen begonnen. Bei der Entwicklung von Technik, Produktion und Lebensstil ist immer nach der sozialen, ökologischen, internationalen und generativen Verträglichkeit menschlichen Handelns zu fragen. Aber mit der Handhabung dieser vier Maßstäbe beginnen die Probleme erst recht! Ohne Zweifel zielen die vier Verträglichkeiten auf ein umfassendes Verständnis der irdischen Biosphäre, auf ein ganzheitlich-ökologisches Szenario.

Aber was meinen wir, wenn wir von ökologischer Verträglichkeit sprechen? Im Blick auf die irdische Biosphäre gibt es ja keine objektive Ökologie, mit der wir die Erde quasi von außerhalb ökosystemar unter Absehung des Menschen definieren könnten. Manche Ökologen folgen unbedacht und unbedarft dieser Strategie. Aber was wäre damit gewonnen? Der Mensch lebt in, mit und gegen die irdische Natur. Ohne die Beachtung dieses Zusammenhangs kann es keine kritische Ökologie geben. Und nun kommt es entscheidend darauf an, welche Optionen wir im Haus der Erde geltend machen.

Es gibt konservative Ethiken, die haben ihr Standbein auf dem Bestehenden. Und es gibt progressive Ethiken, die haben ihr Standbein auf dem zu Suchenden und Anzustrebenden. Beide stimmen darin überein, daß die gegenwärtige Praxis hinter dem zurückbleibt, was als Aufgabe und Bestimmung des Menschen gesehen wird. Jede Ethik lebt von der Differenz zwischen der erreichten Praxis und den grundsätzlichen Hoffnungen und Verpflichtungen, ob das nun der Gedanke der Gerechtigkeit, der Solidarität, der Liebe, der Ehrfurcht, des Friedens oder der des Glücks ist. Im Handlungsentwurf einer jeden Ethik mischen sich das Erinnerte und das Erhoffte, sind Vergangenheit und Zukunft dynamisch beieinander und miteinander im Spiel. Aus dieser Dynamik heraus gilt es, nach dem rechten Weg für die Menschheit von morgen zu fragen.

Soll die Erde nur für die reichen Länder Ressource sein oder auch künftig Heimat für das ganze Menschengeschlecht. Soll sie uns nur Müllkippe sein oder Ursprungsort für weitere Evolutionen? Soll sie nur unser, der Menschen Haus sein, oder auch ihre eigenen Würde haben können? Und ebenso könnte man unter der Perspektive der sozialen Verträglichkeit sehr verschiedene Optionen für Gerechtigkeit und Frieden anmelden. Ist Frieden nur die Abwesenheit von Krieg? Oder hängt Frieden nicht auch mit der Friedensfähigkeit von technischen Strukturen und Produktionsanlagen zusammen?

Die Ökologiediskussion der letzten zwanzig Jahre hat zu der Erkenntnis geführt, daß in den gesuchten Weltfrieden auch der Friede mit der Natur einbezogen sein muß, daß in das internationale Menschenrechtssystem auch das Eigenrecht der Natur integriert werden muß. Erst hiermit bestünde die Chance, daß sich jenes Syndrom der gewaltsamen Weltaneignung aufzulösen begänne, das seit Anfang der wissenschaftlich-technischen Entwicklung in Europa dogmatisiert und praktiziert wurde. So wäre also nicht nur die weltweite Verwirklichung der sozialen Gerechtigkeit das Ziel, sondern eben auch jener Friede mit der Natur, wie er in symbiotischen Handlungssystemen zur Grundlage menschlicher Zivilisation zu werden beginnt.

Im Brundtland-Bericht, der 1987 veröffentlicht wurde, wird als weltpolitischer Grundsatz für die nächsten Jahre das Stichwort vom "dauerhaften Wachstum" [5)] ausgegeben. Gemeint ist mit dieser Forderung ein Wachstum, das die Grenzen der Umweltressourcen respektiert, also Luft, Gewässer, Wälder und Böden für kommende Generationen lebensfähig hält, die bestehende genetische Vielfalt achtet und Energie- und Rohstoffquellen so optimal nutzt, daß im Gebrauch von heute die Lebensbedürfnisse kommender Generationen gewahrt werden.

Die durch diese Perspektive bedingte Verantwortungslast ist schwer und bedarf außergewöhnlicher Anstrengungen: Von der Friedenssicherung durch Androhung und Ausübung von Gewalt zu Abrüstung und zur Friedensordnung durch Vertrauensbildung; von der Vergötzung des Wirtschaftswachstum und der Wirtschaftsmacht zur Solidarität mit den Armen und zur Umverteilung von wirtschaftlicher Macht; von der Zerstörung der Natur zur Solidarität und zur Kooperation mit ihr.

Zur Kennzeichnung der hier anzustrebenden Richtung sei nur auf die unmittelbarsten Aufgaben hingewiesen:

- Intensivierung der bisherigen Entspannungspolitik;
- ökologische Akzentuierung und Verstärkung der Entwicklungspolitik;
- konsequente Entschuldungsprogramme für die Dritte Welt;
- internationale Abkommen zur Lösung globaler Notstände;

- Einrichtung einer internationalen Agentur mit der Befugnis, die Atmosphäre, die Ozeane und andere Umweltsphären vor Ausbeutung zu schützen;
- Öffnung der Märkte für die Entwicklungsländer;
- verstärkte Maßnahmen zur Kontrolle der Bevölkerungsentwicklung.

Eine Wende kurz vor dem Eintritt in die endgültige Zerstörung der Überlebensgrundlagen für alles höhere Leben auf der Erde wird es nur dann geben, wenn das menschheitliche Bewußtsein eine Ehrfurcht bei sich einkehren läßt, die im umfassenden Sinne allem Leben dient.

Was immer das für die einzelnen Entscheidungsebenen im nationalen und internationalen Bereich bedeuten mag, klar ist, daß die Zukunft nicht einfach aus der prognostischen Verlängerung der Vergangenheit abgeleitet werden kann. Ein solches lineares Selbstverständnis können wir uns im Zeitalter systemoffenen Denkens nicht mehr leisten. Dann aber bedarf es zum verantwortungsvollen Voranschreiten der Optionen, der Visionen und der Utopien als Ausdruck menschlicher Hoffnungsfähigkeit und menschlicher Sinnsuche im Prozeß der Zeit. Erst so würde im Verhältnis zu den sehr engen Erfassungsmöglichkeiten der Prognose ein weiter Spielraum tastender Zukunftsvorsorge aufgetan.

Georg Picht sprach zu recht von dem wechselseitigen Verwiesensein zwischen Prognose, Utopie und Planung als den drei dem menschlichen Geist zur Verfügung stehenden Orientierungsinstrumenten. Er räumte dabei der Utopie insofern einen Vorrang ein, als er in ihr die "antizipierte Gestalt der Zukunft selbst" sah, auf die in Verbindung mit prognostischem Wissen menschliches Planen bezogen sein müsse: "Ich nenne also Utopie jene Antizipationen der Zukunft, die jedem auf sein Ziel gerichteten Handeln vorausgehen. Die Utopie in dem hier angegebenen Sinne hat mit der Utopie in der trivialen Bedeutung des Wortes gemein:
1. daß sie nicht wirklich ist...,
2. daß sie eine Projektion unserer Wünsche und Hoffnungen ist...,
3. daß sie aus eben diesem Grunde eine Kritik an den gegenwärtigen Zuständen impliziert." 6)

Auf dem Weg über die Utopie vermag sich der Mensch dem unverfügbaren Geheimnis der Zukunft zu nähern, ohne es zu vergewaltigen, wie es die technische Vernunft tut, wenn sie das Fließen der Zeit unter das Diktat ihrer rechnenden Feststellungen stellt. Utopie ist Ausdruck der Hoffnung, deren das menschliche Bewußtsein unter Abstoßung von Vergangenheit und Gegenwart fähig ist. Utopie ist aber auch Kritik an dem bisher Erreichten, Entwurf der Alternative, denkerischer Aufbruch aus den durch die Vergangenheit gesetzten Bedingungen. Utopie ist Ausdruck des Menschlichen schlechthin, Handelnkönnen im Blick auf eine Zukunft, die offen ist und als solche ernstgenommen werden muß.

Ethik ist der Utopie dadurch eng verbunden, daß sie für das Agieren im Spannungsfeld zwischen Vergangenheit und Zukunft Alternativen entwirft und unter Erinnerung des Vergangenen nach dem zukünftig Gebotenen fragt. Gerade dort, wo die Zukunft unter dem Druck der Fehlentwicklung und dadurch bewirkter Festlegungen "verbaut" erscheint, wie es heute in der technischen Zivilisation der Fall ist, ist die utopische Kraft der Ethik und sind die daraus fließenden Handlungsalternativen ein Mittel der Befreiung und Öffnung.

Erst so würde auch dem Aspekt der Ganzheit im Sinne eines unscharfen, immer wieder zu korrigierenden Annäherungsbegriffs Rechnung getragen sein. Ich darf in diesem Zusammenhang auch an Ernst Bloch erinnern. In seinem Buch "Atheismus im Christentum" schrieb er unter Bezug auf Karl Marx und den 1. Johannesbrief: "Karl Marx sagte 'Radikalsein heißt die Dinge an der Wurzel fassen. Die Wurzel aller Dinge aber ist der Mensch.' Der 1. Johannesbrief (3,2) wiederum sagte, die Wurzel Mensch nicht als Ursache von etwas, sondern als Bestimmung zu etwas nehmend: 'Und ist noch nicht erschienen, was wir sein werden. Wir wissen aber, wenn es erscheinen wird, daß wir ihm gleich sein werden...' Hätten diese beiden Textstellen einander gelesen oder hätten sie einmal wechselseitig ein Treffen, dann fiele auch auf das Realproblem der Entfremdung in allem und ihrer möglichen Aufhebung ein gleichzeitig detektivisches wie utopisches Licht." 7) Mit der von Bloch beschriebenen Begegnung zwischen der emanzipatorischen Kraft menschlicher Vernunft und der utopischen Heilszusage des biblischen Textes ist noch einmal die Grundsituation menschlicher Verantwortung geschildert. Verantwortung gegenüber dem engeren Bereich der technischen Vernunft und der durch sie gestalteten Produktionsverhältnisse ist nur wirksam, wenn sie sich über das technisch Machbare hinaus aus der Kraft und der Suchweite utopischer Hoffnung speist.

Die gefährliche Harmlosigkeit gegenwärtiger Politik besteht nicht nur darin, daß ausbeuterische Interessen nicht hinreichend kontrolliert werden, sondern vor allem darin, daß sie sich durch den naturwissenschaftlichen Erkenntnisvollzug den Handlungsbedarf vorgeben läßt, ohne ihn kritisch der Frage nach dem Gebotenen und dem zu Verantwortenden auszusetzen. Was dabei herauskommt, zeigen die exponentiell wachsenden Rüstungszwänge. Aber auch dort, wo Verkehrstechnik, Chemieproduktion und Großkraftwerke zur Grundlage einer lebensfeindlichen und unfriedlichen Infrastruktur werden, zeigt sich dieser Mangel an ethischer und politischer Handlungsbereitschaft. Es darf in diesem Zusammenhang auch nicht vergessen werden, daß wir mit den neuen Biotechnologien am Anfang eines Evolutionsmanagements stehen, das notwendig in die Irre führen muß, wenn es umwelt- und friedenspolitisch unkontrolliert bleibt.

Wenn Ethik in der technischen Zivilisation als Suchprozeß beschrieben werden muß, so ist vor der Hand deutlich, daß Inhalte und Ziele dieser Ethik nicht diktiert werden können. Sie können nur das Ergebnis eines öffentlichen und umfassenden Diskurses sein, in dem die Erfahrungen der Betroffenen, die Bedürfnisse der Öffentlichkeit, die Optionen der Politik, die Angebote der Technik und die Produktionsinteressen miteinander vermittelt werden.

Wie weit wir von einem solchen Prozeß der Abstimmung und der diskursiven Steuerung entfernt sind macht die zornige Einrede von Ulrich Beck deutlich: "Wie lassen sich in die Niemandssteuerung der dahinjagenden, Explosivkräfte freisetzenden, technisch-ökonomischen Entwicklung endlich Steuerrad und Bremse einbauen, wo doch schon lange ganze Hochhäuser von Bürokraten mit zum Totlachen komischen Bewegungen genau damit beschäftigt sind, dies zu bedienen?...Wie lassen sich Gerichte, Minister, Ingenieure (man beachte die Rangordnung) dazu bringen, dem Schutz des Lebens und der Sicherheit, dem sie ja jeden Blutstropfen, jeden Gedankensplitter ihrer rastlosen Existenz opfern, wenigstens soweit eine Chance zu geben, daß mit den Listen ihrer Erfolge nicht auch die roten Listen sterbenden Lebens immer länger werden? Wie also läßt sich das Selbstverständlichste, das Immer-Schon-Eingelöste, das fraglos im Zentrum aller Aktivität Stehende so gegen das Faktum seiner schreienden Dauerverletzungen wenden, daß wenigstens etwas geschieht und das Schlimmste verhindert wird?" 8)

Das ist der Ruf nach partizipativer Demokratie, nach mehr Mitbestimmung und Mitgestaltung durch das Volk. In den zurückliegenden Jahren sind für die Situation der Bundesrepublik diesbezüglich immer wieder berechtigte Forderungen erhoben worden: Verbandsklage, Beteiligung der Öffentlichkeit an Genehmigungsverfahren, Verursacher- und Haftungsprinzip, Volksbefragung. Die Palette der Vorschläge ließe sich noch erheblich erweitern. Aus dem Zusammenhang unserer Überlegungen heraus verweise ich mit Nachdruck darauf, daß der Prozeß der diskursiven Abstimmung beim Parlament angesiedelt sein müßte, dort, wo die Weichenstellungen für die zukünftige Fortschrittspolitik gewährleistet sein sollten. Ich habe auch immer wieder für Volksenquête-Kommissionen plädiert, in denen sich die öffentliche Betroffenheit und der öffentliche Sachverstand versammeln könnte, um so - in einer gewissen Pflichtigkeit - die Entscheidungsprozesse im Parlament mitzugestalten. Aber wie steht es mit der Entscheidungskompetenz eines Parlamentes, wenn es - wie der Deutsche Bundestag - über keine Technologiebewertungsinstrumente verfügt und der Bürgerdialog schon im Vorfeld des Parlamentes endet, ohne geregelt und verpflichtend das Parlament selbst zu erreichen.

Für das Feld der internationalen Politik, insbesondere im Nord-Süd-Gefälle, sind diskursive Entscheidungsfindungsprozesse noch schwerer zu installieren als auf nationaler Ebene. Sie sind keineswegs durch die bestehenden internationalen Organisationen abgegolten. Insgesamt benötigen wir, wenn wir uns als Weltgesellschaft der Aufgabe einer biosphärischen Gesamtverantwortung stellen wollen, eine ungeheure Konzentration von moralischer Energie und politischer Weisheit, von Toleranz und Suchgeduld, von lokalem Engagement und globaler

Abstimmungsbereitschaft. Insgesamt ist eine Weisheit erforderlich, die im Verbundensein der Dinge und in der Überwindung von Gruppen- und Nationalegoismen die biosphärische Einheit von morgen vorbereiten hilft. 9)

Das Stichwort der Weisheit führt uns auf längst verlorengegangene Traditionen zurück. Für den Glauben ist die Ganzheit durch den unauflöslichen Zusammenhang von Schöpfung und Schöpfer verbürgt: Im Werdeprozeß der Dinge ihren Ursprung als Voraussetzung des Werdens und die auf den Dingen liegende Verheißung als Lebensgarantie mit zu bedenken, d.h. aus der Perspektive des Glaubens Weltweisheit entwickeln.

Der mittelalterliche Mystiker Meister Eckhart, der zu den großen europäischen Denkmeistern gehört, hat gezeigt, daß jedes Begreifen, jede noch so differenzierte Begriffswelt an der Erfassung des Ganzen scheitern muß. Das kann immer nur Bemächtigung des Ganzen mit den unzureichenden Mitteln endlicher Vernunft sein. Und so hat Meister Eckhart in einem atemberaubenden Reflexionsprozeß Schritt für Schritt alle Begriffe verbrannt und alle Begriffsbrücken hinter sich gelassen, um sich aus dieser Voraussetzungslosigkeit heraus der Erfahrung des unsagbaren Ganzen zu öffnen.

Das kann so heute in der technischen Zivilisation unsere Lösung nicht sein. Wir sind seit Jahrhunderten einen anderen Weg gegangen, den des Philosophen Descartes und des Physikers Galilei, den der Zerlegung und Mathematisierung der Natur, um uns so zu "Herren und Besitzern der Natur" zu machen. Aber dort, wo wir heute an dieser Aufgabe zu scheitern drohen und angesichts der zunehmenden Destruktion irdischer Lebenszusammenhänge nach einer biosphärischen Verantwortung rufen und unser Leben als Orientierungssuche in einen offenen Zeithorizont hinein begreifen müssen, meldet sich die längst überwunden geglaubte Ganzheitsfrage wieder.

Die Erfahrung von Ganzheit als Orientierungshilfe bei der Steuerung des wissenschaftlich-technischen Fortschritts ist nur um den Preis des bewußten Eingebundenseins in die allgemeine Lebens- und Werdeordnung der irdischen Biosphäre zu haben. Das heißt aber auch, daß sich das menschliche Bewußtsein der Geschichtlichkeit und Vorläufigkeit seiner Existenz stellen muß und damit auch der Möglichkeit, daß es durch menschliche Willkür zu einem vorzeitigen Ende kommt. Hoimar v. Ditfurth hat sehr zugespitzt formuliert: "Was ändert sich dann aber eigentlich für uns, wenn wir erfahren, daß unsere Art auszusterben im Begriff ist? Welcher Grund wäre denkbar, aus dem wir das Ende der Art mehr zu fürchten hätten als den eigenen Tod? Dürfen wir nicht vielmehr darauf hoffen, daß die heraufdämmernde Ahnung von der Sterblichkeit auch der Art selbst, der wir angehören, uns zu einer ähnlich befreienden existentiellen Erfahrung verhelfen könnte, wie die bewußte Zumutung der Angst vor unserem individuellen Tod sie uns bescherte?... Uns beginnt aufzugehen, daß wir heute auch deshalb mit einer ökologischen Katastrophe konfrontiert sind, weil wir der Versuchung nicht haben widerstehen können, die Erde mit diesseitigen Paradieserwartungen zu überfordern...So erscheint dann der Gedanke nicht als absurd, daß der Schock, den wir uns auf diesem Wege zugefügt haben, einen Heilungsprozeß in Gang setzen könnte." 10)

Die Ganzheit ist nicht da wie ein objektives Gut, das wir definieren und beanspruchen könnten, sie läßt sich nur im Rückblick auf den bisherigen naturgeschichtlichen und menschheitlichen Werdegang und in vorausschauenden Optionen als das Zusammenwachsen von Friede, Gerechtigkeit und Bewahrung der Biosphäre begreifen. Jeder Anspruch auf eine endgültige Zieldefinition führt in die Irre und in den Abgrund. Wenn es nicht gelingt, die dynamische Potenz der wissenschaftlich-technischen Weltbeherrschung durch die Einstellung einer umfassenden Ehrfurcht zu zügeln, ist die vorzeitige Selbstzerstörung unabwendbar.

**Zusammenfassung:**

1. Der Begriff der Ganzheit ist eine ethische, gesellschaftliche und menschheitliche Option, die in immer neuen Annäherungen bestimmt und verwirklicht werden muß.

2. Verantwortung heißt heute Suche nach der Einheit zwischen menschlicher Gesellschaft und Biosphäre.

3. Diese Einheit findet ihren Ausdruck im Miteinander von Frieden, Gerechtigkeit und biosphärischer Prävention.

4. Das Subjekt dieser Verantwortung ist die Menschheit bzw. die eine Weltgesellschaft.

5. Die Instrumente der heute notwendigen universalen Daseinsvorsorge sind Prognose, Utopie und Planung. Sie bedürfen einer diskursiven Abstimmung auf allen gesellschaftlichen und politischen Entscheidungsebenen.

6. Biosphärische Daseinsvorsorge kann sich nur in Gestalt demokratischer Politik vollziehen. Das gilt gerade auch für die internationale Zusammenarbeit und die Kontrolle monopolitischer Interessen.

7. Die Ehrfurcht vor dem Leben ist der Anfang aller Dinge. In ihr zeigt sich die irdische Lebenswelt als ein anvertrautes Gut von unermeßlichem Wert, das vor dem Zugriff assozialer und zerstörerischer Interessen geschützt werden muß.

**Anmerkungen:**

1) Horstmann, U: Das Untier - Konturen einer Philosophie der Menschenflucht. Wien-Berlin 1983, insbes. S. 54 ff.

2) Bossel, H.: Bürgerinitiativen entwerfen die Zukunft - Neue Leitbilder, neue Werte, 30 Szenarien. Frankfurt 1978, S. 181

3) Schweitzer, A.: Kultur und Ethik. Kulturphilosophie II. Teil. München, 1947 S. 225

4) Cramer, Fr.: Chaos und Ordnung. Die komplexe Struktur des Lebendigen. Stuttgart 1989, 2. Aufl., S. 293

5) Hauff, V. (Hrsg.): Unsere gemeinsame Zukunft. Der Brundtland-Bericht der Weltkommission für Umwelt und Entwicklung. Greven 1987, S. 69 ff.

6) Picht, G.: Prognose, Utopie, Planung. Die Situation des Menschen in der Zukunft der technischen Welt. Stuttgart 1971, S. 14 -15

7) Bloch, E.: Atheismus im Christentum. Zur Religion des Exodus und des Reichs. Frankfurt 1968, S. 350-351

8) Beck, U.: Gegengifte. Die organisierte Unverantwortlichkeit. Frankfurt 1988, S. 273-74

9) Vgl. dazu Burns, T.R. u. Ueberhorst, R.: Creative Democracy. Systematic Conflict Resolution and Policymaking in a World of High Science and Technology. New York-London 1988

10) v. Dithfurth, H.: So laßt uns denn ein Apfelbäumchen pflanzen. Es ist soweit. Hamburg-Zürich 1985, S. 364 ff.

## *KOMMENTAR ZUM ABSCHNITT 5 "GESELLSCHAFTLICHES LERNEN"*

*Dieser Abschnitt soll nicht nur der herrschenden Ethikwelle - die anschwillt, wenn die Verhältnisse besonders schwierig werden - Rechnung tragen, sondern wird durch die Systemtheorie legitimiert oder gar herausgefordert, da Wertcharismatik wirkungsvolle intersystemare Kommunikationskodierung darstellen kann.*

***Guiseppe Lanziavecchia** behandelt den verbreiteten methodischen Vorwurf, die Vereinzelung der Naturwissenschaften verursache kognitive und technizistische Verengungen, die an dem Umweltdesaster Schuld seien. Er zeigt, wie Spezialisierung, Differenzierung und Fokussierung zunehmende Vertiefung der Erkenntnis ermöglichen und wie komplementär aus tiefer liegenden wissenschaftlichen Fundamenten neue holistische Einsichten erwachsen, etwa in Quantenmechanik, Relativitätstheorie, Hochenergiephysik-Modellen, Theorie dissipativer Strukturen und Systemtheorie. Nicht die Wissenschaften machen unsere Welt kaputt, sondern die Art unseres Wirtschaftens, unseres Konsumierens und letztlich unsere gesellschaftliche Verfestigung und Politik. Umgekehrt sind unsere modernen Wissenschaften durchaus in der Lage, die Welt zu retten - wie auch, sie endgültig zu zerstören.*

*Beeindruckend ist **Günter Altners** Versuch, Subsystemgrenzen durch einen ethischen Appell an gesamthafte Kommunikation zu überwinden. Die Unzahl der neuen sozialen Bewegungen zeigt, wie - trotz der Verzagtheit, mit der einzelne Grüppchen dem Umweltganzen gegenüberstehen mögen - jetzt auch in straff regierten Ländern ein Durchbruch möglich geworden ist.*

### *Fazit*

*Die Entwicklung der Wissenschaften vereinzelt **und** integriert Wissen über Welt und Gesellschaft; sie vermag gesellschaftliches Lernen zu fördern, insbesondere auch durch charismatische, intersystemische Kommunikation.*

6. ZWEI HANDLUNGSMUSTER Seite

# GESTALTUNGSAUFGABEN EINER ZUKUNFTSORIENTIERTEN FORSCHUNGS- UND TECHNOLOGIEPOLITIK AUS SICHT DES BDI

**Carsten Kreklau**

## Vorbemerkungen

Es gibt viele Gründe, sich mit den Optionen und Prioritäten zukünftiger Forschungs- und Technologiepolitik zu beschäftigen. Zwei Gründe sollen hier hervorgehoben werden:

- Die Bereitschaft und die Fähigkeit zu umfassender, nicht nur technisch-ökonomisch verstandener Innovationen sind notwendige Voraussetzungen zur Weiterentwicklung unserer hochindustrialisierten Volkswirtschaft. Nur im Innovationswettbewerb kann die Bundesrepublik Deutschland ihre Position als eine der führenden Wirtschafts-, Technologie- und Kulturnationen halten und ausbauen.

  Neue Technologien spielen dabei eine Schlüsselrolle. Sie sind nicht nur unabdingbar zur Erhaltung unserer internationalen Wettbewerbsfähigkeit und zur Lösung der immer drängender werdenden Umweltschutzprobleme und insbesondere des sparsamen Ressourceneinsatzes, auch die Fortentwicklung der Strukturen einer modernen Industriegesellschaft wird zunehmend von den neuen Technologien - allen voran den Informations- und Kommunikationstechniken - beeinflußt. Die Erhaltung von Arbeitsplätzen, die Schaffung neuer Arbeitsplätze und die Reduzierung von Arbeitsinhalten hängen aufs engste von der raschen und umfassenden Entwicklung und Anwendung neuer Technologien ab. Hier wird die Einbettung der Thematik in den sozialen Bezugsrahmen besonders deutlich. Neue Technologien sind jedoch nicht nur als Problemlöser unverzichtbar. Sie eröffnen darüber hinaus - wie beispielsweise in der Raumfahrt - völlig neue Gestaltungsoptionen für die Zukunft.

- Die Bilanz der Forschungs- und Technologiepolitik wäre, wenn man sie heute ziehen würde, eher ernüchternd als zufriedenstellend. Als Thesen provozierend verkürzt ergäbe sich folgendes Bild:
  - Die Situation der deutschen Grundlagenforschung ist heute trotz der entsprechenden Umschichtung im BMFT-Etat per saldo noch immer unbefriedigend.
  - Quantitative und qualitative Schwierigkeiten mit dem wissenschaftlichen Nachwuchs, insbesondere in den naturwissenschaftlich-technischen Fachrichtungen, drohen sich zu einem gravierenden Innovationshemmnis auszuweiten.

-- Die wirtschaftliche Umsetzung staatlich geförderter Großprojekte wie der fortgeschrittenen Reaktorlinien oder auch der Magnetschwebebahn Transrapid kommt nur schleppend oder auch gar nicht voran.
-- Die an die Wirtschaft adressierte Forschungsförderung ist nach der fast vollständigen Streichung indirekter Maßnahmen in eine totale instrumentelle Schieflage geraten.
-- Durch langfristige Engagements in der institutionellen Förderung (Großforschungseinrichtungen), internationale Verpflichtungen (ESA, CERN) und Großprojekte (Kernenergie, Weltraum) hat sich der Bewegungsspielraum der nationalen FuT-Politik zunehmend verengt. Flexibles Reagieren auf neue Herausforderungen ist daher nur bedingt möglich.
-- Von den Bundesländern und Kommunen wird die FuT-Politik zunehmend als Instrument der regionalen Wirtschaftsförderung eingesetzt, nicht immer zum Wohl des Ganzen.
-- Die quantitativ immer gewichtiger werdende FuT-Politik der Europäischen Gemeinschaften läßt in Teilbereichen inhaltliche Originalität vermissen, ist wegen der Konzentration auf ausschließlich direkte Förderinstrumente ordnungspolitisch nicht unbedenklich, erschöpft sich weitgehend im Geldausgeben und unterliegt zudem keiner wirksamen parlamentarischen Kontrolle.

Diese Problembereiche markieren die Notwendigkeit, die FuT-Politik auf die Tagesordnung der politischen und der wissenschaftlichen Diskussion zu setzen. Dies gilt auch für den BDI, dessen FuT-politische Position in folgenden vier Thesen skizziert werden soll.

## 1. Marktwirtschaftliche Steuerungselemente in der FuT-Politik stärken

Angewandte Forschung und Entwicklung und die Umsetzung der dabei gewonnenen Ergebnisse in marktfähige Produkt- und Verfahrensinnovationen liegen im ureigenen Interesse der Unternehmen und sind in einer marktwirtschaftlichen Ordnung folglich ihre originären Aufgaben. Die deutschen Industrieunternehmen nehmen diese Aufgaben konsequent wahr. Heute werden etwa 64% des gesamten deutschen Forschungsbudgets von der Wirtschaft finanziert, 72% aller FuE-Aktivitäten in den Labors der Wirtschaft durchgeführt. Diese Anteile sind in den letzten Jahren kontinuierlich gestiegen, Ausdruck des wachsenden Innovationsbewußtseins und -engagements der Wirtschaft. Nahezu die gesamte Dynamik des deutschen FuE-Potentials der letzten Jahre geht auf die gesteigerte FuE-Aktivität der Wirtschaft zurück.

Der Staat ist jedoch für das Innovationstempo der Volkswirtschaft in hohem Maße mitverantwortlich, indem er das Innovationsumfeld, die Rahmenbedingungen innovativen Verhaltens, wesentlich mitgestaltet. Diese rahmensetzende Funktion ist eine der wichtigsten Staatsaufgaben. Sie ist aktive Zukunftsgestaltung, die sich keineswegs im Geldausgeben erschöpft, im Gegenteil: Die Schaffung innovationsfreundlicher Rahmenbedingungen führt per saldo nicht zu einer

Kostenbelastung des Staates, sie bringt ihm vielmehr auf mittlere und längere Sicht zusätzliche Einnahmen und damit Gestaltungsspielräume.

Im Zuge der zunehmenden Internationalisierung von Forschung und Technologie verschärft sich nicht nur der Innovationswettbewerb für die Unternehmen, auch die Rahmenbedingungen für Innovationen und Investitionen in den einzelnen Ländern treten zunehmend in Konkurrenz zueinander. Durch den bevorstehenden europäischen Binnenmarkt erfährt dieser Wettbewerb der Innovationssysteme und der Innovationsumfelder eine neue Dimension, der die FuT-Politik Rechnung tragen muß.

Hauptansatzpunkte für eine Verbesserung des Innovationsumfeldes sind
- eine deutliche Senkung der Unternehmenssteuern mit dem Ziel, die Kapitalbildungskraft der Unternehmen nachhaltig zu stärken,
- ein Abbau der Regelungsdichte durch Rückführung innovationshemmender Regulierungen und durch explizite Berücksichtigung der Innovationswirkungen bei neuen Regelungsvorhaben,
- ein innovationsfördernder Einsatz öffentlicher Beschaffungsmaßnahmen durch konsequente Ausschöpfung der hierfür bestehenden rechtlichen Möglichkeiten,
- eine Verbesserung des Forschungs- und Innovationsklimas durch Dialogbereitschaft, sachliche Information und antizipative Technikfolgenabschätzung.

Weitere unverzichtbare Gestaltungsaufgaben der FuT-Politik liegen auf dem Gebiet der Innovationsinfrastruktur. Die verschiedenen Elemente der personellen, materiellen und institutionellen Infrastruktur bilden gewissermaßen den Nährboden aller privatwirtschaftlichen Aktivitäten, also auch der Innovation. Die Bundesrepublik Deutschland verfügt im internationalen Maßstab über eine auf fast allen Feldern hervorragende Infrastruktur. Allerdings sinkt, bedingt durch einen Rückgang der Investitionsdynamik, der Modernitätsgrad unserer Infrastruktur seit einigen Jahren kontinuierlich ab. Insbesondere in Infrastrukturbereichen, die wie das Bildungssystem und der Wissenschaftsbereich für das Innovationsumfeld besonders relevant sind, hat sich ein erheblicher Nachhol- und Modernisierungsbedarf angestaut.

So sind die Kapazitäten der anwendungsorientierten Grundlagenforschung in wichtigen Schlüsseltechnologiebereichen wie der Mikroelektronik, der Informations- und Kommunikationstechnik, der Materialforschung und der Biotechnologie nach wie vor unzureichend. Auch fehlt es an einer engen inhaltlichen Abstimmung zwischen Industrieforschung und technologischer Grundlagenforschung. Im Bildungsbereich sind es besonders die den wissenschaftlichen Nachwuchs in vielen naturwissenschaftlichen und technischen Disziplinen betreffenden Probleme, die sich zu einem gravierenden Innovationshemmnis auszuweiten drohen. Die Verstärkung der anwendungsnahen Grundlagenforschung in enger Kooperation mit der Industrieforschung sowie die Optimierung der technisch-wissenschaftlichen Ausbildung mit dem Ziel, Zahl und Qualität des wissenschaftlichen Nachwuchses zu erhöhen, sind prioritäre Aufgaben der Forschungs- und Technologiepolitik, aber auch der Bildungs- und Wissenschaftspolitik. Darüber hinaus ist die hiermit verbundene Qualifikationsaufgabe eine umfassende kulturelle Herausforderung, die über die Wissensvermittlung weit hinausgeht.

Notwendig ist generell eine neue Wachstumsdynamik im Infrastrukturbereich. Angesichts der hohen Kapitalintensität der Infrastruktur und der im Vergleich dazu engen finanziellen Spielräume der öffentlichen Hand wird diese Wachstumsdynamik jedoch nicht allein durch staatliches Engagement zu erreichen sein. Das Leitbild der ausschließlich öffentliche Infrastrukturbereitstellung gehört der Vergangenheit an. Auch Infrastrukturmärkte lassen sich wettbewerblich organisieren und für private Initiativen öffnen. Wo immer möglich und mit den öffentlichen Interessen vereinbar, sollte die Bereitstellung und vor allem der Betrieb von Infrastruktureinrichtungen privatisiert werden. Voraussetzung hierfür ist eine hinreichende Kapitalbildungskraft der privaten Wirtschaft.

Ein Staat, der sich in der FuT-Politik auf das Schaffen günstiger Rahmenbedingungen und Infrastrukturen konzentriert, ist kein Nachtwächterstaat. Im Gegenteil: Rahmenbedingungen und Infrastrukturen zu optimieren, ist eine Gestaltungsaufgabe, die den vollen politischen Mut, Weitblick und Durchsetzungskraft erfordert. Dies gilt vor allem dort, wo verkrustete Strukturen aufzubrechen sind und der Wettbewerb Einzug halten soll, um bislang brachliegende Kräfte zu mobilisieren.

Indem der Staat sich in der FuT-Politik auf seine ureigenen Aufgaben beschränkt, trägt er zur optimalen Ressourcenallokation in diesem Bereich bei. Durch dezentrale Strukturen, die die Entscheidung über das, was erforscht und entwickelt werden soll, weitgehend bei den Unternehmen und Forschungseinrichtungen beläßt, werden Fehllenkungen knapper Mittel im großen Stil vermieden. Mit staatlicher Forschungslenkung hat die Bundesrepublik Deutschland bislang ausschließlich negative Erfahrungen gemacht.

## 2. Langfristorientierung der FuT-Politik erhöhen

Der Forschungs- und Technologiepolitik in der Bundesrepublik Deutschland fehlt grosso modo die langfristige Perspektive und der lange Atem. Zu oft bestimmen Ereignisse der Tagespolitik und kurz- bis mittelfristige Haushaltsengpässe forschungspolitische Entscheidungen von großer Tragweite. Langfristorientierung und Stetigkeit bedeutet übrigens nicht phantasielose Perpetuierung! Die Verläßlichkeit politischer Rahmenbedingungen ist vielmehr eine 'forschungspolitische Tugend', die den eigentlichen Akteuren der Forschung Spielräume und Motivation zur eigenverantwortlichen Wahrnehmung ihrer Aufgaben vermittelt.

Darum braucht die Forschungs- und Technologiepolitik langfristiges Orientierungswissen über die Technologieentwicklung der Zukunft. Da dieses Wissen weitgehend unbestimmt ist bzw. von einer Vielzahl verschiedenster Faktoren abhängt, immer komplexer wird und sich der Wissenszuwachs zunehmend beschleunigt, ist dieses Orientierungswissen äußerst knapp. Dies gilt insbesondere für ein Land, das in der internationalen Arbeitsteilung gewissermaßen an der technologischen Front agiert, das also nur in beschränktem Umfang von Ländern mit technologischen Vorsprüngen lernen kann.

Ein Weg, zusätzliches Orientierungswissen zu beschaffen, könnte die Einrichtung eines Technologie-Sachverständigenrates sein, der

- Trends und Optionen hinsichtlich der technischen Zukunftsentwicklung erarbeitet,
- dazu FuE-Aufträge an kompetente Institutionen und Unternehmen unter Wettbewerbsbedingungen veranlaßt,
- mit seiner Arbeit Beiträge zur Bildung klarer technologischer Prioritäten im Rahmen staatlicher Politik leistet und zugleich Grundlagen für die Aufklärung der Bevölkerung schafft,
- eng mit entsprechenden Instanzen des Deutschen Bundestages auf dem Gebiet der Technologiefolgenabschätzung zusammenarbeitet.

Der Rat sollte allerdings keine konkreten Empfehlungen aussprechen, sondern sich auf das Aufzeigen von Entwicklungen, Optionen und Alternativen beschränken und hierzu jährlich ein Gutachten vorlegen. Die Auswahl der Mitglieder sollte allein nach dem Kompetenzkriterium erfolgen. Der auf gesetzlicher Grundlage geschaffene Sachverständigenrat zur Begutachtung der gesamtwirtschaftlichen Entwicklung könnte im großen und ganzen als Vorbild dienen.

Natürlich gibt es viele berechtigte Vorbehalte gegen die Gründung zusätzlicher Institutionen. Auch sind die Anforderungen an ein derartiges Gremium sehr hoch, und die Warnung, es würde nur eine weitere "Proporzinstitution" geschaffen, ist ernst zu nehmen. Aber die Aufgaben, vor denen wir stehen und die Komplexibilität technischer Herausforderungen sollte doch Anlaß genug sein, wenigstens in eine Diskussion hierüber einzutreten.

Ein solcher Technologie-Sachverständigenrat könnte nicht nur Beiträge zur Versachlichung der Ziel- und Instrumentendiskussion und damit zur Qualitätsverbesserung FuT-politischer Entscheidungen leisten. Er wäre auch geeignet, den notwendigen gesellschaftlichen Konsens über die Entwicklung und Nutzung neuer Technologien vorbereiten zu helfen und zu vertiefen. Weiterer technischer Fortschritt ist heute mehr denn je auf ausreichenden gesellschaftlichen Konsens angewiesen. Dies hängt zum einen damit zusammen, daß unsere Demokratie reifer geworden ist und dem einzelnen mehr Mitsprache und Mitwirkung einräumt, zum anderen damit, daß die technologische Entwicklung sich beschleunigt und an Komplexität gewonnen hat.

Gesellschaftlicher Konsens in bezug auf den Einsatz moderner Techniken heißt vor allem, gemeinsam zu erkennen und zu akzeptieren, daß es zum technischen Fortschritt keine Alternative gibt, daß wir den technischen Fortschritt nicht verhindern können, sondern vielmehr die - ökonomische und ethische - Pflicht haben, ihn aktiv mitzugestalten. Lothar Späth hat dies auf den Punkt gebracht, indem er schrieb: "Ob der Mensch alles, was er technisch leisten kann, auch tun darf, ist eine in unserem Kulturkreis häufig und leidenschaftlich diskutierte Frage. Ob er sich aber nicht gerade auch durch das Unterlassen der Ausschöpfung seiner Möglichkeiten mitschuldig macht am Elend anderer, ob aus dem Können nicht auch der ethische Auftrag zum Sollen resultiert, diese Fragestellung wird meistens verdrängt."

Die Fähigkeit der Gesellschaft zum technischen Fortschritt schließt die Bereitschaft ein, Risiken der Technik zu tragen. Risiken sind - wie auch Chancen - der Technik immanent. Sie sind jedoch nicht absolut, sondern können - auch durch Technik - reduziert werden. Welches Maß an (Rest-) Risiko gesellschaftlich verantwortbar ist, muß zwischen den gesellschaftlichen Gruppen ausgehandelt werden. Umfassende und frühzeitige Information, Urteils- und nicht Vorurteilsfähigkeit, eine Risikowahrnehmung, die auch die Risiken des Verzichts auf Technik ins Kalkül zieht, sind dabei unverzichtbare Elemente der Rationalität dieses Aushandlungsprozesses.

## 3. Angebots- und Nachfrageorientierung der FuT-Politik zusammenführen

Genau wie in der Ökonomie über angebots- und nachfrageorientierte Wirtschaftspolitik gestritten wird, gibt es eine Kontroverse über demand-pull und technology-push in der FuT-Politik. Genau wie in der Ökonomie wird dabei jedoch auch in der FuT-politischen Diskussion nur allzu oft Schwarz-Weiß-Malerei betrieben. Während nur das allersimpelste Marktmodell von einer wechselseitigen Unabhängigkeit von Angebots- und Nachfragefunktion ausgeht, sind in Wirklichkeit beide Marktseiten hochgradig interdependent. dies gilt auch für die FuT-Politik. Oft läßt sich daher gar nicht eindeutig angeben, ob eine bestimmte Maßnahme demand-pull- oder technology-push-induziert ist. Im Zweifelsfall fließen beide Aspekte ineinander.

Eine staatliche FuT-Politik, die überwiegend auf technology-push setzt, steht vor allem vor einem Problem, das sich als Informationsproblem definieren läßt. Wie bereits im vorigen Abschnitt angedeutet, ist Wissen über die zukünftige Technologieentwicklung - und solches Wissen muß die Basis angebotsorientierter FuT-Politik sein - ein äußerst knappes Gut. Sehr groß ist die Gefahr, daß sich die FuT-politischen Entscheidungsträger "angemaßten Wissens" bedienen, wie es F.A. von Hayek formuliert hat. Die Fehlallokation knapper Forschungsressourcen droht zudem von einer anderen Seite: Dadurch, daß sich die führenden Technologienationen mehr oder minder derselben Informationsquellen bedienen, kommt es in vielen Bereichen zu einem internationalen Gleichklang FuT-politischer Aktivitäten. Mikroelektronik, Biotechnologie, neue Werkstoffe, Supraleitung und Lasertechnik gehören heute rund um die Welt zu den prioritären Förderbereichen der FuT-Politik.

Steht die angebotsorientierte FuT-Politik vor dem kaum lösbaren Problem der Beschaffung und Bewertung von Zukunftswissen, so kann die nachfrageorientierte Variante dieser Politik auf den artikulierten Forschungs- und Technologiebedarf rekurrieren. Dies ist vordergründig einfacher, birgt jedoch bei genauerer Betrachtung ebenfalls eine Reihe von Schwierigkeiten. Forschungs- und Technologiebedarf artikuliert sich in der Regel auf der Basis vergangenheits- und gegenwartsbezogener Problemlagen. Beispiele hierfür sind die Energie- und Umweltforschung. Informationen über den zukünftigen Forschungsbedarf, so sie mehr sein sollen als die bloße Extrapolation von Informationen aus Vergangenheit und Gegenwart, werden dagegen vernachlässigt, weil sie - analog zu dem bereits geschilderten Problem der angebotsorientierten FuT-Politik - zum Teil auch gar nicht vorliegen. Während die angebotsorientierte FuT-Politik immer selektiv und damit diskriminierend ist, ist die bedarfsorientierte Variante nicht zwangsläufig selektiv. Sie kann sich indirekt wirkender Förderinstrumente bedienen, die die Entscheidung darüber, was erforscht und entwickelt werden soll, bei den Unternehmen und Forschungseinrichtungen beläßt. So wird Forschungsbedarf unverfälscht, d.h. ohne staatlich verordnete Priorisierung, umgesetzt.

Eine zieladäquate FuT-Politik wird sowohl die Angebots- als auch die Nachfrageseite mit einzubeziehen haben. Die Beschaffung und Bewertung zukunftsbezogenen Orientierungswissens ist auf beiden Seiten das größte Problem. Patentrezepte hierfür gibt es nicht. Der erwähnte Technologie-Sachverständigenrat ist jedoch ein vielversprechender Ansatz, die Informationsgrundlage der angebots- und bedarfsorientierten FuT-Politik zu verbessern.

## 4. Kooperation als Gestaltungselement in Forschung und Entwicklung ausweiten

Kooperation ist neben der Konkurrenz zu einem bestimmenden Element der Technologieentwicklung geworden. Sich verkürzende Innovationszyklen, steigende Aufwandserfordernisse an Finanzen und Personal, zunehmende Komplexität der technologischen Entwicklung übersteigen oft die Kraft einzelner Unternehmen, zum Teil sogar einzelner Staaten. Daher kommt es darauf an, die Zusammenarbeit in Forschung und Entwicklung zu verstärken, um Potentiale zu bündeln, kritische Massen zu erzeugen und Synergieeffekte zu erzielen.

Wichtigste Voraussetzung für erfolgreiche Kooperation ist die fachliche Kompetenz und thematische Nähe der beteiligten Kooperationspartner. Nur wer etwas zu bieten hat, wird als Partner für gemeinschaftliche Forschung und Entwicklung gesucht und geschätzt.

Die Unterstützung der Forschungskooperation ist daher national und international ein wichtiges Anliegen der FuT-Politik. Erfolgversprechend und notwendig sind vor allem

- die Zusammenführung von Forschungspotentialen in Verbundforschungsvorhaben im Rahmen der Projektförderung,
- der Ausbau der industriellen Gemeinschaftsforschung als ein besonders gut funktionierendes Modell mittelständischer Forschungskooperation,
- die auf grenzüberschreitende Zusammenarbeit ausgerichteten Förderprogramme der EG sowie die Technologieinitiative EUREKA.

Forschungskooperation darf angesichts der weltweiten technologischen Herausforderungen nicht an den nationalen Grenzen halt machen. Gerade die westeuropäischen Länder, die im Vergleich zu USA und Japan über relativ kleine Binnenmärkte verfügen, müssen ihre Forschungspotentiale stärker bündeln.

Ziel einer verstärkten innereuropäischen Forschungskooperation ist keineswegs eine Abschottung nach außen. Vielmehr geht es darum, die eigene Kompetenz zu stärken, um so ein interessanter Partner für transatlantische und transpazifische Kooperation zu bleiben oder zu werden.

Falsch wäre es zudem, sich bei der Zusammenarbeit im Forschungs- und Technologiebereich auf die sogenannten High-Tech-Länder zu beschränken. Nicht nur veranlassen uns die Umwälzungen in den osteuropäischen Ländern, über Möglichkeiten einer verstärkten Kooperation auch in Forschung und Technologie mit eben diesen Ländern nachzudenken, auch sind wir in der Pflicht, bei der Lösung der drängenden Probleme der Dritten Welt als zuverlässiger Kooperationspartner zur Verfügung zu stehen.

## KEHRE ZU EINER DEMOKRATISCH FUNDIERTEN TECHNOLOGIE- UND WISSENSCHAFTSPOLITIK

**Willy Bierter**

### Wissenschaft und Technologie: Die prägende Kraft unseres Jahrhunderts

Wissenschaft und Technologie sind im 20. Jahrhundert zur zentralen Produktiv- und Innovationskraft geworden. Angefangen hat es mit dem Einzug der Wissenschaft in die großindustrielle Produktion und in den militärischen Bereich. Die wachsende Verwissenschaftlichung und Technisierung der Arbeitsabläufe und der Herstellungsprozesse waren weitere Schritte dazu und haben in vielen Bereichen maßgeblich zu einer praktisch ununterbrochenen Produktivitätssteigerung beigetragen. Zu konstatieren ist ein vorläufig letzter, entscheidender Entwicklungsschritt: die Wissens- und Technologieproduktion wird systematisch einer strategischen Planung und Organisation unterworfen und außer in Universitäten und Technischen Hochschulen in immer stärkerem Maße in grossen - privaten und staatlichen - Einrichtungen wie Wissenschaftsfabriken, Denkfabriken und wissenschaftlichen Waffenschmieden betrieben. (1)

Daß Wissenschaft und Technik längst ihre Unschuld verloren haben, braucht nicht nochmals besonders betont zu werden. Die immer noch oft zu hörende Behauptung, Wissenschaft und Technik seien nichts anderes als nützliche Diener bei der Verbesserung der menschlichen Lebensbedingungen, und nur ihr Überhandnehmen oder ihre abgekoppelte Eigenläufigkeit stellten eine Gefahr für Mensch und Gesellschaft dar, verfehlt die anstehende Problematik völlig. Es führt ebenfalls nicht weiter, neben die Liste der - durchaus unbestrittenen - Wohltaten jene der Untaten zu stellen, und in einer Art von **Nützlichkeitskalkül** Wohl und Untaten, Chancen und Risiken abschätzen und gegeneinander aufrechnen zu wollen, vielleicht sogar mit dem Wunschergebnis im Hinterkopf, da die ersteren - aus welchen Gründen auch immer - unabdingbar seien, stellten die letzteren den notwendigerweise zu zahlenden Preis dar - ein "Restrisiko" bleibe eben immer. Auch die bloße **Folgenabschätzung** von wissenschaftlich -technischen Projekten und Vorhaben, die seit einiger Zeit immer lauter gefordert wird, greift zu kurz: Erstens kann sie einer entfesselten Dynamik von Wissenschafts- und Technikentwicklung nur hinterlaufen und wird deshalb mit ihren Feststellungen fast zwangsläufig immer zu spät sein. Zweitens weil die sog. "unbeabsichtigten Nebenfolgen" sich erst viel später - dann allerdings oft als Hauptfolgen - in der Form von irreversiblen Langzeitschäden in Natur und Gesellschaft herausstellen. (2)

Zu sagen, daß Wissenschaft und Technologie Gesellschaft und Natur erheblich verändert haben, ist zu unbestimmt und zu schwach. Es ist mehr geschehen, es ist etwa qualitativ Neues entstanden: Wissenschaft und Technologie durchdringen, prägen und formen unseren Alltag, die sozialen Beziehungen, die gesellschaftliche Verfassung und Entwicklung, sie haben die bisherige Abhängigkeit des Menschen von der Natur umgekehrt in die Abhängigkeit der Natur vom Menschen, und konfrontieren uns mit der Möglichkeit, daß unsere intellektuellen Fähigkeiten von Maschinen übernommen werden können. Bammé (3) versucht mit dem Begriff "Technologische Zivilisation" dieses qualitativ Neue zu fassen, Hülsmann (4) spricht von der "technologischen Formation" und Kreibich (1) von der Wissenschaftsgesellschaft.

## Die Herstellung einer neuen Wirklichkeit

Zur "Technologischen Zivilisation" bzw. zur "Technologischen Formation" gehört ebenso, daß sich Wissenschaft und Technik selber verändert haben. Der Grad von Arbeitsteilung und Spezialisierung nahm kontinuierlich zu und führte zur Aufsplitterung in Disziplinen und Teildisziplinen. Aber die Selbstveränderung von Wissenschaft und Technologie ist noch einen gewaltigen Schritt weiter gegangen. Sie hat unsere Wahrnehmung, die Art und Weise, wie wir uns und die Welt, in der wir leben, wahrnehmen und uns in Beziehung zu ihr setzen, fundamental verändert. Wir nehmen nicht nur "Wahrnehmungsorgane" der Wissenschaft - Theorien, Experimente, Meßinstrumente aller Art - zu Hilfe, um Sachverhalte, die sich dem unmittelbaren menschlichen Wahrnehmungsvermögen entziehen, "sichtbar" und damit interpretierbar zu machen. Vielmehr ist die Wissenschaft in immer stärkerem Maße dazu übergegangen, anstelle von Erkenntnisgewinnung durch kontemplative Betrachtung und Interpretation Erkenntnis zu produzieren, durch materielle Herstellung des zu Erkennenden (5) im Verfahren selbst, mit Hilfe von Experimenten, die nicht mehr länger in der kleinen, abgeschlossenen und überschaubaren Welt der Labors durchgeführt werden, sondern ausserhalb, draußen, als Freilandversuch, und unter vollem Risiko. Mit anderen Worten: Die Wissenschaft hat sich weitgehend von der gleichsam unschuldigen Art und Weise, sich mit ihrem jeweiligen Gegenstand zu beschäftigen ab- und der aktiven, eingreifenden Präparierung und Herstellung neuer Wirklichkeiten zugewendet. Wissenschaft und Technik sind so in der Form der Technologie eine Synthese eingegangen, und werden deshalb immer ununterscheidbarer. Dazu nur kurz drei Beispiele:

- Jährlich werden weltweit zehntausende neuer chemischer Substanzen synthetisiert, in realen Laborexperiment ausgetestet und in die Welt gesetzt. Jetzt wir dieser Prozeß beschleunigt: durch Computer Aided Molecular Design (CAMD) werden neue Molekülstrukturen am Bildschirm konstruiert und die gewünschten Eigenschaften simuliert, anschließend mit nur noch ganz wenigen Versuchen real getestet.

- Die realen Eigenschaften und Wirkungsweisen von mit Hilfe der Gentechnik gezüchteten und fabrizierten Bakterien können nur draußen, unter freiem Himmel, getestet und "erkannt" werden. Erst die gelungene Klonierung einer Maus gibt Aufschluß über den Mechanismus identischer Reproduktionen. Die "Erforschung" ist identisch mit der praktischen Anwendung. Der Neuentwurf existierender und die Herstellung völlig neuer Organismen bezeichnen einen grundsätzlichen, qualitativen Bruch in der Beziehung der Menschheit zur lebendigen Welt.
- Als letztes Beispiel sei das bislang folgenschwerste Freiluft -"Experiment" angeführt, nämlich Tschernobyl, weil hier der Erkenntnisgewinn mit außerordentlich dramatischen Folgen verbunden war.

Die Grenzen zwischen lebendigen und mechanischen Prozessen, die Unterschiede zwischen technischen und biologischen Prinzipien beginnen sich zu verwischen. Was Leben ist und was Maschinen sind, wird im Lichte biotechnologischer Forschungsbemühungen neu definiert. Für Maturana und Varela (6) sind lebende Systeme physikalische autopoietische Maschinen, die in sich Materie auf eine Weise umwandeln, daß das Produkt ihrer Operation ihre eigene Organisation ist. Und für sie gilt auch das Umgekehrte: ein physikalisches System ist dann ein lebendes System, wenn es autopoietisch ist (auto=selbst, poiese=herstellen, machen).

## Neue Etappe der technologischen Naturbeherrschung

Es wird nicht nur die Geschichte der Schöpfung neu geschrieben, in der Sprache der Kybernetik und nach dem Bild des Computers - einer Maschine, die nicht bloß menschliche Denk- und Entscheidungsvorgänge abbildet und simuliert, sondern viel umfassender den menschlichen Geist in die Natur projiziert. Wissenschaft und Technologie haben sich in ersten, sicher noch unzulänglichen Versuchen aufgemacht, mit Hilfe der Informations-, der Gen- und der Reproduktionstechnologien die Natur projiziert. Wissenschaft und Technologie haben sich in ersten, sicher noch unzulänglichen Versuchen aufgemacht, mit Hilfe der Informations-, der Gen- und der Reproduktionstechnologien die Natur nach ihren eigenen, neuen Prinzipien umzuformen und neu zu gestalten. "Forschung", "Anwendung" und "Schöpfung" fallen zusammen. Der Schritt zur möglichen industriellen Anwendung ist nur noch ein quantitativer.

Damit stehen wir vor einer neuen Etappe der technologischen Naturbeherrschung. Und auch die Entmythologisierung der Natur geht einen Schritt weiter. Mit den neuen naturwissenschaftlichen Theorien "nimmt die Menschheit Abschied von der Vorstellung, daß das Universum von umwandelbaren Wahrheiten regiert wird. Sie sind entbehrlich geworden, denn es ist nur der Mensch allein, der die Regeln macht, der die Maßstäbe der Wirklichkeit festsetzt, der die Welt erschafft. Und zunehmend wird ihm das bewußt. Er ist der Architekt, der Konstrukteur der Welt, und außer ihm ist niemand verantwortlich, so wie außerhalb seiner selbst er für nichts verantwortlich ist. Diese Erkenntnis ist befreiend und verpflichtend zugleich. Der Mensch wird mündig; er, und nur er, ist verantwortlich für das, was in der Welt geschieht, für das, was die Welt ist." (7)

## Ein Dilemma

Die dringend gebotene Bewältigung all der vielfältigen Problematiken, die Aufgabe unser ganzes Haus allmählich umzubauen, neu zu gestalten und wieder in Ordnung zu bringen, stellt uns vor ein großes Dilemma. Dieses Dilemma hat seine tieferen Gründe darin, daß neben der wirtschaftlich-gesellschaftlichen Dynamik auch Wissenschaft und Forschung in beträchtlichem Maße mit zur Entstehung vieler Risiken und Gefährdungen beigetragen haben. Einerseits wird zwar kaum jemand bei der Suche nach Auswegen aus der demographischen und ökologischen Krise ernsthaft auf die Hilfe von Wissenschaft und Technik völlig verzichten wollen. Aber andererseits ist die Skepsis, die anstehenden Probleme, Risiken und Gefährdungen durch Wissenschaft und Technik - so wie sie sich darstellen - in überwiegendem Masse in den Griff zu bekommen, berechtigterweise groß und weiter zunehmend. Wissenschaft, Technik und Forschung sind wie noch nie in der bisherigen Geschichte zur Existenzfrage der Gattung geworden. Sicher kann man zunächst der etwas moralisch eingefärbten Aussage zustimmen: "Die Suche nach neuen Einsichten und Problemlösungen hat längst aufgehört, ein schöner Luxus neugieriger Erkenntnissuche zu sein. Wir brauchen die Wissenschaft, wenn wir überleben wollen, und deshalb gilt es, nicht nur von den Verantwortungsgrenzen der Forschung zu reden, sondern auch von den Verantwortungspflichten zur Forschung."(8) Will man ernsthaft Wege suchen, wie aus dem Dilemma - einerseits zwar auf Wissenschaft und Technik nicht verzichten zu wollen und zu können, andererseits aber auch nicht mit der heute überwiegend praktizierten Wissenschaft und Technik fortzufahren - herauszukommen wäre, gilt es, sich den strittigen Fragen zu stellen, welche Art von Forschung, welche Art von Wissenschaft und Technologie benötigt wird, und wie eine entsprechende Wissenschafts- und Technologiepolitik aussehen müßte.

## Die nicht gestellten Fragen

Wenn von Technologie- und Wissenschaftspolitik die Rede ist, so ist zunächst zu konstatieren, daß man es mit einer Bindestrich-Politik zu tun hat. Bindestrich-Politiken - Energie-, Umwelt-, Verkehrs-, Wirtschafts-, Tourismus-Politik etc. - und ihr wucherndes Überhandnehmen sind nur allzu deutliche Anzeichen dafür, daß die Plattformen für grundsätzliche politische Fragen, für grundlegende Fragen des menschlichen Zusammenlebens - und des Zusammenlebens mit der Natur - in den Hintergrund getreten bzw. aus der Öffentlichkeit ganz verschwunden sind. Haben wir, seit alles machbar geworden ist, verlernt zu begründen, was im Grunde wünschenswert ist? Wissenschaft und Technik bietet die Antwort - **aber was ist eigentlich die Frage?**

Die Frage, die sich seit jeher stellt und sich notwendig weiterhin stellen wird, ist die nach den Formen des Umgangs der Menschen mit der Natur und miteinander. War für die Industriegesellschaften Wissenschaft und Technik die Antwort, dann müssen heute angesichts hoher ökologischer wie sozialer Risiko- und Gefährdungspotentiale Fragen nach anderen gesellschaftlichen Formen des Umgangs mit Wissenschaft und Technik und ihrer Entwicklung gestellt werden. Diese Fragen sind genuin politische Fragen. An diesen und ihren Antworten hat eine Technologie- und Wissenschaftspolitik anzuschließen und sich danach auszurichten. Substanzielle politische Grundfragen lauten:

- Wie wollen wir leben und arbeiten? Wie kann ein gutes und qualitätsvolles menschliches Leben konkret aussehen, und zwar für alle Menschen auf dem Globus, so daß die Umwelt für alle Lebewesen lebenswert bleibt?
- Wie kann es gelingen, daß der Einzelne und die Gesellschaft wieder mehr Souveränität über Richtung und Organisation ihrer Selbstveränderung erringen können?
- Welche Voraussetzungen müssen gegeben sein bzw. neu geschaffen werden (z.B. Wissen, institutionelle Lösungen), damit persönliches und gesellschaftliches Lernen stattfinden kann und in der Gesellschaft jene Gestaltbarkeit wieder möglich wird, die eine Grundgewissheit zurückgibt, was auch helfen kann, Angst zu vermindern?
- Welches Wissen, welche Techniken benötigen wir für die Realisierung der durch die Antworten eröffneten Perspektiven?

Antworten auf diese Fragen müssen das Ergebnis gemeinsamer politischer und ethischer Debatten und Entscheidungen sein, bei der politische und soziale Werte und Maßstäbe, kurz die Kultur eines Gemeinwesens, die zentrale Rolle spielt. Nur sie werden uns helfen, Klarheit darüber zu gewinnen, wie und zu welchen Zwecken wir leben sollen, nur sie können in die Zukunft weisende Horizonte und Dimensionen des Sinns und Sollens eröffnen. Hier sagen uns keine Wissenschaften, wie ein guten Leben für alle aussehen, wie es weitergehen könnte, wie wir leben sollten, damit z.B. die Natur nicht zusammenbricht. Sie sagen uns höchstens, daß es so nicht weitergehend kann. Sie setzen unserem Tun allenfalls Grenzen, aber daraus ergeben sich keine positiven Hinweise, wie eine andere Kultur aussehen müßte, damit die Menschen menschenwürdig, die Tiere tierwürdig und die Pflanzen pflanzenwürdig leben können.

Es versteht sich von selbst, daß die Suche nach Antworten auf diese Grundfragen keine Angelegenheit einmaliger und abschließender Debatten sein kann. Diese Grundfragen müssen viele Alltagsdebatten und -auseinandersetzungen begleiten und darin präsent sein. Denn wenn die

Kultur unserer Gesellschaft weiterhin eine wissenschaftlich geprägte sein soll - und davon sind wir oben ausgegangen - so müssen diese und andere Fragen beantwortet werden. Diese Antworten zielen auf eine "andere Wissenschaft", eine "andere Technologie". Zu einer solchen "anderen" Wissenschaft und Technologie wird sicher einmal gehören, daß sie sich bemüht, von sich selbst etwas zu begreifen. Es bedarf weiter eines Verständnisses von Wissenschaft und Technik, das mit den Stichworten Bescheidenheit, Skepsis und Offenheit charakterisiert werden kann. Mit anderen Worten: Wissenschaftliches Wissen über Gesellschaft, Natur und Umwelt weiß um seine eigenen Grenzen, seine Unabgeschlossenheit und Unabschließbarkeit, um die relative Unbestimmbarkeit des menschlichen Umwelt- und Naturverständnisses, also darum, daß die Natur nie in den Griff zu bekommen ist, und es weiß vor allem, daß Fragestellungen und Methoden den Gegenstand, das Erkenntnisobjekt verändern und umgestalten. Und es bedarf auch einer neuen Einstellung zu Wissenschaft und Technik, die weder von einer Wachstums- und Fortschrittsideologie geprägt ist, noch in Einschränkungen und im Verzicht der Wissensproduktion erstrebenswerte kulturelle Werte sieht.

Wenn die Kultur unserer Gesellschaft eine wissenschafts-geprägte bleiben oder besser erst werden soll, dann muß es vorrangig um die Frage nach dem Verhältnis von **Demokratie** und Wissenschaft/Technologie/Innovation gehen: Wer entscheidet darüber, welches Wissen gewußt werden soll, welche Anwendung angewendet werden soll?

### Der lange Abschied vom Mythos einer wertfreien Wissenschaft

Die heutigen Strukturen des Wissenschafts- und Technologiebetriebes weisen viele autokratisch-mittelalterliche Züge auf. Ihr Credo ist über weite Strecken nach wie vor geprägt vom Mythos der Wertfreiheit von Wissenschaft und Technik, die als eine Art gesellschaftliches Neutrum und deren Entwicklung als durch rein naturwissenschaftliche, also außergesellschaftliche Gesetzt bestimmt angesehen werden. Trotzdem fließen "natürlich" Werte in die Arbeit von Wissenschaftlern und Ingenieuren ein, beispielsweise logische Rationalität und Effizienz. Wertfrei bedeutet in der Praxis "nur" frei von all jenen Werten, die nichts mit der wissenschaftlich-technischen Praxis zu tun haben. (9)

Hinter Werten wie logische Rationalität oder Effizienz verstecken sich aber noch andere, tieferliegendere Werte, Antriebe und Wünsche. Diese werden etwas deutlicher, wenn etwa davon die Rede ist, eine Maschine oder einen Prozeß auf die Spitze der momentan möglichen technischen Leistungsfähigkeit oder Komplexität zu treiben. Dies scheint dann eine fast unerklärliche, innovative Kraft zu sein, die nicht eingeschränkt oder gezähmt werden kann. Diskussionen über solche Antriebe, Wünsche und Imperative verstärken noch den deterministischen Eindruck des wissenschaftlich-technischen Fortschritts, den viele Leute haben. Der wissenschaftlich-technische Fortschritt sei "autonom", die mikroelektronische Revolution unwiderstehlich, sagen sie dann. Aber so zu reden ist eine Ausflucht. Denn hinter dem Gerede vom wissenschaftlich-technischen"Imperativ" und der Unvermeidbarkeit der gegenwärtigen Muster wissenschaftlich-technischen Fortschritts verbergen sich andere Gründe und damit andere Werte - wirtschaftliches Wachstum um jeden Preis zu Beispiel. Gerade viele sogenannte Hochtechnologien sind weder profitabel noch haben sie irgendeinen anderen wirtschaftlichen Sinn. Manche Vorhaben sind politisch und nicht ökonomisch begründet und werden aus reinen Prestigegründen vorangetrieben (z.B. Überschalltransport und Raumfahrt). Der Mythos der Wertfreiheit von Wissenschaft und Technik darf uns nicht blind machen für solche Antriebe und Werte. Aber die Tatsache bleibt bestehen, daß Forschung, Erfindung, Innovation, Gestaltung und andere kreative Aktivitäten die Tendenz haben, dann zwanghaft zu werden, wenn sie nur noch selbstgesetzte und eindimensionale Zwecke und Ziele verfolgen, völlig unabhängig von anderen Wert- und Zielsetzungen.

## Akzeptanz statt demokratisch-politische Auseinandersetzungen?

Das jetzige institutionelle Gefüge von Wissenschaft und Technik zeichnet sich über weite Strecken dadurch aus, daß ein Wert einsam an die Spitze gestellt wird: Logische Rationalität, Effizienz, wissenschaftlich-technische Spitzenleistung, Virtuosität oder wirtschaftliches Wachstum. Sonstige Werte spielen keine oder nur eine sehr untergeordnete Rolle. Die darin tätigen Wissenschaftler und Ingenieure können abgeschirmt von der übrigen Welt ihre Vorstellungen, Wünsche und Antriebe ausleben, versuchen ihre Ziele und Idealwelten zu verwirklichen. Nicht, daß sie bewußt Macht über Bevölkerung und die Gesellschaft erringen und ausüben wollen. Nein, was sie wollen, ist Macht über spezifische Projekte und Macht, jene Leute auszuschließen, die ihre Absichten und Vorhaben stören und durchkreuzen könnten. Diese "Kathedralen der Macht" mit ihrer Geheimhaltung und Geheimniskrämerei haben aber die Tendenz zu totalitären Institutionen zu werden, worauf z.B. Waddington bereits 1941 aufmerksam gemacht hat. (10) Die Folge ist, daß innerhalb solcher Institutionen lineares, eindimensionales Denken sich noch mehr verstärkt, weil neue Ideen, Innovationen und auch Zweifel nur mehr durch ihre eigenen bürokratischen Kanäle zum Ausdruck gebracht werden können und kaum durch außenstehende Instanzen. (11) Demokratische Prozesse sind den Mitgliedern wissenschaftlich-technischer Institutionen in der Regel nicht nur völlig fremd, sondern sie sind für sie auch noch kontraproduktiv. Das Wort "Politik" kommt in ihrem Vokabular nicht vor, es wird durch Akzeptanz - zu deutsch: Hinnahmebereitschaft - ersetzt! Und bei den politischen Instanzen verkommt Politik zu einem bloßen Akzeptanzerzeugungsinstrument - welche Perversion der Demokratie!

Der politisch springende Punkt ist die Selbstabschließung dieser "Technologie- und Wissenschafts-Kathedralen". Diese macht es außerordentlich schwierig, einen fruchtbaren Dialog zwischen Wissenschaftlern und Bürgern, Experten und Nutzern, Technokraten und Politikern, Planern und den Betroffenen zu eröffnen. Hinzu kommt noch, daß auf der Regierungsebene das Wachstum der Exekutive das Parlament aus seiner zentralen Position verdrängt und somit keine hinreichende politische Kontrolle aufrechterhalten werden kann. Die Folge ist, daß die Bürger den Erzählungen der wissenschaftlich-technischen Experten und der Politiker mit derselben Gleichgültigkeit lauschen wie weiland den theologischen Spekulationen der Priester und Mönche.

**Dynamisch bis zur (Selbst)Verdampfung**

Wie sind Zeugen einer fast atemberaubenden Beschleunigung in der Umsetzung und ökonomischen wie sozialen Verwertung von Ergebnissen wissenschaftlicher Wissens- und Technikproduktion, eines selbstmörderischen Konkurrenzkampfes und gigantischen Wettbewerbs um höchste Produktivitätsraten, maximales Wirtschaftswachstum und stärkste nationale Konkurrenzfähigkeit - das macht unsere Situation derart brenzlig! Nach wie vor wird am industrialistischen Wachstumsparadigma festgehalten, auch wenn immer mehr irreversible, selbstvernichtende ökologische Tatbestände und gesellschaftliche wie politische Zerfallsprozesse unübersehbar zutage treten. Die weitere Runde in der Entfesselung der Produktivkräfte will die Geiselnahme der Menschen und der Natur durch ewige Produktivitätssteigerungen fortsetzten, obwohl deutlich sicht- und spürbar geworden ist, daß der Lohn davon vergiftet ist, daß soziale und ökologische Schäden und Zerstörungen "nur" die andere Seite derselben Medaille sind.

Die Welt wird jetzt vollends in eine gespenstische Dynamik gestürzt und bis zur Vernichtung mobilisiert, die Antwort auf die abgrundtiefe Angst vor der Vergänglichkeit des Lebens scheint eine Flucht ins Flüchtige zu sein. Alles wird dynamisiert und entfesselt, alles, was sich der weiteren Beschleunigung in den Weg stellt, wird beseitigt, flexibilisiert, aufgeweicht, homogenisiert, Grenzen werden aufgehoben, alles wird entregelt, dereguliert. "Der Produktionsapparat wird umgerüstet, aufgerüstet, neu gerüstet. Der arbeitende Mensch stellt jetzt nichts mehr her, sondern er wird allmählich zum wohlerzogenen Diener und ergebenden Butler einer hochflexiblen und"intelligenten" Maschinerie, mit der wie mit einer Elite-Einheit endlich jene utopischen Gestade erobert werden sollen, wo Mehrwert aus Nichts und ohne Zeitaufwand gebildet werden kann. Die Utopie einer Ökonomie an und für sich - ohne Leben." (12)

Die Folgen sind Beschädigung und Zerstörung sozialer Beziehungen. An die Stelle der Autonomie tritt der systematisierte "Zwang zum Selbstzwang". (13) Gleichgültig bewegt sich der "moderne" Mensch durch sein Leben, die Gesellschaft wird zur Ruine, das Material Mensch beginnt zu ermüden. Das Kollektive, Gemeinsame zieht sich in gesellschaftsferne Orte zurück. Aus der Eliminierung der Autonomie resultiert nicht nur persönliche Ohnmacht, die jeder alle Tage erfahren kann, sondern paradoxerweise auch die kollektive Ohnmacht in einem durch seine Hyperkompliziert äußerst fragil gewordenen System. (14) Eine gefährliche Konstellation. Bekanntlich war der Kurzschluss von Wissenschaftsfeindlichkeit, Intelektuellenhaß, Feiern von "Natur" und "Leben", Rückwendung zu Mythos und Mystik auf der einen, euphorischer Begeisterung für Technik und die zugehörige Wissenschaft auf der anderen Seite, charakteristisch für den Faschismus.

Alle jene Hochtechnologien mit hohen Geschwindigkeiten und Beschleunigungen lösen nicht nur das Soziale auf, sie bringen letztlich auch das Politische zum "Verdampfen" - gerade das ist ihre Macht, die immer weniger von Menschen getragen wird, dafür umso mehr von Datenverarbeitungsanlagen und automatischen Antwortsystemen. Jetzt scheint das Ende einer Auffassung vom Politischen nahe zu sein, die auf Dialog, Dialektik und Zeit zum Überlegen beruht. Das Politische beginnt zu verschwinden, und seine letzte Lebensphäre - die Dauer - fängt an, sich zu verflüchtigen. Man hat keine Zeit mehr zum Überlegen. Gegen dieses Verschwinden des Politischen muß man ankämpfen. Dazu muß man vor allem all jene wissenschaftlich-technologischen Projekte mit hohen Geschwindigkeiten und Beschleunigungen politisieren, die direkt, oft auch indirekt, eine immer engere Koppelung und Vernetzung verschiedener und vor allem räumlich immer entfernterer Dinge, Menschen, Institutionen, Naturprozesse etc. bewirken. Denn dadurch wird die technisch-organisatorische Integration ins Extrem getrieben, entsteht ein hyperfragiles gesellschaftliches Gebilde, wo sich die Welt durch akkumulierte Fehler zerrüttet, wo die Menschen machtlos der Verirrung und dem Scheitern ihrer persönlichen sozialen und ökonomischen Initiativen beiwohnen. Diese gigantische Komplizierung wird bezahlt durch wachsende Risiken, unkontrollierbare Erschütterungen, durch Angst und Gewalt. Vorläufiges Fazit: Wissenschaft und Technologie und die darauf zielenden Politiken stehen längst unter dem Bann von Chronos, der Herrschaft linearer Zeit. (15)

## Informationsfluten - Erosion der Verständigung und des sozialen Zusammenhalts

Muß Demokratie und Politik nicht kapitulieren angesichts der **Explosion des Wissens**, vor allem aber angesichts der **Informationsfluten**, die über uns hereinbrechen und uns immer weiter von den Wissensquellen forttreiben. Denn Information, vom Wissen getrennt, das diese erzeugt, bedeutet erkenntnismäßige Unselbständigkeit und auch eine wachsende Herauslösung aus der Erfahrungswelt. Informationen begründen primär Meinungswelten und keine Wissenschaften. Wir verlieren damit die produktive Herrschaft über das Wissen. Laufen wir nicht längst Gefahr, zu Informationsriesen und Wissenszwergen zu werden ? Und führen nicht die

Explosion des Wissens und die Informationsfluten im Gegenzug zu einer **Implosion der Verständigung untereinander** auf allen Ebenen des Wissenstransfers? Jedenfalls: trotz eines in der bisherigen Menschheitsgeschichte noch nie gekannten Wissenstandes beschleunigt sich der Wissenszuwachs, erhöht sich die Geschwindigkeit der Erkenntnisgewinnung, verkürzt sich laufend die Spanne zwischen theoretischen Ergebnissen und praktischer Verwertung, und wird die Eingriffstiefe in Natur und Gesellschaft immer größer und nachhaltiger. Dieser Entwicklung hat die Phase der bloß quantitativen Auswirkungen und Einflüsse längst hinter sich gelassen und neue Qualitäten geschaffen.

Was unsere Sinne wahrnehmen und was der wissenschaftlich-technisch informierte Verstand vorstellt, kann miteinander immer weniger zur Deckung kommen. Technische, biologische und auch soziale Systeme entbehren ab einem gewissen Komplexitätsgrad der Anschauung und des Verständnisses. Die Erweiterung und Verfeinerung unseres Wahrnehmungshorizontes durch eine Vielfalt von wissenschaftlich-technischen Apparaturen lassen den Bereich unserer Erfahrungswelt, der uns durch unsere Sinne direkt zugänglich ist, immer stärker schrumpfen, macht unsere Wahrnehmung eindimensional. Zwar sind nicht nur anschauliche Dinge verständlich, reicht Anschauung für das Verstehen allein nicht aus, wie bereits viele Alltagsprobleme zeigen, aber die Wirklichkeit gewinnt eine andere Qualität, wenn man sie auch schmecken, riechen, fühlen, hören und sehen kann - und: der jeweils **andere** Sinn bewahrt vor Sinnestäuschung! Die Explosion des Wissens führt also dazu, daß zwar unser Blickfeld sich ausdehnt, aber die darin sich zeigenden Dinge, Sachverhalte und Details immer unschärfer werden. Wir wissen immer weniger von immer mehr.

### Partizipation und Wahlmöglichkeiten

Die Explosion des Wissens, das zusehends kürzerlebige Wissen und die Implosion der Kommunikation stellt das Experten- und Spezialistentum selbst vor ein unlösbares Dilemma: die Verfolgung des bisherigen Weges von weiteren, noch feineren Differenzierungen des Wissens, durch Schaffung von noch mehr Teildisziplinen, führt nur noch stärker in die Sackgasse hinein. Die Experten und Spezialisten wissen so immer noch mehr von immer weniger. Selbst sie sind auf immer mehr Fremdwissen angewiesen, sie sind selber immer stärker Konsumenten und weniger Produzenten von Wissen, weshalb verschiedene Spezialisten ein und desselben Faches auch öfters zu einander widersprechenden Aussagen kommen, was zu dem Vertrauensverlust geführt hat, der heute gegenüber Wissenschaft und Technik und ihren Experten allenthalben zu konstatieren ist. Wir wissen heute oder sollten es zumindest wissen, daß wir die zentralen Probleme so nicht werden lösen können. Die Entscheidung, ob wir mit dieser oder jener wissenschaftlich-technischen Neuerung leben möchten oder nicht, darf nicht länger Experten überlassen bleiben.

Der Weg, den wir gehen müssen, heißt persönliche und gesellschaftliche Partizipation und Aneignung von Wissen, von Wissenschaft und Technik. Es gilt, die wissenschaftlich-technologische Dynamik mit ihrem heutigen "anything goes" als Erzeugungsprinzip in den politischen Prozeß der Willensbildung und der demokratischen Entscheidungsfindung einzubetten. Wir brauchen Debatten, die zu Wertsetzungen, Zielen und Entscheidungen über lebenswerte Alternativen führen müssen. Denn nur wer zwischen Handlungsalternativen wählen kann, kann überhaupt verantwortlich handeln.

Es gibt Optionen, Wahlmöglichkeiten und Handlungsspielräume. Die Eindimensionalität, Eigenläufigkeit und Neutralität des wissenschaftlich-technischen Fortschritts ist ein Mythos und nichts anderes. Wissenschaftlich-technische Projekte und Vorhaben haben längst den Charakter sozialer und kultureller Entwürfe. Energie ist weder bloßes Produkt oder bloße Technik, sondern ein komplexes System von Technik, Organisationen und sozialem Verhalten. Kernenergie, Großchemie und Gentechnik sind keine Techniken, die "angewendet" werden, sondern gesellschaftliche Projekte, Vorhaben, die Lebensformen begründen, in denen wir uns bewegen. Damit aber ist die bislang rigide Trennung von Wissenschaft und Technik einerseits, Politik und Kultur andererseits aufgehoben und obsolet geworden. In die konkrete Gestalt wissenschaftlich-technischer Projekte und Produkte geht nicht nur der Stand eines allgemeinen wissenschaftlich-technischen Wissens ein, sondern es sind in ihnen auch kulturspezifische Welt- und Menschenbilder, Zwecksetzungen und auch ästhetische Ideale ihrer Produzenten verkörpert: sie müssen als gesellschaftliche Projekte angesehen werden. Und nochmals: wo Wahlmöglichkeiten und Gestaltungsspielräume sich auftun, treten Werte in den Vordergrund, die die Maßstäbe und Kriterien festlegen, nach denen ausgewählt und entschieden wird.

**Fehlerfreundlichkeit ermöglicht Demokratie**

**Wir können also wählen** - Wissenschaft und Technik, wir sagten es bereits, schreiten nicht eindimensional auf naturgesetzlich vorgeschriebenen Bahnen voran. Und wenn durch Wissenschaft und Technologie sich das Leben aller ändert, so müssen wir wählen, soll die weitere wissenschaftlich-technische Entwicklung beherrscht und lebensfreundlicher gestaltet, sollen die unleugbar hohen Risiken und Gefährdungen für Mensch und Umwelt verringert werden. Damit aber gilt es, die Fragen nach den Zukunftsperspektiven, nach den Zielen, nach den konkreten Gestaltungsmöglichkeiten und Handlungsalternativen entschiedener in den Vordergrund der Debatten des täglichen Handelns zu rücken.

Es gilt konkrete Alternativentwürfe für Betriebe, Gemeinden, Regionen etc. zu erarbeiten, die das Zusammenleben der Menschen betreffen, ihre Art zu arbeiten und zu leben, die Art von Landwirtschaft, von Energieversorgung, von Industrie und Gewerbe etc., die erforderlich ist, um insgesamt eine umwelt- und sozialverträgliche Entwicklung zu gewährleisten. Die wichtigste Anforderung, die an solche konkrete Alternativentwürfe zu stellen ist, heißt "Fehlerfreundlichkeit". (16) Damit ist gemeint, daß wir solches wissenschaftlich-technologisches Wissen gebrauchen, solche Technologien einsetzen und Formen des menschlichen und sozialen Zusammenlebens suchen müssen, bei der Fehler nicht zu tödlichen oder anderen nicht rückgängig zu machenden Schäden führen, wo man aus Fehlern lernen und das Gelernte wieder einbringen kann. Fehlerfreundlichkeit erfordert und ermöglicht Demokratie. Dazu gehören aber auch sinnlich erfahrbare Abläufe und Rückkopplungen; sie lassen die Mitglieder eines Gemeinwesens selbst mächtig werden, machen die Antworten angemessen und geschmeidig: Fehlerfreundlichkeit bedeutet wahrscheinlich in der Mehrzahl der Fälle das Suchen und Anbieten von mehreren Lösungen und nicht nur einer einzigen. Denn eine einzige Lösung dürfte in der Regel nur dann fehlerfreundlich sein, wenn umfassende Gerechtigkeit und wirkliche Gleichheit herrschen. Fehlerfreundlichkeit ist kein leeres oder bloß idealistisches Prinzip. Tatsächlich gibt es ganz verschiedene Optionen und Wahlmöglichkeiten - man denke an die Atom- oder Sonnenenergie - mit ganz unterschiedlichen wirtschaftlichen, sozialen, kulturellen und ökologischen Auswirkungen. Dadurch werden allerdings auch Unsicherheiten und Ängste ausgelöst. Fehlerfreundlich leben bedeutet somit, die Herausforderung anzunehmen, bewußt und zusammenhangstiftend mit Unsicherheiten und Ängsten umzugehen, soziale Lernprozesse in Gang zu setzen, neue Wissenszugänge zu eröffnen und neue institutionelle Einrichtungen zu erfinden und zu erproben.

**Gestaltungsmacht von unten**

Diese Angelegenheit muß zum einen jeder Bürger zu seiner eigenen machen, denn eine demokratische Wissenschafts- und Technikkultur kann nicht von oben, sie kann nur von unten her entstehen. Um sich möglichst viele Handlungsalternativen offenzuhalten, und weil Wissen eine zentrale Voraussetzung für die Erfüllung wichtiger gesellschaftlicher Aufgaben ist, gilt es, eine Rolle geeigneter kollektiver Entscheidungsprozesse ins Leben zu rufen. Für beides gilt es die Voraussetzungen zu schaffen, bei den Bürgern selbst und in den verschiedenen Institutionen und Organisationen. Nur so können soziale Prozesse in Gang gebracht und organisiert werden, mittels derer die Menschen die Gestaltung ihrer Zukunft selbst in ihre Hände nehmen.

Eine demokratische Wissenschafts- und Technologiepolitik begründen heißt sicher einmal viele Orte schaffen, an denen über konkrete Handlungsalternativen und Gestaltungsmöglichkeiten debattiert und verhandelt werden kann, und zwar auf allen Ebenen des Gemeinwesens: in den Betrieben, zwischen Herstellern und Verbrauchern, in den Gemeinden, Städten und Regionen, auf nationalstaatlicher, sicher auch auf europäischer Ebene - die globale bleibe vorerst einmal ausgeklammert. "Unten" sind Fragen nach wissenschaftlich-technischen Projekten, Vorhaben und Produkten und ihren Auswirkungen aufs engste verknüpft mit lebensweltlichen Fragen, Fragen - wie wir leben und arbeiten wollen -, die bislang eher als nicht-politische eingestuft worden sind, aber zunehmend wichtiger und vor allem politischer werden. Mehr Wahlmöglichkeiten, Lösungswege und Gestaltungsspielräume "unten" bedeutet, daß dort mehr Wissen herrschen muß als noch vor kurzem. Denn soll eine demokratische Wissens- und Technikkultur gedeihen, müssen viel mehr Personen wählen und gestalten können. Um aber richtig wählen zu können, muß man das Können lernen. Man muß es aber auch erkämpfen.

Gestaltungsmacht siedelt sich immer mehr unten an, im Bereich der Subpolitik. (17) Das wäre also das eigentlich Neue. Wissenschafts- und Technologiepolitik kommt von unten her in der Form von Subpolitiken. Und wenn man überhaupt eine Wissenschafts- und Technologiepolitik haben will, so muß sie von unten kommen, weil oben ein eigentliches wissenschafts- und technologiepolitische Steuerungszentrum ohnehin nicht existiert. Denn Entscheidungen über wissenschaftlich-technische Entwicklungen und ihre wirtschaftliche Umsetzung sind dem Zugriff staatlicher Wissenschafts- und Technologiepolitik weitgehend entzogen, weil die Industrie sowohl das Monopol des Einsatzes von Wissenschaft und Technik hat als auch die Autonomie der Investitionsentscheidung.

Daß es das politische Steuerungszentrum nicht mehr gibt, muß im Grund genommen als sehr positiv bewertet werden, denn es bedeutet das Aufbrechen von vielerlei Monopolen, beispielsweise des Rationalitätsmonopols der Wissenschaft oder des Politikmonopols der klassischen Politik. "Politik ist nicht länger der einzige oder auch nur der zentrale Ort, an dem über die Gestaltung der gesellschaftlichen Zukunft entschieden wird. (...) Alle Zentralisationsvorstellungen von Politik stehen in einem umgekehrt proportionalen Verhältnis zum Grad der Demokratisierung einer Gesellschaft. (...) (Auch) Wirtschaft, Wissenschaft (...) können nicht länger so tun, als täten sie nicht, was sie tun: die Bedingung gesellschaftlichen Lebens zu verändern, und d.h. mit ihren Mitteln Politik zu machen. Das ist nichts Unanständiges, nichts, das es zu verbergen und zu verheimlichen gilt. Es ist vielmehr die bewußte Gestaltung und Wahrnehmung der Handlungsspielräume, die die Moderne inzwischen erschlossen hat. Wo alles verfügbar, Produkt von Menschenhand geworden ist, ist das Zeitalter der Ausrede vorbei. Es herrschen keine Sachzwänge mehr, es sei denn, wir lassen und machen sie herrschen. Das bedeutet sicherlich nicht, daß nun alles so oder so gestaltet werden kann. Aber es bedeutet sehr wohl, daß die Tarnkappe der Sachzwänge abgelegt und deshalb Interessen, Standpunkte, Möglichkeiten abgewogen werden müssen." (18)

**Konkrete Vorschläge**

Es sollen also - auf allen gesellschaftlichen Ebenen - möglichst viele Orte der Artikulation, Auseinandersetzung, Mitbestimmung und Verhandlung geschaffen werden, damit die Bürger und Bürgerinnen die Chance und sogar die Verpflichtung haben, sich über Zukunftsorientierungen und -entwürfe zu verständigen, sie zu "produzieren", und so auch selber Maßstäbe für die wissenschaftlich-technologischen Dimensionen von Handlungsalternativen zu gewinnen. Beispielsweise kann man denken an:

- **"Arbeitskreise Wissenschaft und Technik":** Derartige regional und längerfristig organisierte Arbeitskreise sind Orte, wo nachdenklich gewordene Wissenschaftler, Ingenieure, Techniker, Facharbeiter etc. sich regelmäßig treffen, aus ihrer sozialen und fachbezogenen Isolation heraustreten können, einen lebendigen Gedankenaustausch pflegen und themenzentrierte Gespräche führen über Fragen und Probleme von Wissenschaft und/oder Technik, ihren Einsatz, ihre Ausgestaltung etc. und alle damit zusammenhängenden lebensweltlichen, arbeitsbezogenen, sozialkulturellen und ökonomischen Aspekte und Dimensionen einbeziehen. Dadurch können neue wechselseitige Lernprozesse in Gang kommen und andere Modelle und Alternativen entwickelt werden. (19) Es gibt bereits eine ganze Anzahl praktischer Ansätze und konkreter Beispiele.

- **"Innovative Foren":** Dies können zeitlich befristete und organisierte Vorhaben und Projekte sein, wo z.B. Bürger und Bürgerinnen einer Gemeinde oder Region aktuelle Themen und drängende Fragen (z.B. Energie, Verkehr, Abfall, Landwirtschaft, soziale und kulturelle Anliegen) gemeinsam debattieren und beraten, sowie konkrete und fundierte Alternativen ausarbeiten. Das Miteinbeziehen und Ernstnehmen von grundsätzlichen Wertfragen und -gefühlen spielt hier dieselbe zentrale Rolle wie oben. Für innovative Foren gibt es ebenfalls eine ganze Reihe praktischer Beispiele. (20)

Mit dem Enstehen solcher Orte stellt sich über ihren Eigenwert hinaus auch bald einmal die zentrale Frage, welche neuen politisch-institutionellen Einrichtungen notwendig sind, damit die Debatten, Auseinandersetzungen und Verhandlungen über den Status von Gesprächen hinauskommen und in das Stadium der Verbindlichkeit eintreten können, kurz: wie für alle an einer konkreten Problematik Beteiligten auch kollektiv verbindliche Entscheidungen getroffen werden können.

Hier kann es nur darum gehen, in aller Kürze die Denkrichtung und die möglichen Formen von derartigen neuen institutionellen Einrichtungen anzudeuten und zu skizzieren (die spannende Frage, wie den eine "andere", vielleicht sogar "fröhlichere Wissenschaft" in der Demokratie aussehen könnte, muß leider ausgeklammert werden; siehe aber (21)). Bleiben wir bei den "Arbeitskreisen" bzw. den "innovativen Foren":

1. Gehen wir einmal davon aus, daß sich in sehr vielen Betrieben, namentlich großen Betrieben, solche "Arbeitskreise Technik" gebildet haben, deren Mitglieder vorwiegend Mitarbeiter dieser Betriebe sind, aber je nachdem auch Vertreter von Verbraucher- und Umweltverbänden, interessierte und engagierte Bürger der jeweils umliegenden Gemeinden etc. Wie können ausgearbeitete Alternativvorschläge für andere Produkte, Produktionsprozesse, Organisationsformen etc. in den Alltag der jeweiligen Betriebe hineingebracht, mit dem Management verhandelt und das Ergebnis des Aushandlungsprozesses verbindlich werden?

Grundsätzlich vorstellbar sind institutionelle Formen, die eine gewisse Ähnlichkeit mit der Institution der Sozialpartnerschaft zwischen Gewerkschaften und Unternehmern haben, allerdings mit dem wichtigen Unterschied, daß hier auch Konsumenten-, Umwelt und Bürgerinitiativen sowie Gemeinde- und Regionalbehörden miteinbezogen werden müßten. Ähnlich wie Gesamtarbeitsverträge Löhne, Arbeitszeiten, Arbeitsbedingungen etc. verbindlich regulieren, würden hier verbindliche Abmachungen über Technikeinsatz, Produktgestaltung, Arbeitsorganisation etc. getroffen werden. Hinzu muß eine ein- oder zweistufige Schiedsgerichtsbarkeit kommen, um im Falle der Nichteinigung zwischen den Beteiligten einen Schiedsspruch zu fällen, z.B. in Form eines für beide Seiten tragbaren Kompromisses.

Die hier in knappster Form skizzierte institutionelle Einrichtung sollte möglichst auf europäischer Ebene eingeführt werden.

2. Die Frage ist, wie an "innovativen Foren" konkret ausgearbeitete zukunftsgerichtete Lösungen für bestimmte anstehende Probleme für eine Gemeinde, eine Region etc., verbindlich werden können. Hierzu seien zwei aufeinander aufbauende Denkmöglichkeiten zur Diskussion gestellt. Zunächst ginge es um die jeweilige Etablierung eines **"Wissenschafts- und Technologie-Rates"** auf regionaler, nationaler und vor allem auch europäischer Ebene. Diese "Wissenschafts- und Technologie-Räte" wären als eine Art von unabhängigen Stabstellen (mit eigenen Kompetenzen, vielleicht ähnlich dem holländischen "Scientific Council for Goverment Policy") der jeweiligen Parlamente und Regierungen konzipiert, die als Vernetzungsstelle und Dialogpartner für die verschiedenen "innovativen Foren" dienen würden, und die Ergebnisse in die jeweiligen Regierungen und Parlamente zur Beschlußfassung hineintragen.

Wer der Auffassung ist, daß die gegenwärtigen Parlamente und Regierungen sich mit längerfristigen Zukunftsfragen äußerst schwer tun - und es wäre unhöflich, dem zu widersprechen! -, der kann sich vielleicht für eine Art von **Dritter Kammer** der jeweiligen Parlamente auf nationaler, wiederum aber auch auf europäischer Ebene erwärmen. (22) Hier würden Menschen, die unabhängig und erfahren sind, relativ unbeeinflusst vom Wechsel der Parlamente über die Gesellschaft und ihre Zukunft nachdenken, Voten und verbindliche Beschlüsse über Art und Verlauf des weiteren wissenschaftlich-technischen Fortschritts abgeben, u.a. auch auf der Grundlage der von den zahlreichen "innovativen Foren" bzw. der "Wissenschafts- und Technologie-Räte" angestellten Überlegungen.

## Epilog

Mehr Autonomie und mehr selbstbestimmte Gestaltungsräume von Zukunft im wissenschaftlich-technologischen Bereich, aber auch anderswo, um so wieder mehr Sicherheit und Gewißheit zu gewinnen, ist - so paradox das klingen mag - nur zu haben um den Preis von mehr Experimenten, mehr Widerstand und damit von mehr Unsicherheit. Ob der Einzelne bereit ist, mehr Unsicherheit und mehr Verantwortung zu übernehmen? Ob angesichts der weiter fortschreitenden Individualisierung wieder mehr gelebte und praktizierte Solidarität möglich ist, die auch dazu führen könnte, diese Frage zu bejahen, weil auch sie mehr Sicherheit und Gewißheit führen würde?

Eine wissens-geprägte Kultur mit einer demokratisch fundierten, also primär von unten nach oben konzipierten und sich legitimierenden Wissenschafts- und Technologiepolitik wird nur Wirklichkeit werden können, wenn die Bürgerinnen dies zu ihrem eigenen Anliegen machen, für sie streiten und kämpfen. Das setzt voraus, daß die BürgerInnen das gängige Verständnis von Politik abstreifen. Politik im ursprünglichen Sinne einer lebendigen Demokratie ist eben nicht bloß jener Teil des Lebens, der über den privaten Bereich der Existenzsicherung und Wohlstandsvermehrung hinausreicht, und den man getrost wegdelegieren und anderen überlassen kann. Es gilt vielmehr, die älteren, abgelagerten Schichten und die fast in Vergessenheit geratenen Wurzeln von Bürgersinn und Gemeinsinn wieder ans Tageslicht zu befördern und neu zu beleben.

Man muß sich wieder bewußt werden, daß man als Politik eigentlich das Beziehungsgeflecht der Menschen untereinander verstehen muß; darin ruht und ankert Politik. Das folgende Zitat von Alexis de Tocqueville - einem der wohl profundesten Betrachter von Demokratie und Politik - mag dies verdeutlichen: "Lokale Freiheiten also, die das ständige Bestreben der Bürger wecken, die Liebe ihrer Nachbarn und Nächsten zu erwerben, führen die Menschen zur Gemeinschaft und zwingen sie ständig, trotz der Neigungen, die sie trennen, sich gegenseitig zu helfen". Dabei wird nicht der gute Mensch vorausgesetzt - jener Idealismus des Herzens, dem die totalitäre Versuchung immer beigegeben ist-, sondern die Menschen treffen pragmatisch und praktisch Vorsorge, daß das Gemeinwesen so gut wie irgend möglich funktionieren kann, daß das Schlechte im Zaum gehalten und das Gute gefördert wird. Eine Methode dazu ist die konsequente Aufteilung der Macht, ihre Dezentralisierung, ihr Verbleib in der Gesellschaft. Die Kehrseite der Zersplitterung der Macht ist die Vervielfältigung der Pflichten für den Einzelnen: primär sich versorgen, statt sich versorgen zu lassen; teilhaben, statt zu konsumieren; Verantwortung auf sich nehmen, statt Risiken zugewiesen zu bekommen; autonom, statt abhängig zu sein; verschiedene Wege zu erproben und zu korrigieren, statt sich in eindimensionale Sachzwänge zu begeben; zuerst kommunizieren - und dabei nicht exkommunizieren - und dann produzieren, statt produzieren zu lassen und dann für das Produzierte zu werben. Dahinter stehen 'alte' Einsichten, deren man sich nicht zu schämen braucht, nämlich daß Kräfte sich an Widerständen schärfen, Energien mit Verantwortung wachsen, Phantasie sich durch Selbsttätigkeit profiliert, höchste Bildung eine Sache des Wirkens und nicht des Empfangens ist. Immer mehr Menschen beginnen sich wieder daran zu erinnern, daß sie aufeinander angewiesen sind und daß die Freiheit des Einzelnen, der Gemeinde und der Region von grundlegender Bedeutung ist.

Parallel mit dem Verlust des Glaubens an die Maxime der 'von oben' reformierbaren Gesellschaft und des kontrollierten wissenschaftlich-technischen, wirtschaftlichen, politischen und kulturellen Fortschritts beginnt - langsam und noch zögernd - die Überzeugung Fuß zu fassen, daß man die Geschicke wieder selber in die Hände nehmen muß, daß Fragen nach dem guten Leben, wie jeder einzelne und wir alle leben wollen, nur von unten her zu beantworten sind. Die großen Institutionen und ihre Verwaltungs- und Machtapparate haben als zentrale Sinnstiftungsinstanzen ausgedient. Dort, wo gesellschaftliche Institutionen und Politik nicht fähig sind, das zu fördern und darauf aufzubauen, wird aus der beschworenen Zukunftsgestaltung kaum mehr als ein mehr oder minder geglückter Anpassungsprozeß. Für die gesellschaftlich dominierenden Gruppen und Figuren ist es dann vergleichsweise leicht, Mut zur Zukunft und Bereitschaft zum Risiko zu predigen, weil sie gewiß sein können, daß die vorfindlichen Formen wissenschaftlich-technologischen und gesellschaftlichen Wandels die Sicherheit ihrer Macht- und Einflußpositionen eher stärken als schwächen.

Angesichts der überwältigenden Probleme geht es nicht um die 'Regierbarkeit der Gesellschaft' - wie das oft so unschuldig über Politikerlippen kommt -, nicht die Demokratie sollte regierbar, sondern die Regierenden und Regierten sollten demokratiefähig werden. Das aber heißt vor allem, mit der 'Entstaatlichung' (23) und der 'Entmarktung' in den eigenen Köpfen zu beginnen. Denn Leben besteht darin, die Fähigkeiten der eigenen Person zu entdecken, und dazu braucht es als Medium eine Gesellschaft, in der Freiheit herrscht und Vielfalt wuchert. Schon Wilhelm von Humboldt fürchtete die freundliche Bevormundung durch den Staat ebenso sehr wie die fröhliche Gleichschaltung durch den Markt; er verlangte nach einer erfahrungsintensiven

Gesellschaft. Dem Staat und auch dem Markt Grenzen zu ziehen, darin liegt für ihn der Kern des grundrechtlichen Liberalismus. Mischkulturen sind sein Leitbild, keine Monokulturen.

Nicht Fatalismus, nicht Angst vor der Zukunft, sondern die Gestaltbarkeit und Verwandelbarkeit von Zukünften müssen im Vordergrund stehen. Konkret eingelöst werden aber solche Ansprüche nur in dem Maße, wie soziale Akteure, Bewegungen und letztlich immer größere Teile der Bevölkerung bewußt und selbstbewußt in dieser Richtung aktiv werden.

**Literatur:**


(1) Kreibich, R.: "Die Wissenschaftsgesellschaft", Frankfurt/M. 1986

(2) Bungard, W./ Lenk, H.: "Technikbewertung", Frankfurt/M. 1988

(3) Bammé, A. et al. (Hrsg.): "Technologische Zivilisation", München 1987

(4) Hülsmann, H.: "Die technologische Formation", Berlin 1985

(5) Maturana, H.R./Varela, F.J.: Der Baum der Erkenntnis", Bern/München/Wien 1987; Schmidt, S.J. (Hrsg.): "Der Diskurs des Radikalen Konstruktivismus", Frankfurt/M. 1987

(6) Maturana, H.R.: "Erkennen: Die Organisation und Verkörperung von Wirklichkeit", Braunschweig 1985

(7) Bammé, A. et al.: a.a.O., S. 30

(8) Markl, H.: "Die Natur schlägt zurück", in "Die Zeit", Nr. 50, 4. Dezember 1986, S.82

(9) Bierter, W.: "Plädoyer für eine demokratische Technikkultur", in: "Technologieentwicklung und Techniksteuerung. Für die soziale Gestaltung von Arbeit und Technik", Industriegewerkschaft Metall (Hrsg.), Köln 1988

(10) Waddington, C. H.: "The Scientific Attitude", Harmondsworth 1941

(11) Krohn, W./Küppers, G.: "Die Selbstorganisation der Wissenschaft", Frankfurt/M. 1989

(12) Bierter, W.: "Der rasende Chronos - bald an sein Ende gelangt?", in: "einspruch", Nr. 8, April 1988, Zürich

(13) Elias, N.: "Über den Prozeß der Zivilisation I/II", Frankfurt/M. 1978

(14) Bierter, W.: "Mehr autonome Produktion - weniger globale Werkbänke", Karlsruhe 1986

(15) Virilio, P,; "Der negative Horizont", München 1989; Kamper, D./Wulf, Chr. (Hrsg.): "Die sterbende Zeit", Darmstadt 1987; Nowotny, H.: "Eigenzeit", Frankfurt/M. 1989

(16) Weizäcker, Chr. und E.: "Fehlerfreundlichkeit", in: Kornwachs, K. (Hrsg.): "Offenheit - Zeitlichkeit - Komplexität - Zur Theorie der Offenen Systeme", Frankfurt/M. 1984; Weizäcker, Chr.: "Vom Umgang mit der Gefahr", Vortragsmanuskript, Kassel 1976 und "Die Chance der Unvollkommenheit", in: arcus 8, Köln 1990

(17) Beck, U.: "Risikogesellschaft. Auf dem Weg in eine andere Moderne", Frankfurt/M. 1986

(18) ebenda, S. 371/372

(19) Bammé, A. et al (Hrsg.): "Technologische Zivilisation und die Transformation des Wissens", München 1988, S.33 f

(20) Ein Beispiel für ein derartiges innovatives Forum ist das "Basler Regio Forum": Arras, H.E./Bierter, W.: "Welche Zukunft wollen wir? Drei Scenarien im Gespräch", Christoph Merian Verlag, Basel 1989, und die Werkstattberichte: Gentechnik, Industrielle Biotechnologie, Neue Technologien in der Landwirtschaft,Wirtschaftsstille, Risikogesellschaft, Denkbare und mögliche Entwicklungspfade für unsere Region, SYNTROPIE-Stiftung für Zukunftsgestaltung, Basel

(21) Fülgraff, G./Falter, A.: "Wissenschaft und Technik in der Demokratie. Instrumente und Verfahren", Frankfurt/M. 1990 (erscheint im Frühjahr 1990)

(22) Vorschlag von Konrad Adam anlässlich des Kongresses der Heinrich-Böll-Stiftung: "Ist die technisch-wissenschaftliche Zukunft demokratisch beherrschbar?" vom 27./28. Januar 1989 in Frankfurt

(23) Schmid, Th.: "Entstaatlichung: Neue Perspektiven für das Gemeinwesen", Berlin 1988

## *KOMMENTAR ZUM ABSCHNITT 6 "ZWEI HANDLUNGSMUSTER"*

*Gemessen an dem im Frageraster erweckten Erwartungen ist das Schlußkapitel sehr unzureichend. Es ist in diesem Seminar nicht gelungen, eine Diskussion von handfesten ausführungsnahen Handlungskonzepten zu inszenieren. Stellvertretend enthält dieser Abschnitt ein klar interessengelenktes Szenarium vom Typ more of the same und, im Kontrast, einen Gegenversuch, der - zunächst im kleinen - über die üblichen Du sollst-Darstellungen hinaus erste getestete Handlungsverfahren anbietet.*

*Von den dreitägigen Diskussionen und den gesellschaftlichen Akzeptanzproblemen neuem technology push gegenüber unberührt, wiederholt* ***Carsten Kreklau*** *in der ihm eigenen Prägnanz und Offenheit nur die klassischen Interessenforderungen des Bundesverbandes der Deutschen Industrie. Offensichtlich droht die gegenwärtige Diskussion langgehegte Grundsätze auch im eigenen Labor zu erodieren, so daß - wie in Glaubensgemeinschaften üblich - größere Orthodoxie solidaritätsverstärkend wirken soll. Andererseits liefert er ein wichtiges Korrektiv, sofern der Seminarbericht als auf dem rechten Auge blind erscheinen sollte. Das linke Auge sieht jedoch hohen Wohlstand, auf dessen Basis wir es uns leisten könnten, Vorreiter für ökologisch orientierte Investitionen zu sein. Das rechte Auge sieht dagegen vor allem die zwingende Einbettung in konservative Welt- und Marktstrukturen.*

*Zu den Einzelheiten:*

- *Wir können nur hoffen, daß die - von Kreklau geforderte - wirtschaftliche Umsetzung staatlicher geförderter Großprojekte wie der fortgeschrittenen Reaktorlinien oder auch der Magnetschwebebahn Transrapid in der Bundesrepublik nicht erfolgt.*
- *Die Forschungsförderung ist zwar in einer "instrumentellen Schieflage", und zwar der zwischen technology push und Bedarfsorientierung, aber nicht in Bezug auf Gießkannensubventionen.*

*Die aus einer solchen Schieflage stammende Sicht muß zu schiefen Wünschen an die Politik führen:*
- *Nicht überraschend daher die erste Forderung, Unternehmersteuern zu senken - und dies angesichts der Tatsache, daß die Kapitalgewinne seit 1982 geradezu explodieren.*
- *Um* ***Re****-Regulierung und nicht Deregulierung sollte es gehen; letztere würde die Umweltzerstörung beschleunigen.*

*Auch Kreklaus Plädoyer für mehr anwendungsgerichtete Grundlagenforschung bedeutet letztlich mehr Forschungssubventionen zugunsten von Großunternehmen.*

*Der Appell an Abstinenz in der Forschungslenkung verstärkt nur den konservativen more of the same-Charakter von Kreklaus Postulaten.*

*Welche Kompetenz meint Kreklau, wenn er glaubt, sie besonders reklamieren zu müssen,*

- *die innerfachliche, die Reaktorkreisläufe versteht, aber von biologischen Strahlenschäden nichts weiß?*
- *die Vertretungskompetenz für Netzwerke, z.B. die der bemannten Raumfahrt oder Fusionstechnik?*
- *soziale Kompetenz, die den vielfältigen, vielstimmigen Technikdiskurs der Bundesrepublik einzufangen vermag?*

*Expertokratien haben ihren Ruf durch fachliche Enge und Interessendisponibilität verscherzt.*

*Den Begriff "Technischer Fortschritt" unqualifiziert zu verwenden, heißt, in wirtschaftswissenschaftlichen Kategorien steckengeblieben zu sein oder die Zeichen der Zeit zweckorientiert ignorieren zu wollen.*

*Der Technologie-Sachverständigenrat wäre zu spezifizieren. Wenn es nur darum geht, sich dem konformistischen technology push einzufügen, muß er ganz anders verfaßt und besetzt sein, als wen es darum ginge, das Paradigma einer ressourcenschonenden Zukunft zu vertreten. Eine honoratiorenorientierte Akademie der Wissenschaften in Berlin mag im ersten Falle hinreichen, im anderen ist eher an dialog- und stärker TA-fähigen Einrichtungen zu denken. In diesem Zusammenhang gar nicht trivial ist der Vorschlag, durch ein staatlich subventioniertes Gutscheinsystem öffentliche Forschungseinrichtungen für verschiedenartige gesellschaftliche Gruppierungen zugänglich zu machen (Scharpf).*

*Die Prononciertheit von Kreklaus Thesen provozierte eine vehemente Schlußdiskussion mit Kurt Biedenkopf, der im Einklang mit den systemtheoretischen Modellen erläuterte, daß der anstehende Paradigmenwechsel zu einer anderen Zukunft nur zu erreichen sei, wenn technokratische Verbesserungsvorschläge zum emotionalen Anliegen großer Teile der Bevölkerung werden, damit neue Optionen und Priorisierungen die erforderliche Resonanz im öffentlichen Bewußtsein erhalten.*

*Einige Schritte weiter gelangt **Willy Bierter**, von einem Normenkatalog hin zu einer Handlungsorientierung, die auf pluralistischen Foren aufbaut.*

## *ZUSAMMENFASSUNG*

*Nach der Programm-Gliederung geordnet, lauten die* ***Ergebnisse des Seminars****:*

1. *Es scheint wenig zweifelhaft, daß Umweltrisiken, in der vollen Spanne von lokal bis global, künftiger Technikpolitik stringente Restriktionen auferlegen, wie verzweigt die Einzeldiskussionen auch noch verlaufen mögen.*

2. *Trotz und wegen der außerordentlichen Komplexität der Gesellschaft*
   - *scheint es archimedische Punkte zu geben, von denen aus Selbstreflexion möglich ist (Wissenschaft z. B.), die in gesellschaftliches Lernen umgesetzt werden kann;*
   - *ist allerdings eine direkte Umsetzung individuellen oder gesellschaftliches Lernens in erfolgreiche Selbststeuerungsprogramme nicht möglich;*
   - *ist die vermeintlich schicksalhafte Geschichte bei höherem Auflösungsvermögen gesellschaftliche, sprich politische Konstruktion und politische Auseinandersetzung bleibt daher die einzige Reaktionsmöglichkeit.*
3. *Die Palette der international angewandten technologiepolitischen Instrumente ist begrenzt. In deren Beurteilung gehen die Ansichten der Wissenschaftler weit auseinander. Dennoch stehen zahlreiche erprobte wissenschaftliche Instrumente (insbesondere Zukunftsprojektion, Evaluation, Technikfolgen-Abschätzung und -Bewertung) zur Verfügung, um künftige Wirkungen abzuschätzen, zwischen Programmoptionen zu wählen, Programme während ihrer Anwendung begleitend zu korrigieren und schließlich aus ex post-Evaluationen für die Zukunft zu lernen.*

   *Das Malaise der Wissenschaftler beruht*
   - *trivialerweise auf der Komplexität des Anwendungsbereichs der Instrumente und der Wirkungen sowie*
   - *auf der ethischen Selbstbezogenheit ihrer Forschung.*

   *Subjektiv formuliert, sie empfinden die Zukunft als in hohem Maße offen, so daß ihre Zukunftsprojektionen immer nur kleine Bereiche auszuleuchten vermögen. Am unsichersten sind sie bei Bewertungen, da sich diese in kaum vorhersehbarer Weise ändern. Wie hoch soll die Zukunft diskontiert werden, wenn es um Langfristinvestitionen geht? Ahnen wir künftige Bedürfnisse ausreichend genau, um heute Haushaltsbelastungen festlegen zu können? Werden nicht bevorstehende Wandlungen ganz andere Priorisierungen verlangen?*

   *Über alle derartigen prinzipiellen Erwägungen hinweg und unabhängig von der Art der bereichsspezifischen Antworten scheint der* ***Hauptgesichtspunkt*** *invariant zu bleiben:*

*Physisches Überleben in einer halbwegs lebenszuträglichen Umwelt muß garantiert bleiben, wie schwierig nun wieder die Spezifizierung von "lebenszuträglich" sein mag. Wir bleiben im Zirkel.*

4. *Technikpolitische Akteure haben in den letzten Jahrzehnten viel gelernt: Die Vernetztheit unserer staatlichen "Förderungslandschaft" zwingt beim Instrumenteeinsatz zu "vernetztem Denken". Politisches Nicht-Handeln trotz Handlungsbedarf ist eher die Regel als die Ausnahme.*

   *Die relative Intransparenz der "Förderungslandschaft" ist zunehmend aufgeteilt worden, so daß der Ruf nach Förderungslegitimation stärker wird. Vereinfachende Legitimierungsrhetorik (internationaler Wettbewerb, Wirtschaftswachstum usw.) verfängt immer weniger.*

   *Große Teile der Technikpolitik konzentrieren sich auf Großprogramme wirtschaftlich-staatlicher Interessenbündnisse. An Fallbeispielen zeigt sich, wie Kosten/Nutzendenken jahrzehntelang durch visionäre Rhetorik substituiert werden kann, bis sie durch gesellschaftliches Lernen platzt. Mit der geforderten größeren staatlichen statt privaten Risikofreudigkeit sind diese Programme nicht zu rechtfertigen. Es hat den Anschein, daß gigantische Militär- und Prestigeprojekte zunehmend der fortschreitenden "Rationalisierung" unserer Welt zum Opfer fallen.*

5. *Gesellschaftliches und auch technikpolitisches Handeln entsteht aus rationalen und emotionalen Impulsen, die sich zu Sinn verdichten können. Wiederaufbau, Arbeit, Leistung, Kapital- und Wirtschaftswachstum, Wettbewerb machten in den vergangenen Jahrzehnten mehr Sinn als z.B. Umweltschutz und Energiesparen. Unsere Gesellschaft erlebt gegenwärtig einen Sinneswandel zu mehr Zunkunftsvorsorge und globaler Solidarität. Als Entscheidungsimperativ im wirtschaftlichen und politischen Handeln ist dieser Wandel noch schwach. Er ist aber eine wichtige Brücke zwischen wachsenden Umweltrestriktionen und künftiger Politik.*

   *Keine Einzelwissenschaft, wie etwa die Wirtschaftswissenschaften, kann ethische Normen begründen, sondern umgekehrt: Wirtschaftsnormen, durch Schlagworte wie "Marktwirtschaft" oder "Sozialismus" gekennzeichnet, können nur aus übergreifenden gesellschaftlichen Hypothesen erwachsen; allerdings sind Mindestbedingungen der Konsistenz zu erfüllen, um - wie hypothetisch auch immer - Visionen von Illusionen zu trennen.*

6. *Die beiden letzten Referate repräsentieren Sinngebäude, die bezeichnend sind für die Diskussionsbreite der Gesellschaft - zwischen orthodoxem wirtschaftlichen Interessenstandpunkt und eher vage gehaltener Zukunftsvision.*

*Konkrete Handlungsempfehlungen sind an vielen Stellen eingestreut. An ihnen mangelt es in der politischen Diskussion nicht, selbst wenn man hohe Ansprüche an die Konkretheit und Akteursnähe stellt. Von Regierungsvorlagen und Kommissionsberichten, im einen Extrem, bis zu detaillierten Ausarbeitungen aus der Forschung, insbesondere aus den großen Wirtschafts- und Vertragsforschungsinstitutionen, im anderen, gibt es eine große Fülle von Handlungskonzepten und -rezepten. Deren Verbindlichkeit kann jedoch nicht größer sein als soeben erörtert. Sobald aber Grobziele vereinbart sind, etwa Umweltschutz oder Energiesparen, vielleicht noch zusätzliche Auswahlkriterien, etwa verfügbare Investitionsmittel, Zeithorizonte, Durchsetzungsinstrumente usw., engt sich der Optionsfächer ausreichend ein, um - trotz großer Zukunftsrisiken und Wissenslücken - erfolgsorientiert handeln zu können.*

*Die Seminarergebnisse lassen sich daher leicht durch Extraktionen aus den vorgelegten Literaturangaben und weiterer Literatur aus den Herkunftsinstitutionen der Vortragenden ergänzen. Weder mangelt es an Handlungsoptionen, noch wissenschaftlichen Instrumenten zu deren Bewertung und Priorisierung. Aber aus unterschiedlichen gesellschaftlichen Interessen erwachsen sehr unterschiedliche Priorisierungen, die letztlich zu politischen Kompromissen ausgehandelt werden müssen. Eine Alternative zu dieser pluralistisch selbstbezogenen Immanenz unserer Gesellschaft gibt es für uns nicht.*

*Technik ist ein gesellschaftliches Konstrukt, das die gesellschaftliche Entwicklung in entscheidendem Maße beeinflußt; daher gebührt der Technikpolitik erstrangiger Stellenwert. Die Technikkonstruktion wird jedoch, wie die faktische Nachrangigkeit des Technikressorts in allen Regierungen nahelegt, überwiegend einem Neo-Korporatismus zwischen industriellen Interessen und den ihnen zuarbeitenden Fachressorts überantwortet sowie deren Vernetzung mit internationalen Partnern. So konnte es zu dem Eindruck einer quasideterministischen technischen Evolution kommen.*

*Folgerung müßte sein, die Technik entschieden zu politisieren und in das Zentrum jeder Gesellschaftspolitik zu rücken. Statt eines strategischen Instruments der Renditebeschaffung muß Technik Instrument gesellschaftlicher Selbststeuerung werden, das eine andere Zukunft der Erde gewährleisten könnte. Damit konsistent ist intensive pluralistische Mitbestimmung in der Technikpolitik durch alle gesellschaftlichen Gruppen.Technikfolgen-Abschätzung und -Bewertung könnte ein Instrument sein, diesen vielfältigen Dialog zu stimulieren und zu organisieren. Die Technik ist zu wichtig geworden, um sie nur deren Erfindern und Regisseuren zu überlassen.*

*Dies Seminar legt den Schluß nahe, daß den neuen, insbesondere ökologischen Randbedingungen eine Gesamtpolitik, folglich auch eine Forschungs- und Technikpolitik entsprächen, die neue Prioritäten setzen unter dem Stichwort:* ***ökologische Nachhaltigkeit****. Wenn eine qualifizierte, durchsetzungsfähige gesellschaftliche Mehrheit diese Hypothese stützt, würden daraus Optionen und Prioritäten folgen, die vor allem folgende Bewertungskriterien in den Vordergrund rückten:*

- *weitere Zeithorizonte (100 Jahre)*
- *Weltsolidarität (Nord/Süd-Länder)*
- *möglichst kleine Risiken für die Bevölkerung (Radioaktivität, Schadstoffe usw.)*
- *Wohlfahrts- statt nur Wirtschafts (BSP)-Wachstum.*

*Im weiteren Verlauf würden sich aus einem solchen Diskussionsverfahren voraussichtlich folgende* ***Prioritäten*** *ergeben:*

***Systeminnovationen***

***Ziel:*** *Nachhaltige Zukunft.*
*Notwendige Bedingung für Systeminnovationen: Intensive Ressortvernetzung, hoher Rang der Technikpolitik.*

- *Energieumwandlung und -nutzung mit* ***höchsten Wirkungsgraden und ökologischer Nachhaltigkeit.***
  *Ziel: Einsparpotential von bis 80 bis 90 % des Primärenergieverbrauchs nutzen .*
  - *Maximierung der Energieproduktivität (Energie sparen) in Haushalt, Verkehr, Produktion, Verfahrenstechnik usw.*
  - *Maximierung des Anteils regenerativer Energie.*
- *Maximierung der* ***Umweltproduktivität*** *(Bruttosozialprodukt pro Einheit benutzter Umweltkapazität).*
  *Ziel: Reduktion der Emissionen auf 20 bis 10 %.*
  - *Neue Regulierung, neue Verfahrenstechniken, neue Produktionsweisen*
  - *Rezyklierung*
  - *Verhaltensänderungen*
  - *Grenzüberschreitende Transferzahlungen*
  - *Abfallminimierung und -entsorgung*
  - *Wasser- und Bodenschutz*
  - *Erhalt von Großbiotopen (gegen Artensterben).*

- *Verkehr*
  - *Ausbau des öffentlichen Fern- und Personennah-Verkehrs*
  - *Maximierung der Verbundmöglichkeiten incl. Auto*
  - *Reduktion des Autos auf die Freizeitnutzung.*

*Voraussichtlich ergeben sich*

***Posterioritäten:***

*Förderung mit Hilfe öffentlicher Mittel einstellen*
***Ziel:*** *öffentliche Mittel sparen, private Mittel als Technikselektionskriterium mobilisieren, gesellschaftliche Risiken mindern.*

*Betroffen:*

- *Prometheus-Projekt*
- *Telekommunikation*
- *Magnetschnellbahn*
- *Bemannte Weltraumfahrt*
- *Kernspaltung*
- *Kernfusion und*
- *Gentechnik.*

*Folgende Erläuterungen seien noch angefügt:*
*Das Promotheus-Projekt kuriert Symptome der gegenwärtigen Individualverkehrsprobleme, führt also nur zu einer zeitlichen Streckung der gegenwärtigen Auto-Misere und erhöht die Risiken für die Verkehrsteilnehmer. Roboterisierte Autoschlangen sollten auf spurengebundene Verkehrsmittel verlagert werden; das einzelne Auto sollte seine Flexibilität im Freizeitverkehr nutzen, wo sich Prometheus wegen der Komplexität der rasch wechselnden Situationen als gefährlich herausstellen dürfte, weil der Fahrer in unklare Entscheidungssituationen gebracht wird durch eine unübersehbare Verantwortungsübernahme des Roboters (man erinnere sich z.B. an Verkehrsflugzeugabschüsse durch roboterisierte Raketen der US-Streitkräfte).*

*Telekommunikation dient überwiegend privaten Herstellern und Betreibern; sie sollten daher auch Entwicklungs-, Markteinführungs- und Infrastrukturinvestitionen tragen. Die Magnetschwebebahn kann im Ausland Chancen haben, die eventuell zusammen mit ausländischen Partnern zu entwickeln wären. Im Inland sind sie zu klein, um die geforderten öffentlichen Vorleistungen zu rechtfertigen. Auch Teststrecken rechtfertigen keine öffentlichen Mittel.*

*Bemannte Weltraumfahrt hat praktisch keinen nicht-militärischen Nutzen, selbst der militärische wird kaum noch behauptet. Im Verhältnis zu den Kosten ist der Nutzen wie nationales Prestige (erster Mensch auf dem Mars ein Amerikaner oder ein Deutscher) oder Science fiction-Symbolik (der Mensch erobert das All - in Wirklichkeit wird er nie lebend das Solarsystem verlassen, geschweige denn zurückkehren können) zu gering. Die private Förderung würde einen Automatismus schaffen, der überwiegend nur Kosten/Nutzen-effiziente Teilprojekte sicherte.*

*Kernspaltung und Kernfusion, falls letztere je einsatzfähig würde (nicht vor 2030), sind beide der Größenordnung nach gleich risikoreich. Zwar ist das radioaktive Inventar bei der Kernfusion kleiner, dafür aber wesentlich flüchtiger; die Masse des Strukturmaterials ist außerdem um ein Mehrfaches größer, so daß insgesamt etwa die gleichen Gefährdungspotentiale und Endlagerungsprobleme entstünden.*

*Die Gentechnik hat große Bedeutung für*
- *die "reine" Grundlagenforschung, sollte also die übliche nobelpreisorientierte Förderung erhalten.*
- *die medizinische Diagnostik und Therapie; die wirtschaftliche Bedeutung dieser Arbeitsgebiete ist so groß, daß eine private Förderung genügt. Strikte Regulationen sollten humangenetische, fortpflanzungsmedizinische und eugenische Nutzung ausschließen, aufs Äußerste eingrenzen. Bei Abgrenzungsschwierigkeiten sollte eher restriktiv verfahren werden.*
- *die kommerzielle Umgestaltung von Fauna und Flora (Haustiere, Nutztiere, landwirtschaftliche Produkte usw.). Wegen der Unmöglichkeit adäquater Testung, der Komplexität völlig unbekannter Wechselwirkungen mit Mikroorganismen empfiehlt sich zunächst ein vieljähriges Moratorium, gefolgt von sorgfältig erarbeiteten rtrikten Regulationen. Staatliche Förderung sollte ausschließlich der Erarbeitung dieser Regulationen dienen.*

*Jeder nur denkbare Versuch, internationale Solidarität herzustellen, ohne die alle möglichen Restriktionen unterlaufen würde, wäre zu unternehmen.*

*Nochmals sei wiederholt, daß es nicht darum geht, auf den Wettbewerb im international konzertierten technology push zu verzichten, sondern darum, das Verhältnis der Förderung umzukehren: Push-Förderung durch Private, dagegen Artikulation und Organisation von Systeminnovationen im Bereich der Infrastruktur durch die öffentliche Hand mit intensiver Einbindung Privater, sobald sich privat bedienbare Märkte auftun. Auch werden nicht Programmabbrüche, sondern stetige Phasenübergänge empfohlen.*

***Zum Schluß eine Apologetik:***

*Nur unzureichend oder überhaupt nicht erörtert blieben Themen wie Einkommensungerechtigkeiten, Armut und Bevölkerungswachstum der nicht-industrialisierten Länder, gentechnische und militärische Bedrohungen und vieles mehr, was die Folgerungen aus diesem Seminar höchstens unterstützen, aber voraussichtlich nicht aufheben könnte. Nicht erwähnt wurde auch die Utopie, eine technische Erfindung könnte, ähnlich einem perpetum mobile oder Manna vom Himmel, die Zukunft der Erde sichern; anläßlich der Kritik der Arbeiten des Club of Rome spielte sie mindestens bei Wirtschaftswissenschaftlern eine gewisse Rolle.*

## KURZBIOGRAFIEN DER AUTOREN

**Günter Altner**
Prof. Dr. theol., Dr. rer. nat.,
geboren 1936 in Breslau

Studium der evangelischen Theologie und Biologie, Promotion in beiden Fächern

Seit Frühjahr 1977 ordentlicher Professor für ev. Theologie an der Erziehungswissenschaftlichen Hochschule Rheinland-Pfalz, Abt. Koblenz

1977 Mitbegründung des Instituts für angewandte Ökologie e.V. (Öko-Institut) in Freiburg; Mitarbeit im Vorstand

1979 - 1982 Mitglied der Enquête-Kommission "Zukünftige Kernenergiepolitik" des Deutschen Bundestages.

**Rémi Barré**
41 years old, French citizen

Educational background:

- Civil engineer (Ingenieur civil des Mines) (1971)
- Master's degree in City-Regional Planning, University of North-Carolina at Chapel-Hill (1975)
- Doctorate in economics from the EHESS (Ecole des Hautes Etudes en Sciences Sociales) (1982).

Positions:
- Director of the "Observatoire des Sciences et des Techniques" (Interministerial office for the production and diffusion of S&T indicators)
- Assistant professor at the Economics and Management Department of the Conservatoire National des Arts-et Métiers, Paris
- Consultant to the Science-Technolog-Industry Direcorate at OECD (particularly in charge of an international conference on the relationships between S&T and national competitiveness)
- Ministry of Research and Technology (1983-86).

**Knut Bauer**
Ministerialdirigent, Dr.-Ing.,
geboren 1936 in Berlin

Studium der Chemie an der Technischen Hochschule Darmstadt von 1956 - 1961

Seit Mai 1970 Mitarbeiter des Bundesministeriums für Forschung und Technologie (BMFT), Fachbereich "Neue Technologie" und "Neue Technologien für öffentliche Aufgaben"

1987 Leiter der Unterabteilung Energie des BMFT.

**Gerhard Becher**
Dr. rer. pol., geboren 1954

Studium der Sozialwissenschaften, Geschichte, Wirtschaftswissenschaften und Pädagogik
Erstes Staatsexamen für das Lehramt an Gymnasien, Technische Universität Braunschweig, 1979

1985 Promotion zum Dr. rer. pol. an der Technischen Universität Braunschweig
Seit 1986 Fraunhofer-Institut für Systemtechnik und Innovationsforschung, Karlsruhe, Abteilung Industrielle Innovation.

**Willy Bierter**
Dr. rer. nat., geboren 1940 in Basel

April 1962 - 1965 Wissenschaftlicher Assistent am Seminar für thoretische Physik

März 1965 Doktorexamen in theoretischer Physik

1967 Studien der Wirtschafts- und Sozialwissenschaften

September 1969 Wissenschaftlicher Mitarbeiter am Max-Planck-Institut für Physik und Astrophysik in München

März 1971 Senior-Projektleiter in der Abteilung "Wirtschaftspolische Beratung" der Prognos-AG (Europäisches Zentrum für angewandte Wirtschaftsforschung) in Basel

Mai 1976 Leiter der Planungsgruppe beim Präsidenten (Prof. E. v. Weizsäcker) der Gesamthochschule Kassel

Oktober 1979 - Juni 1983 Aufbau der Stiftung und des Zentrums für Angepasste Technologie und Sozialökologie (Oekozentrum) in Langenbruck (Leiter des Zentrums und Mitglied des Stiftungsrates)

Seit März 1984 Präsident von SYNTROPIE - Stiftung für Zukunftsgestaltung, Liestal/BL; Mitglied des Stiftungsrates der Schweiz. Stiftung für Sozialethik, Bern.

**Reinhard Blum**

Prof. Dr. sc. pol.,

geboren 1933 in Gnewin, Pommern

1956 - 1958 Studium der Volkswirtschaftslehre an der Universität Kiel, Abschluß als Diplomvolkswirt

1958 - 1960 Praktikant im Institut für Weltwirtschaft der Universität Kiel, Assistent des Lehrstuhls für Wirtschaftspolitik (Prof. Dr. S. L. Gabriel)

31.12.1960 Promotion an der Universität Kiel zum Dr. sc. pol.

1961 - 1963 Wissenschaftlicher Mitarbeiter im Bundeswirtschaftsministerium, Bonn

1963 - 1965 Wissenschaftlicher Assistent im Institut für Industriewirtschaftliche Forschung der Universität Münster

1965 - 1967 Habilitaionsstipenium der Deutschen Forchungsgemeinschaft

1968 Habilitation für das Fach Volkswirtschaftslehre

1968 - 1971 Dozent bzw. Wissenschaftlicher Rat und Professor an der Universtät Münster

1968 - 1969 Lehrstuhlvertretung an der Universität Hamburg

1970 - 1971 Lehrstuhlvertretung an der Universität Kiel

seit 1971 Lehrstuhl für Volkswirtschaftslehre and der Universität Augsburg, Direktor des Instituts für Volkswirtschaftslehre.

**Hans-Jürgen Ewers**
Prof. Dr. rer. pol., geboren 1942

1961 - 1967 Studium der Mathematik, Soziologie und Wirtschaftswissenschaften an der Universität Münster

1967 Diplomprüfung für Volkswirte

1970 Promotion zum Dr. rer. pol. durch die Wirtschafts- und Sozialwissenschaftliche Fakultät der Universität Münster, Dissertationspreis der Universität Münster

1977 Habilitation und Ernennung zum Privatdozenten für das Fachgebiet "Volkswirtschaftslehre" durch den Fachbereich Wirtschafts- und Sozialwissenschaften der Universität Münster

1967 - 1971 Wissenschaftlicher Assistent am Institut für Verkehrswissenschaft an der Universität Münster (Forschungs- und Lehrtätigkeit auf den Gebieten Allgemeine und Sektorale Wirtschaftspolitik, Wettbewerbstheorie und -politik, Regionaltheorie und -politik, Strukturpolitik)

1971 - 1977 wissenschaftlicher Mitarbeiter im Sonderforschungsbereich 26 Raumordnung und Raumwirtschaft Münster

1977 - 1979 Senior Research Fellow am Internationalen Institut für Management und Verwaltung, Wissenschaftszentrum Berlin (IIMV-WZB)

Seit 1980 ordentlicher Professor für Volkswirtschaftslehre an der Technischen Universität Berlin; Deregulierungskommission der Bundesregierung.

**Luke Georghiou**

Dr., Coordinator of the programme of Policy Research in Engineering, Science and Technology (PREST) at the University of Manchester

Experience of research on evaluation and on science and technology policy

Co-author of an OECD report on evaluation of research

Leadership of the evaluation of the UK's National Information Technology Programme

Other areas of interest include innovation and diffusion of new technology. collaborative R&D and Japan.

**Hariolf Grupp**
Dr. rer. nat., geboren 1950

1975 Diplom-Physiker, Universität Heidelberg

1978 Dr. rer. nat., Universität Heidelberg

1975 - 1978 Physikalisches Institut der Universität Heidelberg und Kernforschungszentrum Karlsruhe, Wissenschaftlicher Assistent

1980 - 1983 Deutscher Bundestag, Wissenschaftlicher Dienst

1980 - 1982 Wissenschaftlicher Stab der Enquête-Kommission "Zukünftige Kernenergiepolitik"

1984 Abstellung zum Bundesministerium für Forschung und Technologie, Referat "Systemanalyse, Prognose, Technikfolgen-Abschätzung"

Seit 1984 Fraunhofer-Institut für Systemtechnik und Innovationsforschung, Karlsruhe;

Seit 1989 Leiter der Abteilung "Technischer Wandel" des Instituts.

**Wolfgang Haber**
Dr. rer. nat., ordentlicher Professor, geboren 1925

1948 - 1954 Studium der Biologie, Chemie und Geographie, an den Universitäten Münster, München, Basel, Hohenheim

1955 - 1957 Forschungsarbeiten in Bodenbiologie und Zellstrukturforschung

1957 Promotion zum Dr. rer. nat.

1957 - 1966 Wissenschaftlicher Assistent, ab 1962 Kustos am Westf. Museum für Naturkunde in Münster und Lehrtätigkeit an der Universität; Forschungsarbeiten in angewandter Ökologie

Seit 1966 Ordinarius für Landschaftsökologie an der TU München in Freising-Weihenstephan

Seit 1973 Mitglied der Beiräte für Naturschutz der Bundesregierung und der Bayerischen Staatsregierung

Seit 1979 Präsident der Gesellschaft für Ökologie

Seit 1981 Mitglied, seit 1985 Vorsitzender des Rates von Sachverständigen für Umweltfragen der Bundesregierung.

**Martin Jänicke**
Prof., Dr. phil., geboren 15.8.1937 in Buckow

1963 Diplom-Soziologe

1969 Promotion an der Freien Universität (FU) Berlin

1970 Habilitation

Seit 1971 Professor für die vergleichende Analyse politischer Systeme an der FU Berlin

1974 - 1976 Planungsberater des Bundeskanzleramts

1975 - 1981 im Vorstand bzw. Beirat der Deutschen Vereinigung für Politische Wissenschaften; Beiratsvorsitzender des Wissenschaftszentrums Berlin (bis 1982) und des Instituts für Zukunftsforschung (bis 1982); Wissenschaftlicher Beirat der Zeitschrift Natur und der Zeitschrift für Umweltpolitik

1981 - 1983 Mitglied des Abgeordnetenhauses Berlin.

**Eberhard Jochem**
Dr.- Ing, Diplom-Verfahrensingenieur, geboren 1942

1967 Diplom-Verfahrensingenieur, Technische Universität Aachen

1971 Dr.-Ing. (Technische Chemie), Technische Universität München; Studium der Volkswirtschaftslehre an der Technischen Universität Aachen und Universität München

1971 - 1872 Harvard University Boston: Wissenschaftlicher Mitarbeiter

Seit 1973 Fraunhofer-Institut für Systemtechnik und Innovationsforschung, Karlsruhe,
seit 1983 stellvertretender Institutsleiter

Mitglied des DECHEMA-Arbeitsausschusses "Prognosemethoden in der Chemischen Technik" (seit 1978);
Mitglied des Ad hoc-Ausschusses "Wasserstoffwirtschaft" des Bundesministers für Forschung und Technologie (1987 - 1988).

**Fumio Kodama**

Director of Research of the National Institute of Science and Technology Policy (Science and Technology Agency) and Professor of Saitama University's Graduate School of Policy Science. Responsible for research and education in such areas as analyses of innovation processes, innovation policy and mathematical modelling.

Fulbright visiting professor at Hamilton College in New York and Research Fellow at the Institute of System Research in Heidelberg.

Graduate of the University of Tokyo.

Serves on several advisory committees for MITI.

**Carsten Kreklau**
Dr. rer. pol., geboren 1947

Studium der Wirtschaftswissenschaften an der Freien Universtät Berlin seit 1967

1972 Diplom-Kaufmann
1973 Diplom-Volkswirt
1974 Diplom-Handelslehrer
1976 Dissertation: "Konzeption einer betriebswirtschaftlich-politologischen Personalpolitik"

1973 -1976 Wissenschaftlicher Assistent für Volkswirtschaftslehre an der Technischen Universität Berlin

seit 1976 Bundesverband der Deutschen Industrie e.V. (BDI) Köln, Mitarbeiter in der Abteilung "Industrieforschung und Berufsbildung"

seit 1989 Leiter der Abteilung "Forschungs-, Technologie- und Strukturpolitik" des BDI.

**Helmar Krupp**
Prof. Dr.-Ing., geboren 1924

1950 Diplom-Physiker, theoretische Physik

1954 Promotion zum Dr.-Ing. an der Universität (TH) Karlsruhe

1964 Habilitation an der Universität (TH) Karlsruhe

1972 - 1989 Direktor des Fraunhofer-Instituts für Systemtechnik und Innovationsforschung (ISI), Karlsruhe

Ab 1990 Gastprofessor an der Universität Tokio; Mitglied der Enquête-Kommission "Technologiefolgenabschätzung" des Deutschen Bundestages und anderer Beratungsgremien auf nationaler und internationaler Ebene.

**Giuseppe Lanzavecchia,**
Prof., born at Aosta, Italy, in 1926

Gratuated from University of Pavia with a degree in theoretical physics
Post-graduate studies at the College de France
Doctorate in physical chemistry at University of Naples

1951 - 1952 Assistant Professor of theoretical physics at University of Milan

1952 - 1955 Research Fellow at IRCHA in Paris (Institut de Recherches Chimiques Appliquées)

1955 - 1971 Research Fellow at Montedison's G. Donegani Research Institute in Novara, then head of its Departments of Physical Chemistry and Materials Science

1974 - 1975 Scientific Director of the Donegani Institute in Novara

1976 - 1978 Head of Montedison's Department of Technology Forecasting and Assessment and Director of the relevant company strategies.

**Hans-Peter Lorenzen**
Dr. rer. nat.

Ministerialrat im Bundesministerium für Forschung und Technologie, dort Leiter des Referates für Innovationsförderung und Mikroperipherik, zuvor der Referate für fortgeschrittene Kernreaktoren, Medizin und Humanisierung des Arbeitslebens, sowie der Planungsgruppe.

Wissenschaftsreferent an der Deutschen Botschaft in London

Studium der Mathematik, Physik, Philosophie und Pädagogik.

**Renate Mayntz**
Prof., Dr. phil., geboren 1929 in Berlin

Studium in den USA (B.A.) und an der Freien Universtät Berlin (Dr. phil.); dort auch Habilitaion. Erste Forschungstätigkeiten im UNESCO-Institut für Sozialwissenschaften Köln, später als DFG-Stipendiat und Rockefeller Fellow in den USA.

1965 Ordinarius für Soziologie an der Freien Universtät Berlin

1971 Ordinarius an der Hochschule für Verwaltungswissenschaften Speyer

1973 ordentlicher Professor an der Universität Köln und Direktor des Instituts für angewandte Sozialforschung

Ab 1985 Direktor am Max-Planck-Institut für Gesellschaftsforschung in Köln
Ausländische Lehrtätigkeiten: Columbia University, New York; New School for Social Research, NewYork; University of Edinburgh; FLASCO (Facultad Latino-Americana de Cienzas Sociales); Santiago de Chile; Stanford University.

**Frieder Meyer-Krahmer**
Dr. rer. pol., geboren 1949 in Heidelberg

1968 - 1970 Mathematikstudium an der Universität Heidelberg mit Vordiplom-Abschluß

1971 - 1975 Studium der Wirtschaftswissenschaften and der Universität Bonn mit Diplom-Abschluß

1971 - 1975 Paralleles Studium der Politischen Wissenschaft an der Universität Bonn mit Promotionsberechtigung

1973 Dreimonatiger Studienaufenthalt in Brasilien

1978 Promotion zum Dr. rer. pol. im Fachbereich Wirtschaftswissenschaften der Universtät Frankfurt

1975 - 1978 Wissenschaftlicher Assistent am Lehrstuhl für Volkswirtschaftslehre des Fachbereichs Wirtschaftswissenschaft der Fernuniversität Hagen

1978 - 1986 Wissenschaftlicher Mitarbeiter und Projektleiter im Fraunhofer-Institut für Systemtechnik und Innovationsforschung (ISI), Karlsruhe

1982 Dreimonatiger Forschungsaufenthalt an der Yale University, New Haven/USA

1983 - 1986 Stellvertretender Leiter der Abteilung "Industrielle Innovation" des ISI

Ab 1986 Leiter der Abteilung "Industrie und Technologie", im Deutschen Institut für Wirtschaftsforschung (DIW), Berlin.

**Frieder Naschold**
Prof. Dr. phil., geboren 1940 in Sarajevo

1959 - 1966 Studium der Politikwissenschaft, Nationalökonomie, Soziologie und Geschichte in Tübingen, Erlangen, an der Yale University und an der University of Ann Arbor

1966 Promotion zum Dr. phil.

1969 Habilitation an der Universität Tübingen

Ab 1970 ordentlicher Professor für Politische Wissenschaft/Verwaltungswissenschaft an der Universität Konstanz

1971 Gastprofessur an der Harvard University

1972 Gastprofessur am Institut für Höhere Studien und Wissenschaftliche Forschung Wien

Ab 1974 Rektor der Universität Konstanz

Ab 1976 Direktor des Internationalen Instituts für Vergleichende Gesellschaftsforschung/Arbeitspolitik am Wissenschaftszentrum Berlin

Ab 1988 Direktor der Abt. "Regulierung von Arbeit" im Forschungsschwerpunkt Technik, Arbeit, Umwelt des Wissenschaftszentrums Berlins.

**Arie Rip**
Prof. Dr., University of Twente, Niederlande: Centre for Studies of Science, Technology and Society.

Arie Rip studied chemistry and philisophy at the University of Leiden, and worked in theoretical physical chemistry at that university.
From 1969 onward, he has set up a programme of teaching and research in Chemistry and Society in Leiden. In his own research, he attempts to bridge sociology and philosophy of science and technology on the one hand and science policy studies and technology assessment on the other hand. From 1984, he was (guest) professor in science dynamics at the University of Amsterdam, an since 1987 he is professor of philosophy of science and technology at the University of Twente.

He ist active in national and international professional societies, including being President of the Society for Social Studies of Science, 1978 - 89. He is member of the borard of the Netherlands Organization of Technology Assessment, and member of UNESCO's International Scientific Council for Science and Technology Policy Development.

His current research is on the "political" transformation in contemporary science; on implementation and evaluation of science and technology programmes; and on the dynamics of technological development and its entrenchment in society.

**Fritz W. Scharpf**
Prof. Dr., geboren 1935

Studien der Rechtswissenschaft und der Politikwissenschaft in Tübingen, Freiburg und an der Yale University

1964 - 1966 Assistant Professor of Law, Yale University

1968 Ordinarius im Fachbereich Politikwissenschaft der Universität Konstanz

1973 - 1984 Direktor des Internationalen Instituts für Management und Verwaltung im Wissenschaftszentrum Berlin

Seit 1986 Direktor am Max-Planck-Institut für Gesellschaftsforschung, Köln

**Bernd Schmidbauer**
geboren 1939 in Pforzheim

Studium der Physik, Chemie und Biologie an den Universitäten Karlsruhe und Heidelberg

seit 1983 Mitglied des Deutschen Bundestages; Umweltpolitischer Sprecher der CDU/CSU-Bundestagsfraktion; Vorsitzender der Arbeitsgruppe Umwelt, Naturschutz und Reaktorsicherheit der CDU/CSU-Bundestagsfraktion; Vorsitzender der Enquête-Kommision "Vorsorge zum Schutz der Erdatmosphäre" des Deutschen Bundestages; Mitglied des Fraktionsvorstands der CDU/CSU-Bundestagsfraktion.

**Peter Weingart**
Prof., Dr. rer. pol., geboren 1941 in Marburg

Studium der Soziologie und Wirtschaftwissenschaften in Freiburg und Berlin

1967 - 1968 University Fellow an der Princeton University (USA)

1969 Promotion zum Dr. rer. pol. an der Freien Universität Berlin bei Prof. Otto Stammer

1968 - 1969 wissenschaftlicher Assistent an der Freien Universität

1969 -1971 wissenschaftlicher Referent des Wirtschafts- und Sozialwissenschaftlichen Instituts der Gewerkschaften in Düsseldorf

1971 - 1974 Geschäftsführer des Schwerpunktes Wissenschaftsforschung der Universität Bielefled

Seit 1973 Professor für Wissenschaftssoziologie und Wissenschaftsplanung an der Fakultät für Soziologie

Seit April 1989 geschäftsführender Direktor des Zentrums für interdisziplinäre Forschung.

**Johannes Weyer**
Dr. phil., geboren 1956

Hochschulassistent an der Fakultät für Soziologie der Universität Bielefeld

Arbeitsgebiete: Forschungs- und Technologiepolitik.
Veröffentlichungen in den Bereichen Soziologiegeschichte, Techniksoziologie, F&T-Politik, Raumfahrtpolitik.

## Ein Epilog

Wirklich: Es sieht nicht so aus, als ob die traditionellen parlamentarischen Demokratien ein Rezept zu bieten hätten, wie man sich grundsätzlich der "Eigenbewegung" der technischen Zivilisation, der Industrie- und Konsumgesellschaft widersetzen könnte. Auch sie befinden sich in ihrem Schlepptau und sind ihr gegenüber ratlos. Nur ist die Art, wie sie den Menschen manipulieren, unendlich feiner und raffinierter als die brutale Art des posttotalitären Systems.

Aber dieser ganze statische Komplex der erstarrten, konzeptionslosen und politisch nur noch zweckbedingt handelnden politischen Massenparteien, die von professionellen Apparaten beherrscht werden und den Bürger von jeglicher konkreter und persönlicher Veranwortung entbinden, diese ganzen komplizierten Strukturen der versteckt manipulierenden und expansiven Zentren der Kumulation des Kapitals, dieses allgegenwärtige Diktat des Konsums, der Produktion, der Werbung, des Kommerzes, der Konsumkultur, diese ganze Informationsflut - all dies, schon so oft analysiert und beschrieben, kann man wahrhaftig nur schwer als eine Perspektive, als einen Weg betrachten, auf dem der Mensch wieder zu sich selbst findet.

Das posttotalitäre System ist nur ein Gesicht der allgemeinen Unfähigkeit des modernen Menschen, "Herr seiner eigenen Situation" zu sein - ein besonders dramatisches und um so klarer seine wahre Herkunft verratendes Gesicht. Die "Eigenbewegung" unseres Systems ist nur eine bestimmte, spezielle und extreme Version der globalen "Eigenbewegung" der technischen Zivilisation. Das menschliche Versagen, das dieses System widerspiegelt, ist nur eine der Varianten des allgemeinen Versagens des modernen Menschen.

Václav Havel, 1978